环境评价与预测的普适模型

The Universal Models for Environmental
Assessment and Forecasting

李祚泳　余春雪　汪嘉杨　著

科学出版社

北　京

内 容 简 介

本书建立了基于指标规范变换的分类环境和广义环境评价的普适指数公式及普适智能模型；提出了规范变换与误差修正相结合的广义环境系统预测模型，极大地提高了模型预测精度；并对评价和预测模型的普适性和可靠性及同型规范变换的不同变量预测模型之间的兼容性和等效性进行了严格的数学论证，因而评价与预测模型不仅因结构简化，避免了“维数灾难”，而且具有普适性、规范性和简洁性。本书思想新颖、理论严谨、实证翔实、系统性强，所提出的规范变换评价和预测建模的思想及方法对其他学科、领域的研究有借鉴和启迪作用。

本书可作为环境科学与工程、资源环境、环境遥感、水文学及水资源、气象科学、系统工程等相关学科、专业硕士和博士研究生教材或教学参考书，亦可供高校和科研院所的教师、科研工作者及管理人员参考。

图书在版编目（CIP）数据

环境评价与预测的普适模型 / 李祚泳，余春雪，汪嘉杨著．—北京：科学出版社，2022.6

ISBN 978-7-03-064282-0

Ⅰ．①环…　Ⅱ．①李…②余…③汪…　Ⅲ．①环境质量评价-模型②环境预测-模型　Ⅳ．①X82②X32

中国版本图书馆 CIP 数据核字（2020）第 017735 号

责任编辑：周　炜　罗　娟 / 责任校对：任苗苗
责任印制：吴兆东 / 封面设计：陈　敬

科学出版社 出版
北京东黄城根北街 16 号
邮政编码：100717
http://www.sciencep.com
北京捷迅佳彩印刷有限公司 印刷
科学出版社发行　各地新华书店经销
*
2022 年 6 月第　一　版　开本：720×1000 B5
2023 年 6 月第二次印刷　印张：21
字数：420 000

定价：168.00 元

（如有印装质量问题，我社负责调换）

前　言

随着科学技术的发展和人类文明的进步，月球上早已留下人类的足迹；将来人类还将踏上火星；相信人类还能到达更遥远的星球。但在未来漫长的岁月里，地球仍将是适宜人类居住的最理想的“诺亚方舟”和“香格里拉”人间仙境。然而，由于长期以来人类对地球自然资源“杀鸡取卵”式地过度开发和“竭泽而渔”、肆无忌惮地掠取，全球的生态平衡受到破坏，环境污染日趋严重。长此下去，人类不仅难以获得大自然的慷慨回报，反而易遭受大自然的无情报复。令人欣慰的是，人类经过深刻的反思，终于感到“既有近忧，还有远虑”，因而达成共识：人类只有一个地球，地球是人类赖以生存的唯一家园；我们必须保护好地球的生态环境，走一条可持续的绿色发展之路。走可持续的绿色发展之路就是不仅让当今人类能享受“清风、明月、碧水、蓝天”，而且也要给子孙后代留下“绿水、清泉、碧海、青山”。因此，重视环境的现在，关注环境的未来是当今人类义不容辞的责任；“身在今世，顾及未来；利在当代，功在千秋!”也是人类永恒的使命。为此，人们提出了多种可用于环境评价和预测的模型与方法。不过，传统的评价和预测模型与方法存在难以规范和统一、普适和通用的局限；此外，传统的预测模型还存在预测精度不高的缺陷。为了建立规范而普适的环境评价和预测模型，作者在环境评价指标和环境预测影响因子规范变换的基础上，分别建立了基于规范变换的环境评价和预测的普适模型；并提出预测样本模型输出的相似样本误差修正公式，极大地提高了模型的预测精度。

本书汇集了作者基于规范变换的环境评价与预测模型研究取得的重要成果。主要内容为：基于指标规范变换的分类环境评价的普适指数公式和普适智能模型及应用；基于指标规范变换的广义环境评价的普适指数公式和普适智能模型及应用；基于影响因子和预测变量的规范变换与相似样本误差修正公式相结合的环境预测普适模型及应用；同型规范变换的不同预测变量的预测模型具有兼容性和等效性的理论分析及实例验证。本书具有以下特色：① 思想的新颖性。书中提出的指标和因子的规范变换公式、广义环境评价与预测的普适模型、预测样本模型输出的误差修正公式以及同型规范变换预测模型的兼容性和等效性皆属创新性研究成果。② 理论的严谨性。对评价和预测模型的普适性和可靠性及同型规范变换预测模型的兼容性和等效性进行严格的数学推导和充分的理论论证，并进行广泛的实证分析。③ 内容的广泛性。既有规范变换的分类环境系统和广义环境系统的指数评价公式和智能评价模型，也有基于规范变换与误差修正相结合的广义环境系统预测建模方法。④ 写作的兼顾性。本书深入浅出、清晰易懂，既可供专家、学者深究，也能供初学者阅读。

本书撰写分工如下：前言，李祚泳；第 1、2 章，汪嘉杨、余春雪、李祚泳；第 3、4 章，余春雪、汪嘉杨、李祚泳；第 5、6 章，李祚泳、余春雪、张小丽；第 7、8 章，李祚泳、张小丽、魏小梅；第 9、10 章，李祚泳、徐源蔚、魏小梅；第 11、12 章，李祚泳、余春雪、徐源蔚；第 13、14 章，李祚泳、余春雪、汪嘉杨；后记李祚泳。全书由李祚泳、余春雪和魏小梅统稿，并共同负责修改和校阅全稿。张小丽、徐源蔚和魏小梅为成都信息工程大学资源环境学院的硕士研究生。

成都信息工程大学各级领导为本书的撰写提供了支持和帮助。东莞理工学院各级领导及生态环境工程技术研发中心各位老师为本书的撰写提供了支持和帮助。兰州大学大气科学学院 2018 级博士生郭倩、东莞理工学院生态环境工程技术研发中心 2020 级研究生郑远环和周华彬参与了本书校阅工作。在此一并表示衷心的感谢。

本书研究得到国家重点研发计划项目(2017YFC0404506)、国家自然科学基金青年科学基金项目(51709045)和广东省杰出青年科学基金项目(2017A030306032)资助。

限于作者水平，书中难免存在疏漏和不妥之处，敬请读者批评指正。

作　者

2021 年 6 月

目　录

第1章 概　　述

人们经过深刻反思，终于达成共识：人类为了能更好地生存和发展，既要了解环境的过去和现状，也要能预见环境的未来。因此，研究人员提出了多种可用于环境评价与预测的模型和方法。但当评价指标或影响因子较多时，传统的环境评价与预测的模型和方法不仅计算复杂，而且不具有普适性和通用性。针对传统的环境评价与预测模型和方法的不足，本书提出对评价指标和预测变量及其影响因子进行规范变换的思想和方法，并采用优化算法分别对评价模型或预测模型进行优化，最终建立适用于分类环境系统和广义环境系统的简洁、规范、统一、普适及通用的评价和预测模型。

1.1　环境评价与预测的目的及意义

1.1.1　环境评价的目的及意义

环境评价就是从环境的基本概念出发，依据环境价值的基本原理，按照制定的指标评价分级标准，以数学工具作为手段，对评价对象的状态做出判断，评价人类活动对环境的影响及环境变化对人类行为、生存与发展的影响。环境评价的主要目的是真实反映环境的客观状态，为环境污染的综合治理，区域环境的规划、管理决策，以及环境保护政策制定等提供科学依据，是环境保护的一项基础性工作。因此，环境评价理论和方法的研究具有十分重要的意义。

1.1.2　环境预测的目的及意义

人类赖以生存的环境的现状和未来关系到人类的生存和发展，关系到社会的文明和整体的和谐。但是，调查显示，依据《环境空气质量标准》(GB 3095—2012)、《地表水环境质量标准》(GB 3838—2002)和《地下水环境质量标准》(GB/T 14848—1993)，我国 2013 年监测的 74 个城市中，只有 3 个城市空气质量达标；118 个城市地下水监测数据中基本清洁的只占 3%；国家地表水监测断面中，Ⅳ、Ⅴ类和劣Ⅴ类水质占比超过 60%。可见，我国环境质量的现状不容乐观，而且环境状况还有不断恶化的趋势[1]。因此，迫切需要掌握环境污染现状及未来发展趋势，保护、管理和规划好我们的生存环境空间。要实现这一目的就需要建立能用于环境预测的数学模型，以便由系统状态变量的已有资料，精准预测其未来的变化趋势，为环境管理部门进行环境管理决策提供依据，这也是制定环境规划的基础。

1.2　环境评价与预测的研究现状

1.2.1　环境评价的研究现状

迄今为止，国内外学者提出用于环境评价的模型、方法和公式不下数十种，主要有指数评价公式[2-4]、统计分析法[5-9]、模糊分析[10-13]、灰色分析[14,15]、物元分析[16]、集对分析[17]、粗集理论[18,19]、未确知测度评价法[20,21]等多种不确定性分析评价法，以及基于误差反向传播(back propagation，BP)神经网络[22,23]、径向基函数(radial basis function，RBF)、概率神经网络(probabilistic neural network，PNN)、投影寻踪[24,25](projection pursuit，PP)和支持向量机[26,27](support vector machine，SVM)等各种智能评价模型。这些模型、方法和公式在环境评价论文和书籍中，有较多论述和应用。

1.2.2　环境预测的研究现状

长期以来，人们经过认真思索，达成共识：人类要重视环境的现状，更应关注环境的未来。为此，人们提出了多种可用于环境系统预测的机理性模型和非机理性模型。非机理性预测模型因不涉及较复杂的产生机理，且应用方便而常被采用。非机理性预测模型主要有基于多元线性回归[28,29]、分段线性分析、非线性灰色伯努利算法[30]、时序分析[31,32]、门限回归[33]、最近邻估计[34,35]等概率统计原理的各种环境统计预测模型；有基于模糊分析[36]、灰色分析[37]、集对分析[38]、可变集分析[39]等不确定性分析的环境预测模型；还有神经网络[40-45]、投影寻踪[46]和支持向量回归(support vector regression，SVR)[47-50]等环境系统智能预测模型或改进的智能预测模型。

1.3　本书的研究背景

1.3.1　基于规范变换的环境评价模型的提出背景

上述的传统评价模型、方法和公式各有其特点，但也存在各自的局限。例如，统计评价模型虽然考虑了评价过程中环境数据的随机不确定性，但统计评价模型只适用于大样本事件，而且一般计算工作量大，不便使用。模糊评价法、灰色评价法、物元可拓评价法、集对分析评价法及未确知测度评价法等虽然在评价过程中考虑了系统的模糊性、信息的不确定性、不相容性和既确定又不确定等特征，但均需要构造众多的评价函数，当指标数较多时设计和计算工作量都很大，且评价函数设计无规律可循，主观性较大[51]。人工神经网络[52,53](BP神经网络、径向基函数、概率神经网络)、投影寻踪和支持向量机等各种智能评价模型中有大量参数需要优化确定，不仅编程复杂，而且模型优化效果会受模型初始参数和动态调整参数选择的影响。指数评价公式虽然具有意义明确、形式简单、计算方便、结果直观的特点[54-56]，但传统的指数评价公式一般只适用于单指标评价，对于多指标综合评价，通常是在各指标原始数据归一化或标准化的基础上，分别计算分指数，然后对各分指数进行加权计算才能得到综合指数。此外，不同环境系统评价所依据的指标及其分级标准、指标数目都不相同，因此各种传统的评价公式、模型和方法并不能对任意环境系统的不同指标及其分级标准和不同指标数目都规范统一、普适通用，其共同缺点是适用范围有限。

事实上，对于任意环境系统(或更一般的任意系统)，无论是何种评价指标，也无论评价指标的分级标准是否相同以及不同指标分级标准之间的差异如何，都可以按照一定的原则和方法，设置指标参照值及指标规范变换式，对指标的各分级标准进行规范变换，使规范变换后的任何指标的同级标准规范值都能被限定在一个较小区间内，用规范值表示的不同指标皆等效于同一个规范指标，因而任意系统的各种评价模型都可以用该等效规范指标的相应模型等效替代。在满足一定优化目标准则的条件下，采用优化方法分别对模型中的参数进行优化，从而建立适用于任意环境系统指标规范值的简洁、规范、统一、普适和通用的评价模型[57-60]，为环境系统规划、管理的科学决策提供理论基础和技术手段。

1.3.2 基于规范变换的环境预测模型的提出背景

传统的预测模型各有其特点，但由于预测变量往往受多种复杂因素的影响，要对预测变量的未来变化趋势做出精准的估计难度较大，其预测结果常难以满足实际需要。因此，预测建模，尤其是影响因子较多时的预测建模，远比评价建模困难和复杂。由于各种预测模型或方法存在各自的局限性，例如，统计预测模型虽然能反映影响因子与预测变量之间的随机性，但只适用于大样本数据建模，当影响因子较多时，模型计算复杂，而且受随机性影响，预测结果往往精度不高，也不稳定；各种不确定性分析预测模型虽然考虑了影响因子与预测变量之间具有的某些模糊性、灰色性、不相容性、不确知性等不确定性特征，但当影响因子数和样本数较多时，函数设计和计算工作量都很大，而且函数设计无规律可循，主观性较大，预测精度也不高。

在多种预测模型中，最常用的是人工神经网络、投影寻踪回归和支持向量机回归等智能预测模型。智能预测模型因具有客观性较好等独特优势，适用于高维、非线性复杂问题的预测建模，但仍存在某些缺点：传统的神经网络(如 BP 神经网络)预测模型虽然具有自组织、自学习、自适应和容错等功能，但存在过拟合、泛化能力较差、学习效率低、易陷入局部极值和网络结构难以确定等缺点[60]。采用传统的分层分组迭代交替优化算法的投影寻踪回归预测模型编程复杂，收敛速度慢。BP 神经网络和投影寻踪预测模型都会出现计算复杂度随影响因子数增加而激增的“维数灾难”；此外，BP 神经网络隐节点数的选择和投影寻踪岭函数个数的选择，均依赖设计者的经验和先验知识，使用不便。与 BP 神经网络和投影寻踪回归预测模型相比，虽然支持向量机回归预测模型能使经验风险和置信区间同时最小，泛化能力好，不受高维、非线性的限制，克服了“维数灾难”；也不存在模型结构难以确定和不适宜小样本容量的问题，在有限样本的情况下，理论上也能获得最优解[61]。但模型结构和计算的复杂性随样本数 n 和影响因子数 m 的增加而迅速增大，同样存在算法编程复杂、运算量大、学习效率低、收敛速度慢及全局最优解仍依赖部分参数的初始范围设置等问题，因而存在“样本数困难”，使实用性亦受到一定的限制[62]。

综上所述，传统的各种预测模型共同的不足之处是[63]：① 在影响因子较多又复杂(如数据非线性、非正态、波动大)的情况下，不仅模型结构设计复杂，计算工作量大，计算效率低，收敛速度慢；而且由于需要优化的参数多，在参数优化调试过程中，需要兼顾具有不同特性的众多因子，以满足不同预测模型制定的目标函数式精度要求。因此，无论是智能预测模型，还是统计预测模型，即使训练时间长，模型也很难达到指定的精度要求。② 虽然从理论上讲，只要有代表性的训练样本数足够多，模型结构又与问题相匹配，多数预测模型(如智能预测模型)都能以任意精度逼近任意函数。不过，对于实际问题，样本数总是有限的，而且代表性也是不完全的。因此，对于高维、非线性预测问题，传统预测模型的预测效果难以满足实际需要。因此，传统的预测模型只能要么增加训练样本数，以满足模型的复杂结构；要么减少因子个数，以简化模型结构[64]。对于实际问题，增加训练样本数往往是不现实的；为了简化预测模型结构，传统的统计预测建模或采用主成分分析法提取少数几个主成分作为预测建模的因子[65]，或用相关系数法剔除不重要的因子[66]，或用相似性准则选择对预测变量有显著作用的因子[67]。但无论用何种减少因子个数的方法来简化模型结构，都会丢失样本部分信息，致使模型部分失真。这也许就是传统的预测模型预测结果大多不理想(精度不高)和对不同样本(尤其对异常样本)预测结果差异很大的原因之一。因此，为了建立收敛速度较快，又有较高精度的预测模型，不仅需要在不损失样本信息的情况下简化模型结构，而且必须消除或削弱因样本数有限(不完备)和样本的代表性不完全对模型预测精度的影响。因此，建立适用于各类环境系统的任意多个影响因子的结构简洁而普适、形式规范而统一、计算简便而实用的环境预测模型具有十分重要的理论意义和实用价值。

对环境预测变量及其影响因子进行规范变换，使规范变换后的所有影响因子皆等效于同一个规范影响因子，将多因子的高维非线性复杂预测建模问题简化为仅是对等效规范因子的简单低维预测建模问题，并应用优化算法对模型中的参数进行优化；此外，用相似样本的误差修正法对预测样本的模型输出进行误差修正，从而使基于规范变换的各种预测模型不仅简化了模型结构，避免了“维数灾难”，而且提高了模型的学习效率和预测精度，使基于规范变换的预测模型结构简洁而普适，形式规范而统一，方法简单而实用[68-70]。

1.4 本书的主要内容

本书的主要内容包括基于规范变换的分类环境系统和广义环境(即任意环境)系统的环境评价普适模型(包括普适指数公式和普适智能模型)，以及基于规范变换与误差修正相结合的环境预测普适模型。书中不仅分析、论述各种模型的基本思想、原理和方法，而且对各种模型的实用性和合理性都给出实例验证。第1章和第2章介绍环境评价和预测的有关概念，基于规范变换的环境评价与预测模型的提出背景及评价与预测模型的建模基本思想和方法；第3章和第4章分别介绍基于规范变换的同类环境评价的普适指数公式和普适智能模型及其应用；第5章和第6章分别介绍基于规范变换的广义环境评价的普适指数公式及其应用；第7章和第8章分别介绍基于规范变换的广义环境评价的普适智能模型及其应用；第9章提出基于规范变换与误差修正相结合的环境预测的普适模型的建模思想和方法，并对预测模型的普适性和可靠性及同型规范变换的预测模型的兼容性和等效性进行严格的数学推证；第10章～第12章分别介绍基于规范变换与误差修正相结合的环境预测的普适模型在空气环境、水环境、水资源和环境要素的时间序列等多个领域中的应用；第13章对同型规范变换不同预测变量的不同预测模型之间具有的兼容性和等效性进行实例验证；第14章将基于规范变换的评价和预测模型与传统的评价和预测模型的异同进行分析和比较。

参考文献

[1] 李祚泳, 王文圣, 汪嘉杨. 水资源水环境模型智能优化[M]. 北京: 科学出版社, 2014.

[2] Sanchez E, Colmenarejo M F, Vicente J, et al. Use of the water quality index and dissolved oxygen deficit as simple indicators of watersheds pollution[J]. Ecological Indicators, 2007, 7(2): 315-328.

[3] Jie C, Qing L, Hui Q. Application of improved Nemerow index method based on entropy weight

for groundwater quality evaluation[J]. International Journal of Environmental Sciences, 2012, 2(3): 1284-1290.

[4] Yang D F, Zheng L, Song W P, et al. Evaluation indexes and methods for water quality in ocean dumping areas[J]. Procedia Environmental Sciences, 2012, 16: 112-117.

[5] Liou Y T, Lo S L. A fuzzy index model for trophic status evaluation of reservoir waters[J]. Water Research, 2005, 39(7): 1415-1423.

[6] Shrestha S, Kazama F. Assessment of surface water quality using multivariate statistical techniques: A case study of the Fuji river basin, Japan[J]. Environmental Modelling & Software, 2007, 22(4): 464-475.

[7] 周丰, 郭怀成, 刘永, 等. 基于多元统计分析和RBFNNs的水质评价方法[J]. 环境科学学报, 2007, 27(5): 846-853.

[8] Zhang X, Wang Q S. Application of multivariate statistical techniques in the assessment of water quality in the Southwest New Territories and Kowloon, Hong Kong[J]. Environment Monitoring and Assessment, 2011, 173: 17-27.

[9] 富天乙, 邹志红, 王晓静. 基于多元统计和水质标识指数的辽阳太子河水质评价研究[J]. 环境科学学报, 2014, 34(2): 473-480.

[10] Wang W C, Xu D M, Chau K W, et al. Assessment of river water quality based on theory of variable fuzzy sets and fuzzy binary comparison method[J]. Water Resources Management, 2014, 28(12): 4183-4200.

[11] Yan F, Liu L, Zhang Y, et al. The research of dynamic variable fuzzy set assessment model in water quality evaluation[J]. Water Resources Management, 2016, 30(1): 63-78.

[12] 王建军, 李建平, 杜仕甫. 基于模糊聚类的无权值风险综合评判算法[J]. 系统工程理论与实践, 2015, 35(8): 2137-2143.

[13] 方运海, 郑西来, 彭辉, 等. 基于模糊综合与可变模糊集耦合的地下水质量评价[J]. 环境科学学报, 2018, 38(2): 546-552.

[14] Zhu C H, Li N P, Re D, et al. Uncertainty in indoor air quality and grey system method[J]. Building and Environment, 2007, 42(4): 1711-1717.

[15] 曹泠然, 李品良, 李深奇, 等. 模糊综合评判与灰色聚类分析在河流健康评价的应用[J]. 环境工程, 2018, 36(8): 189-192.

[16] Liu D J, Zou Z H. Water quality evaluation based on improved fuzzy matter-element method[J]. Journal of Environmental Sciences, 2012, 24(7): 1210-1216.

[17] 王文圣, 金菊良, 丁晶, 等. 水资源系统评价新方法——集对评价法[J]. 中国科学E辑: 技术科学, 2009, 39(9): 1529-1534.

[18] Pai P F, Lee F C. A rough set based model in water quality analysis[J]. Water Resources Management, 2010, 24(11): 2405-2418.

[19] Huang H, Liang X J, Xiao C L, et al. Analysis and assessment of confined and phreatic water quality using a rough set theory method in Jilin City, China[J]. Water Science and Technology: Water Supply, 2015, 15(4): 773-783.

[20] Li P Y, Wu J H, Qian H. Groundwater quality assessment based on rough sets attribute reduction and TOPSIS method in a semi-arid area, China[J]. Environmental Monitoring and Assessment,

2012, 184(8): 4841-4854.
[21] Xu L, Liu Z H, Du J. Study on evaluation of water ecological carrying capacity[J]. Energy Procedia, 2011, 11: 3530-3538.
[22] Jaakko K, Leena P, Ari K, et al. Extensive evaluation of neural network models for the prediction of NO_2 and PM_{10} concentrations, compared with a deterministic modeling system and measurements in central Helsinki[J]. Atmospheric Environment, 2003, 37(32): 4539-4550.
[23] Singh K P, Basant A, Malik A, et al. Artificial neural network modeling of the river water quality: A case study[J]. Ecological Modeling, 2009, 220(6): 888-895.
[24] 巩奕成, 张永祥, 丁飞, 等. 基于萤火虫算法的投影寻踪地下水水质评价方法[J]. 中国矿业大学学报, 2015, 44(3): 566-572.
[25] 崔东文, 姜敏. 差分进化算法-投影寻踪模型在水质综合评价中的应用[J]. 人民珠江, 2016, 37(2): 97-101.
[26] Wu Z L, Li C H, Joseph K, et al. Location estimation via support vector regression[J]. IEEE Transactions on Mobile Computing, 2007, 6(3): 311-321.
[27] Liu S Y, Xu L Q, Li D L. Water quality early warning model based on support vector machine optimized by rough set algorithm[J]. Systems Engineering—Theory & Practice, 2015, 35(6): 1617-1624.
[28] Giorgio E M, Giovanna R M. A mixed model-assisted regression estimator that uses variables employed at the design stage[J]. Statistical Methods and Applications, 2006, 15(2): 139-149.
[29] 黄思, 唐晓, 徐文帅, 等. 利用多模式集合和多元线性回归改进北京 PM_{10} 预报[J]. 环境科学学报, 2015, 35(21): 56-64.
[30] Chen C I. Application of the novel nonlinear grey Bernoulli model for forecasting unemployment rate[J]. Chaos, Solitons & Fractals, 2008, 37(1): 278-287.
[31] Diaz-Robles L A, Ortega J C, Fu J S, et al. A hybrid ARIMA and artificial neural networks model to forecast particulate matter in urban areas: The case of Temuco, Chile[J]. Atmospheric Environment, 2008, 42(35): 8331-8340.
[32] Thoe W, Wong S H C, Choo K W, et al. Daily prediction of marine beach water quality in Hong Kong[J]. Journal of Hydro-environment Research, 2012, 6(3): 164-180.
[33] 廖杰, 王文圣, 李跃清, 等. 2006. 支持向量机及其在径流预测中的应用[J]. 四川大学学报(工程科学版), 2006, 38(6): 24-28.
[34] 蒋尚明, 金菊良, 袁先江, 等. 基于近邻估计的年径流预测动态联系数回归模型[J]. 水利水电技术, 2013, 44(7): 5-9.
[35] 王保良, 范昊, 冀海峰, 等. 基于分段线性表示 k 最近邻的水质预测方法[J]. 环境工程学报, 2016, 10(2): 1005-1009.
[36] Chen S Y, Ji H L. Fuzzy optimization neural network approach for ice forecast in the Inner Mongolia reach of the Yellow River[J]. Hydrological Sciences Journal, 2005, 50(2): 319-329.
[37] 代伟, 李克国, 曲东. 等维灰数递补动态模型在秦皇岛市大气污染预测中的应用[J]. 安徽农业科学, 2011, 39(18): 11026-11027, 11105.
[38] 徐源蔚, 李祚泳, 汪嘉杨. 基于集对分析的降水酸度及水质相似预测模型研究[J]. 环境污染与防治, 2015, 37(2): 59-62, 88.

[39] Chen S Y, Xue Z C, Li M. Variable sets principle and method for flood classification[J]. Science China Technological Sciences, 2013, 56(9): 2343-2348.

[40] Palani S, Liong S Y, Tkalich P. An ANN application for water quality forecasting[J]. Marine Pollution Bulletin, 2008, 56(9): 1586-1597.

[41] Paschalidou A K, Karakitsios S, Kleanthous S, et al. Forecasting hourly PM_{10} concentration in Cyprus through artificial neural networks and multiple regression models implications to local environmental management[J]. Environmental Science and Pollution Research, 2011, 18(2): 316-327.

[42] Gazzaz N M, Yusoff M K, Aris A Z, et al. Artificial neural network modeling of the water quality index for Kinta River (Malaysia) using water quality variables as predictors[J]. Marine Pollution Bulletin, 2012, 64(11): 2409-2420.

[43] Li P H, Li Y G, Xiong Q Y, et al. Application of a hybrid quantized Elman neural network in short-term load forecasting[J]. International Journal of Electrical Power & Energy Systems, 2014, 55: 749-759.

[44] 张旭东，高茂庭. 基于 IGA-BP 网络的水质预测方法[J]. 环境工程学报，2016，10(3): 1566-1571.

[45] 孙宝磊，孙暠，张朝能，等. 基于 BP 神经网络的大气污染物浓度预测[J]. 环境科学学报，2017, 37(5): 1864-1871.

[46] Qi X N , Liu Z Y, Li D D. Prediction of the preformance of a shower cooling tower based on projection pursuit regression[J]. Application Thermal Engineering, 2008, 28(10): 1031-1038.

[47] 秦喜文，刘媛媛，王新民，等. 基于整体经验模态分解和支持向量机回归的北京市 $PM_{2.5}$ 预测[J]. 吉林大学学报(地球科学版), 2016, 46(2): 563-568.

[48] Liu S Y, Tai H J, Ding Q S, et al. A hybrid approach of support vector regression with genetic algorithm optimization for aquaculture water quality prediction[J]. Mathematical and Computer Modeling, 2013, 58(4/3): 458-465.

[49] Moazami S, Noori R, Amiri B J, et al. Reliable prediction of carbon monoxide using developed support vector machine[J]. Atmospheric Pollution Research, 2016, 7(3): 412-418.

[50] 笪英云，汪晓东，赵永刚，等. 基于关联向量机回归的水质预测模型[J]. 环境科学学报，2015, 35(11): 3730-3735.

[51] 王凡，周扬，刘伟，等. 常用水质综合评价方法探讨[J]. 安徽农业科学，2009，37(31): 15394-15396.

[52] Kuo Y M, Liu C W, Lin K H. Evaluation of the ability of an artificial neural network model to assess the variation of groundwater quality in an area of blackfoot disease in Taiwan[J]. Water Research, 2004, 38(1): 148-158.

[53] Karul C, Soyupak S, Cilesizc A F, et al. Case studies on the use of neural networks in eutrophication modeling[J]. Ecological Modelling, 2000, 134(2-3): 145-152.

[54] Sanchez E, Colmenarejo M F, Vicente J, et al. Use of the water quality index and dissolved oxygen deficit as simple indicators of watersheds pollution[J]. Ecological Indicators, 2007, 7(2): 315-328.

[55] Bokar H, Tang J, Lin N. Groundwater quality and contamination index mapping in Changchun

City, China[J]. Chinese Geographical Science, 2004, 14(1): 63-70.
[56] Aizaki M, Otsuki A, Fukushima T, et al. Application of Carlson's trophic state index to Japanese lakes and relationships between the index and other parameters[J]. Internationale Vereinigung für Theoretische und Angewandte Limnologie: Verhandlungen, 1981, 21: 675-681.
[57] 李祚泳, 张正健, 余春雪. 基于投影寻踪回归的指标规范值的水质评价模型[J]. 水文, 2012, 32(3): 6-12.
[58] 李祚泳, 张正健, 汪嘉杨, 等. 基于水环境信息规范变换的水质普适指数公式[J]. 环境科学学报, 2012, 32(3): 668-677.
[59] 李祚泳, 徐源蔚, 汪嘉杨, 等. 基于前向神经网络的广义环境系统评价普适模型[J]. 环境科学学报, 2015, 35(9): 2996-3005.
[60] 李祚泳, 张小丽, 汪嘉杨. 基于规范变换的空气质量指数公式的广义普适性[J]. 安全与环境学报, 2016, 16(3): 316-319.
[61] Wang X G, Tang Z, Tamura H, et al. An improved backpropagation algorithm to avoid the local minima problem[J]. Neurocomputing, 2004, 56(1): 455-460.
[62] Noori R, Karbassi A, Ashrafi K, et al. Active and online prediction of BOD_5 in river systems using reduced-order support vector machine[J]. Environmental Earth Sciences, 2012, 67(1): 141-149.
[63] 崔东文, 郑斌. 几种智能优化算法与支持向量机相融合的月径流预测模型及应用[J]. 人民珠江, 2016, 37(3): 18-25.
[64] Sousa S I V, Martins F G, Alvim-Ferraz M C M, et al. Multiple linear regression and artificial neural networks based on principal components to predict ozone concentrations[J]. Environmental Modelling & Software, 2007, 22(1): 97-103.
[65] 李嵩, 王翼, 张丹闯, 等. 大气 $PM_{2.5}$ 污染指数预测优化模型仿真分析[J]. 计算机仿真, 2015, 32(12): 400-407.
[66] 田静毅, 范泽宣, 孙丽华. 基于 BP 神经网络的空气质量预测与分析[J]. 辽宁科技大学学报, 2015, 38(2): 131-136.
[67] Liu Y H, Zhu Q R, Yao D W, et al. Forecasting urban air quality via a back-propagation neural network and a selection sample rule[J]. Atmosphere, 2015, 6(7): 891-907.
[68] 李祚泳, 汪嘉杨, 徐源蔚. 基于规范变换与误差修正的回归支持向量机的环境系统预测[J]. 环境科学学报, 2018, 38(3): 1235-1244.
[69] 李祚泳, 汪嘉杨, 徐源蔚. 规范变换与误差修正结合的环境系统的前向网络和投影寻踪预测模型[J]. 环境科学学报, 2019, 39(6): 2053-2070.
[70] 李祚泳, 魏小梅, 汪嘉杨. 规范变换降维与误差修正结合的环境系统的一元线性回归预测[J]. 环境科学学报, 2019, 39(7): 2455-2466.

第 2 章　规范变换的环境评价与预测的建模思想和方法

科学追求真实，追求简洁、对称、和谐和统一之美。因此，人们总希望在更大范围内寻求一种简洁、对称、和谐和统一的理论。为此，本书将物理学中的“规范变换”思想与优化算法相结合引入包括空气、各类水体、水资源可持续利用、水资源承载力、水安全及城市可持续发展等在内的广义环境系统，实现基于规范变换的广义环境系统评价、预测模型与公式的客观综合与和谐统一。本章介绍基于规范变换的广义环境系统评价与预测普适模型的建模思想和方法。

2.1　评价指标或预测量及其影响因子的规范变换

由于环境系统(事实上涵盖包括环境系统在内的任意系统)的不同要素(评价指标或环境变量及其影响因子)之间不仅单位、量纲、数值大小等有所不同，而且其分布特性(正态或非正态、高维或低维)和变化规律(线性或非线性、正向或逆向、快变或缓变、平稳或剧烈、趋势性或波动性)都存在巨大差异，因而环境系统是一个非常复杂的巨系统。正因为如此，要建立简单实用而又有较高精度的评价或预测模型并非易事。无论是传统的评价模型还是预测模型，其所采用要素的数据变换式(如极差归一化和均值-方差标准化)之间均是彼此独立无关的，变换后不同要素的数据分布特性和变化规律也不会变得相同，因此也就不能简化模型结构。故传统评价和预测模型存在的主要困难是：在评价指标或环境变量的影响因子较多又复杂(如数据非线性、非正态、波动大)的情况下，不仅评价和预测模型的结构复杂，计算工作量大，计算效率低，收敛速度慢；而且因为需要优化的模型参数多，在参数优化调试过程中，需要兼顾具有不同特性的众多要素，以满足不同评价或预测模型制定的目标函数式的精度要求。因此，无论是智能评价或预测模型，还是统计评价或预测模型，即便长时间训练，也很难达到指定的精度要求[1]。

规范不变性(对称性)是自然界普遍存在的特性；而降维法、规范化和线性化则是解决非线性、高维复杂问题的常用手段。因此，针对传统的评价和预测模型对多因子、非线性的复杂问题建模，存在模型结构复杂，需要优化的参数多，学习效率低，以及对不同样本数和指标数或因子数的建模不能普适、规范和统一的局限。在不损失信息的前提下，采用等效规范因子降维法，对于各类环境系统样本的评价指标或影响因子的数据，不管样本空间是高维还是低维，样本变量之间是简单的线性关系还是复杂的非线性关系，也无论样本变量的变化规律是趋势性还是波动性、平稳还是剧烈、快变还是缓变，只要按照一定的原则和方法，总可以对不同要素(评价指标或环境变量及其影响因子)设置适当的参照值 c_{j0}、阈值 c_{jb} 和幂指数值 n_j，构造幂函数和对数函数相结合的规范变换式，对各评价指标的分级标准值或影响因子数据进行映射变换，使规范变换后不同指标的同级标准规范值或不同影响因子的最大与最小规范值都能被分别限定在一个特定的较小区间内，从而可以认为用规范值表示的不同指标或不同因子皆分别等效于同一个规范指标，因而适用于环境系统的各种评价模型或预测模型都可以分别用该等效规范指标或等效规范因子的相应模型等效替代，极大地减少了评价指标或影响因子的数目，进而简化了评价模型或预测模型的结构，并减少了需要优化的模型参数，大大提高了学习效率。并在满足一定优化目标准则的条件下，采用优化算法分别对模型中的参数进行优化，得到适用于任意环境系统指标规范值的简洁、规范、和谐、统一、普适和通用的评价模型或预测模型[1,2]。

2.2 基于规范变换的环境评价模型

2.2.1 指标参照值和规范变换式的设置

对于同类环境系统，依据评价指标分级标准，分别设置各指标的参照值 c_{j0} 和用幂函数及对数函数组成的各指标值的规范变换式；并对各指标的分级标准值进行规范变换，使规范变换后不同指标的同级标准规范值都能被分别限定在一个特定的较小区间内，得到指标的分级标准规范值，并用指标的分级标准规范值作为训练样本；对于广义环境系统(即任意系统)，设评价分 K 级，则在各级标准规范值被限定的特定较小区间内，各随机生成 L 个规范值，K 级共生成 LK 个规范值，例如，K=5，L=100，则一共生成 500 个规范值，将其按照一定的组合原则组成训练样本[3,4]。

2.2.2 评价模型的优化和可靠性分析

1) 评价模型的优化

依据评价问题的实际情况和需要，选择适当的评价模型(包括评价指数公式和智能评价模型)。为了确定模型参数，设置优化目标函数式，将组成训练样本的规范值代入评价模型，对选择的评价模型进行训练。当优化目标函数值满足 $\min Q=Q_0$ 时，停止迭代，得到优化后模型中的普适参数值，从而得到优化后对所有指标规范值皆适用的普适评价模型。

2) 评价模型的可靠性分析

评价模型中的参数是在满足一定优化目标函数准则的条件下，用指标各级标准的规范值 x'_{jk} 作为输入数据和对各级标准设定的目标值 XI_{k0} 作为输出数据优化确定的，因此必然导致优化得到的参数值存在一定程度的不确定性。这种不确定性对评价模型中参数的影响程度可以通过对模型灵敏度的分析来确定。

2.2.3 评价模型综合输出值及其分级标准值的计算

1) 评价模型综合输出值的计算

依据各指标参照值和指标值的规范变换式，计算评价样本各指标的规范值 x'_j，并将其代入参数优化好的评价模型中，计算得到各指标的模型输出值或多指标的模型综合输出值；若为前者，则在视各指标为等权或用加权公式加权的情况下，计算评价样本的模型输出综合值。

2) 评价模型的分级标准值的计算

无论是同类环境评价，还是广义环境评价，皆是将与评价问题有关的各指标的各分级标准规范值 x'_{jk} 分别代入参数优化得到的模型中，并在视各指标为等权的情况下，计算得到适用于任意 m 项指标的评价模型计算输出的分级标准值。

2.2.4 指标的赋权

在某些情况下，指标的权值分配会直接影响环境质量的综合评价结果。而权值的确定包括主观权值和客观权值两个方面，前者是指人们对评价指标的重视程度；后者指评价指标对环境质量的影响程度。权值的确定方法有数十种。常用的指标赋权法如下。

(1) 普通赋权法。指标 j 的归一化权值计算公式为

$$w_{ij} = x'_{ij} / \sum_{j=1}^{m} x'_{ij} \tag{2-1}$$

式中，x'_{ij} 为样本 i 的指标 j 的规范值；m 为评价指标数；w_{ij} 为样本 i 的指标 j 的归一化权值。

(2) 超标加权法。指标 j 的归一化权值计算公式为

$$w_{ij} = \frac{x'_{ij} / \overline{x}'_{jk}}{\sum_{j=1}^{m} (x'_{ij} / \overline{x}'_{jk})} \tag{2-2}$$

式中，x'_{ij} 为样本 i 的指标 j 的规范值；$\overline{x}'_{jk}$ 为指标 j 的各级标准规范值的平均值；

m 为评价指标数；w_{ij} 为样本 i 的指标 j 的归一化权值。

(3) 熵值赋权法。在信息论中，熵可以用来度量数据本身所提供信息的有效性，定义指标熵值为

$$S_{ij} = 1 + \frac{1}{\log_2 K}\sum_{k=1}^{K}(\mu'_{ijk} \cdot \log_2 \mu'_{ijk}) \tag{2-3}$$

式中，K 为评价级别数；μ'_{ijk} 为样本 i 的指标 j 属于第 k 级标准的评价值；S_{ij} 为样本 i 的指标 j 的熵值，再用式(2-4)归一化。

$$w_{ij} = S_{ij} / \sum_{j=1}^{m} S_{ij} \tag{2-4}$$

式中，m 为评价指标数；w_{ij} 为样本 i 的指标 j 的归一化权值。

(4) 模糊广义对比加权法。环境质量综合评价时，由于各单指标对综合评价指数的贡献不是简单的线性关系，当单指标的环境质量指数值 XI 处于[0,1]时，可以采用以下两种方法进行加权。

① 若要增强指数值 XI_j(或指标规范值 x'_j)较小的指标在综合评价中的重要性，而适当削弱指数值 XI_j(或指标规范值 x'_j)较大的指标在综合评价中的重要性，可用式(2-5)所示的模糊广义对比加权公式计算单指标指数的权值[4]。

$$w'_{ij} = \begin{cases} (\mathrm{XI}_{ij}/2)^{\frac{1}{q}}, & 0 \leqslant \mathrm{XI}_{ij} \leqslant 0.5 \\ 1-\left(\dfrac{1-\mathrm{XI}_{ij}}{2}\right)^{\frac{1}{q}}, & 0.5 < \mathrm{XI}_{ij} \leqslant 1 \end{cases} \tag{2-5}$$

② 若要适当削弱指数值 XI_j(或指标规范值 x'_j)很小的指标在综合评价中的重要性，而适当增强指数值 XI_j(或指标规范值 x'_j)较大的指标在综合评价中的重要性，可用式(2-6)所示的模糊广义对比加权公式计算单指标指数的权值[4]。

$$w'_{ij} = \begin{cases} (\mathrm{XI}_{ij}/2)^{\frac{1}{q}}, & 0.5 \leqslant \mathrm{XI}_{ij} \leqslant 1 \\ 1-\left(\dfrac{1-\mathrm{XI}_{ij}}{2}\right)^{\frac{1}{q}}, & 0 \leqslant \mathrm{XI}_{ij} < 0.5 \end{cases} \tag{2-6}$$

式(2-5)和式(2-6)中，XI_{ij} 为由指数公式计算得到的样本 i 的指标 j 的指数值(或指标 j 的规范值 x'_j)；q 为设定的整常数，通常取 q=2, 3, 4。

再将由式(2-5)和式(2-6)计算得到的 w'_{ij} 用式(2-7)归一化为 w_{ij}。

$$w_{ij} = w'_{ij} / \sum_{j=1}^{m} w'_{ij} \tag{2-7}$$

式中，m 为评价指标数；w_{ij} 为样本 i 的指标 j 的归一化权值。

2.2.5 评价结果分析与比较

依据模型综合输出的分级标准值，由计算得到评价样本的模型输出综合值，对待评价样本的所属等级(类别)做出判断，并分析模型的评价结果是否符合实际，也可与其他模型和方法的评价结果进行比较。

2.3 基于规范变换的环境预测模型

2.3.1 预测变量及其影响因子的参照值和规范变换式

对一个实际预测建模问题，依据预测变量及其影响因子的原始数据，按照参照值和规范变换式的设计原则和方法，设置预测变量及其影响因子的参照值 c_{j0}、幂指数值 n_j 和阈值 c_{jb} 及规范变换式，并计算因子和预测变量的规范值。

2.3.2 预测模型的优化和可靠性分析

1) 预测模型的优化

结合预测问题的实际需要，选择适当的预测模型(主要是智能预测模型)，为了确定预测模型参数，设置优化目标函数式，将组成训练样本的变量及其影响因子的规范值代入预测模型，对选择的预测模型进行训练。当优化目标函数值满足 $\min Q=Q_0$ 时，停止迭代，得到优化后的预测模型中的普适参数值，从而得到优化后对所有影响因子皆适用的普适预测模型。

2) 预测模型的可靠性分析

预测模型中的参数是在满足一定优化目标函数准则条件下，以建模样本组成的训练样本的影响因子的规范值 x'_{jk} 作为输入数据，用变量规范值作为目标值 XI_{k0} 输出数据优化确定的，因而必然导致优化得到的参数值存在一定程度的不确定性。这种不确定性对预测模型中参数的影响程度可以通过对模型灵敏度的分析来确定[2,5]。

2.3.3 拟合和检测(预测)样本的模型输出值及拟合相对误差的计算

用优化好的预测模型，计算建模(学习)样本的模型拟合输出值及其相对误差的绝对值；同样再用优化好的预测模型计算检测(预测)样本的模型计算输出值。

2.3.4　检测(预测)样本模型输出的误差修正及预测

为提高检测(预测)样本尤其是异常预测样本的预测精度，多数情况下需要用相似样本误差修正公式对计算得到的检测(预测)样本模型输出值进行误差修正[2,5]。

将由计算得到的修正后的检测(预测)样本模型输出值，再用预测变量的规范变换式进行逆运算，计算得到检测(预测)样本的预测值。

2.3.5　预测模型精度 *F* 值的统计检验

精度是指模型的计算结果与实际数据之间的吻合程度。常用模型的精度 *F* 值统计检验进行验证，通过比较两组数据的方差，以确定它们的精度是否有显著性差异，*F* 值统计检验计算式如式(2-8)所示。

$$F = \left(\frac{U}{m}\right) \Big/ \left(\frac{Q}{n-m-1}\right) \tag{2-8}$$

式中，U 和 Q 分别为样本的回归平方和与残差平方和；m 为影响因子数；n 为样本数。

选择显著水平 α=0.005～0.10，查阅 F 分布表中自由度 $n_1=m$，$n_2=n-m-1$ 时的临界值 $F_{0.005\sim0.10}$。若由式(2-8)计算出的 $F>F_{0.005\sim0.10}$，则模型精度得到验证。

参 考 文 献

[1] 李祚泳, 张正健, 汪嘉杨, 等. 基于水环境信息规范变换的水质普适指数公式[J]. 环境科学学报, 2012, 32(3): 668-677.

[2] 李祚泳, 汪嘉杨, 徐源蔚. 基于规范变换与误差修正的回归支持向量机的环境系统预测[J]. 环境科学学报, 2018, 38(3): 1235-1244.

[3] 李祚泳, 徐源蔚, 汪嘉杨, 等. 基于前向神经网络的广义环境系统评价普适模型[J]. 环境科学学报, 2015, 35(9): 2996-3005.

[4] 李祚泳, 王文圣, 张正健, 等. 环境信息规范对称与普适性[M]. 北京: 科学出版社, 2011.

[5] 李祚泳, 汪嘉杨, 徐源蔚. 规范变换与误差修正结合的环境系统的前向网络和投影寻踪预测模型[J]. 环境科学学报, 2019, 39(6): 2053-2070.

第 3 章　同类环境评价的普适指数公式

环境评价的指数公式因具有形式简洁、计算简单、使用方便、结果直观等优点而被广泛应用。但即使是同类环境，传统的指数公式也因指标不同或指标的分级标准不同而不同，因而不具有普适性和通用性。本章基于国家环境空气质量标准和各类水体环境质量标准，在适当设定各指标参照值和指标值的规范变换式的基础上,优化得到分别适用于空气环境和水环境评价的多种形式的普适指数公式。

3.1　空气环境评价的普适指数公式

传统的空气环境评价指数公式容易忽略或过分突出主要污染指标在评价中的作用，往往使评价结果与空气环境污染的实际情况不相符合；此外，传统的空气环境评价指数公式中的参数值随指标的不同而不同，公式无可比性和通用性。

在适当设定空气环境各指标年平均浓度、日平均浓度的参照值和规范变换式的基础上，不同指标同级标准的数值经规范变换后的规范值差异很小，从而可以认为用规范值表示的不同指标都与某个规范指标等效。因此，用规范值表示的不同指标某种形式的环境空气评价指数公式都可以用该等效规范指标的环境空气评价指数公式替代。并在满足一定优化目标准则的条件下，采用优化算法对公式中的参数进行迭代优化，分别得出优化后对空气 7 项指标的年平均浓度、日平均浓度皆适用的形式简洁、和谐统一、计算简便和普适通用的普适指数公式，如对数型幂函数指数公式、韦伯-费希纳(Weber-Fechner，简称 W-F)定律指数公式、Γ 型分布函数指数公式、污染危害(S 型)函数指数公式、加权加和型幂函数指数公式和参数化组合算子指数公式等[1]。

3.1.1　空气指标参照值和规范变换式的设置

由于 2016 年起全国实施的《环境空气质量标准》(GB 3095—2012)(简称新标准)与之前实施的《环境空气质量标准》(GB 3095—1996)及其修改单(简称旧标准)的主要区别在于新标准将旧标准的空气污染物项目(指标)的年浓度限值、日浓度限值的二、三两级标准合并为二级标准，而基于规范变换建立适用于旧标准的三级空气环境评价的公式或模型同样也适用于新标准的二级空气环境评价。因此，本章依据《环境空气质量标准》(GB 3095—1996)及其修改单，选取 7 项空气指标，并按照 2.2.1 节指标参照值和规范变换式的设置原则和方法，分别设定年平均浓度、日平均浓度的参照值 c_{j0}，见表 3-1。各指标值的规范变换式如式(3-1)和式(3-2)所示[1]。

$$x_j=\begin{cases}(c_j/c_{j0})^2, & c_j \geqslant c_{j0}，\text{对DF和NO}_2\text{指标}\\ c_j/c_{j0}, & c_j \geqslant c_{j0}，\text{对除DF和NO}_2\text{外的其余5项指标}\\ 1, & c_j < c_{j0}，\text{对全部7项指标}\end{cases} \tag{3-1}$$

$$x'_j=\frac{1}{10}\ln x_j \tag{3-2}$$

式中，c_j 为空气指标 j 的年平均浓度值、日平均浓度值(实测值或分级标准值)；c_{j0} 为设定的空气指标 j 的参照值；x_j 为指标 j 的变换值；x'_j 为指标 j 的规范变换值，简称规范值。7 项空气指标年平均浓度、日平均浓度的各级标准的变换值 x_{jk} 和规范值 x'_{jk} 见表 3-1。

表 3-1　空气年平均、日平均指标参照值 c_{j0} 和各级标准浓度限值 c_{jk} 及其变换值 x_{jk}、规范值 x'_{jk}

指标	时间	c_{j0}	c_{jk}			x_{jk}			x'_{jk}		
			c_{j1}	c_{j2}	c_{j3}	x_{j1}	x_{j2}	x_{j3}	x'_{j1}	x'_{j2}	x'_{j3}
SO_2	年平均	0.004	0.02	0.06	0.10	5.00	15.00	25.00	0.1609	0.2708	0.3219
	日平均	0.010	0.05	0.15	0.25	5.00	15.00	25.00	0.1609	0.2708	0.3219
NO_x	年平均	0.004	0.02	0.05	0.10	5.00	12.50	25.00	0.1609	0.2526	0.3219
	日平均	0.008	0.05	0.10	0.15	6.25	12.50	18.75	0.1833	0.2526	0.2931
NO_2	年平均	0.018	0.04	0.08	0.08	4.94	19.75	19.75	0.1597	0.2983	0.2983
	日平均	0.030	0.08	0.12	0.12	7.11	16.00	16.00	0.1962	0.2773	0.2773
PM_{10}	年平均	0.006	0.04	0.10	0.15	6.67	16.67	25.00	0.1897	0.2813	0.3219
	日平均	0.010	0.05	0.15	0.25	5.00	15.00	25.00	0.1609	0.2708	0.3219
TSP	年平均	0.015	0.08	0.20	0.30	5.33	13.33	20.00	0.1673	0.2590	0.2996
	日平均	0.020	0.12	0.30	0.50	6.00	15.00	25.00	0.1792	0.2708	0.3219
DF	年平均	3.000	6.8	10.2	13.6	5.14	11.56	20.55	0.1637	0.2448	0.3023
	日平均	4.000	8.0	12.0	20.0	4.00	9.00	25.00	0.1386	0.2197	0.3219
CO	年平均	0.200	1.5	2.5	4.0	7.50	12.50	20.00	0.2015	0.2526	0.2996
	日平均	0.250	2.0	4.0	6.0	8.00	16.00	24.00	0.2079	0.2773	0.3178

注：DF 的 c_{j0} 和 c_{jk} 单位为 t/(km^2 · 月)；其余指标的 c_{j0} 和 c_{jk} 单位为 mg/m^3。

3.1.2 指标规范值的空气环境评价普适指数公式

1) 普适指数公式的表达式

表 3-1 中 7 项空气指标的年平均浓度、日平均浓度的分级标准值(即分级标准浓度限值)c_{jk}(j=1, 2,⋯, 14; k=1, 2, 3)经式(3-1)和式(3-2)变换后不同指标的同级标准规范值的差异很小，因而可以用一个等效规范指标近似代替 14 项空气指标。从而建立适用于等效规范指标的空气环境评价的对数型幂函数、W-F 定律、Γ 型分布函数、污染危害(S 型)函数、加权加和型幂函数和参数化组合算子等 6 种类型的指数公式，如式(3-3)～式(3-8)所示[1]。

(1) 对数型幂函数指数公式。

$$\mathrm{LI}_j = a_1(\ln x_j)^{b_1} \tag{3-3}$$

(2) W-F 定律指数公式。

$$\mathrm{FI}_j = \alpha \lg x_j \tag{3-4}$$

(3) Γ 型分布函数指数公式。

$$\Gamma\mathrm{I}_j = \begin{cases} 0 \\ 1 - a_2 \mathrm{e}^{-b_2 \ln x_j} \end{cases} = \begin{cases} 0, & 0 \leqslant x_j \leqslant a_2^{1/b_2} \\ 1 - a_2 x_j^{-b_2}, & x_j > a_2^{1/b_2} \end{cases} \tag{3-5}$$

(4) 污染危害(S 型)函数指数公式。

$$\mathrm{PI}_j = \frac{1}{1 + a_3 \mathrm{e}^{-b_3 \ln x_j}} = \frac{1}{1 + a_3 x_j^{-b_3}} \tag{3-6}$$

(5) 加权加和型幂函数指数公式。

$$\mathrm{UI} = a_4 \left(\sum_{j=1}^{m} \omega_j x'_j \right)^{b_4}, \quad x'_j = \frac{1}{10} \ln x_j \tag{3-7}$$

(6) 参数化组合算子指数公式。

$$\lambda\mathrm{I} = \left(\min_{1 \leqslant j \leqslant m} x'_j \right)^{\lambda} \left(\max_{1 \leqslant j \leqslant m} x'_j \right)^{1-\lambda}, \quad x'_j = \frac{1}{10} \ln x_j \tag{3-8}$$

式中，x_j 是由式(3-1)计算得到的指标 j 的变换值；a_i、b_i(i=1, 2, 3, 4)，α 和 λ 分别为需要优化确定的不同指数公式中的普适参数，它们的取值与各项具体指标无关，而是对 7 项空气指标的年平均浓度值、日平均浓度值皆共同适用；LI_j、FI_j、$\Gamma\mathrm{I}_j$、PI_j 分别为指标 j 的对数型幂函数指数、W-F 定律指数、Γ型分布函数指数、污染危害(S 型)函数指数；UI 和λI 分别为 m 项指标的加权加和型幂函数指数和参数化组合算子指数；ω_j 为用某加权公式确定的指标 j 的规范值 x'_j 的归一化权值。

2) 普适指数公式中参数的优化

为了确定对 7 项空气指标皆适用的式(3-3)～式(3-8)中的普适参数，在满足式(3-9a)或式(3-9b)所示的优化目标函数的条件下，应用猴王免疫进化算法对各式中的参数进行优化。在优化过程中，该算法的参数设置见表 3-2。猴王免疫进化算法的基本思想及算法实现过程详见文献[2]。

$$\min Q_1 = \frac{1}{K \times M}\sum_{k=1}^{K}\sum_{j=1}^{M}(\mathrm{XI}_{jk} - \mathrm{XI}_{k0})^2 \tag{3-9a}$$

或

$$\min Q_2 = \frac{1}{K}\sum_{k=1}^{K}(\mathrm{XI}_{jk} - \mathrm{XI}_{k0})^2 \tag{3-9b}$$

式中，K 为分级总数($K = 3$)。在式(3-9a)中，$M = 2\times 7 = 14$，为总项数；$\mathrm{XI}_{k0}(k = 1, 2, 3)$为设定的与具体指标无关，只与公式类型及 k 级标准有关的指数目标值；XI_{jk} 分别表示由式(3-3)～式(3-6)计算得到的指标 j 的 k 级标准的指数值；X 代表 L、F、Γ、P。在式(3-9b)中，XI_{jk} 为由式(3-7)或式(3-8)计算得到的 m 项指标的 k 级标准综合指数值；$\mathrm{XI}_{k0}(k = 1，2，3)$为设定的与具体指标无关，只与 k 级标准有关的综合指数目标值。不同类型公式的各级目标值 XI_{k0} 设定见表 3-3。

表 3-2　猴王免疫进化算法的参数设置

群体规模 P	最大迭代次数 T	免疫进化概率 r_1	随机引进概率 r_2	变异调整系数 λ	免疫进化算法动态调整系数 A
100	100	0.5	0.2	0.1	10

表 3-3　空气环境不同评价指数公式各级标准指数目标值 XI_{k0} 和优化目标函数最小值及优化后的参数值

指数公式类型	XI_{k0}			Q_0	优化后的参数值
	k=1	k=2	k=3		
对数型幂函数指数公式	0.30	0.55	0.70	0.00001	a_1=0.132132，b_1=1.470851
W-F 定律指数公式	0.40	0.60	0.70	0.00002	α = 0.522554
Γ型分布函数指数公式	0.30	0.60	0.70	0.00001	a_2=2.035026，b_2=0.618489
污染危害(S 型)函数指数公式	0.30	0.50	0.60	0.00001	a_3=11.655076，b_3=0.925597
加权加和型幂函数指数公式	0.30	0.50	0.60	0.00001	a_4=2.430146，b_4=1.192206
参数化组合算子指数公式	0.15	0.25	0.30	0.00001	λ=0.985000

当各式满足表 3-3 所示的优化目标函数 $\min Q = Q_0$ 时，停止迭代，分别得到

优化后的式(3-3)～式(3-8)中的参数值，见表 3-3，从而得到优化后对 7 项空气指标年平均浓度、日平均浓度皆适用的 6 种类型空气质量评价的普适指数公式[1]。

(1) 对数型幂函数指数公式。

$$\mathrm{LI}_j = 0.132132(\ln x_j)^{1.470851} \tag{3-10}$$

(2) W-F 定律指数公式。

$$\mathrm{FI}_j = 0.522554\lg x_j \tag{3-11}$$

(3) Γ型分布函数指数公式。

$$\Gamma\mathrm{I}_j = \begin{cases} 0 \\ 1-2.035026\mathrm{e}^{-0.618489\ln x_j} \end{cases} = \begin{cases} 0, & 0 \leqslant x_j \leqslant 3.15 \\ 1-2.035026x_j^{-0.618489}, & x_j > 3.15 \end{cases} \tag{3-12}$$

(4) 污染危害(S 型)函数指数公式。

$$\mathrm{PI}_j = \frac{1}{1+11.655076x_j^{-0.925597}} \tag{3-13}$$

(5) 加权加和型幂函数指数公式。

$$\mathrm{UI} = 2.430146\left(\sum_{j=1}^{m}\omega_j x'_j\right)^{1.192206}, \quad x'_j = \frac{1}{10}\ln x_j \tag{3-14}$$

(6) 参数化组合算子指数公式。

$$\lambda\mathrm{I} = \left(\min_{1\leqslant j\leqslant m} x'_j\right)^{0.985000}\left(\max_{1\leqslant j\leqslant m} x'_j\right)^{0.015000}, \quad x'_j = \frac{1}{10}\ln x_j \tag{3-15}$$

m 项指标的综合指数公式为

$$\mathrm{XI} = \sum_{j=1}^{m} w_j \mathrm{XI}_j \tag{3-16}$$

式中，XI_j 为由式(3-10)～式(3-13)和式(3-15)计算得到的指标 j 的某种类型指数值；w_j 为指标 j 的某种类型指数值的归一化权值，满足 $\sum_{j=1}^{m} w_j = 1$；式(3-14)中，ω_j 为 x'_j 的归一化权值，多数情况下视为等权即可；式(3-16)中，对于参数化组合算子指数 λI，w_j 为指数λI 的归一化权值，多数情况下亦可视为等权。某些情况下，w_j 需用加权公式对指标进行赋权；对于参数化组合算子指数λI，m 为指数λI 的数目，对其余类型的指数，m 为指标的数目。

3) 综合指数的分级标准值

将表 3-1 中 7 项空气指标的年平均浓度、日平均浓度各分级标准值的变换值 x_{jk} 分别代入式(3-10)～式(3-15)，并在将各指标视为等权的情况下，由式(3-14)或式(3-16)计算得到适用于任意 $m(1\leqslant m\leqslant 14)$项指标的 6 种类型的空气质量综合指数

分级标准值 XI_k(k=1，2，3)，X 代表 L、F、Γ、P、U 和λ，见表 3-4。

表 3-4　适用于任意 m 项空气指标的 6 种类型空气质量综合指数的分级标准值 XI_k

指数公式类型	各种类型的空气质量综合指数的分级标准值 XI_k		
	k=1	k=2	k=3
对数型幂函数指数公式	0.2987	0.5525	0.6986
W-F 定律指数公式	0.3941	0.5996	0.7037
Γ型分布函数指数公式	0.3000	0.6002	0.6998
污染危害(S 型)函数指数公式	0.3010	0.4975	0.6017
加权加和型幂函数指数公式	0.3014	0.4971	0.6017
参数化组合算子指数公式	0.1584	0.2507	0.2986

3.1.3　空气环境评价普适指数公式的可靠性分析

空气环境评价普适指数公式(3-10)～式(3-15)中的参数是在满足一定优化目标函数准则条件下，以 7 项空气指标的年平均浓度、日平均浓度各级标准的变换值 x_{jk} 或规范变换值 x'_{jk} 为输入数据，并以对各级标准设定的指数目标值 XI_{k0} 作为输出数据优化确定的，因而必然导致优化得到的参数值存在一定程度的不确定性。这种不确定性对公式的影响程度可以通过对公式灵敏度的分析来确定。

指数公式的可靠性分析过程如下：某种指数公式的指数 XI 的相对误差 $\Delta XI_k/XI_{k0}$ 是其参数(如有两个参数 a、b)的相对误差$\Delta a/a_0$、$\Delta b/b_0$ 的线性表达式，其表达式中参数相对误差$\Delta a/a_0$、$\Delta b/b_0$ 的系数就是各自参数的灵敏度 S_a、S_b。而参数的灵敏度定义为：指数 XI 的相对误差$\Delta XI_k/XI_{k0}$ 与参数的相对误差$\Delta a/a_0$(或$\Delta b/b_0$)的比值。由指数公式计算得到的各级标准值 XI_k 及其各级标准的指数目标值 XI_{k0}，可计算得到各级标准的相对误差$\Delta LI_k/LI_{k0}$，再根据全部指标的各级标准规范值的平均值 $\overline{x'_k}$，由参数灵敏度的定义可计算出各级标准的参数灵敏度 S_a(或 S_b)；并运用最小二乘法计算得出指数公式中参数的相对误差$\Delta a/a_0$(或$\Delta b/b_0$)和绝对误差Δa(或Δb)。不同指数公式的指数分级标准的指数相对误差及参数的灵敏度见表 3-5；不同指数公式中参数的可靠性分析结果见表 3-6。不同指数公式的可靠性分析过程详见文献[3]。

表 3-5　不同指数公式的指数分级标准的指数相对误差及参数的灵敏度

k	对数型幂函数指数公式			W-F 定律指数公式		Γ型分布函数指数公式		
	$\Delta LI_k/LI_{k0}$	S_{a_1}	S_{b_1}	$\Delta FI_k/FI_{k0}$	S_α	$\Delta \Gamma I_k/\Gamma I_{k0}$	S_{a_2}	S_{b_2}
1	0.0043	0.9917	0.8049	0.0148	0.9851	0.0000	−2.2916	2.4611

续表

k	对数型幂函数指数公式			W-F 定律指数公式		Γ型分布函数指数公式		
	$\Delta LI_k/LI_{k0}$	S_{a_1}	S_{b_1}	$\Delta FI_k/FI_{k0}$	S_α	$\Delta \Gamma I_k/\Gamma I_{k0}$	S_{a_2}	S_{b_2}
2	0.0045	1.0028	1.4330	0.0007	0.9992	0.0003	−0.6552	1.0706
3	0.0020	0.9972	1.6599	0.0053	1.0053	0.0003	−0.4246	0.8143

k	污染危害(S 型)函数指数公式			参数化组合算子指数公式		加权加和型幂函数指数公式		
	$\Delta PI_k/PI_{k0}$	S_{a_3}	S_{b_3}	$\Delta\lambda I_k/\lambda I_{k0}$	S_λ	$\Delta UI_k/UI_{k0}$	S_{a_4}	S_{b_4}
1	0.0033	−0.7044	1.1321	0.0560	−0.4551	0.0047	0.9174	−1.9982
2	0.0050	−0.5000	1.2227	0.0028	−0.3097	0.0058	1.0239	−1.5947
3	0.0028	−0.3985	1.1439	0.0047	−0.1464	0.0028	1.0485	−1.4170

表 3-6 不同指数公式中参数的可靠性分析结果

指数公式类型	参数的相对误差	参数的绝对误差
对数型幂函数指数公式	$\Delta a_1/a_1$=0.639%，$\Delta b_1/b_1$= −0.213%	Δa_1=0.000844，Δb_1= −0.003133
W-F 定律指数公式	$\Delta\alpha/\alpha$=0.692%	$\Delta\alpha$=0.003616
Γ型分布函数指数公式	$\Delta a_2/a_2$=0.089%，$\Delta b_2/b_2$=0.083%	Δa_2=0.001811，Δb_2 =0.000513
污染危害(S 型)函数指数公式	$\Delta a_3/a_3$=0.032%，$\Delta b_3/b_3$=0.334%	Δa_3=0.003730，Δb_3=0.003091
加权加和型幂函数指数公式	$\Delta a_4/a_4$=0.070%，$\Delta b_4/b_4$= −0.224%	Δa_4=0.001701，Δb_4 = −0.002672
参数化组合算子指数公式	$\Delta\lambda/\lambda$= −8.330%	$\Delta\lambda$= −0.082051

3.1.4 空气环境评价普适指数公式与传统指数公式的比较

基于指标规范值的空气环境评价普适指数公式与传统指数公式的比较见表 3-7。

表 3-7 基于指标规范值的空气环境评价普适指数公式与传统指数公式的比较

指数公式类型	传统指数公式	基于指标规范值的普适指数公式
对数型幂函数指数公式 W-F 定律指数公式 Γ型分布函数指数公式 污染危害(S 型)函数指数公式 加权加和型幂函数指数公式	公式中的参数值依赖于指标的选取，不同指标或不同指标组合相应有不同的参数值，因此各种指数公式皆不具有通用性和普适性。因而也没有统一的指数值的分级标准	所有公式中的参数都与具体指标无关，而是对所有 7 项空气指标的年平均浓度、日平均浓度都适用的普适参数。因而建立的公式对各指标都具有普适性和通用性
参数化组合算子指数公式	公式只适用于特定区域的 m 项指标建立的空气质量组合算子模型，不能适用于任意地区的任意 $m(1\leqslant m\leqslant 14)$项指标的参数化组合算子模型；由于对所有指标取极小、极大运算，会丢失太多信息，往往导致评价结果失真	公式适用于任意 $m(1\leqslant m\leqslant 14)$项指标规范值的参数化组合算子模型，因而公式具有普适性。将 $m(1\leqslant m\leqslant 14)$项指标规范值分组后的二元组合算子公式能充分利用指标信息，减少信息丢失，从而使评价结果更接近实际

3.2　空气环境评价普适指数公式的应用实例

某城市道路空气环境质量 5 项空气指标的日平均监测数据 c_j 及其变换值 x_j 见表 3 8[4]。在将各指标视为等权的情况下，分别由式(3-10)～式(3-16)计算得到各监测点的 6 个普适公式的综合指数值，同时根据空气质量综合指数分级标准(表 3-4)得出空气质量类别评价结果，见表 3-9。其中，参数化组合算子模型综合值计算方法为：将各个测点的 5 项指标规范值 x_j' 从小到大排序，第 1 项和第 4 项为一组，第 2 项和第 5 项为一组，第 3 项(既为最大值又为最小值)单独为一组，取 3 组指数的平均值作为参数化组合算子的综合指数。表 3-9 还列出了参考文献[4]用改进灰色聚类法作出的评价结果。可以看出，6 个普适公式和改进灰色聚类法对 7 个测点作出的评价结果基本一致。

表 3-8　某城市道路空气指标监测数据 c_j 及其变换值 x_j

监测点	CO		SO_2		NO_2		TSP		PM_{10}	
	$c_j/(mg/m^3)$	x_j	$c_j/(mg/m^3)$	x_j	$c_j/(mg/m^3)$	x_j	$c_j/(mg/m^3)$	x_j	$c_j/(mg/m^3)$	x_j
1	6.0	24.0	0.28	28.0	0.32	113.8	0.48	24.0	0.17	17.0
2	3.5	14.0	0.09	9.0	0.24	64.0	0.48	24.0	0.24	24.0
3	3.0	12.0	0.12	12.0	0.14	21.8	0.21	10.5	0.18	18.0
4	5.0	20.0	0.14	14.0	0.21	49.0	0.20	10.0	0.12	12.0
5	7.0	28.0	0.21	21.0	0.20	44.4	0.32	16.0	0.15	15.0
6	1.4	5.6	0.08	8.0	0.08	7.1	0.20	10.0	0.13	13.0
7	5.6	22.4	0.28	28.0	0.32	113.8	0.32	16.0	0.28	28.0

表 3-9　某城市道路空气环境质量多个普适指数公式的综合指数值及评价结果

监测点	对数型幂函数指数公式		W-F 定律指数公式		Γ型分布函数指数公式		改进灰色聚类法评价结果(类别)
	LI	类别	FI	类别	ΓI	类别	
1	0.8271	3	0.7832	3	0.7418	3	3
2	0.6988	3	0.6968	3	0.6708	3	3
3	0.5587	3	0.6033	3	0.6012	3	2
4	0.6288	3	0.6497	3	0.6345	3	3
5	0.7118	3	0.7104	3	0.6978	3	3
6	0.4033	2	0.4825	2	0.4450	2	2
7	0.8292	3	0.7843	3	0.7418	3	3

续表

监测点	污染危害(S 型)函数指数公式		加权加和型幂函数指数公式		参数化组合算子指数公式	
	PI	类别	UI	类别	λI	类别
1	0.6610	3	0.6836	3	0.3072	3
2	0.5864	3	0.5946	3	0.2681	3
3	0.5011	3	0.5008	3	0.2445	2
4	0.5430	3	0.5470	3	0.2484	2
5	0.6048	3	0.6085	3	0.2849	3
6	0.3824	2	0.3837	2	0.1926	2
7	0.6617	3	0.6848	3	0.3080	3

3.3　水环境评价的普适指数公式

传统水环境指数评价法的评价结果较难反映水体污染的真实情况，而且存在可比性和通用性较差的局限；更未建立地表水、地下水和湖库富营养化水体都适用的对数型幂函数、W-F 定律、Γ 型分布函数、污染危害(S 型)函数、加权加和型幂函数和参数化组合算子等多种不同形式的规范、统一的普适指数公式。科学合理、和谐统一、简洁实用的包括地表水、地下水和湖泊富营养化水体的水环境质量评价普适指数公式的建立过程，与空气环境评价普适指数公式完全相同：适当设定三类水体各指标的参照值和规范变换式，使不同指标的同级标准数值经规范变换后的标准规范值差异很小，从而可以认为用规范值表示的不同指标都与某个规范指标等效。因此，用规范值表示的不同指标某种形式的水环境评价指数公式都可以用该等效规范指标的水环境评价指数公式替代。并在满足一定优化目标准则的条件下，采用基于免疫进化的粒子群混洗蛙跳算法对公式中的参数进行优化，分别得出优化后对地表水、地下水和湖库富营养化水体的 72 项指标都适用的对数型幂函数、W-F 定律、Γ 型分布函数、污染危害(S 型)函数、加权加和型幂函数和参数化组合算子等 6 个水环境评价的普适指数公式[5]。

3.3.1　三类水体环境指标参照值和规范变换式的设置

依据国家制定的《地表水环境质量标准》(GB 3838—2002)、《地下水环境质量标准》(GB/T 14848—2017)及国内常用的湖库富营养化水体分级标准，选取地表水 24 项、地下水 33 项和湖库富营养化水体 15 项，共 72 项评价指标。对各类水体分别设定的指标参照值 c_{j0} 见表 3-10；各类水体指标的变换式分别如式(3-17)～式(3-19)所示[5]。

1) 地表水指标(值)的变换式

$$x_j=\begin{cases}(c_{j0}/c_j)^2, & c_j\leqslant c_{j0}, \text{对指标DO}\\(c_j/c_{j0})^2, & c_j\geqslant c_{j0}, \text{对指标COD}_{\text{Cr}}\text{、Fe、BOD}_5\\(c_j/c_{j0})^{0.5}, & c_j\geqslant c_{j0}, \text{对指标Zn、Hg、石油类、挥发酚、CN和粪大肠菌}\\c_j/c_{j0}, & c_j\geqslant c_{j0}, \text{对其余14项指标}\\1, & c_j>c_{j0}, \text{对指标DO}\\1, & c_j<c_{j0}, \text{对除DO以外的其余23项指标}\end{cases}\tag{3-17}$$

2) 地下水指标(值)的变换式

$$x_j=\begin{cases}(c_j/c_{j0})^2, & c_j\geqslant c_{j0}, \text{对指标COD}_{\text{Cr}}\\(c_j/c_{j0})^{0.5}, & c_j\geqslant c_{j0}, \text{对指标NH}_3\text{-N、NO}_2^-\text{-N、CN、Mn、Zn、}\\ & \qquad \text{Mo、Co、Cd、Ba、Cu、Hg}\\c_j/c_{j0}, & c_j\geqslant c_{j0}, \text{对其余21项指标}\\1, & c_j<c_{j0}, \text{对全部33项指标}\end{cases}\tag{3-18}$$

3) 湖库富营养化水体指标(值)的变换式

$$x_j=\begin{cases}(c_{j0}/c_j)^{0.5}, & c_j\leqslant c_{j0}, \text{对指标SD、DO}\\c_j/c_{j0}, & c_j\geqslant c_{j0}, \text{对指标初级生产力}\\(c_j/c_{j0})^{0.5}, & c_j\geqslant c_{j0}, \text{对其余12项指标}\\1, & c_j>c_{j0}, \text{对指标SD、DO}\\1, & c_j<c_{j0}, \text{对除SD、DO以外的其余13项指标}\end{cases}\tag{3-19}$$

式中，c_j 为指标 j 的实测值或国家标准值；x_j 为指标 j 的变换值；c_{j0} 为设定的指标 j 的参照值，三类水体 72 项指标名称及指标的参照值 c_{j0}、分级标准值 c_{jk} 及其变换值 x_{jk} 见表 3-10。

表 3-10　三类水体 72 项指标的参照值 c_{j0} 和各分级标准值 c_{jk} 及其变换值 x_{jk}

类型	指标	c_{j0}	标准值及变换值	级别				
				1 级	2 级	3 级	4 级	5 级
地表水	DO(溶解氧)	20	c_{jk}	7.5	6.0	5.0	3.0	2.0
			x_{jk}	7.11	11.11	16.00	44.44	100.00

续表

类型	指标	c_{j0}	标准值及变换值	级别				
				1 级	2 级	3 级	4 级	5 级
地表水	COD_{Mn} (高锰酸盐指数)	0.2	c_{jk}	2	4	6	10	15
			x_{jk}	10	20	30	50	75
	COD_{Cr} (化学需氧量)	5	c_{jk}	15	15	20	30	45
			x_{jk}	9	9	16	36	81
	BOD_5 (生化需氧量)	1	c_{jk}	2	3	4	6	10
			x_{jk}	4	9	16	36	100
	NH_3-N (氨氮)	0.03	c_{jk}	0.15	0.50	1.00	1.50	2.00
			x_{jk}	5.00	16.67	33.33	50.00	66.67
	TP (总磷)	0.005	c_{jk}	0.02	0.10	0.20	0.30	0.40
			x_{jk}	4	20	40	60	80
	TN (总氮)	0.03	c_{jk}	0.2	0.5	1.0	1.5	2.0
			x_{jk}	6.67	16.67	33.33	50.00	66.67
	NO_3^--N (硝态氮)	0.5	c_{jk}	5	10	20	20	35
			x_{jk}	10	20	40	40	70
	NO_2^--N (亚硝态氮)	0.01	c_{jk}	0.06	0.10	0.15	0.80	1.00
			x_{jk}	6	10	15	80	100
	Zn (锌)	0.001	c_{jk}	0.05	1.00	1.00	2.00	4.00
			x_{jk}	7.07	31.62	31.62	44.72	63.25
	Hg (汞)	5×10^{-7}	c_{jk}	5×10^{-5}	5×10^{-5}	1×10^{-4}	0.001	0.002
			x_{jk}	10.00	10.00	14.14	44.72	63.25
	Cr^{6+} (六价铬)	0.001	c_{jk}	0.01	0.03	0.05	0.05	0.10
			x_{jk}	10	30	50	50	100

续表

类型	指标	c_{j0}	标准值及变换值	级别				
				1 级	2 级	3 级	4 级	5 级
地表水	石油类	0.0002	c_{jk}	0.02	0.05	0.05	0.50	1.00
			x_{jk}	10.00	15.81	15.81	50.00	70.71
	粪大肠菌	0.005	c_{jk}	0.2	2.0	10.0	20.0	40.0
			x_{jk}	6.32	20.00	44.72	63.25	89.44
	挥发酚	1×10^{-5}	c_{jk}	0.001	0.002	0.005	0.010	0.050
			x_{jk}	10.00	14.14	22.36	31.62	70.71
	Pb (铅)	0.001	c_{jk}	0.01	0.01	0.05	0.05	0.10
			x_{jk}	10	10	50	50	100
	HDS (总硬度)	10	c_{jk}	100	150	300	600	1000
			x_{jk}	10	15	30	60	100
	CN^- (氰化物)	0.0001	c_{jk}	0.005	0.050	0.200	0.200	1.000
			x_{jk}	7.07	22.36	44.72	44.72	100.00
	SO_4^{2-} (硫酸盐)	0.01	c_{jk}	0.05	0.10	0.20	0.50	1.00
			x_{jk}	5	10	20	50	100
	Fe (铁)	0.1	c_{jk}	0.2	0.3	0.5	0.5	1.0
			x_{jk}	4	9	25	25	100
	SS (悬浮物固体)	40	c_{jk}	300	320	1000	2000	4000
			x_{jk}	7.5	8.0	25.0	50.0	100.0
	NH_3 (非离子氨)	0.0015	c_{jk}	0.01	0.01	0.02	0.10	0.15
			x_{jk}	6.67	6.67	13.33	66.67	100.00
	Mn (锰)	0.01	c_{jk}	0.05	0.10	0.10	0.50	1.00
			x_{jk}	5	10	10	50	100
	Cd (镉)	1.5×10^{-4}	c_{jk}	0.001	0.003	0.005	0.005	0.010
			x_{jk}	6.67	20.00	33.33	33.33	66.67

续表

类型	指标	c_{j0}	标准值及变换值	级别				
				1 级	2 级	3 级	4 级	5 级
地下水	色度	0.5	c_{jk}	5	5	15	25	35
			x_{jk}	10	10	30	50	70
	浑浊度	0.2	c_{jk}	3	3	5	10	15
			x_{jk}	15	15	25	50	75
	TDS（溶解性总固体）	30	c_{jk}	300	500	1000	2000	2500
			x_{jk}	10.00	16.67	33.33	66.67	83.33
	Cl^-（氯化物）	7	c_{jk}	50	150	250	350	500
			x_{jk}	7.14	21.43	35.71	50.00	71.43
	F^-（氟化物）	0.05	c_{jk}	0.5	1.0	1.0	2.0	3.0
			x_{jk}	10	20	20	40	60
	I^-（碘化物）	0.01	c_{jk}	0.1	0.1	0.2	1.0	1.0
			x_{jk}	10	10	20	100	100
	挥发酚	0.0001	c_{jk}	0.001	0.001	0.002	0.010	0.010
			x_{jk}	10	10	20	100	100
	NH_3-N（氨氮）	0.0002	c_{jk}	0.02	0.10	0.20	0.50	1.00
			x_{jk}	10.00	22.36	31.62	50.00	70.71
	SO_4^{2-}（硫酸盐）	7	c_{jk}	50	150	250	350	500
			x_{jk}	7.14	21.43	35.71	50.00	71.43
	NO_2^--N（亚硝态氮）	5×10^{-5}	c_{jk}	0.001	0.010	0.020	0.100	0.300
			x_{jk}	4.47	14.14	20.00	44.72	77.46
	HDS（总硬度）	15	c_{jk}	150	300	450	550	900
			x_{jk}	10.00	20.00	30.00	36.67	60.00
	NO_3^--N（硝态氮）	0.3	c_{jk}	2	5	20	20	30
			x_{jk}	6.67	16.67	66.67	66.67	100.00

续表

类型	指标	c_{j0}	标准值及变换值	级别				
				1 级	2 级	3 级	4 级	5 级
地下水	COD_{Mn} (高锰酸盐指数)	0.2	c_{jk}	1	2	5	10	15
			x_{jk}	5	10	25	50	75
	CN^- (氰化物)	5×10^{-5}	c_{jk}	0.001	0.010	0.050	0.100	0.500
			x_{jk}	4.47	14.14	31.62	44.72	100.00
	Fe (铁)	0.015	c_{jk}	0.1	0.2	0.3	1.5	1.5
			x_{jk}	6.67	13.33	20.00	100.00	100.00
	Mn (锰)	0.0005	c_{jk}	0.05	0.05	0.10	1.00	2.00
			x_{jk}	10.00	10.00	14.14	44.72	63.25
	Se (硒)	0.001	c_{jk}	0.005	0.010	0.020	0.100	0.100
			x_{jk}	5	10	20	100	100
	As (砷)	0.001	c_{jk}	0.005	0.010	0.050	0.050	0.100
			x_{jk}	5	10	50	50	100
	Zn (锌)	0.002	c_{jk}	0.05	0.50	1.00	5.00	10.00
			x_{jk}	5.00	15.81	22.36	50.00	70.71
	Mo (钼)	5×10^{-5}	c_{jk}	0.001	0.010	0.100	0.500	1.000
			x_{jk}	4.47	14.14	44.72	100.00	141.42
	Co (钴)	0.0002	c_{jk}	0.005	0.050	0.050	1.000	2.000
			x_{jk}	5.00	15.81	15.81	70.71	100.00
	Cd (镉)	4×10^{-6}	c_{jk}	0.0001	0.0010	0.0100	0.0100	0.0400
			x_{jk}	5.00	15.81	50.00	50.00	100.00
	Ba (钡)	0.0004	c_{jk}	0.01	0.10	1.00	3.00	4.00
			x_{jk}	5.00	15.81	50.00	86.60	100.00
	Cu (铜)	0.0004	c_{jk}	0.01	0.05	1.00	1.50	4.00
			x_{jk}	5.00	11.18	50.00	61.24	100.00

续表

类型	指标	c_{j0}	标准值及变换值	级别				
				1 级	2 级	3 级	4 级	5 级
地下水	Pb (铅)	0.001	c_{jk}	0.005	0.010	0.050	0.100	0.100
			x_{jk}	5	10	50	100	100
	Ni (镍)	0.001	c_{jk}	0.005	0.050	0.050	0.100	0.100
			x_{jk}	5	50	50	100	100
	Cr^{6+} (六价铬)	0.001	c_{jk}	0.005	0.010	0.050	0.100	0.100
			x_{jk}	5	10	50	100	100
	Be (铍)	5×10^{-6}	c_{jk}	2×10^{-5}	0.0001	0.0002	0.0005	0.0005
			x_{jk}	4	20	40	100	100
	Hg (汞)	5×10^{-7}	c_{jk}	5×10^{-5}	0.0005	0.001	0.001	0.002
			x_{jk}	10.00	31.62	44.72	44.72	63.25
	细菌总数	10	c_{jk}	50	100	500	1000	1000
			x_{jk}	5	10	50	100	100
	SS (悬浮物固体)	30	c_{jk}	300	500	1000	2000	3000
			x_{jk}	10.00	16.67	33.33	66.67	100.00
	COD_{Cr} (化学需氧量)	4	c_{jk}	10	15	20	30	40
			x_{jk}	6.25	14.06	25.00	56.25	100.00
	OP (有机磷)	0.005	c_{jk}	0.03	0.05	0.10	0.30	0.50
			x_{jk}	6	10	20	60	100
湖库富营养化水体	Chla (叶绿素 a)	0.05	c_{jk}	1.6	10.0	64.0	160.0	1000.0
			x_{jk}	5.66	14.14	35.78	56.57	141.42
	TP (总磷)	0.1	c_{jk}	4.6	23.0	110.0	250.0	1250.0
			x_{jk}	6.78	15.17	33.17	50.00	111.80
	TN (总氮)	0.001	c_{jk}	0.08	0.31	1.20	2.30	9.10
			x_{jk}	8.94	17.61	34.64	47.96	95.39

续表

类型	指标	c_{j0}	标准值及变换值	级别				
				1 级	2 级	3 级	4 级	5 级
湖库富营养化水体	COD_{Mn} (高锰酸盐指数)	0.01	c_{jk}	0.48	1.80	7.10	14.00	54.00
			x_{jk}	6.93	13.42	26.64	37.42	73.49
	BOD_5 (生化需氧量)	0.01	c_{jk}	1.2	2.8	6.6	12.0	30.0
			x_{jk}	10.96	16.73	25.69	34.64	54.77
	NH_3-N (氨氮)	0.001	c_{jk}	0.055	0.200	0.650	1.500	5.000
			x_{jk}	7.42	14.14	25.50	38.73	70.71
	BIO (生物量)	0.2	c_{jk}	20	60	200	500	1000
			x_{jk}	10.00	17.32	31.62	50.00	70.71
	SD (透明度)	500	c_{jk}	8.00	2.40	0.73	0.40	0.10
			x_{jk}	7.91	14.43	26.17	35.35	70.71
	DO (溶解氧)	3000	c_{jk}	16.5	10.0	4.0	3.0	1.0
			x_{jk}	13.48	17.32	27.39	31.62	54.77
	初级 生产力	0.1	c_{jk}	1.18	2.00	3.25	4.20	7.00
			x_{jk}	11.8	20.0	32.5	42.0	70.0
	NO_3^--N (硝态氮)	0.01	c_{jk}	0.5	3.0	10.0	20.0	35.0
			x_{jk}	7.07	17.32	31.62	44.72	59.16
	NO_2^--N (亚硝态氮)	0.001	c_{jk}	0.05	0.15	0.50	2.00	5.00
			x_{jk}	7.07	12.25	22.36	44.72	70.71
	PO_4^{3-} (磷酸盐)	0.0001	c_{jk}	0.005	0.010	0.050	0.200	1.000
			x_{jk}	7.07	10.00	22.36	44.72	100.00
	TOC (总有机碳)	0.002	c_{jk}	0.1	0.5	1.5	7.0	30.0
			x_{jk}	7.07	15.81	27.39	59.16	122.47

续表

类型	指标	c_{j0}	标准值及变换值	级别				
				1级	2级	3级	4级	5级
湖库富营养化水体	TSS（总悬浮物）	0.01	c_{jk}	0.55	2.10	7.70	20.00	50.00
			x_{jk}	7.42	14.49	27.75	44.72	70.71

注：①地表水：粪大肠菌的 c_{j0} 和 c_{jk} 的单位为个/mL，其余指标的 c_{j0} 和 c_{jk} 的单位为 mg/L；②地下水：细菌总数的 c_{j0} 和 c_{jk} 的单位为个/mL，其余指标 c_{j0} 和 c_{jk} 的单位为 mg/L；③湖库富营养化水体：Chla 和 TP 的 c_{j0} 和 c_{jk} 的单位为 μg/L，初级生产力 c_{j0} 和 c_{jk} 的单位为 g/(m^2·d)，SD 的 c_{j0} 和 c_{jk} 的单位为 m，BIO 的 c_{j0} 和 c_{jk} 的单位为 10^4 个/L，其余指标 c_{j0} 和 c_{jk} 的单位为 mg/L。

3.3.2 指标规范值的水环境评价普适指数公式

1) 普适指数公式的表达式

由于表 3-10 中三类水体共 72 项不同指标同级标准变换值 x_{jk} 的规范值 x'_{jk} (j=1, 2,···, 72; k=1, 2, 3, 4, 5)差异很小，因而 72 项指标各级标准的规范值可以用一个等效规范指标近似代替，从而得出三类水体水环境评价都适用的对数型幂函数、W-F 定律、Γ 型分布函数、污染危害(S 型)函数、加权加和型幂函数和参数化组合算子等 6 种形式的指数公式[5]。

(1) 对数型幂函数指数公式。

$$\mathrm{LI}_j = a_1(\ln x_j)^{b_1} \tag{3-20}$$

(2) W-F 定律指数公式。

$$\mathrm{FI}_j = \alpha \lg x_j \tag{3-21}$$

(3) Γ 型分布函数指数公式。

$$\Gamma\mathrm{I}_j = \begin{cases} 0 \\ 1 - a_2 \mathrm{e}^{-b_2 \ln x_j} \end{cases} = \begin{cases} 0, & 0 \leqslant x_j \leqslant a_2^{1/b_2} \\ 1 - a_2 x_j^{-b_2}, & x_j > a_2^{1/b_2} \end{cases} \tag{3-22}$$

(4) 污染危害(S 型)函数指数公式。

$$\mathrm{PI}_j = \frac{1}{1 + a_3 \mathrm{e}^{-b_3 \ln x_j}} = \frac{1}{1 + a_3 x_j^{-b_3}} \tag{3-23}$$

(5) 加权加和型幂函数指数公式。

$$\mathrm{UI} = a_4 \left(\sum_{j=1}^{m} \omega_j x'_j \right)^{b_4}, \quad x'_j = \frac{1}{10} \ln x_j \tag{3-24}$$

(6) 参数化组合算子指数公式。

$$\lambda \mathrm{I}=\left(\min_{1\leqslant j\leqslant m} x'_j\right)^{\lambda}\left(\max_{1\leqslant j\leqslant m} x'_j\right)^{1-\lambda},\quad x'_j=\frac{1}{10}\ln x_j \tag{3-25}$$

式中，x_j 为由式(3-17)～式(3-19)计算得到的三类水体指标 j 的变换值；x'_j 为规范值；a_i、b_i ($i = 1, 2, 3, 4$)、α 和 λ 分别为需要优化确定的不同指数公式中的普适参数，它们的取值与具体指标无关，而是对 72 项指标皆适用；LI_j、FI_j、$\Gamma\mathrm{I}_j$、PI_j 分别为指标 j 的对数型幂函数指数、W-F 定律指数、Γ 型分布函数指数、污染危害(S 型)函数指数；UI 和λI 分别为 m 项指标的加权加和型幂函数指数和参数化组合算子指数。ω_j 为 x'_j 的归一化权值。

2) 普适指数公式中参数的优化

为了确定对三类水体 72 项水环境指标皆适用的式(3-20)～式(3-25)中的参数，在满足式(3-26a)或式(3-26b)所示优化目标函数式的条件下，应用基于免疫进化的粒子群混洗蛙跳算法对公式中的参数进行优化。基于免疫进化的粒子群混洗蛙跳算法的基本思想及算法实现过程详见文献[6]。

$$\min Q_1=\frac{1}{K\times M}\sum_{k=1}^{K}\sum_{j=1}^{M}(\mathrm{XI}_{jk}-\mathrm{XI}_{k0})^2 \tag{3-26a}$$

或

$$\min Q_2=\frac{1}{K}\sum_{k=1}^{K}(\mathrm{XI}_{jk}-\mathrm{XI}_{k0})^2 \tag{3-26b}$$

式中，K 为分级总数，$K = 5$。式(3-26a)中，XI_{k0}($k = 1, 2,\cdots, 5$)为设定的与具体指标无关，只与公式类型及 k 级标准有关的指数目标值。XI_{jk} 分别表示由式(3-20)～式(3-23)计算得到的指标 j 的 k 级标准的指数值；X 代表 L、F、Γ、P；M 为指标总数，M=72。式(3-26b)中，XI_{k0}(k=1, 2,⋯, 5)为设定的与具体指标无关，只与公式类型及 k 级标准有关的综合指数目标值；XI_{jk} 为由式(3-24)或式(3-25)计算得到的 m 项指标的 k 级标准综合指数值。不同类型公式的各级目标值 XI_{k0} 的设定见表 3-11。

表 3-11　水环境不同评价指数公式各级标准指数目标值 XI_{k0} 和优化目标函数最小值(Q_0)及优化后的参数值

指数公式类型	XI_{k0}					Q_0	优化后的参数值
	k=1	k=2	k=3	k=4	k=5		
对数型幂函数指数公式	0.25	0.40	0.60	0.80	0.95	0.00004	a_1=0.077706，b_1=1.680794
W-F 定律指数公式	0.30	0.40	0.50	0.60	0.70	0.00015	α=0.351985

续表

指数公式类型	XI_{k0}					Q_0	优化后的参数值
	k=1	k=2	k=3	k=4	k=5		
Γ型分布函数指数公式	0.40	0.45	0.50	0.55	0.60	0.00008	a_2=0.821516，b_2=0.154692
污染危害(S 型)函数指数公式	0.30	0.40	0.50	0.60	0.70	0.00012	a_3=9.058133，b_3=0.669980
加权加和型幂函数指数公式	0.20	0.35	0.50	0.65	0.80	0.00004	a_4=3.042749，b_4=1.655417
参数化组合算子指数公式	0.20	0.25	0.30	0.40	0.45	0.00022	λ=0.667519

将三类水体 72 项指标各级标准的变换值 x_{jk}(j=1, 2, …, 72; k=1, 2, 3, 4, 5)(表 3-10)分别代入式(3-20)～式(3-25)，并在满足各式相应的优化目标函数式(3-26a)或式(3-26b)的条件下，应用基于免疫进化的粒子群混洗蛙跳算法分别对式(3-20)～式(3-25)中的参数进行迭代优化。基于免疫进化的粒子群混洗蛙跳算法的参数设置见表 3-12。

表 3-12　基于免疫进化的粒子群混洗蛙跳算法的参数设置

群体规模 P	族群数 R	族群内青蛙数 N	族群内最大迭代次数 T	青蛙随机移动最大步长 D	免疫进化算法动态调整系数 A
100	10	10	10	0.2	1

当各式满足表 3-11 所示的优化目标函数 $\min Q = Q_0$ 时，停止迭代，分别得到优化后的式(3-20)～式(3-25)中的普适参数值，见表 3-11，从而得到优化后对三类水体 72 项指标皆适用的 6 个普适指数公式，如式(3-27)～式(3-32)所示[5]。

(1) 对数型幂函数指数公式。

$$\mathrm{LI}_j = 0.077706(\ln x_j)^{1.680794} \tag{3-27}$$

(2) W-F 定律指数公式。

$$\mathrm{FI}_j = 0.351985\lg x_j \tag{3-28}$$

(3) Γ 型分布函数指数公式。

$$\Gamma\mathrm{I}_j = \begin{cases} 0, & 0 \leqslant x_j \leqslant 0.28 \\ 1 - 0.821516 x_j^{-0.154692}, & x_j > 0.28 \end{cases} \tag{3-29}$$

(4) 污染危害(S 型)函数指数公式。

$$\mathrm{PI}_j = \frac{1}{1 + 9.058133 x_j^{-0.669980}} \tag{3-30}$$

(5) 加权加和型幂函数指数公式。

$$\mathrm{UI}=3.042749\left(\sum_{j=1}^{m}\omega_j x'_j\right)^{1.655417},\quad x'_j=\frac{1}{10}\ln x_j \tag{3-31}$$

(6) 参数化组合算子指数公式。

$$\lambda\mathrm{I}=\left(\min_{1\leqslant j\leqslant m} x'_j\right)^{0.667519}\left(\max_{1\leqslant j\leqslant m} x'_j\right)^{0.332481},\quad x'_j=\frac{1}{10}\ln x_j \tag{3-32}$$

m 项指标的综合指数公式为

$$\mathrm{XI}=\sum_{j=1}^{m} w_j \mathrm{XI}_j \tag{3-33}$$

式中，XI_j 为由式(3-27)～式(3-30)和式(3-32)计算得到的指标 j 的某种类型指数值，X 代表 L、F、Γ、P 和 λ；w_j 为指标 j 的某种类型指数值的归一化权值，满足 $\sum_{j=1}^{m} w_j=1$；式(3-31)中，ω_j 为 x'_j 的归一化权值，多数情况下视为等权即可；式(3-32)中，对于参数化组合算子指数 λI，w_j 为指数 λI 的归一化权值，多数情况下亦可视作等权。某些情况下，w_j 需用加权公式对指标的指数值进行加权；对于参数化组合算子指数 λI，m 为指数λI 的数目，对其余类型的指数，m 为指标的数目。

3) 综合指数的分级标准值

将表 3-10 中三类水体 72 项指标的各级标准值的变换值 x_{jk} 分别代入式(3-27)～式(3-32)，并在将各指标视为等权的情况下，由式(3-31)或式(3-33)计算得到适用于三类总水体的任意 $m(1\leqslant m\leqslant 72)$项指标的 6 种水质综合指数的分级标准值 $\mathrm{XI}_k(k=1, 2, 3, 4, 5)$，见表 3-13。将表 3-10 中各类水体指标的各级标准值的变换值 x_{jk} 分别代入式(3-27)～式(3-32)，并在视每类水体的各指标为等权的情况下，由式(3-31)或式(3-33)分别计算得到三类水体 6 种水质综合指数的分级标准，见表 3-13。

表 3-13　适用于总水体及三类不同水体任意 m 项指标的 6 种水质综合指数的分级标准

综合指数 XI	水体类型	各类水质指数的分级标准 XI_k				
		k=1	k=2	k=3	k=4	k=5
LI	总水体(72 项)	0.2430	0.4103	0.5988	0.7937	0.9534
	地表水(24 项)	0.2426	0.4005	0.5633	0.7502	0.9520
	地下水(33 项)	0.2304	0.4140	0.6274	0.8566	0.9653
	湖库富营养化水体(15 项)	0.2714	0.4180	0.5925	0.7248	0.9293
FI	总水体(72 项)	0.2984	0.4090	0.5126	0.6078	0.6788
	地表水(24 项)	0.2982	0.4023	0.4933	0.5883	0.6784
	地下水(33 项)	0.2885	0.4109	0.5272	0.6361	0.6839
	湖库富营养化水体(15 项)	0.3204	0.4154	0.5116	0.5767	0.6682

续表

综合指数 XI	水体类型	各类水质指数的分级标准 XI_k				
		k=1	k=2	k=3	k=4	k=5
ΓI	总水体(72 项)	0.3918	0.4561	0.5100	0.5553	0.5864
	地表水(24 项)	0.3918	0.4522	0.5000	0.5467	0.5863
	地下水(33 项)	0.3856	0.4571	0.5172	0.5678	0.5886
	湖库富营养化水体(15 项)	0.4056	0.4603	0.5104	0.5415	0.5818
PI	总水体(72 项)	0.2919	0.3998	0.5107	0.6117	0.6830
	地表水(24 项)	0.2917	0.3934	0.4900	0.5920	0.6829
	地下水(33 项)	0.2834	0.4018	0.5262	0.6403	0.6879
	湖库富营养化水体(15 项)	0.3111	0.4057	0.5096	0.5801	0.6723
UI	总水体(72 项)	0.2036	0.3431	0.4986	0.6609	0.7936
	地表水(24 项)	0.2034	0.3338	0.4679	0.6262	0.7928
	地下水(33 项)	0.1925	0.3457	0.5222	0.7126	0.8036
	湖库富营养化水体(15 项)	0.2290	0.3521	0.4970	0.6060	0.7732
λI	总水体(72 项)	0.1843	0.2570	0.3230	0.3889	0.4372
	地表水(24 项)	0.1847	0.2497	0.3068	0.3783	0.4380
	地下水(33 项)	0.1761	0.2572	0.3312	0.4051	0.4417
	湖库富营养化水体(15 项)	0.2032	0.2668	0.3305	0.3721	0.4300

3.3.3 水环境评价普适指数公式的可靠性分析

水环境评价普适指数公式的可靠性分析过程与空气环境评价普适指数公式的可靠性分析过程完全一致，在此不再赘述。水环境评价的对数型幂函数、W-F 定律、Γ 型分布函数、污染危害(S 型)函数、加权加和型幂函数和参数化组合算子 6 个普适指数公式各级标准的指数相对误差和参数灵敏度见表 3-14；参数的相对误差和绝对误差见表 3-15[3]。从表 3-15 中可以看出，优化得到适用于水环境质量评价的 6 个普适指数公式参数的相对误差和绝对误差均很小，从而表明优化得出的水环境质量评价的 6 个普适指数公式均具有较高的可靠性。

表 3-14　不同指数公式分级标准的指数相对误差及参数灵敏度

k	对数型幂函数指数公式			W-F 定律指数公式		Γ 型分布函数指数公式		
	$\Delta LI_k/LI_{k0}$	S_{a_1}	S_{b_1}	$\Delta FI_k/FI_{k0}$	S_α	$\Delta \Gamma I_k/\Gamma I_{k0}$	S_{a_2}	S_{b_2}
1	0.0280	0.9566	1.0755	0.0053	0.9949	0.0205	−1.5060	0.4547

续表

k	对数型幂函数指数公式			W-F 定律指数公式		Γ 型分布函数指数公式		
	$\Delta LI_k/LI_{k0}$	S_{a_1}	S_{b_1}	$\Delta FI_k/FI_{k0}$	S_α	$\Delta \Gamma I_k/\Gamma I_{k0}$	S_{a_2}	S_{b_2}
2	0.0257	1.0154	1.6793	0.0225	1.0225	0.0136	−1.1943	0.4942
3	0.0020	0.9901	2.0138	0.0252	1.0250	0.0200	−0.9664	0.5014
4	0.0079	0.9883	2.2929	0.0130	1.0131	0.0096	−0.8004	0.4923
5	0.0036	1.0023	2.5117	0.0303	0.9695	0.0227	−0.6864	0.4715

k	污染危害(S 型)函数指数公式			参数化组合算子指数公式		加权加和型幂函数指数公式		
	$\Delta PI_k/PI_{k0}$	S_{a_3}	S_{b_3}	$\Delta \lambda I_k/\lambda I_{k0}$	S_λ	$\Delta UI_k/UI_{k0}$	S_{a_4}	S_{b_4}
1	0.0270	−0.6964	0.9108	0.0785	−0.4406	0.0180	1.0179	−2.7528
2	0.0005	−0.6046	1.0835	0.0280	−0.5527	0.0197	0.9799	−2.1390
3	0.0214	−0.4989	1.1210	0.0767	−0.4228	0.0028	0.9975	−1.8039
4	0.0195	−0.3918	1.0438	0.0278	−0.2320	0.0168	1.0169	−1.5526
5	0.0243	−0.3071	0.9136	0.0284	−0.1409	0.0080	0.9922	−1.3333

表 3-15　不同指数公式中参数的可靠性分析结果

公式类型	参数的相对误差	参数的绝对误差
对数型幂函数指数公式	$\Delta a_1/a_1$=5.342%，$\Delta b_1/b_1$= −2.060%	Δa_1=0.004151，Δb_1= −0.034624
W-F 定律指数公式	$\Delta\alpha/\alpha$=1.913%	$\Delta\alpha$=0.006733
Γ 型分布函数指数公式	$\Delta a_2/a_2$= −0.336%，$\Delta b_2/b_2$=2.842%	Δa_2= −0.002760，Δb_2=0.004396
污染危害(S 型)函数指数公式	$\Delta a_3/a_3$= −0.001%，$\Delta b_3/b_3$=1.768%	Δa_3= −0.000091，Δb_3=0.011848
加权加和型幂函数指数公式	$\Delta a_4/a_4$=0.016%，$\Delta b_4/b_4$= −0.673%	Δa_4=0.000487，Δb_4= −0.011141
参数化组合算子指数公式	$\Delta\lambda/\lambda$= −12.4%	$\Delta\lambda$= −0.082772

3.3.4　水环境评价普适指数公式与传统指数公式的比较

基于指标规范值的水环境评价普适指数公式与传统指数公式的比较见表 3-16。

表 3-16　基于指标规范值的水环境评价普适指数公式与传统指数公式的比较

指数公式类型	传统指数公式	基于规范变换的普适指数公式
对数型幂函数指数公式 W-F 定律指数公式 Γ 型分布函数指数公式 污染危害(S 型)函数指数公式 加权加和型幂函数指数公式	公式中的参数值依赖于指标的选取，不同指标或不同指标组合相应有不同的参数值。因此，各种指数公式皆不具有通用性和普适性，亦无统一的指数值的分级标准； 地表水、地下水和湖库富营养化水体三种类型水体的指数公式不能统一	将地表水、地下水和湖库富营养化水体三类水体的 72 项指标用统一的指数公式表述，公式具有普适性和通用性，有统一的指数分级标准值； 公式中的参数值都与具体的指标无关，是对 72 项指标中任何一项都适用的普适参数

续表

指数公式类型	传统指数公式	基于规范变换的普适指数公式
参数化组合算子指数公式	只能针对具体问题的不同指标组合建立参数化组合算子模型，因此建立的组合算子公式中的参数λ不具有普适性和通用性； 由于采取对所有指标取“极大”、“极小”运算，因而丢失了太多信息，往往导致评价结果失真	建立的参数化组合算子公式与具体指标的组合无关，公式中的普适参数λ值对三类水体的72项指标都适用，因此公式是普适公式； 当指标较多时，采用将m项指标分为若干个$L=[m/2]$组合实现，因此，能最大限度地利用指标信息，减少信息丢失，使评价结果更接近真实

3.4 水环境评价普适指数公式的应用实例

1) 地表水水质评价实例

沙坪河流域6个监测点的5项水质指标监测数据c_j及其变换值x_j见表3-17[7]。对所有6个公式，全部6个测点需用q=3的广义对比加权式(2-5)和式(2-6)对各指标的分指数值加权，由式(3-27)～式(3-33)计算得到各监测点水质6种类型的综合指数值，并根据表3-13中总水体(72项)的水质指数值分级标准作出的水质类别评价结果见表3-18。表3-18还列出了参考文献[7]用改进灰色关联分析法作出的评价结果。可以看出，用6个普适指数公式和用改进灰色关联分析法对6个测点水质作出的评价结果几乎完全一致。

表3-17 沙坪河流域地表水指标监测数据c_j及其变换值x_j

测点	DO		COD_{Cr}		BOD_5		NH_3-N		挥发酚	
	c_j	x_j	c_j	x_j	c_j	x_j	c_j	x_j	c_j	x_j
1	4.45	20.2	23.45	22.0	2.30	5.3	0.272	9.1	0.011	33.2
2	6.10	10.7	22.45	20.2	3.15	9.9	0.313	10.4	0.025	50.0
3	0.70	816.3	53.80	115.8	1.10	1.2	0.935	31.2	0.038	61.6
4	2.40	69.4	28.55	32.6	1.30	1.7	0.283	9.4	0.019	43.6
5	1.75	130.6	33.60	45.2	1.40	2.0	0.487	16.2	0.017	41.2
6	1.65	146.9	28.55	32.6	1.35	1.8	0.656	21.9	0.015	38.7

注：c_j的单位为mg/L。

表3-18 沙坪河流域地表水水质多个普适指数公式的水质指数值及评价结果

测点	对数型幂函数指数公式		W-F定律指数公式		Γ型分布函数指数公式		改进灰色关联分析法评价结果(类别)
	LI	类别	FI	类别	ΓI	类别	
1	0.4829	3(3)	0.4381	3(3)	0.4672	3(3)	3
2	0.5166	3(3)	0.4575	3(3)	0.4773	3(3)	3

续表

测点	对数型幂函数指数公式		W-F 定律指数公式		Γ 型分布函数指数公式		改进灰色关联分析法评价结果(类别)
	LI	类别	FI	类别	ΓI	类别	
3	1.1046	5(5)	0.6921	5(5)	0.5663	5(5)	5
4	0.6431	4(4)	0.5116	3(4)	0.4963	3(3)	4
5	0.7483	4(4)	0.5602	4(4)	0.5191	4(4)	4
6	0.7218	4(4)	0.5557	4(4)	0.5166	4(4)	4

测点	污染危害(S 型)函数指数公式		加权加和型幂函数指数公式		参数化组合算子指数公式	
	PI	类别	UI	类别	λI	类别
1	0.4340	3(3)	0.3825	3(3)	0.2602	3(3)
2	0.4532	3(3)	0.3974	3(3)	0.2566	2(3)
3	0.6618	5(5)	0.9717	5(5)	0.3983	5(5)
4	0.5158	4(4)	0.5307	4(4)	0.2869	3(3)
5	0.5624	4(4)	0.6138	4(4)	0.3207	3(4)
6	0.5562	4(4)	0.6164	4(4)	0.3225	3(4)

注：括号中的类别是用地表水 24 项指标分级标准作出的评价结果。

2) 地下水水质评价实例

河南省叶县有代表性的 7 个测点的 6 项地下水指标监测数据 c_j 及其变换值 x_j 见表 3-19[8]。在将各指标视为等权的情况下，由式(3-27)～式(3-33)计算得到各监测点水质 6 种类型的综合指数值，并根据表 3-13 中 72 项指标的综合指数值分级标准得到的评价结果见表 3-20。表 3-20 还列出了参考文献[8]基于熵权模糊物元法对 7 个测点水质作出的评价结果。可以看出，用 6 个普适公式对 7 个测点水质作出的评价结果与参考文献[8]采用熵权模糊物元法作出的评价结果基本一致。

表 3-19　河南省叶县地下水指标监测数据 c_j 及其变换值 x_j

测点	SS		HDS		Mn	
	c_j	x_j	c_j	x_j	c_j	x_j
1	1046	34.9	378	25.2	0.08	12.6
2	1680	56.0	416	27.7	0.09	13.4
3	1206	40.2	337	22.5	0.12	15.5
4	1070	35.7	387	25.8	0.02	6.3
5	1436	47.9	421	28.1	0.02	6.3
6	390	13.0	329	21.9	0.14	16.7
7	660	22.0	330	22.0	0.11	14.8

续表

测点	NO_3^--N		NO_2^--N		NH_3-N	
	c_j	x_j	c_j	x_j	c_j	x_j
1	5.44	18.1	0.11	46.9	0.265	36.4
2	21.60	72.0	0.16	56.6	0.257	35.8
3	60.10	200.3	0.05	31.6	0.283	37.6
4	40.80	136.0	0.19	61.6	0.460	48.0
5	18.60	62.0	0.13	51.0	1.800	94.9
6	0.45	1.5	0.05	31.6	0.432	46.5
7	3.99	13.3	0.06	34.6	1.070	73.1

注：c_j的单位为 mg/L。

表 3-20　河南省叶县地下水水质多个普适指数公式的综合指数值及评价结果

测点	对数型幂函数指数公式		W-F 定律指数公式		Γ 型分布函数指数公式		熵权模糊物元法评价结果(类别)
	LI	类别	FI	类别	ΓI	类别	
1	0.5771	3(3)	0.5008	3(3)	0.5039	3(3)	3
2	0.6909	4(4)	0.5563	4(4)	0.5303	4(4)	3
3	0.7048	4(4)	0.5587	4(4)	0.5298	4(4)	3
4	0.6943	4(4)	0.5496	4(4)	0.5238	4(4)	4
5	0.6952	4(4)	0.5518	4(4)	0.5255	4(4)	4
6	0.4542	3(3)	0.4119	3(2)	0.4500	2(2)	3
7	0.5638	3(3)	0.4918	3(3)	0.4987	3(3)	3

测点	污染危害(S 型)函数指数公式		加权加和型幂函数指数公式		参数化组合算子指数公式	
	PI	类别	UI	类别	λI	类别
1	0.4981	3(3)	0.4797	3(3)	0.3124	3(3)
2	0.5572	4(4)	0.5709	4(4)	0.3414	4(4)
3	0.5541	4(4)	0.5749	4(4)	0.3477	4(4)
4	0.5494	4(4)	0.5596	4(4)	0.3283	4(3)
5	0.5536	4(4)	0.5633	4(4)	0.3345	4(4)
6	0.4190	3(3)	0.3472	3(2)	0.2726	3(3)
7	0.4875	3(3)	0.4656	3(3)	0.3049	3(3)

注：括号中的类别是用地下水 33 项指标的分级标准作出的评价结果(参数化组合算子指数公式按指数值大小加权计算得到综合指数值)。

3) 湖泊富营养化水体评价实例

我国 12 个不同类型湖泊的 5 项富营养化指标监测数据 c_j 及其变换值 x_j

见表 3-21[9]。在将各指标视为等权的情况下，根据式(3-27)～式(3-33)计算得到各湖泊富营养化水体的 6 种类型的综合指数值，以及依据表 3-13 中 72 项指标的综合指数值分类标准作出的富营养化类别评价结果见表 3-22。

表 3-21 全国 12 个不同类型湖泊富营养化水体的指标监测数据 c_j 及其变换值 x_j

湖泊名称代号	Chla		TP		TN		COD_{Mn}		SD	
	c_j	x_j	c_j	x_j	c_j	x_j	c_j	x_j	c_j	x_j
1	0.88	4.2	130	36.1	0.41	20.2	1.43	12.0	2.98	13.0
2	4.33	9.3	21	14.5	0.18	13.4	3.38	18.4	2.40	14.4
3	15.38	17.5	87	29.5	1.54	39.2	4.40	21.0	0.65	27.7
4	189.30	61.5	20	14.1	0.23	15.2	10.13	31.8	0.50	31.6
5	11.50	15.2	100	31.6	0.46	21.4	5.50	23.5	0.30	40.8
6	14.56	17.1	140	37.4	2.27	47.6	4.34	20.8	0.27	43.0
7	77.70	39.4	135	36.7	2.14	46.3	6.96	26.4	0.36	37.3
8	82.40	40.6	332	57.6	2.66	51.6	14.60	38.2	0.49	31.9
9	95.94	43.8	136	36.9	2.23	47.2	10.18	31.9	0.37	36.8
10	202.10	63.6	708	84.1	6.79	82.4	8.86	29.8	0.31	40.2
11	262.40	72.4	500	70.7	16.05	126.7	13.60	36.9	0.15	57.7
12	185.10	60.8	670	81.9	7.20	84.9	14.80	38.5	0.26	43.9

注：Chla 和 TP 的 c_j 单位为μg/L；SD 的 c_j 单位为 m；其余变量的 c_j 单位为 mg/L。

表 3-22 全国 12 个湖泊富营养化水体多个普适指数公式的综合指数值及富营养化评价结果

湖泊名称代号	对数型幂函数指数公式		W-F 定律指数公式		Γ 型分布函数指数公式		随机评价法评价结果(类别)
	LI	类别	FI	类别	ΓI	类别	
1	0.4074	2(2)	0.3996	2(2)	0.4484	2(2)	2
2	0.3929	2(2)	0.3999	2(2)	0.4516	2(2)	2
3	0.5678	3(3)	0.4979	3(3)	0.5032	3(3)	3
4	0.5813	3(3)	0.5015	3(3)	0.5037	3(3)	3
5	0.5584	3(3)	0.4923	3(3)	0.5001	3(3)	3
6	0.6202	4(4)	0.5235	4(4)	0.5153	4(4)	4
7	0.6703	4(4)	0.5504	4(4)	0.5291	4(4)	4
8	0.7216	4(4)	0.5750	4(4)	0.5407	4(4)	4
9	0.6891	4(4)	0.5598	4(4)	0.5337	4(4)	4
10	0.8091	5(5)	0.6140	5(5)	0.5578	5(5)	5
11	0.8747	5(5)	0.6435	5(5)	0.5708	5(5)	5
12	0.8276	5(5)	0.6232	5(5)	0.5622	5(5)	5

续表

湖泊名称代号	污染危害(S 型)函数指数公式		加权加和型幂函数指数公式		参数化组合算子指数公式		模糊评价法评价结果(类别)
	PI	类别	UI	类别	λI	类别	
1	0.3950	2(2)	0.3301	2(2)	0.2471	2(2)	2
2	0.3898	2(2)	0.3306	2(2)	0.2585	3(2)	2
3	0.4946	3(3)	0.4751	3(3)	0.3201	3(3)	3
4	0.4984	3(3)	0.4808	3(3)	0.3174	3(3)	4
5	0.4887	3(3)	0.4663	3(3)	0.3127	3(3)	3
6	0.5224	4(4)	0.5162	4(4)	0.3356	4(4)	4
7	0.5518	4(4)	0.5609	4(4)	0.3570	4(4)	4
8	0.5781	4(4)	0.6030	4(4)	0.3699	4(4)	4
9	0.5620	4(4)	0.5768	4(4)	0.3620	4(4)	4
10	0.6175	5(5)	0.6722	5(5)	0.3935	5(5)	5
11	0.6470	5(5)	0.7264	5(5)	0.4139	5(5)	5
12	0.6276	5(5)	0.6890	5(5)	0.3996	5(5)	5

注：括号中的类别是用湖泊富营养化水体 15 项指标的分级标准作出的评价结果。

表 3-22 还列出了文献[9]用随机评价法和模糊评价法作出的评价结果。可以看出，用 6 个普适公式对 12 个湖泊富营养化水体作出的评价结果完全一致。由于文献[9]将富营养化划分为 6 级，其“中富营养”、“富营养”和“重富营养”分别对应本书的“富营养”、“重富营养”和“极富营养”，“中营养”和“贫中营养”对应本书的“中营养”。因此，用 6 个普适指数公式作出的评价结果与随机评价法和模糊评价法作出的评价结果是一致的。

3.5 本章小结

(1) 分类综合指数公式中分指数的赋权：若指标数 m 较少(如对空气环境类，指标数 $m<5$；对水环境类，指标数 $m<8$)，且最大指数值 $\max\{XI_j\}$(或 $\max\{x'_j\}$)与最小指数值 $\min\{XI_j\}$(或 $\min\{x'_j\}$)之比超过 3 倍或 5 倍，此时需要考虑用适当加权公式对指标的分指数进行赋权；否则，各指标的分指数可视为等权。

(2) 本章建立的分类环境(空气环境、水环境)的 6 个普适指数公式都是基于完全相同的同类环境指标及其分级标准和指标参照值 c_{j0} 与指标值规范变换式优化得出的，因而 6 个评价指数公式是协调一致的，只是公式形式不同。因此，其中任何一个指数公式均可以单独用于某类环境评价，也可以用多个指数公式对其评价，以便对评价结果进行相互印证。

(3) 建立分类环境的 6 个指数公式的普适性：不仅对优化各类公式时所依据的指标及其分级标准的那些指标普适、通用，而且对于这些指标以外的其他指标，只要能确定其相应的分级标准，并能适当设定出参照值和规范变换式，使由规范变换式计算出的各级标准的规范值在该类指标的同级标准规范值变化范围内，则优化得到的某类环境普适指数公式仍可作为其他指标的普适指数公式，而不会有大的偏差，因为个别指标的加入与否对普适参数的优化结果并无显著影响。

(4) 普适指数公式的最大特点是将分类的环境指标分别统一用 6 个指数公式表示，极大地减少了指数公式的个数，而评价结果又较准确，与实际情况相符合。

(5) 实例分析表明，对同一个对象进行评价，6 个普适指数公式的评价结果几乎完全一致，仅有个别例外，而且这种例外大多是评价对象的指标处于相邻两级标准的分界线附近时出现的，因此，两种评价结果都是可以接受的。

参考文献

[1] 李祚泳, 张小丽, 汪嘉杨. 基于规范变换的空气质量指数公式的广义普适性[J]. 安全与环境学报, 2016, 16(3): 316-319.

[2] 李祚泳, 张小丽, 张正健, 等. 免疫进化混合猴王遗传算法[J]. 计算机应用, 2014, 34(6): 1641-1644.

[3] 李祚泳, 王文圣, 张正健, 等. 环境信息规范对称与普适性[M]. 北京: 科学出版社, 2011.

[4] 汪涛, 张继, 吴琳丽, 等. 基于改进灰色聚类法的城市道路环境空气质量综合评价[J]. 环境工程, 2009, 27(2): 38-41, 57.

[5] 李祚泳, 张正健, 汪嘉杨, 等. 基于水环境信息规范变换的水质普适指数公式[J]. 环境科学学报, 2012, 32(3): 668-677.

[6] Li Z Y, Yu C X, Zhang Z J. Optimal algorithm of shuffled frog leaping based on immune evolutionary particle swarm optimization[J]. Advanced Materials Research, 2011, 268-270: 1188-1193.

[7] 杨文慧, 吴建华. 一种新的灰关联系数表达式[J]. 河海大学学报(自然科学版), 2008, 36(1): 40-43.

[8] 周振民, 常慧. 基于熵权的模糊物元地下水水质评价模型[J]. 中国农村水利水电, 2008, (12): 45-47.

[9] 周晓蔚, 王丽萍, 李继清. 基于多判据决策的水体营养状态评价[J]. 生态学报, 2008, 28(1): 345-352.

第 4 章　同类环境评价的普适智能模型

以神经网络、投影寻踪、支持向量机等为代表的智能模型因具有非线性映射能力强、自适应、容错性和客观性等优点，已广泛应用于环境评价和分类。但是，即使是同类环境系统，传统的环境系统智能评价模型对不同指标，或不同指标数目，或不同指标分级标准，都需要分别建立不同的智能评价模型，因而评价模型不具有普适性和通用性。为了建立同类环境系统指标都能普适、通用的环境评价智能模型，提出对分类环境指标进行规范变换的思想，使规范变换后的同类环境指标皆等效于同一个规范指标，将同类环境的多指标评价问题转化为仅对等效规范指标进行评价的问题，从而极大地减少了指标个数，简化了评价模型结构；并采用优化算法优化模型参数，最终建立适用于分类环境系统指标规范值的简洁、规范、普适和通用的评价模型。

4.1　空气环境评价的普适智能模型

4.1.1　基于指标规范值的空气环境评价的 BP 神经网络模型

传统的 BP 神经网络用于环境评价(包括空气环境、水环境及生态环境)，不仅存在 BP 神经网络自身易受局部极小、收敛速度慢和隐节点数的选取尚无理论指导等缺点的限制，而且不能建立对不同指标组合都通用的普适模型。此外，随着指标增多，网络的输入节点数和隐节点数都随之增加，使网络结构变得复杂，训练过程中权值调整难度加大，影响学习效率和学习效果，因此实际应用受到一定限制。

在对空气指标进行规范变换的基础上，分别建立对任意空气指标规范值都适用的网络结构相对简单的 2-2-1 和 3-3-1 两种 BP 神经网络模型，对指标较多的空气环境评价的 BP 神经网络建模可以通过这两种模型的适当加权组合实现。因此，基于指标规范值的 BP 神经网络空气环境评价模型不仅对所有指标(包括年平均值和日平均值两种情况)都普适、通用，而且其评价过程比传统的 BP 神经网络模型更简单，评价效果更理想，真正起到事半功倍的效果[1]。

1. 基于指标规范值的空气环境评价的 BP 神经网络模型特点

基于指标规范值的BP神经网络模型与传统BP神经网络模型的不同之处在于[1]:

规范变换后的各指标同级标准规范值相差较小，因此可以认为用规范值表示的各指标皆等效于某个规范指标。只要建立了对规范指标成立的某种结构的 BP 神经网络，该网络对其他所有指标就都适用，从而使建立的 BP 神经网络具有普适性和通用性。而对于指标较多的 BP 神经网络建模，可以将其分解为已经建立的、结构简单的 BP 神经网络的加权组合，使指标较多的 BP 神经网络建模简化。

2. 基于指标规范值的空气环境评价的 BP 神经网络建模过程

1) 构建 2 个输入节点、2 个隐节点及 1 个输出节点的 2-2-1 结构 BP 神经网络模型

(1) 训练样本的组成。根据表 3-1 中空气环境各级标准的指标规范值 x'_{jk} (j=1, 2, …, 14; k=1, 2, 3)，将各级标准的第 1 项和第 2 项指标的规范值组成第 1 个训练样本的 2 个因子，再将第 2 项和第 3 项指标的规范值组成第 2 个训练样本的 2 个因子，依次递推，直至将第 14 项和第 1 项指标的规范值组成第 14 个训练样本的 2 个因子。3 级标准共组成 14×3=42 个训练样本，用于训练 2-2-1 结构的 BP 神经网络。

(2) 训练样本的期望输出值 T_k 和实际输出平均值 O_k 及训练好的网络权值矩阵和阈值矩阵。同级标准 14 个训练样本的期望输出值设置为相同，各级标准训练样本的期望输出值 T_k(k=1, 2, 3)见表 4-1。在设置初始权值 $w_{ij}\in[-1, 1]$ 和 $w'_{jk}\in[-1, 1]$ 及阈值 $\theta_j\in[-1, 1]$ 和 $\theta'_k\in[-1, 1]$ 的情况下，用上述生成的 42 个训练样本对 BP 神经网络进行反复训练，在迭代运算 10 万次后，训练样本的均方误差 $E_1=\frac{1}{42}\sum_{k=1}^{3}\sum_{i=1}^{14}(O_{ik}-T_k)^2\leqslant 0.001565$ 时，停止训练。结构为 2-2-1 的 BP 神经网络各级标准训练样本的期望输出值 T_k 和实际输出平均值 O_k(2)及均方误差 E_1 见表 4-1。结构为 2-2-1 的 BP 神经网络训练好的权值和阈值矩阵分别为

$$
\begin{gathered}
\boldsymbol{w}=\begin{bmatrix}-7.3219 & 1.3801\\ -7.2957 & 1.4610\end{bmatrix},\quad \boldsymbol{w}'=\begin{bmatrix}-4.4432 & 1.3047\end{bmatrix}\\
\boldsymbol{\theta}=\begin{bmatrix}-3.8141 & 2.3832\end{bmatrix},\quad \boldsymbol{\theta}'=\begin{bmatrix}-1.1555\end{bmatrix}
\end{gathered}
\tag{4-1}
$$

表 4-1　不同 BP 神经网络结构各级标准训练样本的期望输出值 T_k 和实际输出平均值 O_k

BP 神经网络结构	1 级		2 级		3 级		E_1
	T_1	O_1	T_2	O_2	T_3	O_3	
2-2-1	0.10	0.1063	0.30	0.3127	0.50	0.4836	0.001565
3-3-1	0.10	0.1017	0.30	0.3100	0.50	0.4852	0.001064
$O_k(c)$	—	0.1040	—	0.3114	—	0.4844	—

2) 构建 3 个输入节点、3 个隐节点及 1 个输出节点的 3-3-1 结构 BP 神经网络模型

(1) 训练样本的组成。类似结构为 2-2-1 的 BP 神经网络模型训练样本的组成，将各级标准的第 1 项、第 2 项和第 3 项指标的规范值组成第 1 个训练样本的 3 个因子，再将第 2 项、第 3 项和第 4 项指标的规范值组成第 2 个训练样本的 3 个因子，依次递推，直至将第 14 项、第 1 项和第 2 项指标的规范值组成第 14 个训练样本的 3 个因子，各级标准仍组成 14 个训练样本。3 级标准共组成 14×3=42 个训练样本，用于训练 3-3-1 结构的 BP 神经网络。

(2) 训练样本的期望输出值 T_k 和实际输出平均值 O_k 及训练好的网络权值矩阵和阈值矩阵。在与结构为 2-2-1 的 BP 神经网络的期望输出值 T_k、初始权值 w_{ij} 、w'_{jk} 和阈值 θ_j 、θ'_k 区间设置均相同的情况下，经迭代运算 10 万次后，训练样本的均方误差 $E_1 \leqslant 0.001064$ 时，停止训练。此时，结构为 3-3-1 的 BP 神经网络各级标准训练样本的期望输出值 T_k 和实际输出平均值 $O_k(3)$ 及均方误差 E_1 见表 4-1；两个网络各级标准的实际输出平均值 $O_k(c)=[O_k(2)+O_k(3)]/2$ 见表 4-1。结构为 3-3-1 的 BP 神经网络训练好的权值和阈值矩阵分别为

$$\boldsymbol{w}=\begin{bmatrix}-2.7607 & 5.4177 & 1.1371\\ -6.1609 & 0.3093 & -0.2206\\ -3.4751 & 4.8442 & 0.3377\end{bmatrix},\quad \boldsymbol{w}'=\begin{bmatrix}-3.9810 & 4.0738 & 0.6285\end{bmatrix}$$

$$\boldsymbol{\theta}=\begin{bmatrix}-4.6624 & 1.6750 & 1.8271\end{bmatrix},\quad \boldsymbol{\theta}'=\begin{bmatrix}0.8087\end{bmatrix} \tag{4-2}$$

4.1.2 基于指标规范值的空气环境评价的投影寻踪回归模型

传统的投影寻踪回归(projection pursuit regression，PPR)模型矩阵用于空气环境评价，当指标较多时，需要优化的参数矩阵元增多，从而影响优化效率和优化效果，限制了该方法的应用。在对指标进行规范变换的基础上，用规范值表示的各指标皆等效于某一个规范指标，因而首先构造并优化得出对各指标的规范值都适用的空气环境评价的 PPR(2)和 PPR(3)低阶模型，对于指标较多的 PPR(n)($n \geqslant 4$)高阶模型，只需用若干个 PPR(2)和(或)PPR(3)的组合来实现。基于指标规范值的 PPR(NV-PPR)模型不仅使传统的 PPR 模型矩阵简化，而且对各指标都具有普适性[1]。

1. 空气环境评价的 NV-PPR 模型与传统 PPR 模型的差异

传统 PPR 模型的矩阵表示求解法虽然比采用多重平滑回归算法技术(multiple smooth regression algorithm technology，MSRAT)求解法易于理解和编程实现，简化了计算过程，但是当指标较多时，需优化的高阶矩阵的参数矩阵元增多，不仅影响优化效率，而且优化效果(精度)也受到影响，因此传统 PPR 模型的矩阵表示

求解法的实用性也受到限制。

在对空气指标进行规范变换的基础上,同级标准的不同指标规范值差异很小,因而可以认为用规范值表示的各指标皆等效于某个规范指标，即认为用规范值表示的各指标差异较小，因此只需构造并优化得出对各指标规范值都适用的低阶 2×2 的 NV-PPR(2)和 2×3 的 NV-PPR(3)参数矩阵。对指标较多的 NV-PPR 建模，只需要将其分解为若干个 2×2 和(或)2×3 低阶矩阵表示的 PPR 加权组合即可，从而使复杂的高阶 PPR 模型的计算简化[1]。

2. 空气环境评价的 NV-PPR 模型的构建

1) 构建适用于 2 项指标的空气环境评价的 NV-PPR(2)模型(2-2-1 结构)

(1) 训练样本的组成。根据表 3-1 中空气环境各级标准的指标规范值 x'_{jk} (j=1, 2, …, 14; k=1, 2, 3)，将各级标准的第 1 项和第 2 项指标的规范值组成 NV-PPR(2)模型的第 1 个训练样本，再将第 2 项和第 3 项指标的规范值组成 NV-PPR(2)模型的第 2 个训练样本，依次递推，直至将第 14 项和第 1 项指标的规范值组成 NV-PPR(2)模型的第 14 个训练样本。3 级标准共组成 14×3=42 个训练样本，用以训练 NV-PPR(2)模型。

(2) 优化后适用于任意 2 个指标变量的 NV-PPR(2)空气环境评价模型。适用于规范值表示的任意 2 个指标变量的 NV-PPR(2)空气环境评价模型为

$$y_i = [\beta_1 \quad \beta_2]\begin{bmatrix}\alpha_{11} & \alpha_{12}\\ \alpha_{21} & \alpha_{22}\end{bmatrix}\begin{bmatrix}x'_{j1}\\ x'_{j2}\end{bmatrix} \tag{4-3}$$

式中，x'_{j1} 和 x'_{j2} 分别为样本 i 的任意 2 个指标变量 j_1 和 j_2 的规范值；$\boldsymbol{\beta} = [\beta_1 \quad \beta_2]$ 和 $\boldsymbol{\alpha} = \begin{bmatrix}\alpha_{11} & \alpha_{12}\\ \alpha_{21} & \alpha_{22}\end{bmatrix}$ 都是待优化确定的参数矩阵；y_i 为样本 i 的 NV-PPR(2)模型输出值。

为了优化式(4-3)中的参数矩阵元β_u和α_{uj}(u=1, 2; j=1, 2)，需要构造如下优化目标函数：

$$\min Q = \frac{1}{14\times 3}\sum_{k=1}^{3}\sum_{i=1}^{14}(y_{ki} - y_{k0})^2 \tag{4-4}$$

式中，y_{ki} 为由式(4-3)计算得到的第 k 级标准样本 i 的 NV-PPR(2)模型输出值；y_{k0} 为第 k 级标准样本的 NV-PPR(2)模型期望输出值。同级标准 14 个训练样本的模型期望输出值 y_{k0} 应设置为相同，各级标准训练样本的模型期望输出值 y_{k0} 见表 4-2。在满足 $\alpha_{u1}^2 + \alpha_{u2}^2 = 1$ ($\boldsymbol{\alpha}$ 为投影方向的二维单位向量)和优化目标函数式(4-4)的条件下，将生成的 42 个训练样本代入式(4-3)，并用混洗蛙跳算法[2]对式(4-3)中的β_u

和α_{uj}反复寻优。混洗蛙跳算法的参数设置见表 4-3。当 min $Q = 0.00084$ 时，停止迭代，得到优化好的参数矩阵为

$$\boldsymbol{\beta} = [0.784520 \quad 0.515431]，\quad \boldsymbol{\alpha} = \begin{bmatrix} 0.715415 & 0.698699 \\ 0.397577 & 0.917569 \end{bmatrix}$$

将优化好的矩阵$\boldsymbol{\beta}$和$\boldsymbol{\alpha}$代入式(4-3)，并化简得

$$y_i(2) = 0.766217x'_{j1} + 1.021121x'_{j2} \tag{4-5}$$

式中，x'_{j1}和x'_{j2}分别为样本 i 的任意 2 个指标变量 j_1 和 j_2 的规范值；$y_i(2)$为适用于样本 i 的任意 2 个指标规范值的 NV-PPR(2)模型输出值。

表 4-2　不同 NV-PPR 结构的各级标准训练样本的模型期望输出值 y_{k0} 和实际输出值 y_k

NV-PPR 结构	1 级		2 级		3 级		min Q
	y_{10}	y_1	y_{20}	y_2	y_{30}	y_3	
NV-PPR(2)	0.30	0.3103	0.45	0.4722	0.55	0.5542	0.00084
NV-PPR(3)	0.30	0.3000	0.45	0.4565	0.55	0.5359	0.00037
$\bar{y}_k$	—	0.3052	—	0.4644	—	0.5451	—

表 4-3　混洗蛙跳算法的参数设置(NV-PPR 模型)

群体规模 P	族群数 R	族群内青蛙数 N	族群内最大迭代次数 n	全局最大迭代次数 T_m	青蛙随机移动最大步长 d_{max}	设定的最小目标值 Q_{min}	搜索空间
200	20	10	10	400	0.2	0.001	[−2, 2]

2) 构建适用于 3 项指标的空气质量评价的 NV-PPR(3)模型(3-2-1 结构)

(1) 训练样本的组成。与 NV-PPR(2)模型训练样本的组成类似，将各级标准的第 1 项、第 2 项和第 3 项指标的规范值组成 NV-PPR(3)模型的第 1 个训练样本，再将第 2 项、第 3 项和第 4 项指标的规范值组成 NV-PPR(3)模型的第 2 个训练样本，依次递推，直至将第 14 项、第 1 项和第 2 项指标的规范值组成 NV-PPR(3)模型的第 14 个训练样本。每级标准有 14 个训练样本，3 级标准共有 14×3=42 个训练样本，用于训练 NV-PPR(3)模型。

(2) 优化后适用于任意 3 个指标变量的 NV-PPR(3)空气环境评价模型。适用于规范值表示的任意 3 个指标变量的 NV-PPR(3)空气质量评价模型为

$$y_i = [\beta_1 \quad \beta_2] \begin{bmatrix} \alpha_{11} & \alpha_{12} & \alpha_{13} \\ \alpha_{21} & \alpha_{22} & \alpha_{23} \end{bmatrix} \begin{bmatrix} x'_{j1} \\ x'_{j2} \\ x'_{j3} \end{bmatrix} \tag{4-6}$$

式中，x'_{j1}、x'_{j2}、x'_{j3}分别为样本 i 的任意 3 个指标变量 j_1、j_2、j_3 的规范值；$\boldsymbol{\beta}=[\beta_1 \quad \beta_2]$ 和 $\boldsymbol{\alpha}=\begin{bmatrix}\alpha_{11} & \alpha_{12} & \alpha_{13}\\ \alpha_{21} & \alpha_{22} & \alpha_{23}\end{bmatrix}$ 都是待优化确定的参数矩阵；y_i 为样本 i 的 NV-PPR(3)模型输出值。

为了优化式(4-6)中的参数矩阵元β_u和α_{uj}(u=1, 2; j=1, 2, 3)，其优化目标函数式仍如式(4-4)所示。式中的各级标准训练样本的模型期望输出值 y_{k0} 仍与 NV-PPR(2)完全相同，见表 4-2。只是 y_{ki} 为由式(4-6)计算得到的第 k 级标准样本 i 的 NV-PPR(3)实际输出值。在满足 $\alpha_{u1}^2+\alpha_{u2}^2+\alpha_{u3}^2=1$($\boldsymbol{\alpha}$ 为投影方向的三维单位向量)和优化目标函数式(4-4)的条件下，将生成的 42 个训练样本代入式(4-6)，并用混洗蛙跳算法[2,3]对式(4-6)中的β_u和α_{uj}反复寻优。混洗蛙跳算法的参数设置见表 4-3。当 $\min Q=0.00037$ 时，停止迭代，得到优化后的参数矩阵为

$$\boldsymbol{\beta}=[0.617004 \quad 0.382996], \quad \boldsymbol{\alpha}=\begin{bmatrix}0.579725 & 0.526056 & 0.622240\\ 0.611223 & 0.526787 & 0.590679\end{bmatrix}$$

将优化好的矩阵 $\boldsymbol{\beta}$ 和 $\boldsymbol{\alpha}$ 代入式(4-6)，并化简得

$$y_i(3)=0.591789x'_{j1}+0.526336x'_{j2}+0.610153x'_{j3} \tag{4-7}$$

式中，x'_{j1}、x'_{j2}和x'_{j3}分别为样本 i 的任意 3 个指标变量 j_1、j_2和 j_3 的规范值；$y_i(3)$为适用于样本 i 的任意 3 个指标规范值的 NV-PPR(3)模型输出值。分别将 NV- PPR(2)模型各级标准的 14 个训练样本和 NV-PPR(3)模型各级标准的 14 个训练样本代入式(4-5)和式(4-7)，得到 NV-PPR(2)模型和 NV-PPR(3)模型各级标准的实际输出平均值 y_k 及 2 个模型输出值的平均值 $\overline{y}_k$，将其作为实际分级标准值，见表 4-2。

4.1.3　基于指标规范值的空气环境评价的支持向量机回归模型

在阐明基于指标规范值的支持向量机回归(support vector regression based on normalized value，NV-SVR)与传统最小二乘支持向量机回归(least squares support vector regression，LS-SVR)主要不同点的基础上，将规范值表示的空气环境指标参照级和 1～3 级标准共 4 级标准作为 4 个样本，以各级标准指标规范值的均值作为各级标准高斯径向基核函数中心矢量的分量值 x'_{k0}，建立空气年均值和日均值共 14 项指标规范值共同适用的 NV-SVR 空气环境评价模型[1]。在线性方程组的求解过程中，采用智能解域搜索(search solution space with intelligence，SSSI)算法[1]对方程组中的核函数参数 σ 和惩罚因子 C 进行反复迭代优化，并将优化后的 NV-SVR 模型用于空气环境评价。

1. 基于指标规范值的 NV-SVR 空气环境评价模型的特点

NV-SVR 空气环境评价模型与传统 LS-SVR 空气环境评价模型的主要区别在于[1]：传统 LS-SVR 模型用于空气环境评价，对于不同的指标组合需要建立不同的 LS-SVR 空气环境评价模型，不能建立对任意多项指标组合都能普适通用的 LS-SVR 空气环境评价模型。此外，随着评价指标项数的增加，核函数的维数亦增加，这将使得核函数的计算量加大，必然对学习效率产生一定影响，并使 LS-SVR 模型在空气环境评价中的应用受到一定限制。用规范值表示的各指标皆等效于某一个规范指标，因此建立在指标规范值基础上的 NV-SVR 空气环境评价模型是一个对任意 $m(1\leqslant m\leqslant 14)$项指标组合的空气环境评价都通用的普适模型。该模型建立后，对于任意给定的指标组合的空气环境评价，只需将待评价样本各指标的规范值从小到大(或从大到小)排序，并适当分组；分别将各组指标规范值输入已建立好的 NV-SVR 模型中，并对各组模型的输出值进行适当的加权组合(某些情况下也可视作等权)计算综合输出值，就可以对待评价样本的空气环境进行评价。因此相对于传统 LS-SVR 模型，NV-SVR 空气环境评价模型不仅具有普适性，而且减少了计算工作量，更具有实用性。

2. 基于指标规范值的 NV-SVR 空气环境评价模型的建模

1) 样本的生成和 NV-SVR 空气环境评价模型的构建

将表 3-1 中空气环境的三级标准和参照级标准(视作 0 级标准)作为 4 个标准样本，以其指标规范值组成 NV-SVR 模型的 4 个训练样本。选用高斯径向基函数 $k(\boldsymbol{x}'_i, \boldsymbol{x}'_{k0}) = \exp[-\|\boldsymbol{x}'_i - \boldsymbol{x}'_{k0}\|^2 / (2\sigma^2)]\ (\sigma>0)$作为核函数。此处，范数$\|\cdot\|$不用欧氏距离，而用均方根距离$\|\cdot\| = \sqrt{\dfrac{1}{m}\sum_{j=1}^{m}(x'_j - x'_{k0})^2}$表示。式中，$x'_j$ 为指标 j 的规范值；x'_{k0}为第 k 级标准径向基核函数中心值，即为第 k 级标准 14 项指标规范值的均值 x'_k，见表 4-4。以 0～2 级标准作为 NV-SVR 模型的 3 个训练样本，以第 3 级标准作为 NV-SVR 模型的检验样本。优化目标函数设计为式(4-8)所示的全部样本(训练样本和检验样本)的最小误差平方和均值。

$$\min Q = \frac{1}{K}\sum_{k=1}^{K}(y_k - y_{k0})^2 \tag{4-8}$$

式中，y_k 为计算得到的第 k 级标准样本的 NV-SVR 模型实际输出值；y_{k0} 为设定的第 k 级标准样本的 NV-SVR 模型期望输出值，见表 4-4；K 为样本总数。

表 4-4　NV-SVR 模型各级标准的径向基核函数中心值 x'_{k0} 和样本期望输出值 y_{k0} 及实际输出值 y_k

项目	k=0(0 级)	k=1(1 级)	k=2(2 级)	k=3(3 级)
x'_{k0}	0.0000	0.1736	0.2642	0.3101
y_{k0}	0.0000	0.3000	0.6000	0.7500
y_k	0.0012	0.3129	0.5997	0.7362

2) 参数设置及模型优化结果

为了优化 NV-SVR 空气环境评价模型中的惩罚因子 C 和核参数σ_k，分别设置 $C\in[0,\ 100]$和$\sigma_k\in[0,\ 1]$；在满足式(4-8)的条件下，以 0～2 级标准作为 NV-SVR 空气环境评价模型的 3 个训练样本，将其标准规范值代入径向基核函数 $k(x_i, x_j)(i, j=0, 1, 2)$中，在以最小二乘回归的矩阵求解法求解线性方程组的过程中，用 SSSI 算法[4]对核参数σ(所有σ_k视为相同，因而略去下标 k)和惩罚因子 C 进行反复迭代优化。SSSI 算法设计的求解精度要求 ε_0=0.01。优化好的 σ 和 C 见表 4-5，当 $\min Q$=0.00009 时，停止迭代，得到线性方程组的解$\alpha_k(k=0～3)$和 b，见表 4-5。将α_k、b 和σ代入 NV-SVR 模型的一般表达式中，得到指标规范值的 NV-SVR 空气环境评价模型的输出表达式为

$$\begin{aligned}y=&-0.1171k_0(\boldsymbol{x}',\boldsymbol{x}'_{00})-1.2889k_1(\boldsymbol{x}',\boldsymbol{x}'_{10})+0.0298k_2(\boldsymbol{x}',\boldsymbol{x}'_{20})\\&+1.3761k_3\left(\boldsymbol{x}',\boldsymbol{x}'_{30}\right)+0.4868\end{aligned}\tag{4-9}$$

式中，$k_k(\boldsymbol{x}',\boldsymbol{x}'_{k0})$ 为高斯径向基核函数，即

$$k_k(\boldsymbol{x}',\boldsymbol{x}'_{k0})=\exp\left(-\frac{\|\boldsymbol{x}'-\boldsymbol{x}'_k\|^2}{2\sigma^2}\right)\tag{4-10}$$

将指标规范值表示的各级标准样本分别代入式(4-9)和式(4-10)所示的 NV-SVR 模型中，得到空气环境各级标准的实际输出值 y_k，见表 4-4。

基于指标规范值的三种空气环境智能评价模型的验证实例详见文献[1]。

表 4-5　NV-SVR 空气环境智能模型的参数 b、支持向量 α_k 及参数优化结果

α_k				b	σ	C	$\min Q$
k=0	k=1	k=2	k=3				
−0.1171	−1.2889	0.0298	1.3761	0.4868	0.2449	50	0.00009

4.2 空气环境评价的普适智能模型与传统智能模型的比较

基于指标规范值的空气环境评价的普适智能模型与传统智能模型的比较，见表 4-6。

表 4-6 基于指标规范值的空气环境评价的普适智能模型与传统智能模型的比较

评价模型	传统智能模型	基于指标规范值的普适智能模型
BP 神经网络模型 PPR 模型 SVR 模型	对不同问题的不同指标组合，传统智能模型的结构和参数都不相同，不能建立对空气的任意 $m(1\leqslant m\leqslant 14)$项指标组合都能普适通用的评价模型；当指标较多时，模型结构较复杂，模型的求解效率和精度会受到一定影响	基于指标规范值的普适智能模型是对空气的任意 $m(1\leqslant m\leqslant 14)$项指标组合都通用的模型；对于指标较多(如 $m\geqslant 4$)的空气质量评价问题，可将其分解为指标较少的结构简单的二维模型和三维模型的组合

4.3 水环境评价的普适智能模型

4.3.1 基于指标规范值的水环境评价的前向神经网络模型

用于水环境评价的传统 BP 神经网络不仅网络结构复杂、学习效率低，而且不能建立对不同地域、不同指标组合都通用的普适模型。三类水体 72 项指标的参照值 c_{j0}、分级标准值 c_{jk} 及其各级标准规范值 x'_{jk} (j=1, 2,···, 72; k=1, 2,···, 5)见表 4-7。

在对三类水体 72 项指标分级标准值进行规范变换的基础上，首先建立对三类水体 72 项指标规范值都适用的相对简单的 2-2-1 结构和 3-2-1 结构的前向神经网络(feedforward neural network，FNN)模型；对于指标较多的水环境评价的前向神经网络模型，可以用上述两种结构模型的适当组合来实现。对指标种类和分级标准相异的地区，只要适当设定指标参照值和指标值规范变换式，使其标准规范值在 72 项指标同级标准规范值变换范围内亦可使用该模型[5]。因此基于指标规范值的水环境评价前向神经网络模型不仅对多项指标普适、通用，而且其评价过程比传统的 BP 神经网络模型更加简洁、直观、实用[5]。

1. 基于指标规范值的水环境评价的前向神经网络模型的特点

传统 BP 神经网络模型对于不同类的水环境(地表水、地下水和湖库富营养化水体)指标需要分别构造不同的网络模型，不能建立对各类环境指标都普适、通用的网络模型；此外，评价指标越多，则需构造的网络结构越复杂，而复杂网络对模型的学习效率和模型的求解精度都有影响，因此传统 BP 神经网络模型用于水环境评价的实用性受到很大限制。基于指标规范值的水环境评价的前向神经网络模型，规范后的各指标皆等效于某一个规范指标，因此只要对规范指标建立某种结构的前向神经网络模型，就能使该网络模型对所有的指标皆适用，因此，建立的前向神经网络模型具有普适性。而对指标较多的前向神经网络建模，总可以将其分解为若干个结构简单的前向神经网络模型的组合表示，使复杂建模简化，因而使前向神经网络模型更具实用性[5]。

2. 基于指标规范值的水环境评价的前向神经网络建模过程

1) 构建 2 个输入节点、2 个隐节点及 1 个输出节点的 2-2-1 结构前向神经网络模型

(1) 训练样本的组成。根据表 4-7 中水环境质量指标的各级标准规范值 x'_{jk} (j=1, 2, ···, 72; k=1, 2, ···, 5)，将各级标准的第 1 项和第 2 项指标的规范值组成第 1 个训练样本的 2 个因子，再将第 2 项和第 3 项指标的规范值组成第 2 个训练样本的 2 个因子，依次递推，直至将第 72 项和第 1 项指标的规范值组成第 72 个训练样本的 2 个因子。每级标准组成 72 个训练样本，5 级标准共组成 72×5=360 个训练样本，采用免疫进化算法(immune evolutionary algorithm，IEA)优化 2-2-1 结构前向网络的连接权值 w_{hj} 和 v_h(h=1, 2；j=1, 2)。IEA 的参数设置为：IEA 动态调整系数 A=10，最大迭代次数 T=2000，群体规模 K=100，标准差δ_0=0.1。

表 4-7　三类水体 72 项指标的参照值 c_{j0}、分级标准值 c_{jk} 及其规范值 x'_{jk}

类型	指标	c_{j0}	标准值及规范值	级别				
				1 级	2 级	3 级	4 级	5 级
地表水	DO (溶解氧)	20	c_{jk}	7.5	6.0	5.0	3.0	2.0
			x'_{jk}	0.1962	0.2408	0.2773	0.3794	0.4605
	COD_{Mn} (高锰酸盐指数)	0.2	c_{jk}	2	4	6	10	15
			x'_{jk}	0.2303	0.2996	0.3401	0.3912	0.4318
	COD_{Cr} (化学需氧量)	5	c_{jk}	15	15	20	30	45
			x'_{jk}	0.2197	0.2197	0.2773	0.3584	0.4394
	BOD_5 (生化需氧量)	1	c_{jk}	2	3	4	6	10
			x'_{jk}	0.1386	0.2197	0.2773	0.3584	0.4605

续表

类型	指标	c_{j0}	标准值及规范值	级别				
				1 级	2 级	3 级	4 级	5 级
地表水	NH_3-N (氨氮)	0.03	c_{jk}	0.15	0.50	1.00	1.50	2.00
			x'_{jk}	0.1609	0.2813	0.3507	0.3912	0.4200
	TP (总磷)	0.005	c_{jk}	0.02	0.10	0.20	0.30	0.40
			x'_{jk}	0.1386	0.2996	0.3689	0.4094	0.4382
	TN (总氮)	0.03	c_{jk}	0.2	0.5	1.0	1.5	2.0
			x'_{jk}	0.1897	0.2813	0.3507	0.3912	0.4200
	NO_3^--N (硝态氮)	0.5	c_{jk}	5	10	20	20	35
			x'_{jk}	0.2303	0.2996	0.3689	0.3689	0.4249
	NO_2^--N (亚硝态氮)	0.01	c_{jk}	0.06	0.10	0.15	0.80	1.00
			x'_{jk}	0.1792	0.2303	0.2708	0.4382	0.4605
	Zn (锌)	0.001	c_{jk}	0.05	1.00	1.00	2.00	4.00
			x'_{jk}	0.1956	0.3454	0.3454	0.3801	0.4147
	Hg (汞)	5×10^{-7}	c_{jk}	5×10^{-5}	5×10^{-5}	1×10^{-4}	0.001	0.002
			x'_{jk}	0.2303	0.2303	0.2649	0.3801	0.4147
	Cr^{6+} (六价铬)	0.001	c_{jk}	0.01	0.03	0.05	0.05	0.10
			x'_{jk}	0.2303	0.3401	0.3912	0.3912	0.4605
	石油类	0.0002	c_{jk}	0.02	0.05	0.05	0.50	1.00
			x'_{jk}	0.2303	0.2761	0.2761	0.3912	0.4259
	粪大肠菌	0.005	c_{jk}	0.2	2.0	10.0	20.0	40.0
			x'_{jk}	0.1844	0.1844	0.3801	0.4147	0.4493
	挥发酚	1×10^{-5}	c_{jk}	0.001	0.002	0.005	0.010	0.050
			x'_{jk}	0.2303	0.2649	0.3107	0.3454	0.4259
	Pb (铅)	0.001	c_{jk}	0.01	0.01	0.05	0.05	0.10
			x'_{jk}	0.2303	0.2303	0.3912	0.3912	0.4605

续表

类型	指标	c_{j0}	标准值及规范值	级别				
				1 级	2 级	3 级	4 级	5 级
地表水	HDS (总硬度)	10	c_{jk}	100	150	300	600	1000
			x'_{jk}	0.2303	0.2708	0.3401	0.4094	0.4605
	CN^- (氰化物)	0.0001	c_{jk}	0.005	0.050	0.200	0.200	1.000
			x'_{jk}	0.1956	0.3107	0.3800	0.3800	0.4605
	SO_4^{2-} (硫酸盐)	0.01	c_{jk}	0.05	0.10	0.20	0.50	1.00
			x'_{jk}	0.1609	0.2303	0.2996	0.3912	0.4605
	Fe (铁)	0.1	c_{jk}	0.2	0.3	0.5	0.5	1.0
			x'_{jk}	0.1386	0.2197	0.3219	0.3219	0.4605
	SS (悬浮物固体)	40	c_{jk}	300	320	1000	2000	4000
			x'_{jk}	0.1897	0.2590	0.2590	0.4200	0.4605
	NH_3 (非离子氨)	0.0015	c_{jk}	0.01	0.01	0.02	0.10	0.15
			x'_{jk}	0.1897	0.2590	0.2590	0.4200	0.4605
	Mn (锰)	0.01	c_{jk}	0.05	0.10	0.10	0.50	1.00
			x'_{jk}	0.1609	0.2303	0.2303	0.3912	0.4605
	Cd (镉)	1.5×10^{-4}	c_{jk}	0.001	0.003	0.005	0.005	0.010
			x'_{jk}	0.1897	0.2996	0.3507	0.3507	0.4200
地下水	色度	0.5	c_{jk}	5	5	15	25	35
			x'_{jk}	0.2303	0.2303	0.3401	0.3912	0.4248
	浑浊度	0.2	c_{jk}	3	3	5	10	15
			x'_{jk}	0.2708	0.2708	0.3219	0.3912	0.4317
	TDS (溶解性总固体)	30	c_{jk}	300	500	1000	2000	2500
			x'_{jk}	0.2303	0.2813	0.3507	0.4200	0.4423
	Cl^- (氯化物)	7	c_{jk}	50	150	250	350	500
			x'_{jk}	0.1966	0.3065	0.3576	0.3912	0.4269

续表

类型	指标	c_{j0}	标准值及规范值	级别				
				1级	2级	3级	4级	5级
地下水	F^- (氟化物)	0.05	c_{jk}	0.5	1.0	1.0	2.0	3.0
			x'_{jk}	0.2303	0.2996	0.2996	0.3689	0.4094
	I^- (碘化物)	0.01	c_{jk}	0.1	0.1	0.2	1.0	1.0
			x'_{jk}	0.2303	0.2303	0.2996	0.4605	0.4605
	挥发酚	0.0001	c_{jk}	0.001	0.001	0.002	0.010	0.010
			x'_{jk}	0.2303	0.2303	0.2996	0.4605	0.4605
	NH_3-N (氨氮)	0.0002	c_{jk}	0.02	0.10	0.20	0.50	1.00
			x'_{jk}	0.2303	0.3107	0.3454	0.3912	0.4259
	SO_4^{2-} (硫酸盐)	7	c_{jk}	50	150	250	350	500
			x'_{jk}	0.1966	0.3065	0.3576	0.3912	0.4269
	NO_2^--N (亚硝态氮)	5×10^{-5}	c_{jk}	0.001	0.010	0.020	0.100	0.300
			x'_{jk}	0.1498	0.2649	0.2996	0.3800	0.4350
	HDS (总硬度)	15	c_{jk}	150	300	450	550	900
			x'_{jk}	0.2303	0.2996	0.3401	0.3602	0.4094
	NO_3^--N (硝态氮)	0.3	c_{jk}	2	5	20	20	30
			x'_{jk}	0.1897	0.2813	0.4200	0.4200	0.4605
	COD_{Mn} (高锰酸盐指数)	0.2	c_{jk}	1	2	5	10	15
			x'_{jk}	0.1609	0.2303	0.3219	0.3912	0.4317
	CN^- (氰化物)	5×10^{-5}	c_{jk}	0.001	0.010	0.050	0.100	0.500
			x'_{jk}	0.1498	0.2649	0.3454	0.3800	0.4605
	Fe (铁)	0.015	c_{jk}	0.1	0.2	0.3	1.5	1.5
			x'_{jk}	0.1897	0.2590	0.2996	0.4605	0.4605
	Mn (锰)	0.0005	c_{jk}	0.05	0.05	0.10	1.00	2.00
			x'_{jk}	0.2303	0.2303	0.2649	0.3800	0.4147

续表

类型	指标	c_{j0}	标准值及规范值	级别				
				1 级	2 级	3 级	4 级	5 级
地下水	Se (硒)	0.001	c_{jk}	0.005	0.010	0.020	0.100	0.100
			x'_{jk}	0.1609	0.2303	0.2996	0.4605	0.4605
	As (砷)	0.001	c_{jk}	0.005	0.010	0.050	0.050	0.100
			x'_{jk}	0.1609	0.2303	0.3912	0.3912	0.4605
	Zn (锌)	0.002	c_{jk}	0.05	0.50	1.00	5.00	10.00
			x'_{jk}	0.1609	0.2761	0.3107	0.3912	0.4259
	Mo (钼)	5×10^{-5}	c_{jk}	0.001	0.010	0.100	0.500	1.000
			x'_{jk}	0.1498	0.2649	0.3800	0.4605	0.4952
	Co (钴)	0.0002	c_{jk}	0.005	0.050	0.050	1.000	2.000
			x'_{jk}	0.1609	0.2761	0.2761	0.4259	0.4605
	Cd (镉)	4×10^{-6}	c_{jk}	0.0001	0.0010	0.0100	0.0100	0.0400
			x'_{jk}	0.1609	0.2761	0.3912	0.3912	0.4605
	Ba (钡)	0.0004	c_{jk}	0.01	0.10	1.00	3.00	4.00
			x'_{jk}	0.1609	0.2961	0.3912	0.4461	0.4605
	Cu (铜)	0.0004	c_{jk}	0.01	0.05	1.00	1.50	4.00
			x'_{jk}	0.1609	0.2414	0.3912	0.4115	0.4605
	Pb (铅)	0.001	c_{jk}	0.005	0.010	0.050	0.100	0.100
			x'_{jk}	0.1609	0.2303	0.3912	0.4605	0.4605
	Ni (镍)	0.001	c_{jk}	0.005	0.050	0.050	0.100	0.100
			x'_{jk}	0.1609	0.3912	0.3912	0.4605	0.4605
	Cr^{6+} (六价铬)	0.001	c_{jk}	0.005	0.010	0.050	0.100	0.100
			x'_{jk}	0.1609	0.2303	0.3912	0.4605	0.4605
	Be (铍)	5×10^{-6}	c_{jk}	2×10^{-5}	0.0001	0.0002	0.0005	0.0005
			x'_{jk}	0.1386	0.2996	0.3689	0.4605	0.4605

续表

类型	指标	c_{j0}	标准值及规范值	级别				
				1 级	2 级	3 级	4 级	5 级
地下水	Hg (汞)	5×10^{-7}	c_{jk}	5×10^{-5}	0.0005	0.0010	0.0010	0.0020
			x'_{jk}	0.2303	0.3454	0.3800	0.3800	0.4147
	细菌总数	10	c_{jk}	50	100	500	1000	1000
			x'_{jk}	0.1609	0.2303	0.3912	0.4605	0.4605
	SS (悬浮物固体)	30	c_{jk}	300	500	1000	2000	3000
			x'_{jk}	0.2303	0.2813	0.3507	0.4200	0.4605
	COD_{Cr} (化学需氧量)	4	c_{jk}	10	15	20	30	40
			x'_{jk}	0.1833	0.2644	0.3219	0.4030	0.4605
	OP (有机磷)	0.005	c_{jk}	0.03	0.05	0.10	0.30	0.50
			x'_{jk}	0.1792	0.2303	0.2996	0.4094	0.4605
湖库富营养化水体	Chla (叶绿素 a)	0.05	c_{jk}	1.6	10.0	64.0	160.0	1000.0
			x'_{jk}	0.1733	0.2649	0.3577	0.4035	0.4952
	TP (总磷)	0.1	c_{jk}	4.6	23.0	110.0	250.0	1250.0
			x'_{jk}	0.1914	0.2719	0.3502	0.3912	0.4717
	TN (总氮)	0.001	c_{jk}	0.08	0.31	1.20	2.30	9.10
			x'_{jk}	0.2191	0.2868	0.3545	0.3870	0.4558
	COD_{Mn} (高锰酸盐指数)	0.01	c_{jk}	0.48	1.80	7.10	14.00	54.00
			x'_{jk}	0.1936	0.2597	0.3283	0.3622	0.4297
	BOD_5 (生化需氧量)	0.01	c_{jk}	1.2	2.8	6.6	12.0	30.0
			x'_{jk}	0.2394	0.2817	0.3246	0.3545	0.4003
	NH_3-N (氨氮)	0.001	c_{jk}	0.055	0.200	0.650	1.500	5.000
			x'_{jk}	0.2004	0.2649	0.3239	0.3657	0.4259
	BIO (生物量)	0.2	c_{jk}	20	60	200	500	1000
			x'_{jk}	0.2303	0.2852	0.3454	0.3912	0.4259

续表

类型	指标	c_{j0}	标准值及规范值	级别				
				1 级	2 级	3 级	4 级	5 级
湖库富营养化水体	SD(透明度)	500	c_{jk}	8.00	2.40	0.73	0.40	0.10
			x'_{jk}	0.2068	0.2670	0.3265	0.3565	0.4259
	DO(溶解氧)	3000	c_{jk}	16.5	10.0	4.0	3.0	1.0
			x'_{jk}	0.2602	0.2852	0.3310	0.3454	0.4003
	初级生产力	0.1	c_{jk}	1.18	2.00	3.25	4.20	7.00
			x'_{jk}	0.2468	0.2996	0.3481	0.3738	0.4249
	NO_3^--N(硝态氮)	0.01	c_{jk}	0.5	3.0	10.0	20.0	35.0
			x'_{jk}	0.1956	0.2852	0.3454	0.3801	0.4080
	NO_2^--N(亚硝态氮)	0.001	c_{jk}	0.05	0.15	0.50	2.00	5.00
			x'_{jk}	0.1956	0.2505	0.3107	0.3801	0.4259
	PO_4^{3-}(磷酸盐)	0.0001	c_{jk}	0.005	0.010	0.050	0.200	1.000
			x'_{jk}	0.1956	0.2303	0.3107	0.3801	0.4605
	TOC(总有机碳)	0.002	c_{jk}	0.1	0.5	1.5	7.0	30.0
			x'_{jk}	0.1956	0.2761	0.3310	0.4080	0.4808
	TSS(总悬浮物)	0.01	c_{jk}	0.55	2.10	7.70	20.00	50.00
			x'_{jk}	0.2004	0.2674	0.3323	0.3800	0.4259

注：①地表水：粪大肠菌 c_{j0} 和 c_{jk} 的单位为个/mL，其余指标 c_{j0} 和 c_{jk} 的单位为 mg/L；②地下水：细菌总数 c_{j0} 和 c_{jk} 的单位为个/mL，其余指标 c_{j0} 和 c_{jk} 的单位为 mg/L；③湖库富营养化水体：Chla 和 TP 的 c_{j0} 和 c_{jk} 的单位为 μg/L，初级生产力的 c_{j0} 和 c_{jk} 的单位为 g/(m²·d)，SD 的 c_{j0} 和 c_{jk} 的单位为 m，BIO 的 c_{j0} 和 c_{jk} 的单位为 10^4 个/L，其余指标 c_{j0} 和 c_{jk} 的单位为 mg/L。

(2) 训练样本的期望输出值 T_k 和实际输出平均值 O_k 及训练好的网络权值矩阵。同级标准 72 个训练样本的期望输出值设置为相同，各级标准训练样本的期望输出值 $T_k(k=1, 2, 3, 4, 5)$见表 4-8。用上述生成的 360 个样本对前向网络进行反复迭代优化，当优化目标函数式 $\min Q = \dfrac{1}{360}\sum_{k=1}^{5}\sum_{i=1}^{72}(O_{ki} - T_k)^2 \leqslant 0.0012$ 时，停止迭

代，得到优化好的 2-2-1 结构的网络权值矩阵为

$$\boldsymbol{w}=\begin{bmatrix}0.8904 & 0.3201\\0.5115 & 0.9746\end{bmatrix},\quad \boldsymbol{v}=\begin{bmatrix}1.0945\\0.9465\end{bmatrix}$$

从而得到 2-2-1 结构前向神经网络模型的输出，如式(4-11)所示。

$$\begin{aligned}O_{ji}&=v_1\frac{1-\mathrm{e}^{-(w_{11}x_1'+w_{12}x_2')}}{1+\mathrm{e}^{-(w_{11}x_1'+w_{12}x_2')}}+v_2\frac{1-\mathrm{e}^{-(w_{21}x_1'+w_{22}x_2')}}{1+\mathrm{e}^{-(w_{21}x_1'+w_{22}x_2')}}\\&=1.0945\times\frac{1-\mathrm{e}^{-(0.8904x_1'+0.3201x_2')}}{1+\mathrm{e}^{-(0.8904x_1'+0.3201x_2')}}+0.9465\times\frac{1-\mathrm{e}^{-(0.5115x_1'+0.9746x_2')}}{1+\mathrm{e}^{-(0.5115x_1'+0.9746x_2')}}\end{aligned}\tag{4-11}$$

各级标准 72 个训练样本的 2-2-1 结构前向网络实际输出平均值 $O_k(k=1,2,\cdots,5)$见表 4-8。

表 4-8 不同前向网络结构各级标准训练样本的期望输出值 T_k 和实际输出平均值 O_k

前向网络结构	1 级		2 级		3 级		4 级		5 级		min Q
	T_1	O_1	T_2	O_2	T_3	O_3	T_4	O_4	T_5	O_5	
2-2-1	0.25	0.2649	0.35	0.3635	0.45	0.4501	0.55	0.5300	0.60	0.5886	0.0012
3-2-1	0.25	0.2636	0.35	0.3626	0.45	0.4505	0.55	0.5327	0.60	0.5935	0.0001
O_k	—	0.2643	—	0.3631	—	0.4503	—	0.5314	—	0.5911	—

2) 构建 3 个输入节点、2 个隐节点及 1 个输出节点的 3-2-1 结构的前向神经网络模型

(1) 训练样本的组成。与结构为 2-2-1 前向神经网络模型训练样本的组成类似，将各级标准的第 1 项、第 2 项和第 3 项指标的规范值组成第 1 个训练样本的 3 个因子，再将第 2 项、第 3 项和第 4 项指标的规范值组成第 2 个训练样本的 3 个因子，依次递推，直至将第 72 项、第 1 项和第 2 项指标的规范值组成第 72 个训练样本的 3 个因子。各级标准仍组成 72 个训练样本，5 级标准共组成 360 个训练样本。

(2) 训练样本的期望输出值 T_k 和实际输出平均值 O_k 及训练好的网络权值矩阵。同级标准的 72 个训练样本的期望输出值也设置为相同，结构为 3-2-1 的前向网络各级标准样本的期望输出值 T_k 见表 4-8。当优化目标函数式 min$Q\leqslant 0.0001$ 时，停止训练，得到优化好的 3-2-1 结构前向神经网络的权值矩阵为

$$\boldsymbol{w}=\begin{bmatrix}-0.4114 & 1.0386 & 0.3623\\1.0618 & -0.5629 & 0.2063\end{bmatrix},\quad \boldsymbol{v}=\begin{bmatrix}1.6834\\1.4784\end{bmatrix}$$

从而得到 3-2-1 结构前向神经网络模型的输出，如式(4-12)所示。

$$\begin{aligned} O_{ji} &= v_1 \frac{1-\mathrm{e}^{-(w_{11}x_1'+w_{12}x_2'+w_{13}x_3')}}{1+\mathrm{e}^{-(w_{11}x_1'+w_{12}x_2'+w_{13}x_3')}} + v_2 \frac{1-\mathrm{e}^{-(w_{21}x_1'+w_{22}x_2'+w_{23}x_3')}}{1+\mathrm{e}^{-(w_{21}x_1'+w_{22}x_2'+w_{23}x_3')}} \\ &= 1.6834 \times \frac{1-\mathrm{e}^{-(-0.4114x_1'+1.0386x_2'+0.3623x_3')}}{1+\mathrm{e}^{-(-0.4114x_1'+1.0386x_2'+0.3623x_3')}} \\ &\quad + 1.4784 \times \frac{1-\mathrm{e}^{-(1.0618x_1'-0.5629x_2'+0.2063x_3')}}{1+\mathrm{e}^{-(1.0618x_1'-0.5629x_2'+0.2063x_3')}} \end{aligned} \tag{4-12}$$

各级标准 72 个训练样本的 3-2-1 结构前向网络实际输出平均值 $O_k(3)$见表 4-8。

各级标准的 2 个不同结构前向网络的实际输出平均值 $O_k=[O_k(2)+O_k(3)]/2$ 见表 4-8。由多个结构为 2-2-1 的前向网络和(或)结构为 3-2-1 的前向网络组成样本 i 的前向神经网络模型综合输出值 O_i，如式(4-13)所示。

$$O_i = \sum_{l=1}^{L} w_{il} \cdot O_{il} \tag{4-13}$$

式中，w_{il} 为归一化权值；O_{il} 为样本 i 的第 l 个结构的前向神经网络模型的输出值；L 为模型组合个数。

4.3.2 基于指标规范值的水环境评价的投影寻踪回归模型

1. 基于指标规范值的水环境评价的 PPR 模型矩阵表示的建模思想

基于指标规范值的水环境评价的 PPR 模型矩阵表示的建模基本思想为[6]：三类水体 72 项指标的各级标准值 c_{jk} (j=1, 2,⋯, 72; k=1, 2, 3, 4, 5)经式(3-17)～式(3-19)和式(3-2)变换为规范值 x'_{jk} 后，由于不同指标的同级标准规范值差异很小，因而可以认为用规范值表示的各个指标皆等效于一个规范指标，因而 72 项指标可以用该等效规范指标替代，故只需构造并优化得出对各指标规范值都适用的 2 个指标的投影寻踪回归(NV-PPR(2))矩阵和 3 个指标的投影寻踪回归(NV-PPR(3))矩阵表示水环境评价模型；对于指标较多的 NV-PPR 建模，只要将其分解为若干个 NV-PPR(2) 和(或)NV-PPR(3) 的适当组合即可。无论是 NV-PPR(2)模型还是 NV-PPR(3)模型，一般都只需构建 2 个岭函数的 NV-PPR 模型。

2. 基于指标规范值的水环境评价的 NV-PPR 建模过程

1) 构建适用于 2 项指标水环境评价的 NV-PPR(2)模型(2-2-1 结构)

(1) 训练样本的组成。将表 4-7 中三类水体各级标准的第 1 项和第 2 项指标的规范值 x'_{jk} 组成 NV-PPR(2)模型的第 1 个训练样本，再将第 2 项和第 3 项指标的规范值 x'_{jk} 组成 NV-PPR(2)模型的第 2 个训练样本，依次递推，直至将第 72 项和第 1 项指标的规范值 x'_{jk} 组成 NV-PPR(2)模型的第 72 个训练样本。每级标准生成 72 个训练样本，5 级标准共组成 72×5=360 个 NV-PPR(2)模型的训练样本，用以训练 NV-PPR(2)模型。

(2) 优化后适用于任意 2 项指标的 NV-PPR(2)水环境评价模型(2-2-1 结构)。适用于规范值表示的任意 2 项指标的 NV-PPR(2)水环境评价模型为

$$y_i = \begin{bmatrix} \beta_1 & \beta_2 \end{bmatrix} \begin{bmatrix} \alpha_{11} & \alpha_{12} \\ \alpha_{21} & \alpha_{22} \end{bmatrix} \begin{bmatrix} x'_{j1} \\ x'_{j2} \end{bmatrix} \tag{4-14}$$

式中，x'_{j1} 和 x'_{j2} 为样本 i 的任意 2 项指标 j_1 和 j_2 的规范值；$\boldsymbol{\beta} = \begin{bmatrix} \beta_1 & \beta_2 \end{bmatrix}$ 和 $\boldsymbol{\alpha} = \begin{bmatrix} \alpha_{11} & \alpha_{12} \\ \alpha_{21} & \alpha_{22} \end{bmatrix}$ 为待优化确定的参数矩阵；y_i 为样本 i 的 NV-PPR(2)模型输出值。

为了优化式(4-14)中的参数矩阵元 β_u 和 α_{uj}(u=1, 2; j=1, 2)，需要构造如下优化目标函数式：

$$\min Q = \frac{1}{72 \times 5} \sum_{k=1}^{5} \sum_{i=1}^{72} (y_{ki} - y_{k0})^2 \tag{4-15}$$

式中，y_{ki} 为由式(4-14)计算得到的第 k 级标准样本 i 的 NV-PPR(2)模型输出值；y_{k0} 为设定的第 k 级标准样本的 NV-PPR(2)模型期望输出值，同级标准的 72 个训练样本的模型期望输出值 y_{k0} 应相同。

各级标准训练样本的模型期望输出值 y_{k0} 的设定原则为：限制 NV-PPR(2)模型期望输出值范围，$y_{k0} \in [0, 1]$，随着级别 k 的增加，y_{k0} 也增大。y_{k0} 可在[0, 1]内等距取值，随着进一步地优化迭代，需反复调整各级标准的模型期望输出值 y_{k0}，使其满足优化目标函数式(4-15)极小。各级标准训练样本的模型期望输出值 y_{k0} 见表 4-9。在满足 $\alpha_{u1}^2 + \alpha_{u2}^2 = 1$ ($\boldsymbol{\alpha}$ 为投影方向的二维单位向量)和目标函数式(4-15)的条件下，将生成的 360 个训练样本代入式(4-14)，并用猴王遗传算法[6]对式(4-14)中的 β_u 和 α_{uj} 反复寻优。猴王遗传算法的参数设置如下：群体规模 P=200，最大迭代次数 T=1000，复制概率 r_1=0.3，随机引入概率 r_2=0.4。当 min Q=0.0015 时，停止迭代，得到优化好的参数矩阵为

$$\boldsymbol{\beta} = \begin{bmatrix} 0.628172 & 0.471828 \end{bmatrix}, \quad \boldsymbol{\alpha} = \begin{bmatrix} 0.757023 & 0.653389 \\ 0.713722 & 0.700429 \end{bmatrix}$$

将优化得到的矩阵 $\boldsymbol{\beta}$ 和 $\boldsymbol{\alpha}$ 代入式(4-14)，并化简得

$$y_i(2) = 0.812295 x'_{j1} + 0.740922 x'_{j2} \tag{4-16}$$

式中，x'_{j1} 和 x'_{j2} 分别为样本 i 的任意 2 项指标 j_1 和 j_2 的规范值；$y_i(2)$为适用于样本 i 的任意 2 项指标规范值的 NV-PPR(2)模型输出值。

表 4-9　不同 NV-PPR 模型的各级标准样本的期望输出值 y_{k0} 和实际输出值 y_k 及实际分级标准值 $\overline{y}_k$

NV-PPR 结构	1 级		2 级		3 级		4 级		5 级	
	y_{10}	y_1	y_{20}	y_2	y_{30}	y_3	y_{40}	y_4	y_{50}	y_5
NV-PPR(2)	0.30	0.3032	0.40	0.4156	0.50	0.5209	0.60	0.6175	0.65	0.6897
NV-PPR(3)	0.30	0.2896	0.40	0.3970	0.50	0.4976	0.60	0.5899	0.65	0.6588
$\overline{y}_k$	—	0.2964	—	0.4063	—	0.5093	—	0.6037	—	0.6743

2) 构建适用于 3 项指标水环境评价的 NV-PPR(3)模型(3-2-1 结构)

(1) 训练样本的组成。与 NV-PPR(2)模型训练样本组成类似，将表 4-7 中三类水体各级标准的第 1 项、第 2 项和第 3 项指标的规范值 x'_{jk} 组成 NV-PPR(3)模型的第 1 个训练样本；再将第 2 项、第 3 项和第 4 项指标的规范值 x'_{jk} 组成 NV-PPR(3)模型的第 2 个训练样本；依次递推，直至将第 72 项、第 1 项和第 2 项指标的规范值 x'_{jk} 组成 NV-PPR(3)模型的第 72 个样本。每级标准组成 72 个训练样本，5 级标准共组成 72×5=360 个训练样本，用以训练 NV-PPR(3)模型。

(2) 优化后适用于任意 3 项指标的 NV-PPR(3)水环境评价模型。适用于规范值表示的任意 3 项指标的 NV-PPR(3)水环境评价模型为

$$y_i = \begin{bmatrix} \beta_1 & \beta_2 \end{bmatrix} \begin{bmatrix} \alpha_{11} & \alpha_{12} & \alpha_{13} \\ \alpha_{21} & \alpha_{22} & \alpha_{23} \end{bmatrix} \begin{bmatrix} x'_{j1} \\ x'_{j2} \\ x'_{j3} \end{bmatrix} \tag{4-17}$$

式中，x'_{j1}、x'_{j2}、x'_{j3} 分别为样本 i 的任意 3 项指标 j_1、j_2、j_3 的规范值；$\boldsymbol{\beta} = \begin{bmatrix} \beta_1 & \beta_2 \end{bmatrix}$ 和 $\boldsymbol{\alpha} = \begin{bmatrix} \alpha_{11} & \alpha_{12} & \alpha_{13} \\ \alpha_{21} & \alpha_{22} & \alpha_{23} \end{bmatrix}$ 为待优化确定的参数矩阵；y_i 为适用于样本 i 的任意 3 项指标规范值的 NV-PPR(3)模型输出值。

为了优化式(4-17)中的参数矩阵元 β_u 和 α_{uj} (u=1, 2; j=1, 2, 3)，仍需要构造式(4-15)所示的优化目标函数式。y_{k0} 为各级标准训练样本的模型期望输出值，其设定原则和最终设定值与 NV-PPR(2)完全相同，见表 4-9。y_{ki} 为由式(4-17)计算得到的第 k 级标准样本 i 的 NV-PPR(3)模型输出值。在满足 $\alpha_{u1}^2 + \alpha_{u2}^2 + \alpha_{u3}^2 = 1$ ($\boldsymbol{\alpha}$为投影方向的三维单位向量)和优化目标函数式(4-15)的条件下，将生成的 360 个训练样本代入式(4-17)，并用猴王遗传算法[6,7]对式(4-17)中的 β_u 和 α_{uj} 反复寻优。猴王遗传算法的参数设置仍与式(4-14)中的 β_u 和 α_{uj} 优化时的设置相同。当 min Q= 0.0012 时，停止迭代，得到优化后的参数矩阵为

$$\boldsymbol{\beta}=\begin{bmatrix}0.744984 & 0.255016\end{bmatrix},\quad \boldsymbol{\alpha}=\begin{bmatrix}0.699963 & 0.636945 & 0.323037\\ -0.167934 & 0.164851 & 0.971917\end{bmatrix}$$

将优化得到的矩阵 $\boldsymbol{\beta}$ 和 $\boldsymbol{\alpha}$ 代入式(4-17)，化简得

$$y_i(3)=0.478635x'_{j1}+0.516553x'_{j2}+0.488512x'_{j3} \tag{4-18}$$

式中，x'_{j1}、x'_{j2}、x'_{j3} 分别为样本 i 的任意 3 项指标 j_1、j_2、j_3 的规范值；$y_i(3)$ 为适用于样本 i 的任意 3 项指标规范值的 NV-PPR(3)模型输出值。

3) 构建适用于 m 项指标水环境评价的 NV-PPR 模型

由 L 个 NV-PPR(2)和(或)NV-PPR(3)模型组合后构成适用于 $m(2\leqslant m\leqslant 72)$项指标变量的 NV-PPR 模型的综合输出值，如式(4-19)所示。

$$y_i=\sum_{l=1}^{L} w_{il}\cdot y_{il} \tag{4-19}$$

式中，w_{il} 为样本 i 的 NV-PPR(2)和(或)NV-PPR(3)模型输出值的归一化权值，它可由式(4-20)计算得到。

$$w_{il}=y_{il}\Big/\sum_{l=1}^{L} y_{il},\quad l=1,2,\cdots,L \tag{4-20}$$

4) NV-PPR 模型输出值的实际分级标准

将三类水体各级标准 72 个训练样本的 NV-PPR(2)模型和 NV-PPR(3)模型实际输出平均值作为 NV-PPR 模型的实际分级标准值 $\overline{y}_k$，见表 4-9。

4.3.3 基于指标规范值的水环境评价的支持向量机回归模型

传统的最小二乘支持向量机回归模型为

$$y=f(x)=\sum_{i=1}^{l}\alpha_i k(\boldsymbol{x}_i,\boldsymbol{x})+b \tag{4-21}$$

式中，α_i 为依据线性方程组求解得到的支持向量；$k(\boldsymbol{x}_i,\boldsymbol{x})$为式(4-22)所示的高斯径向基核函数。

$$k(\boldsymbol{x}_i,\boldsymbol{x})=\exp\left(-\frac{\|\boldsymbol{x}-\boldsymbol{x}_i\|^2}{2\sigma^2}\right),\quad \sigma>0 \tag{4-22}$$

式中，σ 为待优化确定的高斯径向基核函数的参数；应用 LS-SVR 建模时，惩罚因子 C 和核参数 σ 的选择对模型的泛化能力和精度均有影响，因此需要优化确定。LS-SVR 算法的原理和实现步骤详见文献[5]。

传统的支持向量机回归的水环境评价模型不具有普适性和通用性，当指标较多时，模型的学习效率和求解精度均会受到影响。若适当设定三类水体(地表水、地下水和湖库富营养化水体)各项指标的参照值及指标值的规范变换式，使不同指标的同级标准的规范值差异不大，则可以认为用规范值表示的不同指标皆等效于

某个规范指标。因此，可建立用规范值表示的任意 m 项指标组合都适用的水环境评价的支持向量机回归(NV-SVR)模型。

1. 基于指标规范值水环境评价的支持向量机回归模型的特点

水环境评价的 NV-SVR 模型与传统 LS-SVR 模型的主要区别在于：传统 LS-SVR 建模时，对评价指标或指标数组合不同的问题，需要建立不同的 LS-SVR 优化模型，即式(4-21)中的支持向量α_i、常参数 b 和核参数σ都不同，不能建立对任意不同指标数目的支持向量α_i、常参数 b 和核参数σ都能普适通用的水环境评价 LS-SVR 模型；随着评价指标数的增加，核函数的计算变得复杂，必然在一定程度上影响学习效率，因此 LS-SVR 的实用性受到一定限制。

水环境评价的NV-SVR模型是一个对任意$m(1\leqslant m\leqslant 72)$项指标组合都能普适通用的水环境评价模型。该模型建立后，对给定的任意 m 项指标组合的水环境进行评价，只要将 m 项指标规范值输入优化好的 NV-SVR 模型中，计算出输出结果就可以对水环境进行评价。因此相对于传统的 LS-SVR 模型，已优化得到的 NV-SVR 水环境评价模型不仅对任意多项指标普适通用，而且无须编程和进行复杂的优化计算，方便实用。当指标较多且各指标的规范值差异较大时，只需将各指标规范值从大到小(或从小到大)进行排序，并对指标适当分组，然后将各组指标规范值代入优化好的 NV-SVR 模型中，从而计算得到输出值，最后进行适当加权计算。

2. 水环境评价的 NV-SVR 建模过程

1) 训练样本的生成和水环境评价的 NV-SVR 模型的构建

水环境评价的 NV-SVR 建模步骤如下[5]：以规范值表示的表 4-7 中 72 项指标构成的 5 级标准样本，加上参照级作为 0 级标准样本组成 NV-SVR 模型的 6 个样本。选用高斯径向基函数$k(\boldsymbol{x}_i',\boldsymbol{x}_{k0}')=\exp\left[-\|\boldsymbol{x}_i'-\boldsymbol{x}_{k0}'\|^2/(2\sigma^2)\right](\sigma>0)$作为核函数。此处，范数$\|\cdot\|$不用欧氏距离，而用均方根距离$\|\cdot\|=\sqrt{\dfrac{1}{m}\sum\limits_{j=1}^{m}(x_j'-x_{k0}')^2}$ 表示。式中，x_j' 为指标 j 的规范值；x_{k0}'为第 k 级标准径向基核函数中心值，即为表 4-7 中第 k 级标准三类水体 72 项指标规范值的均值，见表 4-10。以规范值表示的 0～5 级标准作为 6 个训练样本，优化目标函数设计为如式(4-23)所示的 6 个样本的最小误差平方和的均值。

$$\min Q=\frac{1}{K}\sum_{k=1}^{K}(y_k-y_{k0})^2 \tag{4-23}$$

式中，y_k 为由式(4-21)计算得到的第 k 级标准样本的 NV-SVR 模型实际输出值；y_{k0} 为设定的第 k 级标准样本的 NV-SVR 模型期望输出值，见表 4-10；K 为样本总数，

K=6。

表 4-10　NV-SVR 模型各级标准径向基核函数中心值 x'_{k0} 和样本期望输出值 y_{k0} 及实际输出值 y_k

项目	0 级(k=0)	1 级(k=1)	2 级(k=2)	3 级(k=3)	4 级(k=4)	5 级(k=5)
x'_{k0}	0.0000	0.1952	0.2676	0.3354	0.3976	0.4441
y_{k0}	0.0000	0.1500	0.3000	0.4500	0.6000	0.7000
y_k	0.0003	0.1492	0.2981	0.4526	0.6054	0.6999

2) 参数设置及模型优化结果

三类水体评价的 NV-SVR 模型为式(4-21)所示的形式。为了优化确定 NV-SVR 模型中的惩罚因子 C 和核参数 σ_k，分别设置 C 和 σ_k 的取值范围为：$C\in[0, 200]$，$\sigma_k\in[0, 1]$。在满足目标函数式(4-23)的条件下，以 0～5 级标准作为 NV-SVR 模型的6个训练样本，将其指标标准规范值代入高斯径向基核函数 $k(x_i, x_j)(i, j=0, 1, 2, 3, 4, 5)$中，在以最小二乘回归的矩阵求解法求解线性方程组的过程中，用混洗蛙跳算法对核参数 σ(所有 σ_k 视为相同，因而略去下标 k)和惩罚因子 C 进行反复迭代优化。混洗蛙跳算法的参数设置见表 4-11。混洗蛙跳算法的基本原理及其算法实现详见文献[2]和[3]。当 $\min Q = 0.0000012$ 时，停止迭代，得到优化好的σ、C 及线性方程组的优化解 $\alpha_k(k=0, 1, 2, 3, 4, 5)$和 b，见表 4-12。将α_k 和 b 代入式(4-21)，得到对任意 $m(1\leqslant m\leqslant 72)$项指标规范值都适用的三类水体水环境评价的 NV-SVR 模型表达式：

$$\begin{aligned} y = &-0.169596k_0(\boldsymbol{x}', \boldsymbol{x}'_{00}) - 0.244504k_1(\boldsymbol{x}', \boldsymbol{x}'_{10}) - 0.137167k_2(\boldsymbol{x}', \boldsymbol{x}'_{20}) \\ &- 0.659979k_3(\boldsymbol{x}', \boldsymbol{x}'_{30}) + 0.240884k_4(\boldsymbol{x}', \boldsymbol{x}'_{40}) \\ &+ 0.970363k_5(\boldsymbol{x}', \boldsymbol{x}'_{50}) + 0.415545 \end{aligned} \tag{4-24}$$

式中，$k_k(\boldsymbol{x}', \boldsymbol{x}'_{k0})$ 为高斯径向基核函数，式中的范数$\|\cdot\|$用均方根距离计算，核参数σ见表 4-12。将指标规范值表示的各级标准样本分别代入式(4-24)中，计算得到三类水体水环境各级标准的实际输出值 y_k，见表 4-10。

表 4-11　混洗蛙跳算法的参数设置(NV-SVR 模型)

解群体规模	族群数	族群内青蛙数	全局最大迭代次数	族群内最大迭代次数	随机移动最大步长	设定的最小目标值	搜索空间
100	10	10	400	10	0.2	0.001	[−2, 2]

表 4-12　三类水体水环境评价 NV-SVR 模型的参数 b、σ、C 和支持向量 α_k 的优化结果

α_k						b	σ	C	min Q
k=0	k=1	k=2	k=3	k=4	k=5				
−0.169596	−0.244504	−0.137167	−0.659979	0.240884	0.970363	0.415545	0.2713	50	0.0000012

4.3.4　基于指标规范值的三种水环境智能评价模型的小结

(1) 本节优化得到的 NV-FNN 神经网络模型、NV-PPR 模型和 NV-SVR 模型是对三类水体 72 项指标中任意 $m(1\leqslant m\leqslant 72)$项指标组合都普适、通用的三种水环境评价模型。它们使三类水体的水环境评价得到协调和统一。

(2) 基于规范变换值的三种水环境智能评价模型的普适性是指不仅对表 4-7 中三类水体 72 项指标中任意 m 项指标组合都适用，而且对 72 项指标以外的其他指标或其他任意水体(如海水)指标，只要能适当设定这些指标的参照值及指标值的规范变换式，使计算得到这些指标的各级标准规范值都能处于表 4-7 中 72 项指标同级标准规范值范围内，则三种智能评价模型仍可直接用于这些指标的水环境评价，不会有大的偏差，因为只要增加的指标标准规范值在水环境指标同级标准规范值变化范围内，则增加的指标对模型参数的优化效果并无显著影响。因此，基于规范变换的三种智能评价模型具有广泛意义上的规范不变性和普适、通用性。

(3) 用优化得到的三种智能评价模型对水环境的任意多项指标进行评价，既不需要设计评价函数，也无须进行复杂的编程优化，只需进行简单计算。

(4) 需要指出的是，对指标较多且各指标规范值差异较大时的智能评价模型组合，可以有多种不同的加权组合形式，采用不同组合获得的结果难免有一定的差异。此时，可以采用多种不同组合的结果进行比较，得出综合评价。

基于指标规范值的三种水环境智能评价模型的验证实例详见文献[5]。

4.4　水环境评价的普适智能模型与传统智能模型的比较

基于指标规范值的水环境智能评价模型与传统智能评价模型的比较见表 4-13。

表 4-13　基于指标规范值的水环境智能评价模型与传统智能评价模型的比较

评价模型	传统智能评价模型	基于指标规范值的智能评价模型
BP 神经网络模型 PPR 模型 SVR 模型	对不同问题的不同指标组合，传统智能评价模型的结构和参数都不同，不能建立对水环境任意 $m(1\leqslant m\leqslant 14)$项指标组合都能普适通用的评价模型；当指标较多时，模型结构较复杂，模型的求解效率和精度会受到一定影响	基于指标规范值的智能评价模型是对水环境任意 $m(1\leqslant m\leqslant 14)$项指标组合都普适通用的模型；对于指标较多(如 $m\geqslant 4$)的水环境评价问题，可将其分解为指标较少的结构简单的二维模型和三维模型

4.5 本章小结

(1) 本章提出将指标规范变换与优化算法相结合，优化得出分别适用于分类环境(空气环境、水环境)评价的基于指标规范值的简单结构的 BP 神经网络(NV-BP(2)、NV-BP(3))和前向神经网络(NV-FNN)模型、投影寻踪回归(NV-PPR(2)、NV-PPR(3))模型和支持向量机回归(NV-SVR(2)、NV-SVR(3)) 模型，建立的基于指标规范值的智能评价模型具有简洁、规范、统一、普适和通用的特点。

(2) 类似地，还可将指标规范变换与优化算法相结合，建立适用于分类环境(空气环境、水环境)评价的基于指标规范值的结构简单的前向神经网络(NV-FNN)、径向基函数神经网络(NV-RBF)和概率神经网络(NV-PNN)等评价模型。

参考文献

[1] 李祚泳, 王文圣, 张正健, 等. 环境信息规范对称与普适性[M]. 北京: 科学出版社, 2011.

[2] Eusuff M M, Lansey K E. Optimization of water distribution network design using shuffled frog leaping algorithm[J]. Journal of Water Resources Planning and Management, 2003, 129(3): 210-225.

[3] 李祚泳, 张正健, 汪嘉杨. 基于蛙跳算法优化的地下水水质韦伯普适指数公式[J]. 水文, 2010, 30(3): 1-4, 21.

[4] 邹长武. 智能算法及其在水科学模型参数优化中的应用[D]. 成都: 四川大学, 2008.

[5] 李祚泳, 王文圣, 汪嘉杨. 水资源水环境模型智能优化[M]. 北京: 科学出版社, 2014.

[6] 仲羡, 郭晨海, 刘军, 等. 结构优化设计的猴王遗传算法[J]. 南京理工大学学报(自然科学版), 2004, 28(4): 346-349.

[7] Li Z Y, Zang L, Wang J Y. Monkey king immune evolutionary algorithm[J]. Applied Mechanics and Materials, 2012,198-199: 1514-1517.

第 5 章　广义环境系统评价的普适指数公式

对于广义(任意)环境系统，也可按照一定的原则和方法设置指标参照值及指标规范变换式，对指标的各分级标准值进行规范变换，使规范变换后任何指标的同级标准规范值都能限定在一个较小区间内，从而用规范值表示的不同指标皆等效于同一个规范指标，因此广义环境系统的各种评价指数公式都可以用该等效规范指标的相应评价指数公式等效替代，并采用优化算法分别优化公式中的参数，建立适用于广义环境系统指标规范值的简洁、规范、统一、普适和通用的评价模型。

5.1　广义环境系统评价的指标参照值及规范变换式的设置

5.1.1　指标参照值及规范变换式的设置

从实用角度出发，指数评价法是最简单、最实用的评价方法[1-3]，但传统的指数评价法一般只适用于单指标评价。对于多指标综合评价，通常是在计算各指标分指数的基础上，对各分指数进行加权计算，从而得到综合指数。虽然第 3 章针对不同分类环境系统，在对分类指标的分级标准值进行规范变换的基础上，优化得到对各分类环境指标规范值都适用的普适指数评价公式，但是，对于空气、水、生态、水文水资源等不同类型环境，优化得到的规范化指数评价公式并不相同，没有统一。可见，上述基于指标规范化的指数评价公式还不具有真正意义上的普适性和通用性[4]。

对水环境、大气环境、生态环境、海洋环境、水文水资源环境、地质环境、地理环境等多种不同广义环境系统的指标分级标准值(国标或非国标)的研究表明，对于广义环境系统，无论评价指标类型、属性及指标分级标准值之间存在多大差异，都能按照一定的普适原则和方法，构建由式(5-1)所示的幂函数变换式和式(5-2)所示的对数函数规范式所组成的规范变换式，并对各指标的各级标准值进行规范变换，使广义环境系统的不同指标规范变换后的同级标准规范值 x'_{jk} 都能限定在各级标准规范值 x'_{jk} 的较小区间内，从而可以认为广义环境系统规范变换后的各指标皆等效于同一个规范指标，此等效指标的某级标准规范值即该级标准不同指标规范值的均值。因此，对等效规范指标建立的各种评价模型或公式也适用于广义环境系统的任意指标规范值的评价，使不同环境系统的评价模型或公式变得简洁、规范、统一、普适和通用[4,5]。

$$X_j=\begin{cases}\left(c_j/c_{j0}\right)^{n_j}, & c_{j0}\leqslant c_j\leqslant c_{j0}\mathrm{e}^{10/n_j}, \quad 且\left[\max\limits_k\left\{c_{jk}\right\}\Big/\min\limits_k\left\{c_{jk}\right\}\right]>2\\ \left[\left(c_j-c_{jb}\right)/c_{j0}\right]^{n_j}, & c_j\geqslant c_{jb}+c_{j0}, \quad 且\left[\max\limits_k\left\{c_{jk}\right\}\Big/\min\limits_k\left\{c_{jk}\right\}\right]\leqslant 2\\ 1, & c_j<c_{j0} \quad 或 \quad c_j<c_{jb}+c_{j0}\\ \mathrm{e}^{10}, & c_j>c_{j0}\mathrm{e}^{10/n_j}\\ \left(c_{j0}/c_j\right)^{n_j}, & c_{j0}\mathrm{e}^{-10/n_j}\leqslant c_j\leqslant c_{j0}, \quad 且\left[\max\limits_k\left\{c_{jk}\right\}\Big/\min\limits_k\left\{c_{jk}\right\}\right]>2\\ \left[\left(c_{jb}-c_j\right)/c_{j0}\right]^{n_j}, & c_j\leqslant c_{jb}-c_{j0}, \quad 且\left[\max\limits_k\left\{c_{jk}\right\}\Big/\min\limits_k\left\{c_{jk}\right\}\right]\leqslant 2\\ 1, & c_j>c_{j0} \quad 或 \quad c_j>c_{jb}-c_{j0}\\ \mathrm{e}^{10}, & c_j<c_{j0}\mathrm{e}^{-10/n_j}\end{cases} \tag{5-1}$$

$$x'_j=\frac{1}{10}\ln X_j \tag{5-2}$$

式中，X_j 和 x'_j 分别为指标 j 的变换值和规范值；c_{j0} 为设定的指标 j 的参照值；c_j 为指标 j 的分级标准值或实际值；c_{jb} 为设定的指标 j 的阈值；n_j 为设定的指标 j 的幂指数，且 $n_j>0$。经过大量的实践，归纳出 n_j 的选取方法如下：

首先，根据指标 j 的各级标准中的比值 $t=\max\limits_k\left\{c_{jk}\right\}/\min\limits_k\left\{c_{jk}\right\}$（或 $t=\max\limits_k\left|c_{jb}-c_{jk}\right|/\min\limits_k\left|c_{jb}-c_{jk}\right|$）的变化范围，估计 n_j 最可能的取值，见表 5-1。式(5-1)右边 1～4 行适用于正向指标变换；5～8 行适用于逆向指标变换。

表 5-1 n_j 的取值与 t 变化范围的对应关系

t	(2, 7)	(6, 30]	>27
n_j	2	1	0.5

其次，若标准共分 5 级，在初步确定 n_j 的基础上设定 c_{j0}，若能使由式(5-1)和式(5-2)计算得到的指标 j 的第 1 级标准规范值 x'_{j1} 和第 5 级标准规范值 x'_{j5} 在表 5-2 所示的范围内变化，则由式(5-1)和式(5-2)计算得到第 2、3、4 级标准规范值 x'_{j2}、x'_{j3}、x'_{j4} 多数情况下也会在表 5-2 所示的范围内变化。若标准规范值不在该范围内，则可以对初步设定的 c_{j0} 进行微调，使各级标准规范值 x'_{jk} (k=1, 2,⋯,

5)都能在表 5-2 所示的范围内变化。需要说明的是，在基本满足不同指标的同级标准规范值差异不大的情况下，c_{j0} 也应尽可能设置为计算简便的实数。按照上述 n_j 和 c'_{j0} 的设置原则和方法，依据不同类型环境的指标分级标准，可由广义环境指标变换式(5-1)建立分类环境指标变换式(3-1)、式(3-17)～式(3-19)。

表 5-2　广义环境系统指标各级标准规范值 x'_{jk} 的变化范围、平均值 $\overline{x}'_{jk}$ 及标准差 σ_{jk}

k	x'_{jk} 的变化范围	$\overline{x}'_{jk}$	σ_{jk}
1	[0.10, 0.24]	0.1855	0.0278
2	[0.18, 0.32]	0.2417	0.0341
3	[0.25, 0.40]	0.3064	0.0305
4	[0.33, 0.46]	0.3779	0.0326
5	[0.40, 0.55]	0.4430	0.0275

5.1.2　规范变换式中各字母的物理意义及相互关系

对于任意一个环境评价实际问题，用规范变换式(5-1)和式(5-2)对指标值进行规范变换，其共同点是规范变换式中的字母物理意义相同：c_{j0} 和 c_{jb} 分别为指标 j 的参照值和阈值；c_j、X_j 和 x'_j 分别为指标 j 的实际值、变换值和规范值；当将式(5-1)和式(5-2)用于计算指标 j 的 k 级标准规范值时，c_{jk}、X_{jk} 和 x'_{jk} 分别为指标 j 的分级标准值、分级标准变换值和标准规范值；且 c_{j0}、c_{jb}、c_j 和 c_{jk} 的单位都相同。因此，为了简便，第 5 章至第 8 章中各实例的规范变换式中字母的意义不再赘述。

5.2　基于指标规范值的广义环境系统评价的普适指数公式

5.2.1　训练样本的随机生成

在表 5-2 中广义环境系统指标各级标准规范值 x'_{jk} 限定变化范围内，以其中心值作为正态分布函数的中心，各生成 100 个正态分布随机数，5 级标准共生成 500 个正态分布随机数。生成各级标准的 100 个正态分布随机数的平均值和标准差见表 5-2。

5.2.2　广义普适指数公式的表达式

为了适应各种不同非线性系统评价的需要并满足简单、实用的特点，本章提出以下 9 个不同形式的指数公式[5]。

(1) W-F 定律指数公式。

$$FI_j = a_0 \lg X_j \tag{5-3}$$

(2) 普适卡森指数公式。

$$KI_j = a_1 + b_1 \ln X_j \tag{5-4}$$

(3) 对数型幂函数指数公式。

$$LI_j = a_2 \left[\ln(X_j + 1) \right]^{b_2} \tag{5-5}$$

(4) 幂函数指数公式。

$$MI_j = a_3 (x'_j)^{b_3} \tag{5-6}$$

(5) Logistic 指数公式。

$$SI_j = \frac{1}{1 + a_4 e^{-b_4 x'_j}} \tag{5-7}$$

(6) Γ型分布函数指数公式。

$$\Gamma I_j = \begin{cases} 0, & 0 \leqslant x'_j \leqslant \dfrac{\ln a_5}{b_5} \\ 1 - a_5 e^{-b_5 x'_j}, & x'_j > \dfrac{\ln a_5}{b_5} \end{cases} \tag{5-8}$$

(7) 加权加和型幂函数指数公式。

$$UI = a_6 \left(\sum_{j=1}^{M} w_j x'_j \right)^{b_6} \tag{5-9}$$

(8) 参数化组合算子指数公式。

$$\lambda I = \left(\min_{1 \leqslant j \leqslant M} x'_j \right)^{\lambda_0} \cdot \left(\max_{1 \leqslant j \leqslant M} x'_j \right)^{1-\lambda_0} \tag{5-10}$$

(9) 二次函数指数公式。

$$HI_j = a_7 x'^2_j + b_7 x'_j + c_0, \quad x'_j \geqslant -\frac{b_7}{2a_7} \tag{5-11}$$

式(5-3)～式(5-11)中，X_j 和 x'_j 分别是由式(5-1)和式(5-2)计算得到的指标 j 的变换值和规范值；a_i、b_i(i=1, 2, …, 7)、a_0、λ_0 与 c_0 分别是式(5-3)～式(5-11)中对所有指标均适用的待优化参数；FI_j、KI_j、LI_j、MI_j、SI_j、ΓI_j、UI、λI 和 HI_j 分别为指标 j 对应的 9 个普适指数公式的指数值；M 为指标数。

5.2.3 广义普适指数公式的优化

为了优化式(5-3)～式(5-11)中的参数，使公式对广义环境系统的规范指标都普适、通用，需要设计如下优化目标函数式：

$$\min Q_1 = \frac{1}{K \times M}\sum_{k=1}^{K}\sum_{j=1}^{M}\left(\mathrm{XI}_{jk} - \mathrm{XI}_{k0}\right)^2 \tag{5-12}$$

$$\min Q_2 = \frac{1}{K}\sum_{k=1}^{K}\left(\mathrm{XI}_k - \mathrm{XI}_{k0}\right)^2 \tag{5-13}$$

式中，Q_1 和 Q_2 为优化目标函数值；K 为所有指标分级总数，K=5；M 为各级标准的样本组数，M=100；XI_k 为由式(5-9)计算得到的全部 M 项指标的 K 级标准综合指数值；XI_{jk} 为由其余 8 个指数公式计算得到的指标 j(j=1, 2, …, M)的 K 级标准分指数值；XI_{k0}(k=1, 2, 3, 4, 5)为设定的各级指数目标值，其取值与具体指标无关，只与指标的 k 级标准值有关。

9 个普适指数公式各级指数目标值 XI_{k0} 的设定见表 5-3。在满足式(5-12)或式(5-13)优化目标函数条件下，将表 5-2 中生成的 500 个正态分布随机数作为 5 级标准的 500 个训练样本，分别代入式(5-3)～式(5-11)，用基于免疫进化的野草算法(invasive weed optimization based on immune evolutionary algorithm, IEA-IWO)对 9 个普适公式中的参数(a_0, a_1, …, a_7；b_1, b_2,…, b_7；λ_0；c_0)进行优化。IEA-IWO 的基本思想和实现过程详见文献[5]。IEA-IWO 的参数设置见表 5-4。当算法迭代 100 次后，分别得到优化后的 9 个普适指数公式(5-3)～式(5-11)的目标函数值 Q_0 及参数优化值，见表 5-3，从而得到适用于广义环境系统评价的基于指标规范变换的 9 个普适指数公式，分别如式(5-14)～式(5-22)所示[5]。

(1) W-F 定律指数公式。

$$\mathrm{FI}_j = 0.319529\lg X_j \tag{5-14}$$

(2) 普适卡森指数公式。

$$\mathrm{KI}_j = 0.185365 + 0.066460\ln X_j \tag{5-15}$$

(3) 对数型幂函数指数公式。

$$\mathrm{LI}_j = 0.252565\left[\ln(X_j + 1)\right]^{0.494269} \tag{5-16}$$

(4) 幂函数指数公式。

$$\mathrm{MI}_j = 0.690359(x_j')^{0.590089} \tag{5-17}$$

(5) Logistic 指数公式。

$$\mathrm{SI}_j = \frac{1}{1 + 4.946406\mathrm{e}^{-2.990837x_j'}} \tag{5-18}$$

(6) Γ型分布函数指数公式。

$$\Gamma \mathrm{I}_j=\begin{cases}0, & 0\leqslant x_j'\leqslant 0.05\\ 1-1.140441\mathrm{e}^{-2.531729x_j'}, & x_j'>0.05\end{cases} \tag{5-19}$$

(7) 加权加和型幂函数指数公式。

$$\mathrm{UI}=3.167544\left(\sum_{j=1}^{M}\omega_j x_j'\right)^{1.599011} \tag{5-20}$$

(8) 参数化组合算子指数公式。

$$\lambda \mathrm{I}=\left(\min_{1\leqslant j\leqslant M} x_j'\right)^{0.330769}\left(\max_{1\leqslant j\leqslant M} x_j'\right)^{0.669231} \tag{5-21}$$

(9) 二次函数指数公式。

$$\mathrm{HI}_j=3.968782x_j'^2-0.531923x_j'+0.277618,\quad x_j'\geqslant 0.07 \tag{5-22}$$

M 项指标综合指数值的计算公式为

$$\mathrm{XI}=\sum_{j=1}^{M}w_j\mathrm{XI}_j \tag{5-23}$$

式中，XI 为 M 项指标的综合指数值；XI_j 为由式(5-14)～式(5-19)和式(5-22)的 7 个指数公式分别计算得到的单项指标的指数值；w_j 为满足归一化 $\sum_{j=1}^{M}w_j=1$ 的指标 j 的权值。若经过规范变换后各指标规范值差异不大，一般取等权形式；否则需要采用式(5-24)或式(5-25)所示的各指标变换值 X_j 或规范值 x_j' 的线性加权方式，对单指标的指数值进行加权计算。

$$w_j=X_j\bigg/\sum_{j=1}^{M}X_j \tag{5-24}$$

$$w_j=x_j'\bigg/\sum_{j=1}^{M}x_j' \tag{5-25}$$

表 5-3　9 个普适指数公式的设定指数目标值 XI_{k0}、分级标准综合指数值 XI_k、目标函数值 Q_0 及参数优化结果

普适指数公式	项目	各级设定指数目标值和综合指数值					Q_0	优化后的参数值
		k=1	k=2	k=3	k=4	k=5		
W-F 定律指数公式	FI_{k0}	0.20	0.35	0.45	0.55	0.65	2.1271×10^{-3}	a_0=0.319529
	FI_k	0.2470	0.3661	0.4588	0.5425	0.6263		

续表

普适指数公式	项目	各级设定指数目标值和综合指数值					Q_0	优化后的参数值
		k=1	k=2	k=3	k=4	k=5		
普适卡森指数公式	KI_{k0}	0.30	0.35	0.40	0.45	0.50	5.2226×10^{-4}	$a_1=0.185365$ $b_1=0.066460$
	KI_k	0.3037	0.3607	0.4051	0.4452	0.4853		
对数型幂函数指数公式	LI_{k0}	0.35	0.40	0.45	0.50	0.55	5.5597×10^{-4}	$a_2=0.252565$ $b_2=0.494269$
	LI_k	0.3344	0.4074	0.4554	0.4951	0.5317		
幂函数指数公式	MI_{k0}	0.25	0.30	0.35	0.40	0.45	5.8754×10^{-4}	$a_3=0.690359$ $b_3=0.590089$
	MI_k	0.2483	0.3141	0.3588	0.3963	0.4315		
Logistic指数公式	SI_{k0}	0.25	0.30	0.35	0.40	0.45	5.0826×10^{-4}	$a_4=4.946406$ $b_4=2.990837$
	SI_k	0.2566	0.3082	0.3525	0.3945	0.4382		
Γ型分布函数指数公式	ΓI_{k0}	0.30	0.40	0.50	0.60	0.65	1.6623×10^{-3}	$a_5=1.140441$ $b_5=2.531729$
	ΓI_k	0.2709	0.4139	0.5041	0.5747	0.6352		
加权加和型幂函数指数公式	UI_{k0}	0.20	0.40	0.55	0.70	0.90	1.3266×10^{-4}	$a_6=3.167544$ $b_6=1.599011$
	UI_k	0.2114	0.3822	0.5502	0.7134	0.8938		
参数化组合算子指数公式	λI_{k0}	0.20	0.25	0.35	0.40	0.45	9.6414×10^{-5}	$\lambda_0=0.330769$
	λI_k	0.1902	0.2732	0.3585	0.4020	0.4800		
二次函数指数公式	HI_{k0}	0.30	0.40	0.50	0.70	0.80	4.2123×10^{-3}	$a_7=3.968782$ $b_7=-0.531923$ $c_0=0.277618$
	HI_k	0.3129	0.4163	0.5409	0.6805	0.8495		

表 5-4 IEA-IWO 的参数设置

种群规模 P_s	族群规模 Q_s	非线性调节指数 n	标准差动态调整系数 A	族群最大可生成种子数 S_{max}	族群最小可生成种子数 S_{min}	初始步长 σ_0	最终步长 σ_{final}
15	200	3	5	5	1	3	0.0000001

5.2.4　广义普适指数的分级标准

将表 5-2 中生成的各级标准 100 个指标规范值(正态分布随机数) x'_{jk} 或相应的指标变换值 X_{jk}(j=1, 2, …, 100； k=1, 2, 3, 4, 5)分别代入普适指数公式(式(5-14)～式(5-22))中，并将各指标值视为等权情况下，由式(5-23)计算得到对任意 M 项指标均适用的分级标准综合指数值 XI_k，见表 5-3。

5.3　广义普适指数公式的可靠性分析

由于广义环境系统 c_j 具有不确定性，故用式(5-1)和式(5-2)变换后的指标规范值 x'_j 亦有不确定性，这种不确定性对各种模型输出结果的可靠性均有一定影响，因此，需要对模型的可靠性进行分析，而模型的可靠性可通过对优化得到的模型参数的灵敏度进行分析来验证[5,6]。

5.3.1　W-F 定律指数公式的可靠性分析

W-F 定律指数公式的可靠性可以通过参数 a_0 的灵敏度分析来确定。参数 a_0 和 FI_k 的相对误差 $\Delta a_0/a_0$、$\Delta \mathrm{FI}_k/\mathrm{FI}_{k0}$ 与参数 a_0 的灵敏度 S_{a_0} 之间的关系为

$$\frac{\Delta \mathrm{FI}_k}{\mathrm{FI}_{k0}} = S_{a_0} \frac{\Delta a_0}{a_0} \tag{5-26}$$

式中，$\Delta a_0=a-a_0$，$\Delta \mathrm{FI}_k=\mathrm{FI}_k-\mathrm{FI}_{k0}$；而 a_0=0.319529。S_{a_0} 为 a_0 的灵敏度，定义为

$$S_{a_0} = \frac{\Delta \mathrm{FI}_k}{\mathrm{FI}_{k0}} \bigg/ \frac{\Delta a_0}{a_0} \tag{5-27}$$

当 $\Delta a_0 \to 0$ 时，式(5-27)写为

$$S_{a_0} = \frac{\partial \mathrm{FI}_k}{\partial a_0} \frac{a_0}{\mathrm{FI}_{k0}} = \ln \bar{X}_k \frac{a_0}{\mathrm{FI}_{k0}} \tag{5-28}$$

5.3.2　普适卡森指数公式的可靠性分析

普适卡森指数公式的可靠性可以通过参数 a_1、b_1 的灵敏度分析来确定。参数 a_1、b_1、KI_k 的相对误差 $\Delta a_1/a_1$、$\Delta b_1/b_1$、$\Delta \mathrm{KI}_k/\mathrm{KI}_{k0}$ 与参数 a_1、b_1 灵敏度 S_{a_1}、S_{b_1} 之间的关系为

$$\frac{\Delta \mathrm{KI}_k}{\mathrm{KI}_{k0}} = S_{a_1} \frac{\Delta a_1}{a_1} + S_{b_1} \frac{\Delta b_1}{b_1} \tag{5-29}$$

式中，$\Delta a_1=a-a_1$，$\Delta b_1=b-b_1$，$\Delta \mathrm{KI}_k=\mathrm{KI}_k-\mathrm{KI}_{k0}$；而 a_1=0.185365，b_1=0.066460。S_{a_1}

和 S_{b_1} 分别为参数 a_1、b_1 的灵敏度，定义为

$$\begin{cases} S_{a_1} = \dfrac{\Delta \mathrm{KI}_k}{\mathrm{KI}_{k0}} \Big/ \dfrac{\Delta a_1}{a_1} \\ S_{b_1} = \dfrac{\Delta \mathrm{KI}_k}{\mathrm{KI}_{k0}} \Big/ \dfrac{\Delta b_1}{b_1} \end{cases} \tag{5-30}$$

当 Δa_1、$\Delta b_1 \to 0$ 时，式(5-30)写为

$$\begin{cases} S_{a_1} = \dfrac{\partial \mathrm{KI}_k}{\partial a_1} \dfrac{a_1}{\mathrm{KI}_{k0}} = \dfrac{a_1}{\mathrm{KI}_{k0}} \\ S_{b_1} = \dfrac{\partial \mathrm{KI}_k}{\partial b_1} \dfrac{b_1}{\mathrm{KI}_{k0}} = \ln \bar{X}_k \dfrac{b_1}{\mathrm{KI}_{k0}} \end{cases} \tag{5-31}$$

5.3.3 对数型幂函数指数公式的可靠性分析

对数型幂函数指数公式的可靠性可以通过参数 a_2、b_2 的灵敏度分析来确定该公式的可靠性。参数 a_2、b_2、LI_k 的相对误差 $\Delta a_2/a_2$、$\Delta b_2/b_2$、$\Delta \mathrm{LI}_k/\mathrm{LI}_{k0}$ 与参数 a_2、b_2 的灵敏度 S_{a_2}、S_{b_2} 之间的关系为

$$\frac{\Delta \mathrm{LI}_k}{\mathrm{LI}_{k0}} = S_{a_2} \frac{\Delta a_2}{a_2} + S_{b_2} \frac{\Delta b_2}{b_2} \tag{5-32}$$

式中，$\Delta a_2 = a - a_2$，$\Delta b_2 = b - b_2$，$\Delta \mathrm{LI}_k = \mathrm{LI}_k - \mathrm{LI}_{k0}$；而 $a_2 = 0.252565$，$b_2 = 0.494269$。S_{a_2} 和 S_{b_2} 分别为参数 a_2、b_2 的灵敏度，定义为

$$\begin{cases} S_{a_2} = \dfrac{\Delta \mathrm{LI}_k}{\mathrm{LI}_{k0}} \Big/ \dfrac{\Delta a_2}{a_2} \\ S_{b_2} = \dfrac{\Delta \mathrm{LI}_k}{\mathrm{LI}_{k0}} \Big/ \dfrac{\Delta b_2}{b_2} \end{cases} \tag{5-33}$$

当 Δa_2、$\Delta b_2 \to 0$ 时，式(5-33)可写为

$$\begin{cases} S_{a_2} = \dfrac{\partial \mathrm{LI}_k}{\partial a_2} \dfrac{a_2}{\mathrm{LI}_{k0}} = \left[\ln(\bar{X}_k + 1)\right]^{b_2} \dfrac{a_2}{\mathrm{LI}_{k0}} \\ S_{b_2} = \dfrac{\partial \mathrm{LI}_k}{\partial b_2} \dfrac{b_2}{\mathrm{LI}_{k0}} = a_2 \left[\ln(\bar{X}_k + 1)\right]^{b_2} \ln\left[\ln(\bar{X}_k + 1)\right] \dfrac{b_2}{\mathrm{LI}_{k0}} = S_{a_2} b_2 \ln\left[\ln(\bar{X}_k + 1)\right] \end{cases} \tag{5-34}$$

5.3.4 幂函数指数公式的可靠性分析

幂函数指数公式的可靠性可以通过参数 a_3、b_3 的灵敏度分析来确定。参数 a_3、b_3、MI_k 相对误差 $\Delta a_3/a_3$、$\Delta b_3/b_3$、$\Delta \mathrm{MI}_k/\mathrm{MI}_{k0}$ 与参数 a_3、b_3 的灵敏度 S_{a_3}、S_{b_3} 之间

的关系为

$$\frac{\Delta \mathrm{MI}_k}{\mathrm{MI}_{k0}} = S_{a_3}\frac{\Delta a_3}{a_3} + S_{b_3}\frac{\Delta b_3}{b_3} \tag{5-35}$$

式中，$\Delta a_3 = a - a_3$，$\Delta b_3 = b - b_3$，$\Delta \mathrm{MI}_k = \mathrm{MI}_k - \mathrm{MI}_{k0}$；而 $a_3 = 0.690359$，$b_3 = 0.590089$。S_{a_3} 和 S_{b_3} 分别为参数 a_3、b_3 的灵敏度，定义为

$$\begin{cases} S_{a_3} = \dfrac{\Delta \mathrm{MI}_k}{\mathrm{MI}_{k0}} \bigg/ \dfrac{\Delta a_3}{a_3} \\ S_{b_3} = \dfrac{\Delta \mathrm{MI}_k}{\mathrm{MI}_{k0}} \bigg/ \dfrac{\Delta b_3}{b_3} \end{cases} \tag{5-36}$$

当 Δa_3、$\Delta b_3 \to 0$ 时，式(5-36)可写为

$$\begin{cases} S_{a_3} = \dfrac{\partial \mathrm{MI}_k}{\partial a_3}\dfrac{a_3}{\mathrm{MI}_{k0}} = \left(\overline{x}'_k\right)^{b_3}\dfrac{a_3}{\mathrm{MI}_{k0}} \\ S_{b_3} = \dfrac{\partial \mathrm{MI}_k}{\partial b_3}\dfrac{b_3}{\mathrm{MI}_{k0}} = a_3\left(\overline{x}'_k\right)^{b_3}\ln \overline{x}'_k\,\dfrac{b_3}{\mathrm{MI}_{k0}} = S_{a_3} b_3 \ln \overline{x}'_k \end{cases} \tag{5-37}$$

式中，$\overline{x}'_k$ 为 M 项指标的 k 级标准规范值的平均值，$\overline{x}'_k = \dfrac{1}{M}\sum\limits_{j=1}^{M} x'_{jk}$，$x'_{jk}$ 为指标 j 的 k 级标准的规范值；M 为训练样本指标总数，$M=100$，以下公式中的 $\overline{x}'_k$ 意义均与此相同。

5.3.5　Logistic 指数公式的可靠性分析

Logistic 指数公式的可靠性可以通过参数 a_4、b_4 的灵敏度分析来确定。参数 a_4、b_4、SI_k 的相对误差 $\Delta a_4/a_4$、$\Delta b_4/b_4$、$\Delta \mathrm{SI}_k/\mathrm{SI}_{k0}$ 与参数 a_4、b_4 的灵敏度 S_{a_4}、S_{b_4} 之间的关系为

$$\frac{\Delta \mathrm{SI}_k}{\mathrm{SI}_{k0}} = S_{a_4}\frac{\Delta a_4}{a_4} + S_{b_4}\frac{\Delta b_4}{b_4} \tag{5-38}$$

式中，$\Delta a_4 = a - a_4$，$\Delta b_4 = b - b_4$，$\Delta \mathrm{SI}_k = \mathrm{SI}_k - \mathrm{SI}_{k0}$；而 $a_4 = 4.946406$，$b_4 = 2.990837$。S_{a_4} 和 S_{b_4} 分别为参数 a_4、b_4 的灵敏度，定义为

$$\begin{cases} S_{a_4} = \dfrac{\Delta \mathrm{SI}_k}{\mathrm{SI}_{k0}} \bigg/ \dfrac{\Delta a_4}{a_4} \\ S_{b_4} = \dfrac{\Delta \mathrm{SI}_k}{\mathrm{SI}_{k0}} \bigg/ \dfrac{\Delta b_4}{b_4} \end{cases} \tag{5-39}$$

当 Δa_4、$\Delta b_4 \to 0$ 时，式(5-39)可写为

$$\begin{cases} S_{a_4} = \dfrac{\partial \mathrm{SI}_k}{\partial a_4} \dfrac{a_4}{\mathrm{SI}_{k0}} = -\dfrac{\exp(-b_4 \overline{x}_k')}{[1 + a_4 \exp(-b_4 \overline{x}_k')]^2} \dfrac{a_4}{\mathrm{SI}_{k0}} \\ S_{b_4} = \dfrac{\partial \mathrm{SI}_k}{\partial b_4} \dfrac{b_4}{\mathrm{SI}_{k0}} = \dfrac{a_4 \overline{x}_k' \exp(-b_4 \overline{x}_k')}{[1 + a_4 \exp(-b_4 \overline{x}_k')]^2} \dfrac{b_4}{\mathrm{SI}_{k0}} = S_{a_4}(-b_4 \overline{x}_k') \end{cases} \tag{5-40}$$

5.3.6 Γ 型分布函数指数公式的可靠性分析

Γ 型分布函数指数公式的可靠性可以通过参数 a_5、b_5 的灵敏度分析来确定。参数 a_5、b_5、$\Gamma\mathrm{I}_k$ 的相对误差$\Delta a_5/a_5$、$\Delta b_5/b_5$、$\Delta\Gamma\mathrm{I}_k / \Gamma\mathrm{I}_{k0}$ 与参数 a_5、b_5 的灵敏度 S_{a_5} 、S_{b_5} 之间的关系为

$$\frac{\Delta\Gamma\mathrm{I}_k}{\Gamma\mathrm{I}_{k0}} = S_{a_5} \frac{\Delta a_5}{a_5} + S_{b_5} \frac{\Delta b_5}{b_5} \tag{5-41}$$

式中，$\Delta a_5=a-a_5$，$\Delta b_5=b-b_5$，$\Delta\Gamma\mathrm{I}_k = \Gamma\mathrm{I}_k - \Gamma\mathrm{I}_{k0}$；而 a_5=1.140441，b_5=2.531729。S_{a_5} 和 S_{b_5} 分别为参数 a_5、b_5 的灵敏度，定义为

$$\begin{cases} S_{a_5} = \dfrac{\Delta\Gamma\mathrm{I}_k}{\Gamma\mathrm{I}_{k0}} \bigg/ \dfrac{\Delta a_5}{a_5} \\ S_{b_5} = \dfrac{\Delta\Gamma\mathrm{I}_k}{\Gamma\mathrm{I}_{k0}} \bigg/ \dfrac{\Delta b_5}{b_5} \end{cases} \tag{5-42}$$

当 Δa_5、$\Delta b_5 \to 0$ 时，式(5-42)可写为

$$\begin{cases} S_{a_5} = \dfrac{\partial \Gamma\mathrm{I}_k}{\partial a_5} \dfrac{a_5}{\Gamma\mathrm{I}_{k0}} = -\exp(-b_5 \overline{x}_k') \dfrac{a_5}{\Gamma\mathrm{I}_{k0}} \\ S_{b_5} = \dfrac{\partial \Gamma\mathrm{I}_k}{\partial b_5} \dfrac{b_5}{\Gamma\mathrm{I}_{k0}} = a_5 \overline{x}_k' \exp(-b_5 \overline{x}_k') \dfrac{b_5}{\Gamma\mathrm{I}_{k0}} = -\overline{x}_k' b_5 S_{a_5} \end{cases} \tag{5-43}$$

5.3.7 加权加和型幂函数指数公式的可靠性分析

加权加和型幂函数指数公式的可靠性可以通过参数 a_6、b_6 的灵敏度分析来确定。参数 a_6、b_6、UI_k 的相对误差$\Delta a_6/a_6$、$\Delta b_6/b_6$、$\Delta\mathrm{UI}_k/\mathrm{UI}_{k0}$ 与参数 a_6、b_6 的灵敏度 S_{a_6}、S_{b_6} 之间的关系为

$$\frac{\Delta\mathrm{UI}_k}{\mathrm{UI}_{k0}} = S_{a_6} \frac{\Delta a_6}{a_6} + S_{b_6} \frac{\Delta b_6}{b_6} \tag{5-44}$$

式中，$\Delta a_6=a-a_6$，$\Delta b_6=b-b_6$，$\Delta\mathrm{UI}_k=\mathrm{UI}_k-\mathrm{UI}_{k0}$；而 a_6=3.167544，b_6=1.599011。S_{a_6} 和 S_{b_6} 分别为参数 a_6、b_6 的灵敏度，定义为

$$\begin{cases} S_{a_6} = \dfrac{\Delta \mathrm{UI}_k}{\mathrm{UI}_{k0}} \bigg/ \dfrac{\Delta a_6}{a_6} \\ S_{b_6} = \dfrac{\Delta \mathrm{UI}_k}{\mathrm{UI}_{k0}} \bigg/ \dfrac{\Delta b_6}{b_6} \end{cases} \tag{5-45}$$

当 Δa_6、$\Delta b_6 \to 0$ 时，式(5-45)可写为

$$\begin{cases} S_{a_6} = \dfrac{\partial \mathrm{UI}_k}{\partial a_6} \dfrac{a_6}{\mathrm{UI}_{k0}} = \left(\sum\limits_{j=1}^{M} w_j \overline{x}_k' \right)^{b_6} \dfrac{a_6}{\mathrm{UI}_{k0}} \\ S_{b_6} = \dfrac{\partial \mathrm{UI}_k}{\partial b_6} \dfrac{b_6}{\mathrm{UI}_{k0}} = a_6 \left(\sum\limits_{j=1}^{M} w_j \overline{x}_k' \right)^{b_6} \ln \left(\sum\limits_{j=1}^{M} w_j \overline{x}_k' \right) \dfrac{b_6}{\mathrm{UI}_{k0}} = S_{a_6} b_6 \ln \left(\sum\limits_{j=1}^{M} w_j \overline{x}_k' \right) \end{cases} \tag{5-46}$$

5.3.8 参数化组合算子指数公式的可靠性分析

参数化组合算子指数公式的可靠性可以通过参数λ_0的灵敏度分析来确定。参数λ_0、$\lambda \mathrm{I}_k$的相对误差$\Delta\lambda_0/\lambda_0$、$\Delta\lambda \mathrm{I}_k/\lambda \mathrm{I}_{k0}$与参数$\lambda_0$的灵敏度$S_{\lambda_0}$之间的关系为

$$\frac{\Delta \lambda \mathrm{I}_k}{\lambda \mathrm{I}_{k0}} = S_{\lambda_0} \frac{\Delta \lambda_0}{\lambda_0} \tag{5-47}$$

式中，$\Delta\lambda_0=\lambda-\lambda_0$，$\Delta\lambda \mathrm{I}_k=\lambda \mathrm{I}_k-\lambda \mathrm{I}_{k0}$；而$\lambda_0=0.330769$。$S_{\lambda_0}$为$\lambda_0$的灵敏度，定义为

$$S_{\lambda_0} = \frac{\Delta \lambda \mathrm{I}_k}{\lambda \mathrm{I}_{k0}} \bigg/ \frac{\Delta \lambda_0}{\lambda_0} \tag{5-48}$$

当 $\Delta\lambda_0 \to 0$ 时，式(5-48)可写为

$$S_{\lambda_0} = \frac{\partial \lambda \mathrm{I}_k}{\partial \lambda_0} \frac{\lambda_0}{\lambda \mathrm{I}_{k0}} = (\min x_k')^{\lambda_0} (\max x_k')^{1-\lambda_0} \ln \frac{\min x_k'}{\max x_k'} \tag{5-49}$$

5.3.9 二次函数指数公式的可靠性分析

二次函数指数公式的可靠性可以通过参数 a_7、b_7、c_0 的灵敏度分析来确定。参数 a_7、b_7、c_0、HI_k 的相对误差$\Delta a_7/a_7$、$\Delta b_7/b_7$、$\Delta c_0/c_0$、$\Delta \mathrm{HI}_k/\mathrm{HI}_{k0}$与参数 a_7、b_7、c_0 的灵敏度 S_{a_7}、S_{b_7}、S_{c_0} 之间的关系为

$$\frac{\Delta \mathrm{HI}_k}{\mathrm{HI}_{k0}} = S_{a_7} \frac{\Delta a_7}{a_7} + S_{b_7} \frac{\Delta b_7}{b_7} + S_{c_0} \frac{\Delta c_0}{c_0} \tag{5-50}$$

式中，$\Delta a_7=a-a_7$，$\Delta b_7=b-b_7$，$\Delta c_0=c-c_0$，$\Delta \mathrm{HI}_k=\mathrm{HI}_k-\mathrm{HI}_{k0}$；而 $a_7=3.968782$，$b_7=-0.531923$，$c_0=0.277618$。S_{a_7}、S_{b_7} 和 S_{c_0} 分别为参数 a_7、b_7、c_0 的灵敏度，定义为

$$\begin{cases} S_{a_7} = \dfrac{\Delta \mathrm{HI}_k}{\mathrm{HI}_{k0}} \Big/ \dfrac{\Delta a_7}{a_7} \\ S_{b_7} = \dfrac{\Delta \mathrm{HI}_k}{\mathrm{HI}_{k0}} \Big/ \dfrac{\Delta b_7}{b_7} \\ S_{c_0} = \dfrac{\Delta \mathrm{HI}_k}{\mathrm{HI}_{k0}} \Big/ \dfrac{\Delta c_0}{c_0} \end{cases} \tag{5-51}$$

当 Δa_7、Δb_7、$\Delta c_0 \to 0$ 时，式(5-51)可写为

$$\begin{cases} S_{a_7} = \dfrac{\partial \mathrm{HI}_k}{\partial a_7} \dfrac{a_7}{\mathrm{HI}_{k0}} = \overline{x}_k'^{\,2} \dfrac{a_7}{\mathrm{HI}_{k0}} \\ S_{b_7} = \dfrac{\partial \mathrm{HI}_k}{\partial b_7} \dfrac{b_7}{\mathrm{HI}_{k0}} = \overline{x}_k' \dfrac{b_7}{\mathrm{HI}_{k0}} \\ S_{c_0} = \dfrac{\partial \mathrm{HI}_k}{\partial c_0} \dfrac{c_0}{\mathrm{HI}_{k0}} = \dfrac{c_0}{\mathrm{HI}_{k0}} \end{cases} \tag{5-52}$$

根据上述 9 个指数公式，由 100 个训练样本各级标准变换值的平均值或规范值的平均值，分别计算得到 9 个普适指数公式的综合指数值 FI_k、KI_k、LI_k、MI_k、SI_k、$\Gamma\mathrm{I}_k$、UI_k、$\lambda\mathrm{I}_k$、HI_k 与设定目标值的相对误差$\Delta\mathrm{FI}_k/\mathrm{FI}_{k0}$、$\Delta\mathrm{KI}_k/\mathrm{KI}_{k0}$、$\Delta\mathrm{LI}_k/\mathrm{LI}_{k0}$、$\Delta\mathrm{MI}_k/\mathrm{MI}_{k0}$、$\Delta\mathrm{SI}_k/\mathrm{SI}_{k0}$、$\Delta\Gamma\mathrm{I}_k/\Gamma\mathrm{I}_{k0}$、$\Delta\mathrm{UI}_k/\mathrm{UI}_{k0}$、$\Delta\lambda\mathrm{I}_k/\lambda\mathrm{I}_{k0}$、$\Delta\mathrm{HI}_k/\mathrm{HI}_{k0}$，见表 5-5；进而计算出各公式中参数的灵敏度 S_{a_i}、S_{b_i} (i=1, 2, …, 7)和 S_{a_0}、S_{λ_0}、S_{c_0}，见表 5-5。

表 5-5　9 个普适指数公式的分级标准综合指数值的相对误差及参数的灵敏度

k	W-F 定律指数公式		普适卡森指数公式			对数型幂函数指数公式		
	$\Delta\mathrm{FI}_k/\mathrm{FI}_{k0}$	S_{a_0}	$\Delta\mathrm{KI}_k/\mathrm{KI}_{k0}$	S_{a_1}	S_{b_1}	$\Delta\mathrm{LI}_k/\mathrm{LI}_{k0}$	S_{a_2}	S_{b_2}
1	0.2352	2.9285	0.0123	0.6179	0.4061	0.0445	1.0118	0.3420
2	0.0460	2.4396	0.0306	0.5296	0.5074	0.0186	1.0390	0.5174
3	0.0196	2.3962	0.0128	0.4634	0.5607	0.0121	1.0289	0.6236
4	0.0136	2.3018	0.0107	0.4119	0.5851	0.0099	0.9999	0.6828
5	0.0364	2.2404	0.0293	0.3707	0.6058	0.0333	0.9729	0.7305

k	幂函数指数公式			Logistic 指数公式		
	$\Delta\mathrm{MI}_k/\mathrm{MI}_{k0}$	S_{a_3}	S_{b_3}	$\Delta\mathrm{SI}_k/\mathrm{SI}_{k0}$	S_{a_4}	S_{b_4}
1	0.0068	0.9974	−1.0157	0.0262	−0.7621	0.4058
2	0.0470	1.0483	−0.8242	0.0274	−0.7104	0.5606
3	0.0251	1.0266	−0.6704	0.0072	−0.6518	0.6446
4	0.0093	0.9916	−0.5495	0.0137	−0.5970	0.6981
5	0.0411	0.9594	−0.4504	0.0261	−0.5470	0.7385

续表

k	Γ型分布函数指数公式			加权加和型幂函数指数公式		
	$\Delta\Gamma I_k/\Gamma I_{k0}$	S_{a_5}	S_{b_5}	$\Delta UI_k/UI_{k0}$	S_{a_6}	S_{b_6}
1	0.0971	−2.4222	1.0917	0.0568	1.0568	−2.8609
2	0.0347	−1.4620	0.9765	0.0444	0.9556	−2.0208
3	0.0083	−0.9875	0.8267	0.0004	1.0004	−1.7511
4	0.0422	−0.7064	0.6992	0.0192	1.0192	−1.5192
5	0.0227	−0.5596	0.6395	0.0069	0.9931	−1.2565

k	参数化组合算子指数公式		二次函数指数公式			
	$\Delta\lambda I_k/\lambda I_{k0}$	S_{λ_0}	$\Delta HI_k/HI_{k0}$	S_{a_7}	S_{b_7}	S_{c_0}
1	0.0489	−0.9680	0.0430	0.4193	−0.3157	0.9254
2	0.0927	−0.4234	0.0407	0.7498	−0.3508	0.6940
3	0.0244	−0.6107	0.0818	0.9422	−0.3518	0.5552
4	0.0049	−0.3371	0.0279	0.9408	−0.2971	0.3966
5	0.0668	−0.3196	0.0561	0.9754	−0.2668	0.3085

根据9个普适指数公式中灵敏度与参数相对误差之间的关系式，用最小二乘法计算出9个普适指数公式XI(X=F，K，L，M，S，Γ，U，λ，H)中参数a_i、b_i(i=1, 2, …, 7)、a_0、λ_0和c_0的相对误差和绝对误差，见表5-6。

表5-6　9个普适指数公式中参数的可靠性分析结果

指数公式类型	参数的相对误差	参数的绝对误差
W-F定律指数公式	$\Delta a_0/a_0$=1.93%	Δa_0=0.0062
普适卡森指数公式	$\Delta a_1/a_1$=0.43%，$\Delta b_1/b_1$=3.2%	Δa_1=0.0008，Δb_1=0.0021
对数型幂函数指数公式	$\Delta a_2/a_2$=4.80%，$\Delta b_2/b_2$= −4.33%	Δa_2=0.0121，Δb_2= −0.0214
幂函数指数公式	$\Delta a_3/a_3$=4.67%，$\Delta b_3/b_3$=2.98%	Δa_3=0.0323，Δb_3=0.0176
Logistic指数公式	$\Delta a_4/a_4$= −3.29%，$\Delta b_4/b_4$= −0.24%	Δa_4= −0.1628，Δb_4= −0.0072
Γ型分布函数指数公式	$\Delta a_5/a_5$= −4.50%，$\Delta b_5/b_5$= −1.82%	Δa_5= −0.0513，Δb_5= −0.0460
加权加和型幂函数指数公式	$\Delta a_6/a_6$= −4.04%，$\Delta b_6/b_6$= −3.51%	Δa_6= −0.1280，Δb_6= −0.0561
参数化组合算子指数公式	$\Delta\lambda_0/\lambda_0$= −7.30%	$\Delta\lambda_0$= −0.0241
二次函数指数公式	$\Delta a_7/a_7$=1.66%，$\Delta b_7/b_7$= −13.09%，$\Delta c_0/c_0$=0.78%	Δa_7=0.0659，Δb_7= −0.0696，Δc_0=0.0022

5.3.10　普适指数公式分析

由表 5-6 可以看出，9 个普适指数公式中，除参数化组合算子指数公式的参数λ_0和二次函数指数公式参数 b_7 的相对误差大于 5%以外，其余普适指数公式参数的相对误差均小于 5%，可见其参数灵敏度和误差都在合理范围内，从而表明优化得到的 9 个普适指数公式具有可靠性。

5.4　本 章 小 结

(1) 提出的指标参照值和指标规范变换式(5-1)和式(5-2)的设置原则及方法对广义环境系统都适用，且参照值及规范变换式的设置具有可操作性、规范性和简单性。

(2) 依据指标参照值和规范变换式的设置原则和方法，设置指标参照值 c_{j0} 和规范变换式的具体形式虽然也有一定程度的不确定性，但都是用相同的指标规范变换式和同一个指数公式来计算指数的分级标准值和评价样本的指数值，因此依据普适指数公式的各分级标准值对评价样本作出的评价结果是确定性的。

(3) 9 个普适指数公式用于广义环境系统评价，不受指标数多少的限制，不用设计各种评价函数，也不用编程计算，避免了主观性和随意性；也不会出现计算结果不唯一，难以进行判断的情况，因而方便实用。

(4) 建立的 9 个普适指数公式既彼此独立，又相互联系，因此其中任何一个普适指数公式均可独立用于广义环境系统评价；但它们都是基于完全相同的各级标准规范值限定范围内生成的同一组随机数样本优化得出的，因此 9 个普适指数公式又是相互联系和协调一致的，使任意不同环境系统的评价都规范、统一和普适、通用。

(5) 9 个普适指数公式除具有传统的指数评价公式的意义明确、形式简单、计算方便、结果直观等优点外，其最大优势是对广义环境系统的任意指标都普适、通用，只要依据给定的指标分级标准，适当设定各指标参照值和指标值的规范变换式，使由规范变换式计算出的指标的各级标准规范值都在其限定范围内，就可用此 9 个普适指数公式进行评价，因此建立的 9 个普适指数公式具有更广泛意义的普适性。

(6) 对于定性指标，只要将其各级的定性描述分别赋予表 5-2 中的各级标准规范值的变化范围的中值：$x'_{j1}=0.17, x'_{j2}=0.25, x'_{j3}=0.33, x'_{j4}=0.40, x'_{j5}=0.48$，进行量化，则 9 个普适指数公式同样适用，因而拓展了指数公式对指标的适用范围。

参考文献

[1] Sanchez E, Colmenarejo M F, Vicente J, et al. Use of the water quality index and dissolved oxygen deficit as simple indicators of watersheds pollution[J]. Ecological Indicators, 2007, 7(2): 315-328.

[2] Bokar H, Tang J, Lin N F. Groundwater quality and contamination index mapping in Changchun city, China[J]. Chinese Geographical Science, 2004, 14(1): 63-70.

[3] 李祚泳, 汪嘉杨, 郭淳. 富营养化评价的对数型幂函数普适指数公式[J]. 环境科学学报, 2010, 30(3): 664-672.

[4] 李祚泳, 张正健, 汪嘉杨, 等. 基于水环境信息规范变换的水质普适指数公式[J]. 环境科学学报, 2012, 32(3): 668-677.

[5] 李祚泳, 魏小梅, 汪嘉杨, 等. 基于指标规范变换的广义环境系统评价的普适指数公式[J]. 环境科学学报, 2020, 40(6): 2286-2299.

[6] 李祚泳, 王文圣, 张正健, 等. 环境信息规范对称与普适性[M]. 北京: 科学出版社, 2011.

第 6 章　广义环境系统评价的普适指数公式的应用

本章将第 5 章优化得到的广义环境系统评价的 9 个普适指数公式分别用于空气环境、水环境(地表水、地下水、富营养化水体、海水)、水资源可持续利用、水资源承载力、水安全和可持续发展的评价，用以验证 9 个普适指数公式的可行性和实用效果，并将普适指数公式对 10 个实例评价结果与其他传统评价方法的评价结果进行比较。结果表明，9 个普适指数公式用于广义环境系统评价具有普适性和通用性，且简单实用。

6.1　广义普适指数公式用于空气环境评价实例

6.1.1　2001～2011 年济南市空气环境评价

2001～2011 年济南市 3 项空气环境指标的分级标准值 c_{jk} (《环境空气质量标准》(GB 3095—2012))及监测值 c_j 分别见表 6-1 和表 6-2[1]。根据 5.1.1 节的规范变换式(5-1)与式(5-2)的设计原则，设置各指标的参照值 c_{j0} 和变换式，分别如表 6-1 和式(6-1)所示。根据式(6-1)和式(5-2)计算出这 3 项指标的分级标准规范值 x'_{jk} 和各年度 3 项指标的规范值 x'_j，分别见表 6-1 和表 6-2。

在各指标视为等权的情况下，将各指标标准规范值 x'_{jk} 或变换值 x_{jk} 代入式(5-14)～式(5-22)，分别计算出 9 个指数公式对 2001～2011 年济南市空气质量评价的分级标准综合指数值 XI_k，见表 6-3。类似地，由式(5-14)～式(5-22)分别计算得到济南市各年空气质量的 9 个综合指数值 XI 及评价结果，见表 6-4。表 6-4 中还列出了文献[1]用超标倍数赋权法得出的评价结果。可见，9 个指数公式对济南市各年空气质量的评价结果与文献[1]用超标倍数赋权法得出的评价结果完全一致。

$$X_j = \begin{cases} c_j / c_{j0}, & c_j \geqslant c_{j0}，\text{对指标}NO_2 \\ (c_j / c_{j0})^2, & c_j \geqslant c_{j0}，\text{对指标}SO_2\text{、}PM_{10} \\ 1, & c_j < c_{j0}，\text{对所有指标} \end{cases} \tag{6-1}$$

式中，各指标的 c_{j0} 和 c_j 的单位为 mg/m^3。

表 6-1 济南市空气环境指标的参照值 c_{j0}、分析标准值 c_{jk} 及标准规范值 x'_{jk}

指标	c_{j0} / (mg/m^3)	c_{jk} / (mg/m^3)		x'_{jk}	
		1 级	2 级	1 级	2 级
SO_2	0.012	0.02	0.06	0.1022	0.3219
NO_2	0.005	0.04	0.04	0.2079	0.2079
PM_{10}	0.023	0.04	0.07	0.1107	0.2226

表 6-2 2001～2011 年济南市空气质量监测值 c_j 及规范值 x'_j

年份	c_j /(mg/m^3)			x'_j		
	SO_2	NO_2	PM_{10}	SO_2	NO_2	PM_{10}
2011	0.051	0.036	0.104	0.2894	0.1974	0.3018
2010	0.045	0.027	0.117	0.2644	0.1686	0.3253
2009	0.05	0.025	0.123	0.2854	0.1609	0.3353
2008	0.052	0.022	0.126	0.2933	0.1482	0.3402
2007	0.056	0.023	0.118	0.3081	0.1526	0.3270
2006	0.04	0.021	0.114	0.2408	0.1435	0.3201
2005	0.06	0.024	0.128	0.3219	0.1569	0.3433
2004	0.045	0.038	0.149	0.2644	0.2028	0.3737
2003	0.064	0.047	0.149	0.3348	0.2241	0.3737
2002	0.055	0.04	0.129	0.3045	0.2079	0.3449
2001	0.058	0.037	0.145	0.3151	0.2001	0.3682

表 6-3 9 个指数公式计算得到的济南市空气质量评价的分级标准综合指数值 XI_k

k	分级标准综合指数值 XI_k								
	FI_k	KI_k	LI_k	MI_k	SI_k	ΓI_k	UI_k	λI_k	HI_k
1	0.1946	0.2786	0.3203	0.2138	0.2362	0.1947	0.1370	0.1352	0.2902
2	0.3480	0.3521	0.4030	0.3038	0.3007	0.3908	0.3470	0.2476	0.4040

表 6-4 9 个指数公式计算得到的 2001～2011 年济南市空气质量的综合指数值 XI 及评价结果

年份	W-F 定律指数公式		普适卡森指数公式		对数型幂函数指数公式		幂函数指数公式		Logistic 指数公式	
	FI	等级	KI	等级	LI	等级	MI	等级	SI	等级
2011	0.3648	2	0.3601	2	0.4117	2	0.3125	2	0.3082	2
2010	0.3508	2	0.3534	2	0.4038	2	0.3041	2	0.3025	2
2009	0.3616	2	0.3585	2	0.4089	2	0.3089	2	0.3079	2

续表

年份	W-F 定律指数公式		普适卡森指数公式		对数型幂函数指数公式		幂函数指数公式		Logistic 指数公式	
	FI	等级	KI	等级	LI	等级	MI	等级	SI	等级
2008	0.3615	2	0.3585	2	0.4085	2	0.3079	2	0.3084	2
2007	0.3644	2	0.3599	2	0.4101	2	0.3098	2	0.3095	2
2006	0.3259	2	0.3414	2	0.3906	2	0.2900	2	0.2918	2
2005	0.3803	2	0.3675	2	0.4178	2	0.3175	2	0.3171	2
2004	0.3890	2	0.3716	2	0.4228	2	0.3234	2	0.3203	2
2003	0.4314	2	0.3920	2	0.4440	2	0.3446	2	0.3401	2
2002	0.3966	2	0.3753	2	0.4272	2	0.3280	2	0.3233	2
2001	0.4087	2	0.3811	2	0.4326	2	0.3331	2	0.3296	2

年份	Γ 型分布函数指数公式		加权加和型幂函数指数公式		参数化组合算子指数公式		二次函数指数公式		超标倍数赋权法等级
	ΓI	等级	UI	等级	λI	等级	HI	等级	
2011	0.4096	2	0.3740	2	0.2799	2	0.4206	2	2
2010	0.3905	2	0.3513	2	0.2828	2	0.4133	2	2
2009	0.3999	2	0.3688	2	0.2905	2	0.4298	2	2
2008	0.3972	2	0.3687	2	0.2911	2	0.4349	2	2
2007	0.4013	2	0.3733	2	0.2874	2	0.4358	2	2
2006	0.3600	2	0.3123	2	0.2684	2	0.3923	2	2
2005	0.4168	2	0.3997	2	0.3005	2	0.4574	2	2
2004	0.4303	2	0.4144	2	0.3193	2	0.4601	2	2
2003	0.4740	2	0.4890	2	0.3379	2	0.5117	2	2
2002	0.4408	2	0.4274	2	0.3113	2	0.4628	2	2
2001	0.4501	2	0.4485	2	0.3254	2	0.4847	2	2

6.1.2　某室内空气环境质量评价

某室内空气 4 个测点 6 项指标[2]的参照值 c_{j0}、分级标准值 c_{jk} (依据《室内空气质量标准》(GB/T 18883—2002)的分级标准)、标准规范值 x'_{jk}，见表 6-5。与 6.1.1 节的评价过程类似，设置各项指标的变换式，如式(6-2)所示。视各指标等权的情况下，由式(5-14)～式(5-22)分别计算得到 9 个普适指数公式对室内空气评价的分级标准综合指数值 XI_k，见表 6-6。

某室内空气 4 个测点各项指标监测值 c_j[2]及由式(6-2)和式(5-2)计算出各指标的规范值 x'_j 见表 6-7。由式(5-14)～式(5-22)分别计算得到 9 个普适指数公式的

4 个测点的综合指数值 XI，见表 6-8。表 6-8 中还列出了文献[2]用突变模糊指数公式和文献[3]用灰色评价法作出的评价结果。由于测点 3 的 6 项指标中，有 5 项属于 1 级，1 项属于 3 级，因此测点 3 评价为 1 级或 2 级均是可行的。可见，9 个指数公式对 4 个测点的评价结果，除参数化组合算子指数公式对测点 1 的评价结果(2 级)与文献[2]和文献[3]的评价结果(1 级)相差一级外，其余评价结果与文献[2]和文献[3]评价结果是一致的。

$$X_j=\begin{cases}c_j/c_{j0}, & c_j \geqslant c_{j0}, \quad \text{对指标}NH_3\text{、IP、Rn}\\(c_j/c_{j0})^2, & c_j \geqslant c_{j0}, \quad \text{对指标HCHO、}C_6H_6\text{、TVOC}\\1, & c_j < c_{j0}, \quad \text{对所有指标}\end{cases} \tag{6-2}$$

式中，指标 Rn 的 c_{j0} 和 c_j 的单位为 Bq/m^3，其余指标的 c_{j0} 和 c_j 的单位为 mg/m^3。

表 6-5　某室内空气各指标的参照值 c_{j0}、分级标准值 c_{jk} 及标准规范值 x'_{jk}

指标	c_{j0}	c_{jk}			x'_{jk}		
		1 级	2 级	3 级	1 级	2 级	3 级
NH_3	0.020	0.10	0.20	0.50	0.1609	0.2303	0.3219
IP	0.010	0.05	0.15	0.25	0.1609	0.2708	0.3219
HCHO	0.030	0.08	0.10	0.12	0.1962	0.2408	0.2773
C_6H_6	0.033	0.09	0.11	0.13	0.2007	0.2408	0.2742
TVOC	0.200	0.04	0.60	0.80	0.1386	0.2197	0.2773
Rn	30	200	400	600	0.1898	0.2423	0.2948

注: NH_3、IP、HCHO、C_6H_6、TVOC 的 c_{j0} 和 c_{jk} 的单位为 mg/m^3；Rn 的 c_{j0} 和 c_{jk} 的单位为 Bq/m^3。

表 6-6　9 个指数公式计算得到的某室内空气质量评价的分级标准综合指数值 XI_k

k	分级标准综合指数值 XI_k								
	FI_k	KI_k	LI_k	MI_k	SI_k	ΓI_k	UI_k	λI_k	HI_k
1	0.2422	0.3013	0.3473	0.2459	0.2543	0.2657	0.1943	0.1736	0.3077
2	0.3341	0.3454	0.3967	0.2978	0.2936	0.3796	0.3250	0.2405	0.3806
3	0.4088	0.3811	0.4343	0.3354	0.3280	0.4583	0.4487	0.2944	0.4670

表 6-7　某室内空气 4 个测点各项指标监测值 c_j 及规范值 x'_j

指标	c_j				x'_j			
	测点 1	测点 2	测点 3	测点 4	测点 1	测点 2	测点 3	测点 4
NH_3	0.186	0.147	0.026	0.104	0.2230	0.1995	0.0262	0.1649
IP	0.119	0.158	0.256	0.190	0.2477	0.2760	0.3243	0.2944

续表

指标	c_j				x'_j			
	测点 1	测点 2	测点 3	测点 4	测点 1	测点 2	测点 3	测点 4
HCHO	0.016	0.145	0.036	0.204	0.0000	0.3151	0.0365	0.3834
C_6H_6	0.019	0.078	0.049	0.096	0.0000	0.1720	0.0791	0.2136
TVOC	0.150	0.470	0.390	0.660	0.0000	0.1709	0.1336	0.2388
Rn	83	125	176	215	0.1018	0.1427	0.1769	0.1969

注: NH_3、IP、HCHO、C_6H_6、TVOC 的 c_j 的单位为 mg/m^3，Rn 的 c_j 的单位为 Bq/m^3。

表 6-8　9 个指数公式计算得到的某室内 4 个测点空气质量的综合指数值 XI 及评价结果

测点	W-F 定律指数公式		普适卡森指数公式		对数型幂函数指数公式		幂函数指数公式		Logistic 指数公式	
	FI	等级	KI	等级	LI	等级	MI	等级	SI	等级
1	0.1324	1	0.2488	1	0.2847	1	0.1278	1	0.2167	1
2	0.2952	2	0.3267	2	0.3749	2	0.2742	2	0.2779	2
3	0.1796	1	0.2714	1	0.3102	1	0.1912	1	0.2337	1
4	0.3451	3	0.3506	3	0.4005	3	0.3008	3	0.3003	3

测点	Γ 型分布函数指数公式		加权加和型幂函数指数公式		参数化组合算子指数公式		二次函数指数公式		突变模糊指数公式等级	灰色评价法等级
	ΓI	等级	UI	等级	λI	等级	HI	等级		
1	0.1435	1	0.0740	1	0.2038	2	0.3072	1	1	1
2	0.3265	2	0.2666	2	0.2227	2	0.3592	2	2	2
3	0.1705	1	0.1204	1	0.1195	1	0.3163	2	1	2
4	0.3826	3	0.3422	3	0.2593	3	0.4114	3	3	3

6.2　广义普适指数公式用于水环境评价实例

6.2.1　南水北调中线澧河水质评价

2008 年南水北调中线澧河 6 个断面 6 项指标的分级标准值 c_{jk} 及监测值 c_j 分别见表 6-9 和表 6-10[4]。设置各指标的参照值 c_{j0} 和变换式，分别如表 6-9 和式(6-3)所示。由式(6-3)和式(5-2)计算出这 6 项指标的分级标准规范值 x'_{jk} 和各断面各指标的规范值 x'_j，分别见表 6-9 和表 6-10。

在各指标等权的情况下，将标准规范值 x'_{jk} 或变换值 x_{jk} 代入式(5-14)～式(5-22)，分别计算出 9 个普适指数公式对澧河 6 个监测断面评价的分级标准综合指数值 XI_k，见表 6-11。类似地，由式(5-14)～式(5-22)分别计算得到 6 个监测断面的 9 个综合指数值 XI 及评价结果，见表 6-12。其中，在断面 2 与断面 5，式(5-14)～式(5-19)、式(5-22)对各指标采用式(5-25)线性加权公式，计算其综合指数值，其余均采用等权计算。表 6-12 中还列出了文献[4]用灰色关联分析评价法的评价结果。可见，9 个普适指数公式对这 6 个监测断面的评价结果与灰色关联分析评价法得出的评价结果基本一致。

$$X_j = \begin{cases} c_j / c_{j0}, & c_j \geqslant c_{j0}, \text{ 对指标NH}_3\text{-N、COD}_{\text{Mn}} \\ (c_j / c_{j0})^{0.5}, & c_j \geqslant c_{j0}, \text{ 对指标挥发酚} \\ (c_j / c_{j0})^2, & c_j \geqslant c_{j0}, \text{ 对指标BOD}_5\text{、COD}_{\text{Cr}} \\ (c_{j0} / c_j)^2, & c_j \leqslant c_{j0}, \text{ 对指标DO} \\ 1, & c_j > c_{j0}, \text{ 对指标DO} \\ 1, & c_j < c_{j0}, \text{ 对除DO以外的其余 5 项指标} \end{cases} \tag{6-3}$$

式中，所有指标的 c_{j0} 和 c_j 的单位均为 mg/L。

表 6-9　澧河 6 个断面 6 项指标的参照值 c_{j0}、分级标准值 c_{jk} 及标准规范值 x'_{jk}

指标	c_{j0}/(mg/L)	c_{jk}/(mg/L)					x'_{jk}				
		1 级	2 级	3 级	4 级	5 级	1 级	2 级	3 级	4 级	5 级
NH_3-N	0.03	0.15	0.50	1.00	1.50	2.00	0.1609	0.2813	0.3507	0.3912	0.4200
DO	20.0	7.5	6.0	5.0	3.0	2.0	0.1962	0.2408	0.2773	0.3794	0.4605
COD_{Mn}	0.2	2.0	4.0	6.0	10.0	15.0	0.2303	0.2996	0.3401	0.3912	0.4317
BOD_5	1	2	3	4	6	10	0.1386	0.2197	0.2773	0.3584	0.4605
COD_{Cr}	5	15	15	20	30	45	0.2197	0.2197	0.2773	0.3584	0.4394
挥发酚	1×10^{-5}	0.001	0.002	0.005	0.010	0.050	0.2303	0.2649	0.3107	0.3454	0.4259

表 6-10　澧河 6 个断面 6 项指标监测值 c_j 及其规范值 x'_j

断面	c_j/(mg/L)						x'_j					
	NH_3-N	DO	COD_{Mn}	BOD_5	COD_{Cr}	挥发酚	NH_3-N	DO	COD_{Mn}	BOD_5	COD_{Cr}	挥发酚
1	0.22	8.33	2.40	2.73	12.17	0.001	0.1992	0.1752	0.2485	0.2009	0.1779	0.2303
2	0.08	7.63	1.70	2.22	16.92	0.001	0.0981	0.1927	0.2140	0.1595	0.2438	0.2303

续表

断面	c_j /(mg/L)						x'_j					
	NH_3-N	DO	COD_{Mn}	BOD_5	COD_{Cr}	挥发酚	NH_3-N	DO	COD_{Mn}	BOD_5	COD_{Cr}	挥发酚
3	0.01	7.78	2.47	1.13	6.78	0.001	0.0000	0.1888	0.2514	0.0244	0.0609	0.2303
4	0.10	8.60	2.50	2.60	10.00	0.002	0.1204	0.1688	0.2526	0.1911	0.1386	0.2649
5	0.11	7.50	3.70	2.00	10.00	0.002	0.1299	0.1962	0.2918	0.1386	0.1386	0.2649
6	0.12	7.60	3.80	2.60	10.00	0.002	0.1386	0.1935	0.2944	0.1911	0.1386	0.2649

注：断面 1 为孤石滩水库；断面 2 为河口；断面 3 为三里桥；断面 4 为澧河水厂取水口；断面 5 为澧河防洪闸前；断面 6 为澧河防洪闸后。

表 6-11　9 个指数公式计算得到的澧河水质评价的分级标准综合指数值 XI_k

k	分级标准综合指数值 XI_k								
	FI_k	KI_k	LI_k	MI_k	SI_k	ΓI_k	UI_k	λI_k	HI_k
1	0.2720	0.3156	0.3633	0.2628	0.2670	0.3029	0.2339	0.1938	0.3307
2	0.3530	0.3544	0.4062	0.3072	0.3023	0.3993	0.3548	0.2534	0.4027
3	0.4240	0.3884	0.4416	0.3425	0.3355	0.4723	0.4757	0.3046	0.4894
4	0.5144	0.4317	0.4841	0.3842	0.3799	0.5534	0.6479	0.3705	0.6269
5	0.6101	0.4776	0.5258	0.4250	0.4296	0.6250	0.8513	0.4395	0.8120

表 6-12　9 个指数公式计算得到的澧河 6 个断面的综合指数值 XI 及评价结果

断面	W-F 定律指数公式		普适卡森指数公式		对数型幂函数指数公式		幂函数指数公式		Logistic 指数公式	
	FI	等级	KI	等级	LI	等级	MI	等级	SI	等级
1	0.2849	2	0.3218	2	0.3705	2	0.2707	2	0.2723	2
2	0.2809	2	0.3149	1、2	0.3623	1、2	0.2634	2	0.2668	1、2
3	0.1748	1	0.2691	1	0.3083	1	0.1773	1	0.2319	1
4	0.2628	1	0.3112	1	0.3578	1	0.2561	1	0.2638	1
5	0.2980	2	0.3197	2	0.3667	2	0.2683	2	0.2721	2
6	0.2825	2	0.3206	2	0.3682	2	0.2672	2	0.2723	2

断面	Γ 型分布函数指数公式		加权加和型幂函数指数公式		参数化组合算子指数公式		二次函数指数公式		灰色关联分析法等级
	ΓI	等级	UI	等级	λI	等级	HI	等级	
1	0.3204	2	0.2519	2	0.2110	2	0.3385	2	2
2	0.3187	2	0.2221	1、2	0.1970	2	0.3343	2	2
3	0.1792	1	0.1154	1	0.1511	1	0.3139	1	1

续表

断面	Γ型分布函数指数公式		加权加和型幂函数指数公式		参数化组合算子指数公式		二次函数指数公式		灰色关联分析法等级
	ΓI	等级	UI	等级	λI	等级	HI	等级	
4	0.2874	1	0.2214	1	0.1982	2、1	0.3308	2、1	1
5	0.3337	2	0.2288	1、2	0.2040	2	0.3551	2	2
6	0.3114	2	0.2485	2	0.2120	2	0.3475	2	2

6.2.2 北京市朝阳区地下水水质评价

1. 北京市朝阳区 19 个地下水水质监测井的水质评价结果

北京市朝阳区 19 个地下水水质监测井的 9 项指标：总硬度(HDS)(C_1)、SS(C_2)、SO_4^{2-}(C_3)、Cl^-(C_4)、COD_{Mn}(C_5)、NO_3^--N (C_6)、NO_2^--N (C_7)、NH_3-N(C_8)、F^-(C_9)的监测数据及其地下水水质级别分类标准[5]分别见表 6-13 和表 6-14。设置 9 项指标 C_1～C_9 的参照值 c_{j0} 分别为：c_{10}=55mg/L, c_{20}=30mg/L, c_{30}=5mg/L, c_{40}=5mg/L, c_{50}=0.1mg/L, c_{60}=0.3mg/L, c_{70}=0.00001mg/L, c_{80}=0.005mg/L, c_{90}=0.25mg/L。设置如式(6-4)所示的指标值变换式。由式(6-4)及式(5-2)计算出 9 项地下水水质指标的 5 级分级标准变换值和规范值，见表 6-15；同样由式(6-4)及式(5-2)计算得到 19 个地下水监测井的 9 项指标监测数据的变换值和规范值，见表 6-16；再由各监测井的 9 项地下水指标的规范值 x'_j ,用式(5-25)计算得到 19 个监测井分指标的加权值，见表 6-16；由式(5-14)～式(5-22)分别计算得到 9 个指数公式的分级标准综合指数值，见表 6-17；分别计算得到 9 个指数公式对 19 个监测井 9 项评价指标的加权综合指数值，见表 6-18，依据表 6-17 分级标准综合指数值，得到用 9 个指数公式对 19 个监测井的水质评价结果，见表 6-19。

$$X_j=\begin{cases}(c_j/c_{j0})^2, & c_j \geqslant c_{j0}, \text{ 对指标}C_1\text{、}C_9 \\ (c_j/c_{j0})^{0.5}, & c_j \geqslant c_{j0}, \text{ 对指标}C_7 \\ c_j/c_{j0}, & c_j \geqslant c_{j0}, \text{ 对指标}C_2\text{、}C_3\text{、}C_4\text{、}C_5\text{、}C_6\text{、}C_8 \\ 1, & c_j < c_{j0}, \text{ 对指标}C_1\sim C_9\end{cases} \tag{6-4}$$

式中，所有指标的 c_{j0} 和 c_j 的单位均为 mg/L。

表 6-13　北京市朝阳区 19 个地下水水质监测井 9 项指标监测值 c_j

样本序号	指标监测值 c_j/(mg/L)								
	HDS	SS	SO_4^{2-}	Cl^-	COD_{Mn}	NO_3^--N	NO_2^--N	NH_3-N	F^-
1	106	245	31.3	6.60	0.29	0.22	0.003	0.07	0.4
2	56	240	28.0	6.93	0.42	<0.15	0.003	0.08	0.6
3	256	452	95.0	30.60	0.93	2.68	0.003	0.02	0.3
4	446	745	78.9	92.10	0.45	15.60	0.003	0.02	0.3
5	255	320	49.2	15.70	0.41	0.30	0.003	0.09	0.5
6	205	284	32.4	6.69	0.51	0.15	0.003	0.22	0.4
7	206	284	37.3	11.80	0.28	0.99	0.003	0.05	0.4
8	131	365	29.6	35.80	0.41	1.87	0.003	0.04	0.7
9	176	313	41.6	17.10	0.59	0.15	0.003	0.18	0.4
10	403	713	59.0	120.00	0.47	5.93	0.003	0.02	0.4
11	169	264	29.0	9.41	0.30	1.07	0.003	0.08	0.3
12	226	278	45.6	12.20	0.44	0.48	0.003	0.06	0.3
13	267	539	65.4	79.90	0.34	15.80	0.003	0.02	0.4
14	397	585	80.2	65.50	0.37	0.98	0.003	0.02	0.4
15	307	450	44.9	47.40	0.36	0.74	0.003	0.02	0.3
16	246	405	50.4	41.30	0.32	5.16	0.003	0.12	0.6
17	596	999	151.0	188.00	0.91	12.50	0.030	0.25	0.3
18	444	611	80.3	111.00	0.50	4.00	0.003	0.02	0.4
19	186	353	57.9	21.40	0.33	1.98	0.003	0.02	0.6

表 6-14　地下水水质级别分类标准

水质级别	分级标准值 c_{jk}/(mg/L)								
	HDS	SS	SO_4^{2-}	Cl^-	COD_{Mn}	NO_3^--N	NO_2^--N	NH_3-N	F^-
Ⅰ	<150	<300	<50	<50	<1.0	<2.0	<0.001	<0.02	<1.0
Ⅱ	<300	<500	<150	<150	<2.0	<5.0	<0.01	<0.02	<1.0
Ⅲ	<450	<1000	<250	<250	<3.0	<20.0	<0.02	<0.20	<1.0
Ⅳ	<550	<2000	<350	<350	<10.0	<30.0	<0.10	<0.50	<2.0
Ⅴ	>550	>2000	>350	>350	>10.0	>30.0	>0.10	>0.50	>2.0

需要指出的是：① 综合指数 λI 的计算，应将指标规范值 x'_j 从小到大(或从大到小)排序，按排好的顺序从第 1 个 x'_1 开始，计算 x'_1 与 x'_2 组成的 λI_1 指数，再计算 x'_2 与 x'_3 组成的 λI_2 指数，直到计算 x'_9 与 x'_1 组成的 λI_9 指数，然后对 9 个 λI_j

值进行加权平均，从而得到 λI 综合指数。② 若用 NV-PPR 模型计算综合指数 PI(不需将指标规范值 x_j' 按大小排序)，只需从第 1 个指标的 x_1' 开始，依次将相邻两个指标的规范值代入 PI 指数公式中，计算分指数 PI_j，直到最后将 x_9' 和 x_1' 代入 PI 指数公式中，计算分指数 PI_9；然后对计算得到的 9 个 PI_j 求平均值。

表 6-15　9 项地下水水质评价指标的 5 级分级标准的变换值 X_{jk} 和规范值 x_{jk}'

指标	分级标准变换值 X_{jk}					分级标准规范值 x_{jk}'				
	1 级	2 级	3 级	4 级	5 级	1 级	2 级	3 级	4 级	5 级
HDS	7.438	29.752	66.942	100.0	>100.0	0.2007	0.3393	0.4204	0.4605	>0.4605
SS	10.000	16.667	33.330	66.667	>66.67	0.2303	0.2813	0.3507	0.4200	>0.4200
SO_4^{2-}	10.000	30.000	50.000	70.0	>70.0	0.2303	0.3401	0.3912	0.4248	>0.4248
Cl^-	10.000	30.000	50.000	70.0	>70.0	0.2303	0.3401	0.3912	0.4248	>0.4248
COD_{Mn}	10.000	20.000	30.000	100.0	>100.0	0.2303	0.2996	0.3401	0.4605	>0.4605
NO_3^--N	6.667	16.667	66.667	100.0	>100.0	0.1897	0.2813	0.4200	0.4605	>0.4605
NO_2^--N	10.000	31.623	44.721	100.0	>100.0	0.2303	0.3454	0.3800	0.4605	>0.4605
NH_3-N	4.000	4.000	40.000	100.0	>100.0	0.1386	0.1386	0.3689	0.4605	>0.4605
F^-	16.000	16.000	16.000	64.0	>64.0	0.2773	0.2773	0.2773	0.4159	>0.4159

表 6-16　19 个地下水监测井 9 项指标监测数据的变换值 X_j、规范值 x_j' 及其加权值 w_j

监测井号	项目	指标名称								
		HDS	SS	SO_4^{2-}	Cl^-	COD_{Mn}	NO_3^--N	NO_2^--N	NH_3-N	F^-
1	X_j	3.7144	8.1667	6.2600	1.3200	2.900	0.7333	17.321	14.0000	2.5600
	x_j'	0.1312	0.2100	0.1834	0.0278	0.1065	0.0000	0.2852	0.2639	0.0940
	w_j	0.1008	0.1613	0.1409	0.0214	0.0818	0.0000	0.2190	0.2027	0.0722
2	X_j	1.0367	8.0000	5.6000	1.3860	4.2000	0.5000	17.321	16.000	5.7600
	x_j'	0.0030	0.2079	0.1723	0.0326	0.1435	0.0000	0.2852	0.2773	0.1751
	w_j	0.0023	0.1603	0.1329	0.0251	0.1106	0.0000	0.2199	0.2138	0.1350
3	X_j	21.665	15.067	19.0000	6.1200	9.3000	8.9333	17.3210	4.0000	1.4400
	x_j'	0.3076	0.2712	0.2944	0.1812	0.2230	0.2190	0.2852	0.1386	0.0365
	w_j	0.1572	0.1386	0.1505	0.0926	0.1140	0.1119	0.1458	0.0708	0.0187

续表

监测井号	项目	指标名称								
		HDS	SS	SO_4^{2-}	Cl^-	COD_{Mn}	NO_3^--N	NO_2^--N	NH_3-N	F^-
4	X_j	65.7570	24.8330	15.6000	18.4200	4.500	52.0000	17.3210	4.0000	1.4400
	x'_j	0.4186	0.3212	0.2759	0.2913	0.1504	0.3951	0.2852	0.1386	0.0365
	w_j	0.1810	0.1389	0.1193	0.1260	0.0650	0.1708	0.1233	0.0599	0.0158
5	X_j	21.4960	10.6670	9.8400	3.1400	4.1000	1.0000	17.3210	18.0000	4.0000
	x'_j	0.3068	0.2367	0.2286	0.1144	0.1411	0.0000	0.2852	0.2890	0.1386
	w_j	0.1763	0.1360	0.1313	0.0657	0.0811	0.0000	0.1639	0.1661	0.0796
6	X_j	13.8930	9.4667	6.4800	1.3380	5.1000	0.5000	17.3210	44.0000	2.5600
	x'_j	0.2631	0.2248	0.1869	0.0291	0.1629	0.0000	0.2852	0.3784	0.0940
	w_j	0.1620	0.1384	0.1151	0.0179	0.1003	0.0000	0.1756	0.2329	0.0579
7	X_j	14.0280	9.4667	7.4600	2.3600	2.8000	3.3000	17.3210	10.0000	2.5600
	x'_j	0.2641	0.2248	0.2010	0.0859	0.1030	0.1194	0.2852	0.2303	0.0940
	w_j	0.1643	0.1398	0.1250	0.0534	0.0641	0.0743	0.1774	0.1433	0.0586
8	X_j	5.6731	12.1670	5.9200	7.1600	4.1000	6.2333	17.3210	8.0000	7.8400
	x'_j	0.1736	0.2499	0.1778	0.1969	0.1411	0.1830	0.2852	0.2079	0.2059
	w_j	0.0953	0.1372	0.0976	0.1081	0.0775	0.1005	0.1566	0.1141	0.1131
9	X_j	10.2400	10.4330	8.3200	3.4200	5.9000	0.5000	17.3210	36.0000	2.5600
	x'_j	0.2326	0.2345	0.2119	0.1230	0.1775	0.0000	0.2852	0.3584	0.0940
	w_j	0.1355	0.1366	0.1234	0.0716	0.1034	0.0000	0.1661	0.2087	0.0547
10	X_j	53.6890	23.7670	11.8000	24.0000	4.7000	19.7670	17.3210	4.0000	2.5600
	x'_j	0.3983	0.3168	0.2468	0.3178	0.1548	0.2984	0.2852	0.1386	0.0940
	w_j	0.1770	0.1408	0.1097	0.1412	0.0688	0.1326	0.1267	0.0616	0.0418
11	X_j	9.4417	8.8000	5.8000	1.8820	3.0000	3.5667	17.3210	16.0000	1.4400
	x'_j	0.2245	0.2175	0.1758	0.0632	0.1099	0.1272	0.2852	0.2773	0.0365
	w_j	0.1480	0.1434	0.1159	0.0417	0.0724	0.0838	0.1880	0.1828	0.0241

续表

监测井号	项目	指标名称								
		HDS	SS	SO_4^{2-}	Cl^-	COD_{Mn}	NO_3^--N	NO_2^--N	NH_3-N	F^-
12	X_j	16.8850	9.2667	9.1200	2.4400	4.4000	1.6000	17.3210	12.0000	1.4400
	x_j'	0.2826	0.2226	0.2210	0.0892	0.1482	0.0470	0.2852	0.2485	0.0365
	w_j	0.1788	0.1408	0.1398	0.0564	0.0938	0.0297	0.1804	0.1572	0.0231
13	X_j	23.5670	17.9670	13.0800	15.9800	3.4000	52.6670	17.3210	4.0000	2.5600
	x_j'	0.3160	0.2886	0.2571	0.2771	0.1224	0.3964	0.2852	0.1386	0.0940
	w_j	0.1453	0.1327	0.1182	0.1274	0.0563	0.1822	0.1311	0.0637	0.0432
14	X_j	52.1020	19.5000	16.0400	13.1000	3.7000	1.2333	17.3210	4.0000	2.5600
	x_j'	0.3953	0.2970	0.2775	0.2573	0.1308	0.1184	0.2852	0.1386	0.0940
	w_j	0.1982	0.1489	0.1392	0.1290	0.0656	0.0594	0.1430	0.0695	0.0471
15	X_j	35.1570	15.0000	8.8180	9.4800	3.6000	2.4667	17.3210	4.0000	1.4400
	x_j'	0.3439	0.2708	0.2195	0.2249	0.1281	0.0903	0.2852	0.1386	0.0365
	w_j	0.1979	0.1558	0.1263	0.1294	0.0737	0.0520	0.1641	0.0798	0.0210
16	X_j	20.0050	13.5000	10.0800	8.2600	3.2000	17.2000	17.3210	24.0000	5.7600
	x_j'	0.2996	0.2603	0.2311	0.2111	0.1163	0.2845	0.2852	0.3178	0.1751
	w_j	0.1374	0.1193	0.1060	0.0968	0.0533	0.1304	0.1308	0.1457	0.0803
17	X_j	117.4300	33.3000	30.2000	37.6000	9.1000	41.6670	54.7720	50.0000	1.4400
	x_j'	0.4766	0.3506	0.3408	0.3627	0.2208	0.3730	0.4003	0.3912	0.0365
	w_j	0.1614	0.1187	0.1154	0.1228	0.0748	0.1263	0.1356	0.1325	0.0124
18	X_j	117.4300	33.3000	30.2000	37.6000	9.1000	41.6670	54.7720	50.0000	1.4400
	x_j'	0.4766	0.3506	0.3408	0.3627	0.2208	0.3730	0.4003	0.3912	0.0365
	w_j	0.1614	0.1187	0.1154	0.1228	0.0748	0.1263	0.1356	0.1325	0.0124
19	X_j	11.4370	11.7670	11.5800	4.2800	3.3000	6.6000	17.3210	4.0000	5.7600
	x_j'	0.2437	0.2465	0.2449	0.1454	0.1194	0.1887	0.2852	0.1386	0.1751
	w_j	0.1363	0.1379	0.1370	0.0813	0.0668	0.1056	0.1596	0.0775	0.0980

表 6-17 9 个指数公式计算得到的北京市朝阳区地下水水质评价的分级标准综合指数值 XI_k

k	分级标准综合指数值 XI_k								
	FI_k	KI_k	LI_k	MI_k	SI_k	ΓI_k	UI_k	λI_k	HI_k
1	0.3018	0.3299	0.3793	0.2796	0.2798	0.3397	0.2763	0.2230	0.3548
2	0.4075	0.3805	0.4325	0.3328	0.3287	0.4506	0.4466	0.3015	0.4785
3	0.5150	0.4320	0.4838	0.3840	0.3806	0.5516	0.6491	0.3794	0.6337
4	0.6149	0.4799	0.5277	0.4270	0.4321	0.6281	0.8619	0.4461	0.8227
5	>0.6149	>0.4799	>0.5277	>0.4270	>0.4321	>0.6281	>0.8619	>0.4461	>0.8227

表 6-18 9 个指数公式计算得到的 19 个监测井的加权综合指数值

监测井号	加权综合指数值								
	FI	KI	LI	MI	SI	ΓI	UI	λI	HI
1	0.2845	0.3215	0.3690	0.2661	0.2739	0.3104	0.2513	0.1883	0.3184
2	0.3033	0.3217	0.3793	0.2779	0.2814	0.3359	0.2784	0.1846	0.3260
3	0.3456	0.3509	0.4016	0.3013	0.3000	0.3857	0.3429	0.2368	0.3768
4	0.4318	0.3922	0.4428	0.3422	0.3418	0.4639	0.5255	0.2886	0.4584
5	0.3345	0.3456	0.3955	0.2951	0.2950	0.3710	0.3256	0.2405	0.3591
6	0.3549	0.3553	0.4049	0.3036	0.3057	0.3881	0.3580	0.2291	0.3648
7	0.2902	0.3243	0.3722	0.2701	0.2761	0.3179	0.2594	0.2055	0.3308
8	0.2921	0.3252	0.3739	0.2739	0.2758	0.3268	0.2620	0.2114	0.4111
9	0.3388	0.3476	0.3971	0.2965	0.2978	0.3736	0.3324	0.2374	0.3610
10	0.3967	0.3754	0.4262	0.3258	0.3246	0.4341	0.4277	0.2777	0.4283
11	0.2931	0.3257	0.3736	0.2711	0.2775	0.3206	0.2636	0.1995	0.3292
12	0.3115	0.3345	0.3836	0.2813	0.2854	0.3434	0.2905	0.2127	0.3406
13	0.3876	0.3710	0.4211	0.3210	0.3204	0.4244	0.4121	0.2703	0.4169
14	0.3683	0.3575	0.4063	0.3098	0.3117	0.4002	0.3785	0.2546	0.3926
15	0.3358	0.3462	0.3933	0.2923	0.2721	0.3651	0.3230	0.2226	0.3587
16	0.3582	0.3322	0.4081	0.3086	0.3005	0.4010	0.3635	0.2570	0.3969
17	0.5170	0.4330	0.4836	0.3831	0.3595	0.5479	0.6533	0.3468	0.5883
18	0.3963	0.3751	0.4257	0.3253	0.3061	0.4328	0.4269	0.2752	0.4275
19	0.2968	0.3275	0.3762	0.2756	0.2735	0.3303	0.2690	0.2136	0.3509

2. 分析与比较

表 6-19 中还列出了文献[5]用综合评分法(F 值法)、加速遗传投影寻踪(RAGAPP)法和萤火虫算法投影寻踪(FAPP)法对 19 个监测井水质的评价结果。

(1) 从表 6-19 可见，由于 12 号监测井评价为 1 类水和 2 类水均是可以的，因此 19 个监测井中，9 个普适指数公式评价结果完全一致的应为 14 个监测井，其中与 RAGAPP 法和 FAPP 法的评价结果相同的有 12 个监测井，只与 F 值法评价结果差异较大。

(2) 19 个监测井中，9 个普适指数公式评价结果略有差异的仅有 2 号、4 号、8 号、15 号、17 号共 5 个监测井，其指数值都处于相邻两类标准分界值的附近，因此两种评价结果都是可以接受的。例如，2 号监测井，FI、SI、UI 的指数都略大于 1、2 类的指数分级标准界限，也就是说，与其他 6 个指数公式评价为 1 类水没有显著区别，4 号、8 号、15 号和 17 号监测井也都是如此。

(3) 19 个监测井中，9 个普适指数公式评价结果与 F 值法、RAGAPP 法和 FAPP 法的评价结果有差异的 7 个监测井中，8 号监测井的 9 项指标中，有 7 项均处于 1 类水，SS 仅略大于 1 类水，为弱 2 类水，NH_3-N 也超过 2、3 类水分界线不多，因此，9 个普适指数公式综合评价为 1 类水，比 F 值法、RAGAPP 法和 FAPP 法评价为 2 类水更合理；17 号监测井的 9 个普适指数公式中，有 6 个评价结果为 4 类，其余 3 个普适指数公式的综合指数都是略小于 3、4 类水的分级标准，因此综合评价为 4 类水比评价为 3 类水要合理，事实上，9 项指标中，达到 5 类标准的有 1 项，达到 4 类标准的有 2 项，达到 3 类标准的有 4 项，属于 1 类标准的只有 2 项，因此，综合评价为 4 类水比评价为 3 类水要合理。3 号监测井的 9 个普适指数公式皆评价为 2 类水，实际情况是，9 项指标中，有 5 项指标达到 2 类标准，4 项指标属于 1 类标准，因此综合评价为 2 类水比 RAGAPP 法和 FAPP 法评价为 1 类水要合理。其余 4 个水质监测井的评价结果虽然有差异，但其评价结果也是可以接受的。

表 6-19　多种评价方法用于北京市朝阳区地下水水质评价结果的比较

监测井号	评价结果(等级)											
	FI_i	KI_i	LI_i	MI_i	SI_i	ΓI_i	UI_i	λI_i	HI_i	F 值法	RAGAPP 法	FAPP 法
1	1	1	1	1	1	1	1	1	1	2	1	1
2	1、2	1	1、2	1	2	1	1、2	1	1	2	1	1
3	2	2	2	2	2	2	2	2	2	1	1	1
4	3	3	3	3	3	3	3	2	2	2	2	2
5	2	2	2	2	2	2	2	2	2	2	2	2
6	2	2	2	2	2	2	2	2	2	4	2	2
7	1	1	1	1	1	1	1	1	1	2	2	2
8	1	1	1	1	1	1	1	1	2	2	2	2
9	2	2	2	2	2	2	2	2	2	2	2	2
10	2	2	2	2	2	2	2	2	2	2	2	2

续表

监测井号	评价结果(等级)											
	FI_i	KI_i	LI_i	MI_i	SI_i	ΓI_i	UI_i	λI_i	HI_i	F 值法	RAGAPP 法	FAPP 法
11	1	1	1	1	1	1	1	1	1	2	1	1
12	2	2	2	2	2	2	2	1、2	2	2	2	2
13	2	2	2	2	2	2	2	2	2	2	2	2
14	2	2	2	2	2	2	2	2	2	2	2	2
15	2	2	2	2	1、2	2	2	1、2	2	2	2	2
16	2	2	2	2	2	2	2	2	2	2	2	2
17	4	4	4	4、3	4	3、4	4、3	3、4	3	5	3	3
18	2	2	2	2	2	2	2	2	2	2	2	2
19	1	1	1	1	1	1	1	1	1	1	1	1

6.3　广义普适指数公式用于湖泊富营养化评价实例

2002～2003 年长江中下游 45 个湖泊的 5 项富营养化指标的分级标准值 c_{jk}[6]、设置的指标参照值 c_{j0} 及指标变换式分别见表 6-20 和式(6-5)。由式(6-5)和式(5-2)计算得出 5 项指标的分级标准规范值 x'_{jk}，见表 6-20。视各指标等权的情况下，由式(5-14)～式(5-22)分别计算得到 45 个湖泊富营养化评价的分级标准综合指数值 XI_k，见表 6-21。

长江中下游 45 个湖泊各指标监测值 c_j 及由式(6-5)和式(5-2)计算出的各指标规范值 x'_j [6]见表 6-22。由式(5-14)～式(5-22)分别计算得到 45 个湖泊富营养化的 9 个普适指数公式综合指数值 XI 及评价结果，见表 6-23。表 6-23 还列出了用营养状态指数法(TSI_m)和对数型幂函数指数公式(LI)对 45 个湖泊的富营养化评价结果[6,7]。可见，9 个普适指数公式对 45 个湖泊的评价结果与其他方法的评价结果基本一致。

$$X_j=\begin{cases}(c_{j0}/c_j)^{0.5}, & c_j\leqslant c_{j0}，\text{对指标SD}\\(c_j/c_{j0})^{0.5}, & c_j\geqslant c_{j0}，\text{对指标Chla、TP、TN、COD}_{\text{Mn}}\\1, & c_j>c_{j0}，\text{对指标SD}\\1, & c_j<c_{j0}，\text{对指标Chla、TP、TN、COD}_{\text{Mn}}\end{cases}\tag{6-5}$$

式中，各指标的 c_{j0} 和 c_j 单位与表 6-20 中 c_{jk} 的单位相同。

表 6-20 长江中下游 45 个湖泊富营养化各指标的参照值 c_{j0}、分级标准值 c_{jk} 及分级标准规范值 x'_{jk}

指标	c_{j0}	c_{jk}					x'_{jk}				
		1 级	2 级	3 级	4 级	5 级	1 级	2 级	3 级	4 级	5 级
Chla	0.05	1.6	10	64	160	1000	0.1733	0.2649	0.3577	0.4035	0.4952
TP	0.1	4.6	23	110	250	1250	0.1914	0.2719	0.3502	0.3912	0.4717
TN	0.001	0.08	0.31	1.2	2.3	9.1	0.2191	0.2868	0.3545	0.3870	0.4558
COD_{Mn}	0.01	0.48	1.8	7.1	14	54	0.1936	0.2596	0.3283	0.3622	0.4297
SD	500	8	2.4	0.73	0.4	0.1	0.2068	0.2670	0.3265	0.3565	0.4259

注：①Chla 和 TP 的 c_{j0}、c_{jk} 单位为 μg/L；SD 的 c_{j0}、c_{jk} 单位为 m；其余指标的 c_{j0}、c_{jk} 单位为 mg/L。②评价等级与营养状态的对应关系：k=1，贫营养；k=2，中营养；k=3，富营养；k=4，重富营养；k=5，极富营养。

表 6-21 9 个指数公式计算得到长江中下游 45 个湖泊富营养化评价的分级标准综合指数值 XI_k

k	分级标准综合指数值 XI_k								
	FI_k	KI_k	LI_k	MI_k	SI_k	ΓI_k	UI_k	λI_k	HI_k
1	0.2731	0.3162	0.3643	0.2644	0.2671	0.3066	0.2355	0.1965	0.3276
2	0.3747	0.3648	0.4175	0.3188	0.3120	0.4242	0.3905	0.2700	0.4237
3	0.4766	0.4136	0.4668	0.3674	0.3609	0.5217	0.5735	0.3433	0.5637
4	0.5275	0.4380	0.4900	0.3900	0.3866	0.5639	0.6745	0.3799	0.6501
5	0.6323	0.4882	0.5349	0.4340	0.4414	0.6394	0.9013	0.4553	0.8619

表 6-22 长江中下游 45 个湖泊富营养化指标监测值 c_j 及规范值 x'_j

湖泊	Chla		TP		TN		COD_{Mn}		SD	
	c_j	x'_j	c_j	x'_j	c_j	x'_j	c_j	x'_j	c_j	x'_j
淀山湖	32.80	0.3243	168.0	0.3713	2.9390	0.3993	7.55	0.3313	0.53	0.3425
元荡湖	24.08	0.3089	150.0	0.3657	2.4410	0.3900	6.83	0.3263	0.43	0.3529
澄湖	57.62	0.3525	292.0	0.3990	2.8370	0.3975	7.29	0.3296	0.51	0.3444
阳澄湖	6.98	0.2469	88.0	0.3390	0.7530	0.3312	5.52	0.3157	1.13	0.3046
金鸡湖	77.02	0.3670	230.0	0.3870	3.5320	0.4085	8.58	0.3377	0.51	0.3444
独墅湖	72.05	0.3637	290.0	0.3986	3.5420	0.4086	8.76	0.3388	0.43	0.3529
梅梁湖	17.45	0.2928	172.0	0.3725	2.6540	0.3942	7.99	0.3342	0.51	0.3444
太湖	7.89	0.2531	108.0	0.3492	1.7710	0.3740	5.12	0.3119	0.58	0.3380
滆湖	6.27	0.2416	59.0	0.3190	1.0510	0.3479	5.95	0.3194	1.06	0.3078
长荡湖	25.77	0.3122	116.0	0.3528	2.2750	0.3865	6.00	0.3198	0.54	0.3415

续表

湖泊	Chla		TP		TN		COD_{Mn}		SD	
	c_j	x'_j	c_j	x'_j	c_j	x'_j	c_j	x'_j	c_j	x'_j
天目湖	11.32	0.2711	73.0	0.3297	0.8850	0.3393	3.79	0.2969	1.38	0.2946
南漪湖	9.83	0.2641	86.0	0.3378	2.3390	0.3879	5.45	0.3150	0.84	0.3194
固城湖	4.29	0.2226	48.0	0.3087	0.6170	0.3212	4.12	0.3011	2.75	0.2602
石臼湖	4.83	0.2285	51.0	0.3117	0.6110	0.3208	3.83	0.2974	1.56	0.2885
玄武湖	77.02	0.3670	189.8	0.3774	2.0973	0.3824	8.16	0.3352	0.44	0.3518
莫愁湖	71.78	0.3635	515.4	0.4274	3.2364	0.4041	9.60	0.3433	0.42	0.3541
巢湖	15.67	0.2874	192.5	0.3781	3.0350	0.4009	5.60	0.3164	0.36	0.3618
石塘湖	10.40	0.2669	71.1	0.3283	1.0030	0.3455	4.90	0.3097	0.47	0.3485
菜籽湖	13.81	0.2811	93.5	0.3420	0.6711	0.3254	3.50	0.2929	0.65	0.3323
武昌湖	7.15	0.2481	65.1	0.3239	0.5234	0.3130	4.10	0.3008	0.75	0.3251
麻塘湖	4.37	0.2235	47.5	0.3082	0.4166	0.3016	3.30	0.2900	1.74	0.2830
黄湖	2.26	0.1906	49.3	0.3100	0.7366	0.3301	3.60	0.2943	0.95	0.3133
大官湖	4.05	0.2197	56.3	0.3167	0.7414	0.3304	3.60	0.2943	0.81	0.3213
泊湖	3.45	0.2117	66.8	0.3252	0.5980	0.3197	3.06	0.2862	0.76	0.3245
花亭库	7.52	0.2507	36.0	0.2943	0.3174	0.2880	2.40	0.2740	3.72	0.2450
龙感湖	3.71	0.2153	51.0	0.3117	0.7743	0.3326	4.10	0.3008	0.84	0.3194
鄱阳湖	2.65	0.1985	47.0	0.3076	0.6170	0.3212	1.30	0.2434	1.53	0.2895
甘棠湖	24.64	0.3100	548.9	0.4305	2.8649	0.3980	5.60	0.3164	0.36	0.3618
八里湖	11.66	0.2726	113.6	0.3518	1.2096	0.3549	3.60	0.2943	0.53	0.3425
太白湖	4.72	0.2274	125.5	0.3567	1.4293	0.3632	4.60	0.3066	0.37	0.3604
武山湖	35.80	0.3287	207.4	0.3819	2.3589	0.3883	8.30	0.3361	0.41	0.3553
赤东湖	16.72	0.2906	68.0	0.3261	0.7640	0.3319	3.70	0.2957	0.63	0.3338
策湖	3.19	0.2078	38.0	0.2970	0.9970	0.3452	3.20	0.2884	0.94	0.3138
磁湖	59.36	0.3540	141.0	0.3626	1.8720	0.3767	4.30	0.3032	0.49	0.3464
大冶湖	7.22	0.2486	72.0	0.3290	1.7050	0.3721	2.70	0.2799	0.59	0.3371
保安湖	5.58	0.2357	36.0	0.2943	0.3480	0.2926	2.20	0.2697	1.54	0.2891
梁子湖	5.53	0.2353	38.0	0.2970	0.4910	0.3098	2.40	0.2740	1.36	0.2954
东湖	48.98	0.3444	172.0	0.3725	1.8650	0.3766	5.10	0.3117	0.86	0.3183
汤逊湖	5.95	0.2390	43.0	0.3032	1.4520	0.3640	2.20	0.2697	0.88	0.3171

续表

湖泊	Chla		TP		TN		COD_{Mn}		SD	
	c_j	x'_j	c_j	x'_j	c_j	x'_j	c_j	x'_j	c_j	x'_j
鲁湖	9.89	0.2644	51.0	0.3117	0.6000	0.3198	2.30	0.2719	0.82	0.3207
斧头湖	4.27	0.2224	35.0	0.2929	0.5320	0.3138	2.70	0.2799	0.97	0.3123
西子湖	2.14	0.1878	30.0	0.2852	0.4390	0.3042	1.70	0.2568	1.53	0.2895
黄盖湖	14.60	0.2838	50.0	0.3107	1.1390	0.3519	4.50	0.3055	0.69	0.3293
洪湖	31.02	0.3215	62.0	0.3215	1.2950	0.3583	4.60	0.3066	1.19	0.3020
洞庭湖	3.90	0.2178	44.0	0.3043	1.0870	0.3496	2.10	0.2674	0.53	0.3425

注：c_j单位与表 6-20 中 c_{jk}的单位相同。

表 6-23　9 个指数公式计算得到的长江中下游 45 个湖泊富营养化综合指数值 XI 及评价结果

湖泊	W-F 定律指数公式		普适卡森指数公式		对数型幂函数指数公式		幂函数指数公式		Logistic 指数公式	
	FI	等级	KI	等级	LI	等级	MI	等级	SI	等级
淀山湖	0.4909	4	0.4205	4	0.4732	4	0.3736	4	0.3682	4
元荡湖	0.4840	4	0.4171	4	0.4700	4	0.3705	4	0.3648	4
澄湖	0.5059	4	0.4277	4	0.4801	4	0.3803	4	0.3758	4
阳澄湖	0.4267	3	0.3897	3	0.4428	3	0.3437	3	0.3368	3
金鸡湖	0.5120	4	0.4306	4	0.4829	4	0.3831	4	0.3788	4
独墅湖	0.5169	4	0.4329	4	0.4851	4	0.3853	4	0.3814	4
梅梁湖	0.4824	4	0.4164	4	0.4691	4	0.3696	4	0.3641	4
太湖	0.4513	3	0.4015	3	0.4544	3	0.3551	3	0.3490	3
滆湖	0.4262	3	0.3895	3	0.4425	3	0.3434	3	0.3367	3
长荡湖	0.4754	3、4	0.4130	3、4	0.4661	3、4	0.3666	3、4	0.3605	3、4
天目湖	0.4251	3	0.3889	3	0.4422	3	0.3432	3	0.3359	3
南漪湖	0.4508	3	0.4013	3	0.4542	3	0.3549	3	0.3487	3
固城湖	0.3924	3	0.3733	3	0.4259	3	0.3269	3	0.3206	3
石臼湖	0.4016	3	0.3777	3	0.4306	3	0.3316	3	0.3249	3
玄武湖	0.5034	4	0.4265	4	0.4791	4	0.3794	4	0.3744	4
莫愁湖	0.5252	4	0.4369	4	0.4887	4	0.3888	4	0.3856	4
巢湖	0.4842	4	0.4173	4	0.4698	4	0.3702	4	0.3652	4
石塘湖	0.4438	3	0.3979	3	0.4511	3	0.3519	3	0.3450	3

续表

湖泊	W-F 定律指数公式		普适卡森指数公式		对数型幂函数指数公式		幂函数指数公式		Logistic 指数公式	
	FI	等级	KI	等级	LI	等级	MI	等级	SI	等级
菜籽湖	0.4368	3	0.3945	3	0.4479	3	0.3488	3	0.3415	3
武昌湖	0.4194	3	0.3862	3	0.4394	3	0.3403	3	0.3332	3
麻塘湖	0.3903	3	0.3723	3	0.4250	3	0.3261	3	0.3195	3
黄湖	0.3992	3	0.3765	3	0.4288	3	0.3296	3	0.3243	3
大官湖	0.4114	3	0.3824	3	0.4352	3	0.3361	3	0.3297	3
泊湖	0.4072	3	0.3804	3	0.4330	3	0.3339	3	0.3278	3
花亭库	0.3752	3、2	0.3651	3、2	0.4177	3、2	0.3189	3、2	0.3123	3、2
龙感湖	0.4107	3	0.3821	3	0.4348	3	0.3357	3	0.3295	3
鄱阳湖	0.3775	3	0.3662	3	0.4182	3	0.3191	3	0.3140	3
甘棠湖	0.5042	4	0.4268	4	0.4788	4	0.3791	4	0.3753	4
八里湖	0.4485	3	0.4002	3	0.4533	3	0.3540	3	0.3474	3
太白湖	0.4481	3	0.3999	3	0.4525	3	0.3531	3	0.3477	3
武山湖	0.4969	4	0.4233	4	0.4760	4	0.3764	4	0.3712	4
赤东湖	0.4380	3	0.3951	3	0.4485	3	0.3494	3	0.3421	3
策湖	0.4031	3	0.3784	3	0.4309	3	0.3318	3	0.3259	3
磁湖	0.4837	4	0.4170	4	0.4700	4	0.3704	4	0.3646	4
大冶湖	0.4348	3	0.3936	3	0.4464	3	0.3472	3	0.3410	3
保安湖	0.3834	3	0.3690	3	0.4217	3	0.3229	3	0.3162	3
梁子湖	0.3918	3	0.3730	3	0.4258	3	0.3269	3	0.3201	3
东湖	0.4783	4	0.4144	4	0.4674	4	0.3680	4	0.3620	4
汤逊湖	0.4144	3	0.3838	3	0.4366	3	0.3375	3	0.3312	3
鲁湖	0.4131	3	0.3832	3	0.4364	3	0.3374	3	0.3302	3
斧头湖	0.3945	3	0.3743	3	0.4270	3	0.3280	3	0.3215	3
西子湖	0.3673	2	0.3613	2	0.4132	2	0.3141	2	0.3092	2
黄盖湖	0.4388	3	0.3955	3	0.4489	3	0.3498	3	0.3425	3
洪湖	0.4468	3	0.3994	3	0.4527	3	0.3536	3	0.3463	3
洞庭湖	0.4112	3	0.3823	3	0.4348	3	0.3356	3	0.3299	3

续表

湖泊	Γ型分布函数指数公式		加权加和型幂函数指数公式		参数化组合算子指数公式		二次函数指数公式		TSI_m 等级	LI 等级
	ΓI	等级	UI	等级	λI	等级	HI	等级		
淀山湖	0.5331	4	0.6013	4	0.3576	4	0.5892	4	重富	重富
元荡湖	0.5271	4	0.5878	4	0.3554	4	0.5781	4	重富	重富
澄湖	0.5457	4	0.6310	4	0.3687	4	0.6145	4	重富	重富
阳澄湖	0.4746	3	0.4806	3	0.3144	3	0.4935	3	富	富
金鸡湖	0.5508	4	0.6431	4	0.3743	4	0.6243	4	重富	重富
独墅湖	0.5549	4	0.6531	4	0.3769	4	0.6331	4	重富	重富
梅梁湖	0.5252	4	0.5847	4	0.3537	4	0.5770	4	重富	重富
太湖	0.4966	3	0.5257	3	0.3343	3	0.5312	3	富	富
滆湖	0.4738	3	0.4797	3	0.3143	3	0.4936	3	富	富
长荡湖	0.5199	3、4	0.5712	3、4	0.3477	4	0.5639	4	重富	重富
天目湖	0.4738	3	0.4776	3	0.3098	3	0.4895	3	富	富
南漪湖	0.4964	3	0.5247	3	0.3304	3	0.5300	3	富	富
固城湖	0.4402	3	0.4202	3	0.2924	3	0.4498	3	富	富
石臼湖	0.4500	3	0.4361	3	0.2960	3	0.4602	3	富	富
玄武湖	0.5444	4	0.6260	4	0.3673	4	0.6081	4	重富	重富
莫愁湖	0.5611	4	0.6699	4	0.3826	4	0.6489	4	重富	重富
巢湖	0.5259	4	0.5882	4	0.3591	4	0.5820	4	重富	重富
石塘湖	0.4910	3	0.5117	3	0.3269	3	0.5169	3	富	富
菜籽湖	0.4850	3	0.4988	3	0.3216	3	0.5056	3	富	富
武昌湖	0.4679	3	0.4674	3	0.3088	3	0.4825	3	富	富
麻塘湖	0.4388	3	0.4167	3	0.2875	3	0.4456	3	富	富
黄湖	0.4448	3	0.4320	3	0.2974	3	0.4629	3	富	富
大官湖	0.4587	3	0.4533	3	0.3058	3	0.4752	3	富	富
泊湖	0.4541	3	0.4460	3	0.3044	3	0.4707	3	富	富
花亭库	0.4242	2	0.3913	3、2	0.2754	3、2	0.4255	3、2	中	中
龙感湖	0.4578	3	0.4521	3	0.3043	3	0.4747	3	富	富
鄱阳湖	0.4234	3	0.3951	3	0.2827	3	0.4348	3	富	中
甘棠湖	0.5423	4	0.6276	4	0.3723	4	0.6169	4	重富	重富

续表

湖泊	Γ型分布函数指数公式		加权加和型幂函数指数公式		参数化组合算子指数公式		二次函数指数公式		TSI_m 等级	LI 等级
	ΓI	等级	UI	等级	λI	等级	HI	等级		
八里湖	0.4950	3	0.5205	3	0.3331	3	0.5247	3	富	富
太白湖	0.4918	3	0.5196	3	0.3365	3	0.5304	3	富	富
武山湖	0.5385	4	0.6130	4	0.3629	4	0.5982	4	重富	重富
赤东湖	0.4865	3	0.5011	3	0.3215	3	0.5065	3	富	富
策湖	0.4496	3	0.4387	3	0.2980	3	0.4662	3	富	富
磁湖	0.5272	4	0.5873	4	0.3539	4	0.5769	4	重富	重富
大冶湖	0.4809	3	0.4953	3	0.3239	3	0.5082	3	富	富
保安湖	0.4325	3	0.4050	3	0.2825	3	0.4356	3	富	富
梁子湖	0.4407	3	0.4192	3	0.2891	3	0.4465	3	富	富
东湖	0.5224	4	0.5768	4	0.3506	4	0.5686	4	重富	重富
汤逊湖	0.4614	3	0.4585	3	0.3068	3	0.4798	3	富	富
鲁湖	0.4622	3	0.4563	3	0.3052	3	0.4734	3	富	富
斧头湖	0.4426	3	0.4238	3	0.2914	3	0.4515	3	富	富
西子湖	0.4132	2	0.3782	2	0.2743	3、2	0.4217	2	中	中
黄盖湖	0.4870	3	0.5026	3	0.3199	3	0.5084	3	富	富
洪湖	0.4947	3	0.5173	3	0.3255	3	0.5194	3	富	富
洞庭湖	0.4572	3	0.4529	3	0.3063	3	0.4780	3	富	富

6.4　广义普适指数公式用于海水评价实例

6.4.1　流沙湾海水水质评价

流沙湾海水水质 9 项评价指标的变换式如式(6-6)所示，各项指标的参照值 c_{j0}、分级标准值[8] c_{jk}、标准规范值 x'_{jk} 见表 6-24。视各指标等权的情况下，由式(5-14)～式(5-22)分别计算得到流沙湾海水水质评价的分级标准综合指数值 XI_k，见表 6-25。

流沙湾 13 个站点海水水质 9 项指标监测值 c_j 及由式(6-6)和式(5-2)计算得到各指标的规范值 x'_j 见表 6-26[8]。由式(5-14)～式(5-22)分别计算得到各站点的综合指数值 XI 及评价结果，见表 6-27(其中，指数公式(5-17)采用式(5-25)线性加权公式计算其综合指数值，其余采用等权计算)。表 6-27 中还列出了两种模糊评价法的评价结果[8,9]。可见，13 个站点中，除第 3 个站点 9 个指数公式评价结果比上述两种模糊评价方法均高出一级外，其他 12 个站点的评价结果基本一致。

$$X_j=\begin{cases}(c_j/c_{j0})^{0.5}, & c_j \geqslant c_{j0}, \quad \text{对指标Pb} \\ c_j/c_{j0}, & c_j \geqslant c_{j0}, \quad \text{对指标石油类、Cu、Cd、Hg} \\ (c_j/c_{j0})^2, & c_j \geqslant c_{j0}, \quad \text{对指标TN、}PO_4^{3-}\text{、}COD_{Mn} \\ \left[(c_{jb}-c_j)/c_{j0}\right]^2, & c_j \leqslant c_{jb}-c_{j0}, \quad \text{对指标DO} \\ 1, & c_j > c_{jb}-c_{j0}, \quad \text{对指标DO} \\ 1, & c_j < c_{j0}, \quad \text{对除DO外的其他所有指标}\end{cases} \tag{6-6}$$

式中，c_{jb} 为指标 j 的阈值，指标 DO 的 c_{jb}=7mg/L；c_{j0}、c_{jb} 和 c_j 的单位为 mg/L。

表 6-24 流沙湾海水水质 9 项指标的参照值 c_{j0}、分级标准值 c_{jk} 及标准规范值 x'_{jk}

指标	c_{j0}/(mg/L)	c_{jk}/(mg/L)				x'_{jk}			
		$k=1$	$k=2$	$k=3$	$k=4$	$k=1$	$k=2$	$k=3$	$k=4$
DO	0.5	6	5	4	3	0.1386	0.2773	0.3584	0.4159
TN	0.08	0.2	0.3	0.4	0.5	0.1833	0.2644	0.3219	0.3665
PO_4^{3-}	0.007	0.015	0.03	0.03	0.045	0.1524	0.2911	0.2911	0.3722
COD_{Mn}	0.8	2	3	4	5	0.1833	0.2644	0.3219	0.3665
石油类	0.0065	0.05	0.05	0.3	0.5	0.2040	0.2040	0.3832	0.4343
Cu	0.001	0.005	0.01	0.05	0.05	0.1609	0.2303	0.3912	0.3912
Pb	0.00002	0.001	0.005	0.01	0.05	0.1956	0.2761	0.3107	0.3912
Cd	0.00025	0.001	0.005	0.01	0.01	0.1386	0.2996	0.3689	0.3689
Hg	0.00001	0.00005	0.0002	0.0002	0.0005	0.1609	0.2996	0.2996	0.3912

表 6-25 9 个指数公式计算得到的流沙湾海水水质的分级标准综合指数值 XI_k

k	分级标准综合指数值 XI_k								
	FI_k	KI_k	LI_k	MI_k	SI_k	ΓI_k	UI_k	λI_k	HI_k
1	0.2340	0.2974	0.3427	0.2410	0.2510	0.2546	0.1839	0.1678	0.3028
2	0.3711	0.3631	0.4154	0.3165	0.3106	0.4187	0.3843	0.2669	0.4228
3	0.4698	0.4104	0.4633	0.3639	0.3579	0.5141	0.5605	0.3376	0.5573
4	0.5393	0.4437	0.4952	0.3951	0.3927	0.5730	0.6989	0.3883	0.6723

表 6-26 流沙湾 13 个站点的海水水质 9 项指标监测值 c_j 及规范值 x'_j

站点	DO		TN		PO_4^{3-}		COD_{Mn}		石油类	
	c_j/(mg/L)	x'_j	c_j/(mg/L)	x'_j	c_j/(mg/L)	x'_j	c_j/(mg/L)	x'_j	c_j/(mg/L)	x'_j
S_1	7.50	0.0000	0.2060	0.1892	0.0200	0.2100	0.46	0.0000	0.0840	0.2559

续表

站点	DO		TN		PO_4^{3-}		COD_{Mn}		石油类	
	c_j/(mg/L)	x'_j	c_j/(mg/L)	x'_j	c_j/(mg/L)	x'_j	c_j/(mg/L)	x'_j	c_j/(mg/L)	x'_j
S_2	7.63	0.0462	0.1930	0.1761	0.0170	0.1775	2.57	0.2334	0.1100	0.2829
S_3	7.97	0.1325	0.1850	0.1677	0.0200	0.2100	1.53	0.1297	0.0440	0.1912
S_4	7.66	0.0555	0.2150	0.1977	0.0210	0.2197	2.67	0.2410	0.0790	0.2498
S_5	7.93	0.1241	0.1540	0.1310	0.0120	0.1078	2.64	0.2388	0.1070	0.2801
S_6	7.86	0.1085	0.2460	0.2247	0.0080	0.0267	2.67	0.2410	0.0970	0.2703
S_7	6.84	0.0000	0.1670	0.1472	0.0090	0.0503	2.65	0.2395	0.0710	0.2391
S_8	7.93	0.1241	0.1030	0.0505	0.0160	0.1653	2.62	0.2373	0.0060	0.0000
S_9	8.02	0.1426	0.1050	0.0544	0.0050	0.0000	2.77	0.2484	0.0220	0.1219
S_{10}	7.92	0.1220	0.1190	0.0794	0.0050	0.0000	2.80	0.2506	0.0130	0.0693
S_{11}	8.46	0.2143	0.0830	0.0074	0.0030	0.0000	2.90	0.2576	0.0150	0.0836
S_{12}	8.06	0.1503	0.0500	0.0000	0.0030	0.0000	2.70	0.2433	0.0220	0.1219
S_{13}	8.30	0.1911	0.0530	0.0000	0.0090	0.0503	3.22	0.2785	0.0410	0.1842

站点	Cu		Pb		Cd		Hg	
	c_j/(mg/L)	x'_j	c_j/(mg/L)	x'_j	c_j/(mg/L)	x'_j	c_j/(mg/L)	x'_j
S_1	0.0090	0.2197	0.0090	0.3055	0.0010	0.1386	0.2740	0.3310
S_2	0.0100	0.2303	0.0130	0.3238	0.0060	0.3178	0.2760	0.3318
S_3	0.0090	0.2197	0.0120	0.3198	0.0010	0.1386	0.1480	0.2695
S_4	0.0100	0.2303	0.0110	0.3155	0.0020	0.2079	0.2030	0.3010
S_5	0.0100	0.2303	0.0070	0.2929	0.0010	0.1386	0.1830	0.2907
S_6	0.0120	0.2485	0.0070	0.2929	0.0010	0.1386	0.1880	0.2934
S_7	0.0150	0.2708	0.0110	0.3155	0.0010	0.1386	0.2100	0.3045
S_8	0.0140	0.2639	0.0070	0.2929	0.0010	0.1386	0.2250	0.3114
S_9	0.0060	0.1792	0.0120	0.3198	0.0010	0.1386	0.2100	0.3045
S_{10}	0.0100	0.2303	0.0090	0.3055	0.0020	0.2079	0.2430	0.3190
S_{11}	0.0040	0.1386	0.0070	0.2929	0.0010	0.1386	0.2520	0.3227
S_{12}	0.0070	0.1946	0.0070	0.2929	0.0010	0.1386	0.2280	0.3127
S_{13}	0.0080	0.2079	0.0130	0.3238	0.0010	0.1386	0.2340	0.3153

表 6-27　9 个指数公式计算得到的流沙湾 13 个站点海水水质的综合指数值 XI 及评价结果

站点	W-F 定律指数公式		普适卡森指数公式		对数型幂函数指数公式		幂函数指数公式		Logistic 指数公式	
	FI	等级	KI	等级	LI	等级	MI	等级	SI	等级
S_1	0.2544	2	0.3072	2	0.3514	2	0.3090	3	0.2643	2
S_2	0.3268	2	0.3419	2	0.3906	2	0.3123	1、2	0.2933	2
S_3	0.2742	2	0.3168	2	0.3637	2	0.2813	2	0.2690	2

续表

站点	W-F 定律指数公式		普适卡森指数公式		对数型幂函数指数公式		幂函数指数公式		Logistic 指数公式	
	FI	等级	KI	等级	LI	等级	MI	等级	SI	等级
S_4	0.3112	2	0.3344	2	0.3833	2	0.3017	2	0.2854	2
S_5	0.2828	2	0.3208	2	0.3678	2	0.2878	2	0.2732	2
S_6	0.2844	2	0.3216	2	0.3684	2	0.2958	2	0.2749	2
S_7	0.2629	2	0.3113	2	0.3562	2	0.3008	2	0.2673	2
S_8	0.2442	2	0.3024	2	0.3461	2	0.2906	2	0.2593	2
S_9	0.2327	1、2	0.2968	1、2	0.3398	1、2	0.2847	2	0.2546	2
S_{10}	0.2442	2	0.3023	2	0.3459	2	0.2915	2	0.2596	2
S_{11}	0.2244	2、1	0.2929	2、1	0.3350	2、1	0.2911	2	0.2521	2、1
S_{12}	0.2242	2、1	0.2928	2、1	0.3353	2、1	0.2939	2	0.2516	2、1
S_{13}	0.2605	2	0.3101	2	0.3548	2	0.2987	2	0.2663	2

站点	Γ 型分布函数指数公式		加权加和型幂函数指数公式		参数化组合算子指数公式		二次函数指数公式		模糊评价法等级	模糊贴近度法等级
	ΓI	等级	UI	等级	λI	等级	HI	等级		
S_1	0.2834	2	0.2101	2	0.2407	2	0.3634	2	3	2
S_2	0.3569	2	0.3177	2	0.2401	2	0.4029	2	2	2
S_3	0.3005	2	0.2370	2	0.2053	2	0.3425	2	1	1
S_4	0.3426	2	0.2902	2	0.2293	2	0.3776	2	2	2
S_5	0.3075	2	0.2490	2	0.2122	2	0.3554	2	2	1
S_6	0.3107	2	0.2513	2	0.2090	2	0.3657	2	2	2
S_7	0.2836	2	0.2198	2	0.2167	2	0.3636	2	3	2
S_8	0.2602	2	0.1969	2	0.2368	2	0.3486	2	2	2
S_9	0.2448	1、2	0.1823	1、2	0.2051	2	0.3410	2	3	2
S_{10}	0.2581	1、2	0.1969	2	0.2149	2	0.3517	2	3	2
S_{11}	0.2408	2、1	0.1720	2、1	0.1603	2、1	0.3449	2	1	2
S_{12}	0.2453	2、1	0.1718	2、1	0.2215	2	0.3404	2	1	2
S_{13}	0.2807	2	0.2183	2	0.2332	2	0.3618	2	3	2

6.4.2 胶州湾海水富营养化评价

胶州湾海水 5 项富营养化指标的分级标准值[10]c_{jk}、设置的指标参照值 c_{j0} 见表 6-28，指标变换式如式(6-7)所示。由式(6-7)和式(5-2)计算得出 5 项指标的分级标准规范值 x'_{jk}，见表 6-28。视各指标等权的情况下，由式(5-14)～式(5-22)计算得到胶州湾海水 5 项富营养化评价指标的分级标准综合指数值 XI_k，见表 6-29。

表 6-28　胶州湾海水 5 项富营养化指标的参照值 c_{j0}、阈值 c_{jb}、分级标准值 c_{jk} 及标准规范值 x'_{jk}

指标	c_{j0}	c_{jb}	c_{jk}			x'_{jk}		
			$k=1$	$k=2$	$k=3$	$k=1$	$k=2$	$k=3$
DO	0.15	7	6	5	4	0.1897	0.2590	0.2996
COD_{Mn}	0.5	—	1	2	3	0.1386	0.2773	0.3584
Chla	0.2	—	1	3	5	0.1609	0.2708	0.3219
TN	0.08	—	0.2	0.3	0.4	0.1833	0.2644	0.3219
PO_4^{3-}	0.008	—	0.015	0.03	0.045	0.1257	0.2644	0.3454

注：Chla 的 c_{j0}、c_{jk} 单位为 mg/m^3；其余指标的 c_{j0}、c_{jk} 单位为 mg/L。

表 6-29　9 个指数公式计算得出的胶州湾海水富营养化评价的分级标准综合指数值 XI_k

k	分级标准综合指数值 XI_k								
	FI_k	KI_k	LI_k	MI_k	SI_k	ΓI_k	UI_k	λI_k	HI_k
1	0.2215	0.2915	0.3358	0.2331	0.2461	0.2372	0.1685	0.1581	0.2963
2	0.3707	0.3629	0.4155	0.3168	0.3101	0.4201	0.3838	0.2671	0.4189
3	0.4571	0.4043	0.4576	0.3584	0.3514	0.5040	0.5366	0.3289	0.5348

胶州湾 12 个监测点海水富营养化指标的监测值[10] c_j 及由式(6-7)和式(5-2)计算出的各指标规范值 x'_j，见表 6-30。由式(5-14)～式(5-22)计算得到胶州湾各监测点海水综合指数值 XI 及评价结果，见表 6-31。表 6-31 中还列出了文献[10]中用灰色聚类评价法对胶州湾海水富营养化的评价结果。可见，9 个指数公式对 12 个监测点的评价结果，除第 4、7、8 和 11 监测点与灰色聚类评价法评价结果相差一级外，其余 8 个监测点评价结果基本一致。

$$X_j=\begin{cases} c_j/c_{j0}, & c_j \geqslant c_{j0}, \quad \text{对指标Chla} \\ (c_j/c_{j0})^2, & c_j \geqslant c_{j0}, \quad \text{对指标} COD_{Mn}\text{、TN、}PO_4^{3-} \\ (c_{jb}-c_j)/c_{j0}, & c_j \leqslant c_{jb}-c_{j0}, \quad \text{对指标DO} \\ 1, & c_j < c_{j0}, \quad \text{对指标Chla、}COD_{Mn}\text{、TN、}PO_4^{3-} \\ 1, & c_j > c_{jb}-c_{j0}, \quad \text{对指标DO} \end{cases} \tag{6-7}$$

式中，指标 DO 的 c_{jb}=7mg/L；c_{j0}、c_{jb} 和 c_j 的单位与表 6-28 中 c_{jk} 的单位相同。

表 6-30 胶州湾 12 个监测点海水富营养化指标的监测值 c_j 及规范值 x'_j

监测点	DO		COD_{Mn}		Chla		TN		PO_4^{3-}	
	c_j/(mg/L)	x'_j	c_j/(mg/L)	x'_j	c_j/(mg/m^3)	x'_j	c_j/(mg/L)	x'_j	c_j/(mg/L)	x'_j
1	6.760	0.0470	1.055	0.1493	3.285	0.2799	0.373	0.3079	0.035	0.2952
2	6.905	0.0000	0.995	0.1376	1.535	0.2038	0.358	0.2997	0.031	0.2709
3	5.830	0.2054	1.175	0.1709	4.740	0.3165	0.389	0.3163	0.028	0.2506
4	5.895	0.1997	1.395	0.2052	7.685	0.3649	0.551	0.3859	0.054	0.3819
5	5.540	0.2276	1.920	0.2691	13.945	0.4245	0.541	0.3823	0.098	0.5011
6	5.620	0.2219	1.655	0.2394	8.570	0.3758	0.571	0.3931	0.093	0.4906
7	5.720	0.2144	1.295	0.1903	7.790	0.3662	0.609	0.4060	0.048	0.3584
8	6.080	0.1814	1.005	0.1396	1.885	0.2243	0.288	0.2562	0.017	0.1508
9	5.840	0.2046	1.415	0.2081	5.390	0.3294	0.447	0.3441	0.036	0.3008
10	6.545	0.1110	0.915	0.1209	1.575	0.2064	0.295	0.2610	0.014	0.1119
11	6.530	0.1142	0.920	0.1220	1.315	0.1883	0.318	0.2760	0.024	0.2197
12	6.060	0.1835	1.030	0.1445	2.190	0.2393	0.492	0.3633	0.042	0.3316

表 6-31 9 个指数公式计算得到的胶州湾海水富营养化的综合指数值 XI 及评价结果

监测点	W-F 定律指数公式		普适卡森指数公式		对数型幂函数指数公式		幂函数指数公式		Logistic 指数公式	
	FI	等级	KI	等级	LI	等级	MI	等级	SI	等级
1	0.2996	2	0.3288	2	0.3755	2	0.2689	2	0.2825	2
2	0.2531	2	0.3066	2	0.3510	2	0.2286	2	0.2634	2
3	0.3496	2	0.3528	2	0.4035	2	0.3040	2	0.3017	2
4	0.4268	3	0.3897	3	0.4405	3	0.3407	3	0.3390	3
5	0.5008	3	0.4252	3	0.4746	3	0.3747	3	0.3757	3
6	0.4776	3	0.4141	3	0.4638	3	0.3640	3	0.3642	3
7	0.4261	3	0.3894	3	0.4401	3	0.3403	3	0.3387	3
8	0.2643	2	0.3119	2	0.3589	2	0.2578	2	0.2641	2
9	0.3849	3	0.3697	3	0.4213	3	0.3220	3	0.3180	3
10	0.2251	2、1	0.2932	2、1	0.3369	2、1	0.2322	1	0.2488	2、1
11	0.2554	2	0.3077	2	0.3535	2	0.2509	2	0.2611	2
12	0.3503	2	0.3532	2	0.4026	2	0.3022	2	0.3034	2

监测点	Γ 型分布函数指数公式		加权加和型幂函数指数公式		参数化组合算子指数公式		二次函数指数公式		灰色聚类评价法等级
	ΓI	等级	UI	等级	λI	等级	HI	等级	
1	0.3188	2	0.2729	2	0.2270	2	0.3888	2	2

续表

监测点	Γ型分布函数指数公式		加权加和型幂函数指数公式		参数化组合算子指数公式		二次函数指数公式		灰色聚类评价法等级
	ΓI	等级	UI	等级	λI	等级	HI	等级	
2	0.2812	2	0.2085	2	0.2391	2	0.3581	2	2
3	0.3907	2	0.3495	2	0.2610	2	0.4091	2	2
4	0.4636	3	0.4807	3	0.3287	3	0.5188	3	2
5	0.5277	3	0.6208	3	0.3778	3	0.6425	3	3
6	0.5073	3	0.5754	3	0.3623	3	0.6049	3	3
7	0.4627	3	0.4795	3	0.3270	3	0.5187	3	2
8	0.2915	2	0.2234	2	0.1959	2	0.3280	2	1
9	0.4284	3	0.4076	3	0.2912	3	0.4496	3	3
10	0.2349	1	0.1729	2、1	0.1620	2、1	0.3105	2、1	1
11	0.2759	2	0.2115	2	0.1918	2	0.3288	2	1
12	0.3846	2	0.3506	2	0.2600	2	0.4242	3、2	2

6.5　普适指数公式用于水资源评价实例

6.5.1　汉中盆地平坝区的水资源可持续利用评价

汉中盆地平坝区水资源可持续利用 7 项指标的分级标准值[11]c_{jk}、设置的指标参照值c_{j0}，见表 6-32。指标变换式如式(6-8)所示。根据式(6-8)和式(5-2)计算出这 7 项指标的分级标准规范值x'_{jk}，见表 6-32。在视各指标等权的情况下，将指标标准规范值x'_{jk}或变换值x_{jk}代入式(5-14)～式(5-22)，分别计算出 9 个普适指数公式对汉中盆地平坝区的分级标准综合指数值 XI_k，见表 6-33。

$$X_j=\begin{cases}(c_j/c_{j0})^2, & c_j \geqslant c_{j0}，对指标C_6、C_7 \\ (c_{j0}/c_j)^2, & c_j \leqslant c_{j0}，对指标C_1、C_2、C_3、C_4、C_5 \\ 1, & c_j < c_{j0}，对指标C_6、C_7 \\ 1, & c_j > c_{j0}，对指标C_1、C_2、C_3、C_4、C_5\end{cases} \tag{6-8}$$

式中，各指标的 c_{j0} 和 c_j 的单位与表 6-32 中 c_{jk} 的单位相同。

表 6-32　汉中盆地平坝区水资源可持续利用 7 项指标的参照值 c_{j0}、分级标准值 c_{jk} 及标准规范值 x'_{jk}

指标	c_{j0}	c_{jk}				x'_{jk}			
		k=1	k=2	k=3	k=4	k=1	k=2	k=3	k=4
C_1	150	60	45	35	20	0.1833	0.2408	0.2911	0.4030
C_2	150	60	45	35	20	0.1833	0.2408	0.2911	0.4030
C_3	200	70	55	45	30	0.2100	0.2582	0.2983	0.3794
C_4	250	100	80	60	40	0.1833	0.2279	0.2854	0.3665
C_5	250	100	80	60	40	0.1833	0.2279	0.2854	0.3665
C_6	500	1000	1750	2250	3000	0.1386	0.2506	0.3008	0.3584
C_7	0.8	2	3	4	5	0.1833	0.2644	0.3219	0.3665

注：C_1 为灌溉率，其 c_{j0} 和 c_{jk} 的单位为%；C_2 为水资源利用率，其 c_{j0} 和 c_{jk} 的单位为%；C_3 为水资源开发利用程度，其 c_{j0} 和 c_{jk} 的单位为%；C_4 为供水模数，其 c_{j0} 和 c_{jk} 的单位为 $10^4m^3/km^2$；C_5 为需水模数，其 c_{j0} 和 c_{jk} 的单位为 $10^4m^3/km^2$；C_6 为人均供水量，其 c_{j0} 和 c_{jk} 的单位为 m^3；C_7 为生态环境用水率，其 c_{j0} 和 c_{jk} 的单位为%。

表 6-33　9 个普适指数公式计算得出的汉中盆地平坝区水资源可持续利用分级标准综合指数值 XI_k

k	分级标准综合指数值 XI_k								
	FI_k	KI_k	LI_k	MI_k	SI_k	ΓI_k	UI_k	λI_k	HI_k
1	0.2508	0.3055	0.3520	0.2512	0.2578	0.2773	0.2054	0.1802	0.3126
2	0.3391	0.3478	0.3993	0.3005	0.2958	0.3853	0.3328	0.2442	0.3853
3	0.4112	0.3823	0.4356	0.3367	0.3291	0.4611	0.4529	0.2962	0.4690
4	0.5240	0.4363	0.4884	0.3885	0.3849	0.5612	0.6674	0.3775	0.6438

汉中盆地平坝区 46 个样本数据[11] c_j 见表 6-34，由式(6-8)和式(5-2)计算出各指标的规范值 x'_j，见表 6-34。由式(5-14)～式(5-22)计算得到 46 个样本数据的综合指数值 XI，并依据 9 个指数公式的分级标准综合指数值作出评价，见表 6-35。表 6-35 中还列出了文献[11]用随机森林(random forest，RF)模型和 SVM 模型作出的评价结果。可见，9 个指数公式对 46 个样本的评价结果与 RF 模型和 SVM 模型作出的评价结果完全一致。

表 6-34　汉中盆地平坝区各指标监测值 c_j 及规范值 x'_j

样本	c_j							x'_j						
	C_1	C_2	C_3	C_4	C_5	C_6	C_7	C_1	C_2	C_3	C_4	C_5	C_6	C_7
1	79.2	71.9	73	103.8	287.0	869	1	0.1277	0.1471	0.2016	0.1758	0.0000	0.1105	0.0446
2	80.9	100.0	87	147.5	271.0	697	1	0.1235	0.0811	0.1665	0.1055	0.0000	0.0664	0.0446

续表

样本	c_j							x'_j						
	C_1	C_2	C_3	C_4	C_5	C_6	C_7	C_1	C_2	C_3	C_4	C_5	C_6	C_7
3	85.2	85.7	72	289.8	124.0	665	1	0.1131	0.1120	0.2043	0.0000	0.1402	0.0570	0.0446
4	68.3	85.8	87	139.4	284.0	993	2	0.1573	0.1117	0.1665	0.1168	0.0000	0.1372	0.1833
5	98.4	76.5	74	201.8	252.0	17.2	1	0.0843	0.1347	0.1989	0.0428	0.0000	0.0000	0.0446
6	93.6	78.8	100	141.7	180.0	284	1	0.0943	0.1287	0.1386	0.1135	0.0657	0.0000	0.0446
7	78.0	60.9	74	288.4	148.0	404	1	0.1308	0.1803	0.1989	0.0000	0.1048	0.0000	0.0446
8	78.5	91.1	78	104.0	204.0	1.9	1	0.1295	0.0997	0.1883	0.1754	0.0407	0.0000	0.0446
9	77.4	84.1	90	170.7	261.0	713	0	0.1323	0.1157	0.1597	0.0763	0.0000	0.0710	0.0000
10	87.6	93.5	99	226.4	218.0	458	1	0.1076	0.0945	0.1406	0.0198	0.0274	0.0000	0.0446
11	45.1	56.9	59	95.8	97.0	1056	3	0.2404	0.1939	0.2442	0.1918	0.1893	0.1495	0.2644
12	50.0	50.7	71	94.1	91.8	1004	2	0.2197	0.2169	0.2071	0.1954	0.2004	0.1394	0.1833
13	49.6	47.5	57	95.3	91.0	1298	3	0.2213	0.2300	0.2511	0.1929	0.2021	0.1908	0.2644
14	55.0	56.9	73	91.9	93.4	1622	3	0.2007	0.1939	0.2016	0.2002	0.1969	0.2354	0.2644
15	51.8	56.6	62	94.4	89.8	1245	3	0.2126	0.1949	0.2342	0.1948	0.2048	0.1825	0.2644
16	49.6	48.2	60	89.6	97.9	1513	3	0.2213	0.2271	0.2408	0.2052	0.1875	0.2214	0.2644
17	58.0	46.8	59	95.7	84.6	1013	3	0.1900	0.2330	0.2442	0.1920	0.2167	0.1412	0.2644
18	59.3	51.4	62	88.3	93.1	1515	2	0.1856	0.2142	0.2342	0.2081	0.1976	0.2217	0.1833
19	59.2	45.7	69	82.7	83.7	1504	2	0.1859	0.2377	0.2128	0.2212	0.2188	0.2203	0.1833
20	55.4	54.1	59	97.5	88.4	1495	3	0.1992	0.2040	0.2442	0.1883	0.2079	0.2191	0.2644
21	39.5	38.7	45	61.1	69.6	2052	4	0.2669	0.2710	0.2983	0.2818	0.2557	0.2824	0.3219
22	41.0	44.8	52	73.4	79.5	1905	3	0.2594	0.2417	0.2694	0.2451	0.2291	0.2675	0.2644
23	35.3	42.4	49	79.0	72.3	2204	4	0.2894	0.2527	0.2813	0.2304	0.2481	0.2967	0.3219

续表

样本	c_j							x'_j						
	C_1	C_2	C_3	C_4	C_5	C_6	C_7	C_1	C_2	C_3	C_4	C_5	C_6	C_7
24	42.0	37.0	47	65.9	68.3	2177	3	0.2546	0.2799	0.2896	0.2667	0.2595	0.2942	0.2644
25	35.3	43.8	50	65.5	76.2	1806	3	0.2894	0.2462	0.2773	0.2679	0.2376	0.2569	0.2644
26	38.6	43.8	54	63.2	70.0	2039	3	0.2715	0.2462	0.2619	0.2750	0.2546	0.2811	0.2644
27	38.1	39.7	49	67.5	63.8	2027	4	0.2741	0.2659	0.2813	0.2619	0.2731	0.2799	0.3219
28	44.3	41.9	54	71.4	73.6	1975	3	0.2439	0.2551	0.2619	0.2506	0.2446	0.2747	0.2644
29	38.4	39.4	48	76.9	68.7	2020	3	0.2725	0.2674	0.2854	0.2358	0.2583	0.2792	0.2644
30	36.7	41.2	50	64.7	66.3	1774	3	0.2816	0.2584	0.2773	0.2703	0.2655	0.2533	0.2644
31	34.8	32.9	39	43.2	44.8	2356	4	0.2922	0.3034	0.3270	0.3511	0.3439	0.3100	0.3219
32	31.5	21.0	43	48.3	42.2	2716	5	0.3121	0.3932	0.3074	0.3288	0.3558	0.3385	0.3665
33	23.2	22.6	44	46.4	58.7	2841	4	0.3733	0.3785	0.3028	0.3368	0.2898	0.3475	0.3219
34	25.8	31.6	42	51.1	58.2	2852	4	0.3521	0.3115	0.3121	0.3175	0.2915	0.3482	0.3219
35	32.7	28.9	42	54.0	46.1	2879	4	0.3047	0.3294	0.3121	0.3065	0.3381	0.3501	0.3219
36	29.8	33.6	39	49.5	41.9	2433	4	0.3232	0.2992	0.3270	0.3239	0.3572	0.3165	0.3219
37	28.8	30.5	37	43.2	59.1	2767	4	0.3301	0.3186	0.3375	0.3511	0.2884	0.3422	0.3219
38	24.2	34.4	32	49.3	40.5	2308	4	0.3649	0.2945	0.3665	0.3247	0.3640	0.3059	0.3219
39	34.8	23.9	36	50.1	47.9	2892	4	0.2922	0.3674	0.3430	0.3215	0.3305	0.3510	0.3219
40	25.8	26.4	33	58.1	50.3	2415	4	0.3521	0.3475	0.3604	0.2919	0.3207	0.3150	0.3219
41	39.1	22.5	44	95.5	46.0	1007	2	0.2689	0.3794	0.3028	0.1925	0.3386	0.1400	0.1833
42	37.6	26.7	50	98.4	50.7	885	2	0.2767	0.3452	0.2773	0.1865	0.3191	0.1142	0.1833
43	40.3	25.6	50	106.4	53.9	1226	2	0.2629	0.3536	0.2773	0.1709	0.3069	0.1794	0.1833
44	31.3	25.8	48	76.5	36.7	1103	2	0.3134	0.3521	0.2854	0.2368	0.3837	0.1582	0.1833
45	32.7	28.9	53	95.2	37.7	1033	2	0.3047	0.3294	0.2656	0.1931	0.3784	0.1451	0.1833
46	35.8	25.7	49	92.7	44.6	1041	2	0.2865	0.3528	0.2813	0.1984	0.3447	0.1467	0.1833

注：c_j单位与表 6-32 中 c_{jk} 的单位相同。

表 6-35　9 个指数公式计算得到的汉中盆地平坝区 46 个样本的综合指数值 XI 及评价结果

样本	W-F 定律指数公式		普适卡森指数公式		对数型幂函数指数公式		幂函数指数公式		Logistic 指数公式	
	FI	等级	KI	等级	LI	等级	MI	等级	SI	等级
1	0.1601	1	0.2620	1	0.3009	1	0.1774	1	0.2239	1
2	0.1165	1	0.2412	1	0.2763	1	0.1472	1	0.2074	1
3	0.1331	1	0.2491	1	0.2856	1	0.1579	1	0.2139	1
4	0.1730	1	0.2682	1	0.3085	1	0.1890	1	0.2283	1
5	0.1002	1	0.2333	1	0.2670	1	0.1223	1	0.2025	1
6	0.1161	1	0.2410	1	0.2761	1	0.1475	1	0.2070	1
7	0.1307	1	0.2480	1	0.2843	1	0.1454	1	0.2138	1
8	0.1345	1	0.2498	1	0.2864	1	0.1576	1	0.2146	1
9	0.1100	1	0.2381	1	0.2728	1	0.1332	1	0.2054	1
10	0.0862	1	0.2266	1	0.2591	1	0.1193	1	0.1968	1
11	0.2921	2	0.3253	2	0.3741	2	0.2742	2	0.2756	2
12	0.2701	2	0.3147	2	0.3625	2	0.2622	2	0.2660	2
13	0.3078	2	0.3328	2	0.3827	2	0.2834	2	0.2821	2
14	0.2960	2	0.3271	2	0.3764	2	0.2770	2	0.2770	2
15	0.2950	2	0.3267	2	0.3759	2	0.2764	2	0.2766	2
16	0.3108	2	0.3342	2	0.3843	2	0.2852	2	0.2834	2
17	0.2937	2	0.3260	2	0.3749	2	0.2750	2	0.2763	2
18	0.2864	2	0.3225	2	0.3714	2	0.2718	2	0.2727	2
19	0.2934	2	0.3259	2	0.3752	2	0.2757	2	0.2758	2
20	0.3027	2	0.3303	2	0.3800	2	0.2807	2	0.2799	2
21	0.3921	3	0.3732	3	0.4261	3	0.3273	3	0.3202	3
22	0.3522	3	0.3540	3	0.4060	3	0.3073	3	0.3017	3
23	0.3807	3	0.3677	3	0.4202	3	0.3214	3	0.3150	3
24	0.3784	3	0.3666	3	0.4193	3	0.3206	3	0.3137	3
25	0.3647	3	0.3600	3	0.4124	3	0.3136	3	0.3074	3
26	0.3677	3	0.3614	3	0.4139	3	0.3152	3	0.3087	3
27	0.3882	3	0.3713	3	0.4242	3	0.3254	3	0.3183	3
28	0.3559	3	0.3558	3	0.4079	3	0.3092	3	0.3033	3
29	0.3693	3	0.3622	3	0.4148	3	0.3160	3	0.3095	3
30	0.3709	3	0.3630	3	0.4156	3	0.3168	3	0.3102	3
31	0.4459	4	0.3989	4	0.4523	4	0.3531	4	0.3459	4
32	0.4763	4	0.4135	4	0.4664	4	0.3670	4	0.3610	4
33	0.4660	4	0.4085	4	0.4616	4	0.3622	4	0.3559	4

续表

样本	W-F 定律指数公式		普适卡森指数公式		对数型幂函数指数公式		幂函数指数公式		Logistic指数公式	
	FI	等级	KI	等级	LI	等级	MI	等级	SI	等级
34	0.4470	4	0.3994	4	0.4528	4	0.3536	4	0.3464	4
35	0.4486	4	0.4002	4	0.4536	4	0.3544	4	0.3472	4
36	0.4498	4	0.4008	4	0.4542	4	0.3550	4	0.3478	4
37	0.4539	4	0.4028	4	0.4561	4	0.3569	4	0.3498	4
38	0.4644	4	0.4078	4	0.4609	4	0.3615	4	0.3551	4
39	0.4614	4	0.4063	4	0.4596	4	0.3603	4	0.3535	4
40	0.4578	4	0.4046	4	0.4579	4	0.3586	4	0.3518	4
41	0.3579	3	0.3568	3	0.4066	3	0.3063	3	0.3067	3
42	0.3375	2	0.3470	3	0.3964	3	0.2956	3	0.2973	3
43	0.3438	3	0.3500	3	0.4002	3	0.3004	3	0.2994	3
44	0.3792	3	0.3670	3	0.4176	3	0.3177	3	0.3162	3
45	0.3567	3	0.3562	3	0.4061	3	0.3060	3	0.3060	3
46	0.3556	3	0.3557	3	0.4058	3	0.3058	3	0.3052	3

样本	Γ 型分布函数指数公式		加权加和型幂函数指数公式		参数化组合算子指数公式		二次函数指数公式		RF 模型等级	SVM 模型等级
	ΓI	等级	UI	等级	λI	等级	HI	等级		
1	0.1588	1	0.1002	1	0.1379	1	0.2864	1	1	1
2	0.0931	1	0.0603	1	0.1017	1	0.2710	1	1	1
3	0.1169	1	0.0746	1	0.1135	1	0.2788	1	1	1
4	0.1793	1	0.1135	1	0.1513	1	0.2856	1	1	1
5	0.0826	1	0.0474	1	0.0992	1	0.2781	1	1	1
6	0.0935	1	0.0599	1	0.1017	1	0.2693	1	1	1
7	0.1278	1	0.0725	1	0.1343	1	0.2854	1	1	1
8	0.1219	1	0.0758	1	0.1146	1	0.2808	1	1	1
9	0.0970	1	0.0550	1	0.1161	1	0.2736	1	1	1
10	0.0621	1	0.0372	1	0.0719	1	0.2692	1	1	1
11	0.3277	2	0.2622	2	0.2151	2	0.3470	2	2	2
12	0.3017	2	0.2313	2	0.1994	2	0.3270	2	2	2
13	0.3481	2	0.2850	2	0.2273	2	0.3577	2	2	2
14	0.3341	2	0.2677	2	0.2156	2	0.3471	2	2	2
15	0.3328	2	0.2664	2	0.2164	2	0.3466	2	2	2
16	0.3520	2	0.2895	2	0.2277	2	0.3596	2	2	2
17	0.3295	2	0.2644	2	0.2187	2	0.3485	2	2	2

续表

样本	Γ型分布函数指数公式		加权加和型幂函数指数公式		参数化组合算子指数公式		二次函数指数公式		RF 模型等级	SVM 模型等级
	ΓI	等级	UI	等级	λI	等级	HI	等级		
18	0.3230	2	0.2540	2	0.2104	2	0.3381	2	2	2
19	0.3316	2	0.2641	2	0.2159	2	0.3439	2	2	2
20	0.3422	2	0.2776	2	0.2216	2	0.3529	2	2	2
21	0.4416	3	0.4198	3	0.2865	3	0.4458	3	3	3
22	0.3998	3	0.3536	3	0.2578	3	0.3991	3	3	3
23	0.4290	3	0.4005	3	0.2815	3	0.4339	3	3	3
24	0.4278	3	0.3966	3	0.2753	3	0.4285	3	3	3
25	0.4132	3	0.3738	3	0.2666	3	0.4130	3	3	3
26	0.4166	3	0.3787	3	0.2674	3	0.4158	3	3	3
27	0.4377	3	0.4131	3	0.2821	3	0.4407	3	3	3
28	0.4040	3	0.3595	3	0.2587	3	0.4027	3	3	3
29	0.4182	3	0.3815	3	0.2693	3	0.4181	3	3	3
30	0.4201	3	0.3840	3	0.2691	3	0.4192	3	3	3
31	0.4938	4	0.5157	4	0.3259	4	0.5181	4	4	4
32	0.5204	4	0.5729	4	0.3488	4	0.5657	4	4	4
33	0.5111	4	0.5533	4	0.3426	4	0.5504	4	4	4
34	0.4948	4	0.5177	4	0.3256	4	0.5196	4	4	4
35	0.4965	4	0.5206	4	0.3268	4	0.5214	4	4	4
36	0.4976	4	0.5228	4	0.3267	4	0.5232	4	4	4
37	0.5012	4	0.5305	4	0.3314	4	0.5297	4	4	4
38	0.5100	4	0.5502	4	0.3398	4	0.5471	4	4	4
39	0.5077	4	0.5445	4	0.3370	4	0.5415	4	4	4
40	0.5045	4	0.5378	4	0.3339	4	0.5361	4	4	4
41	0.3935	3	0.3628	3	0.2697	3	0.4312	3	3	3
42	0.3717	3	0.3302	3	0.2562	3	0.4067	3	3	3
43	0.3824	3	0.3402	3	0.2599	3	0.4067	3	3	3
44	0.4177	3	0.3980	3	0.2853	3	0.4529	3	3	3
45	0.3930	3	0.3609	3	0.2686	3	0.4283	3	3	3
46	0.3930	3	0.3591	3	0.2697	3	0.4242	3	3	3

6.5.2　河南省 11 个市的水资源承载力评价

河南省 11 个市水资源承载力 7 项指标[12]的参照值 c_{j0}、阈值 c_{jb}、分级标准值

c_{jk}、标准规范值 x'_{jk} 见表 6-36。设置各项指标的变换式，如式(6-9)所示。在视各指标等权的情况下，由式(5-14)～式(5-22)分别计算得到水资源承载力评价的分级标准综合指数值 XI_k，见表 6-37。

河南省 11 个市各项指标实际值[12]c_j 及由式(6-9)和式(5-2)计算得到各指标的规范值 x'_j 见表 6-38。由式(5-14)～式(5-22)计算得到 11 个市水资源承载力的综合指数值 XI(其中，式(5-14)～式(5-19)和式(5-22)采用式(5-25)线性加权公式计算其综合指数值，其余采用等权的方式)，并依据表 6-37 中 9 个分级标准综合指数值得出评价结果，见表 6-39。表 6-39 中还列出了文献[12]用集对分析法作出的评价结果。可见，9 个指数公式对河南省 11 个市的评价结果与集对分析法(set pair analysis，SPA)的评价结果基本一致。

$$X_j=\begin{cases} c_{j0}/c_j, & c_j \leqslant c_{j0}, \quad \text{对指标}C_1 \\ (c_j/c_{j0})^2, & c_j \geqslant c_{j0}, \quad \text{对指标}C_3、C_4、C_7 \\ \left[(c_j-c_{jb})/c_{j0}\right]^2, & c_j \geqslant c_{jb}+c_{j0}, \quad \text{对指标}C_5 \\ (c_{jb}-c_j)/c_{j0}, & c_j \leqslant c_{jb}-c_{j0}, \quad \text{对指标}C_2、C_6 \\ 1, & c_j > c_{j0}, \quad \text{对指标}C_1 \\ 1, & c_j < c_{j0}, \quad \text{对指标}C_3、C_4、C_7 \\ 1, & c_j < c_{jb}+c_{j0}, \quad \text{对指标}C_5 \\ 1, & c_j > c_{jb}-c_{j0}, \quad \text{对指标}C_2、C_6 \end{cases} \tag{6-9}$$

式中，各指标的 c_{jb} 值见表 6-36；各指标 c_{j0}、c_{jb} 和 c_j 的单位与表 6-36 中 c_{jk} 的单位相同。

表 6-36　河南省 11 个市水资源承载力 7 项指标的参照值 c_{j0}、阈值 c_{jb}、分级标准值 c_{jk} 及标准规范值 x'_{jk}

指标	c_{j0}	c_{jb}	c_{jk}			x'_{jk}		
			$k=1$	$k=2$	$k=3$	$k=1$	$k=2$	$k=3$
C_1	300	—	60	35	10	0.1609	0.2148	0.3401
C_2	15	600	500	400	300	0.1897	0.2590	0.2996
C_3	100	—	200	400	600	0.1386	0.2773	0.3584
C_4	2	—	5	7.5	10	0.1833	0.2644	0.3219
C_5	13	10	50	62.5	75	0.2248	0.2792	0.3219
C_6	0.3	81	80	75	70	0.1204	0.2996	0.3602

续表

指标	c_{j0}	c_{jb}	c_{jk}			x'_{jk}		
			$k=1$	$k=2$	$k=3$	$k=1$	$k=2$	$k=3$
C_7	150	—	400	600	800	0.1962	0.2773	0.3348

注：C_1为水资源总量，其c_{j0}和c_{jk}的单位为亿 m³；C_2为人均水资源占有量，其c_{j0}、c_{jb}和c_{jk}的单位为 m³；C_3为单位 GDP 用水量，其c_{j0}和c_{jk}的单位为 m³；C_4为缺水率，其c_{j0}和c_{jk}的单位为%；C_5为水资源开发利用率，其c_{j0}、c_{jb}、c_{jk}的单位为%；C_6为水资源重复利用率，其c_{j0}、c_{jb}、c_{jk}的单位为%；C_7为人口密度，其c_{j0}、c_{jb}的单位为人/km²。

表 6-37 9 个指数公式计算得到的河南省 11 个市水资源承载力分级标准综合指数值 XI_k

k	分级标准综合指数值 XI_k								
	FI_k	KI_k	LI_k	MI_k	SI_k	ΓI_k	UI_k	λI_k	HI_k
1	0.2406	0.3006	0.3462	0.2444	0.2540	0.2622	0.2342	0.1711	0.3091
2	0.3710	0.3630	0.4155	0.3166	0.3105	0.4193	0.4073	0.2669	0.4215
3	0.4633	0.4072	0.4605	0.3612	0.3544	0.5096	0.5506	0.3334	0.5439

表 6-38 河南省 11 个市水资源承载力指标实际值 c_j 及规范值 x'_j

指标	实际值和规范值	南阳	平顶山	周口	漯河	许昌	郑州
C_1	c_j/亿 m³	66.61	18.44	25.89	6.28	9.02	13.21
	x'_j	0.1505	0.2789	0.2450	0.3866	0.3504	0.3123
C_2	c_j/m³	578	554	257	230	214	198
	x'_j	0.0383	0.1121	0.3130	0.3205	0.3248	0.3288
C_3	c_j/m³	434	302	400	375	264	196
	x'_j	0.2936	0.2211	0.2773	0.2644	0.1942	0.1346
C_4	c_j/%	3.28	5.70	4.87	10.31	8.32	3.62
	x'_j	0.0989	0.2095	0.1780	0.3280	0.2851	0.1187
C_5	c_j/%	16.4	32.3	33.5	11.3	11.9	64.8
	x'_j	0.0000	0.1079	0.1184	0.0000	0.0000	0.2877
C_6	c_j/%	63.5	75.3	68.0	75.6	68.7	69.2
	x'_j	0.4066	0.2944	0.3769	0.2890	0.3714	0.3672
C_7	c_j/(人/km²)	393	609	881	947	888	868
	x'_j	0.1926	0.2802	0.3541	0.3685	0.3557	0.3511

续表

指标	实际值和规范值	焦作	新乡	濮阳	鹤壁	安阳
C_1	c_j/亿 m^3	7.22	12.91	5.23	2.99	10.54
	x'_j	0.3727	0.3146	0.4049	0.4609	0.3349
C_2	c_j/m^3	255	330	225	398	256
	x'_j	0.3135	0.2890	0.3219	0.2600	0.3133
C_3	c_j/m^3	470	726	610	656	493
	x'_j	0.3095	0.3965	0.3617	0.3762	0.3191
C_4	c_j/%	4.68	5.37	5.19	8.49	7.39
	x'_j	0.1700	0.1975	0.1907	0.2891	0.2614
C_5	c_j/%	63.7	66.1	60.2	92.6	93.7
	x'_j	0.2837	0.2924	0.2702	0.3698	0.3725
C_6	c_j/%	67.7	67.9	89.9	67.4	74.1
	x'_j	0.3792	0.3777	0.0000	0.3814	0.3135
C_7	c_j/(人/km^2)	834	661	850	675	710
	x'_j	0.3431	0.2966	0.3469	0.3008	0.3109

表 6-39　9 个指数公式计算得到的河南省 11 个市水资源承载力的综合指数值 XI 及评价结果

城市	W-F 定律指数公式		普适卡森指数公式		对数型幂函数指数公式		幂函数指数公式		Logistic 指数公式	
	FI	等级	KI	等级	LI	等级	MI	等级	SI	等级
南阳	0.2340	1	0.2975	1	0.3384	1	0.2150	1	0.2578	2
平顶山	0.3321	2	0.3352	2	0.3840	2	0.2868	2	0.2862	2
周口	0.4083	3	0.3713	3	0.4213	3	0.3246	3	0.3215	3
漯河	0.4602	3	0.3885	3	0.4391	3	0.3578	3	0.3383	3
许昌	0.4511	3	0.3824	3	0.4324	3	0.3515	3	0.3327	3
郑州	0.4226	3	0.3766	3	0.4267	3	0.3304	3	0.3269	3
焦作	0.4498	3	0.3964	3	0.4482	3	0.3501	3	0.3450	3
新乡	0.4455	3	0.3950	3	0.4468	3	0.3485	3	0.3435	3
濮阳	0.4596	3	0.3852	3	0.4346	3	0.3540	3	0.3361	3

续表

城市	W-F 定律指数公式		普适卡森指数公式		对数型幂函数指数公式		幂函数指数公式		Logistic 指数公式	
	FI	等级	KI	等级	LI	等级	MI	等级	SI	等级
鹤壁	0.4996	3	0.4212	3	0.4721	3	0.3733	3	0.3708	3
安阳	0.4453	3	0.3977	3	0.4508	3	0.3518	3	0.3450	3

城市	Γ 型分布函数指数公式		加权加和型幂函数指数公式		参数化组合算子指数公式		二次函数指数公式		集对分析法等级
	ΓI	等级	UI	等级	λI	等级	HI	等级	
南阳	0.2404	1	0.1839	1	0.1895	2	0.3708	2	1
平顶山	0.3768	2	0.2709	2	0.2232	2	0.3833	2	2
周口	0.4495	3	0.3814	2、3	0.2762	3	0.4833	3	3
漯河	0.5035	3	0.4128	3	0.3355	3	0.5261	3	3
许昌	0.4936	3	0.3876	2、3	0.3240	3	0.5146	3	3
郑州	0.4660	3	0.3938	2、3	0.2838	3	0.4970	3	3
焦作	0.4919	3	0.4875	3	0.3191	3	0.5350	3	3
新乡	0.4869	3	0.4848	3	0.3161	3	0.5326	3	3
濮阳	0.4987	3	0.3925	2、3	0.3275	3	0.5329	3	3
鹤壁	0.5327	3	0.5866	3	0.3621	3	0.6271	3	3
安阳	0.4918	3	0.5069	3	0.3222	3	0.5206	3	3

6.6 普适指数公式用于水资源安全评价实例

2001～2005 年大连市水资源安全评价 17 项指标的参照值 c_{j0}、分级标准值[13] c_{jk}、标准规范值 x'_{jk} 见表 6-40。设置各项指标的变换式如式(6-10)所示。在视各指标等权的情况下，由式(5-14)～式(5-22)分别计算得到水资源安全评价的分级标准综合指数值 XI_k，见表 6-41。

2001～2005 年大连市水资源安全评价各项指标实际值 c_j 及由式(6-10)和式(5-2)计算得到的规范值 x'_j 见表 6-42。由式(5-14)～式(5-22)计算得到大连市水资源安全的综合指数值 XI(9 个指数公式均采用式(5-25)的线性加权公式计算其综合指数值)，并依据表 6-41 中 9 个普适指数公式的分级标准综合指数值 XI_k 得出评价结果，见表 6-43。表 6-43 还列出了集对分析法作出的评价结果[13]。可见，9 个指数公式对 2001～2005 年大连市水资源安全的评价结果与集对分析法的评价结果基本一致。

$$X_j = \begin{cases} c_j / c_{j0}, & c_j \geqslant c_{j0}，对指标C_{10}、C_{12} \\ (c_j / c_{j0})^2, & c_j \geqslant c_{j0}，对指标C_8、C_{11} \\ c_{j0} / c_j, & c_j \leqslant c_{j0}，对指标C_1、C_7、C_{13} \\ (c_{j0} / c_j)^2, & c_j \leqslant c_{j0}，对指标C_2 \sim C_6、C_9、C_{14} \sim C_{17} \\ 1, & c_j < c_{j0}，对指标C_8、C_{10}、C_{11}、C_{12} \\ 1, & c_j > c_{j0}，对其余13项指标 \end{cases} \tag{6-10}$$

式中，c_{j0}和c_j的单位与表 6-40 中c_{jk}的单位相同。

表 6-40　2001～2005 年大连市水资源安全评价 17 项指标的参照值 c_{j0}、分级标准值 c_{jk} 及标准规范值 x'_{jk}

指标	c_{j0}	c_{jk}			x'_{jk}		
		k=1	k=2	k=3	k=1	k=2	k=3
C_1	5	0.85	0.45	0.15	0.1772	0.2408	0.3507
C_2	240	80	60	40	0.2197	0.2773	0.3584
C_3	700	400	250	100	0.1119	0.2059	0.3892
C_4	350	120	90	60	0.2141	0.2716	0.3527
C_5	1500	550	400	250	0.2007	0.2644	0.3584
C_6	160000	56000	40000	24000	0.2100	0.2773	0.3794
C_7	80000	10000	5000	2000	0.2079	0.2773	0.3689
C_8	0.1	0.2	0.4	0.6	0.1386	0.2773	0.3584
C_9	250	90	70	50	0.2043	0.2546	0.3219
C_{10}	2	10	40	70	0.1609	0.2996	0.3555
C_{11}	15	30	60	90	0.1386	0.2773	0.3584
C_{12}	0.025	0.225	0.39	0.513	0.2197	0.2747	0.3021
C_{13}	360	60	23	9	0.1792	0.2751	0.3689
C_{14}	250	90	70	50	0.2043	0.2546	0.3219
C_{15}	250	90	70	50	0.2043	0.2546	0.3219
C_{16}	250	90	70	50	0.2043	0.2546	0.3219
C_{17}	10	5	3	1.5	0.1386	0.2408	0.3794

注：C_1为单位面积水资源量，其c_{j0}和c_{jk}的单位为$10^4m^3/km^2$；C_2为城市化率，其c_{j0}和c_{jk}的单位为%；C_3为城市人均生活用水量，其c_{j0}和c_{jk}的单位为 L/d；C_4为农村人均生活用水量，其c_{j0}和c_{jk}的单位为 L/d；C_5为人均粮食产量，其c_{j0}和c_{jk}的单位为 kg；C_6为人均 GDP，其c_{j0}和c_{jk}的单位为元；C_7为农村居民家庭年人均纯收入，其c_{j0}和c_{jk}的单位为元；C_8为城市居民恩格尔系数；C_9为工业用水重复利用率，其c_{j0}和c_{jk}的单位为%；C_{10}为万元工业增加值用水量，其c_{j0}和c_{jk}的单位为m^3/万元；C_{11}为万元 GDP 用水量，其c_{j0}和c_{jk}的单位为m^3/万元；C_{12}为化肥施用负荷，其c_{j0}和c_{jk}的单位为t/hm^2；C_{13}为人均绿地面积，其c_{j0}和c_{jk}的单位为m^2；C_{14}为污水年处理率，其c_{j0}和c_{jk}的单位为%；C_{15}为生活垃圾无害化处理率，其c_{j0}和c_{jk}的单位为%；C_{16}为工业废水排放达标率，其c_{j0}和c_{jk}的单位为%；C_{17}为环保总投资占 GDP 比重，其c_{j0}和c_{jk}的单位为%。

表 6-41　9 个指数公式计算得到的大连市水资源安全的分级标准综合指数值 XI_k

k	分级标准综合指数值 XI_k								
	FI_k	KI_k	LI_k	MI_k	SI_k	ΓI_k	UI_k	λI_k	HI_k
1	0.2559	0.3079	0.3546	0.2535	0.2602	0.2824	0.1344	0.1824	0.3188
2	0.3655	0.3604	0.4127	0.3139	0.3079	0.4138	0.3251	0.2630	0.4145
3	0.4871	0.4187	0.4716	0.3720	0.3663	0.5302	0.6726	0.3507	0.5823

表 6-42　2001～2005 年大连市 17 项水资源安全指标实际值 c_j 及规范值 x'_j

指标	c_j					x'_j				
	2001	2002	2003	2004	2005	2001	2002	2003	2004	2005
C_1	0.18	0.05	0.10	0.22	0.33	0.3324	0.4605	0.3912	0.3124	0.2718
C_2	48.8	49.0	49.1	49.5	49.7	0.3186	0.3178	0.3174	0.3157	0.3149
C_3	200	209	239	288	303	0.2506	0.2417	0.2149	0.1776	0.1675
C_4	76	74	86	93	68	0.3054	0.3108	0.2807	0.2651	0.3277
C_5	219	157	178	260	240	0.3848	0.4514	0.4263	0.3505	0.3665
C_6	22340	25276	29206	34975	38196	0.3938	0.3691	0.3402	0.3041	0.2865
C_7	3900	4140	4513	5106	5903	0.3021	0.2961	0.2875	0.2752	0.2607
C_8	0.43	0.41	0.39	0.42	0.40	0.2917	0.2822	0.2722	0.2870	0.2773
C_9	89.0	85.3	83.0	84.0	84.2	0.2066	0.2151	0.2205	0.2181	0.2177
C_{10}	17	17	12	9	8	0.2140	0.2140	0.1792	0.1504	0.1386
C_{11}	75	66	54	46	51	0.3219	0.2963	0.2562	0.2241	0.2448
C_{12}	0.479	0.520	0.543	0.563	0.520	0.2953	0.3035	0.3078	0.3114	0.3035
C_{13}	39	40	40	40	40	0.2223	0.2197	0.2197	0.2197	0.2197
C_{14}	75.6	75.7	87.9	89.4	73.0	0.2392	0.2389	0.2091	0.2057	0.2462
C_{15}	89.4	82.1	88.4	90.5	81.8	0.2057	0.2227	0.2079	0.2032	0.2234
C_{16}	97.8	95.1	96.6	97.2	97.8	0.1877	0.1933	0.1902	0.1889	0.1877
C_{17}	2.05	2.16	2.05	2.03	2.04	0.3169	0.3065	0.3169	0.3189	0.3179

注：各指标的 c_j 单位与表 6-40 中 c_{jk} 和 c_{j0} 的单位相同。

表 6-43　9 个指数公式计算得到的大连市水资源安全综合指数值 XI 及评价结果

年份	W-F 定律指数公式		普适卡森指数公式		对数型幂函数指数公式		幂函数指数公式		Logistic 指数公式	
	FI	等级	KI	等级	LI	等级	MI	等级	SI	等级
2001	0.4090	3	0.3812	3	0.4284	3	0.3304	3	0.3256	3
2002	0.4308	3	0.3912	3	0.4355	3	0.3379	3	0.3351	3
2003	0.4027	3	0.3782	3	0.4230	3	0.3253	3	0.3218	3
2004	0.3717	3	0.3634	3	0.4096	2、3	0.3117	2、3	0.3077	2、3
2005	0.3756	3	0.3641	3	0.4116	2、3	0.3137	2、3	0.3095	3

续表

年份	Γ型分布函数指数公式		加权加和型幂函数指数公式		参数化组合算子指数公式		二次函数指数公式		集对分析法等级
	ΓI	等级	UI	等级	λI	等级	HI	等级	
2001	0.4515	3	0.4178	3	0.2931	3	0.4819	3	3
2002	0.4657	3	0.4390	3	0.3020	3	0.5331	3	3
2003	0.4419	3	0.3969	3	0.2840	3	0.4820	3	3
2004	0.4094	2、3	0.3554	3	0.2660	3	0.4307	3	3
2005	0.4194	3	0.3612	3	0.2667	3	0.4355	3	3

6.7 普适指数公式用于城市可持续发展评价实例

郑州市、西安市、上海市 2000 年可持续发展评价 28 项指标的分级标准值 c_{jk} 及指标值[14] c_j 见表 6-44。设置各项指标的变换式如式(6-11)所示，指标参照值 c_{j0} 见表 6-44，由式(6-11)和式(5-2)计算出各指标的分级标准规范值 x'_{jk} 和郑州市、西安市、上海市 2000 年可持续发展的各指标规范值 x'_j，见表 6-44。

在视各指标等权的情况下，将表 6-44 中各指标标准规范值 x'_{jk} (或变换值 X_{jk})和郑州市、西安市、上海市 2000 年可持续发展的各指标规范值 x'_j (或变换值 X_j)分别代入式(5-14)～式(5-22)，计算得到可持续发展评价的分级标准综合指数值 XI_k，见表 6-45。郑州市、西安市、上海市 2000 年可持续发展评价的 9 个综合指数值 XI 及依据分级标准综合指数值 XI_k 作出的评价结果，见表 6-46。表 6-46 中还列出了文献[14]用集对分析法对郑州市、西安市、上海市 2000 年可持续发展的评价结果。

$$X_j=\begin{cases}\left[(100-c_j)/c_{j0}\right]^2, & c_j\leqslant 100-c_{j0},\ \text{对指标}C_{22}\\ (c_j/c_{j0})^2, & c_j\geqslant c_{j0},\ \text{对指标}C_1、C_3\\ c_{j0}/c_j, & c_j\leqslant c_{j0},\ \text{对指标}C_5、C_7、C_9、C_{13}、C_{15}、C_{18}、C_{20}、C_{23}\sim C_{27}\\ (c_{j0}/c_j)^2, & c_j\leqslant c_{j0},\ \text{对指标}C_2、C_6、C_8、C_{11}、C_{14}、C_{16}、C_{17}、C_{19}、C_{21}、C_{28}\\ (c_{j0}/c_j)^{0.5}, & c_j\leqslant c_{j0},\ \text{对指标}C_4、C_{10}、C_{12}\\ 1, & \text{对指标}C_1\sim C_{28}\text{各自条件与上述条件相反}\end{cases}\tag{6-11}$$

式中，各指标名称及其 c_{j0} 和 c_j 的单位与表 6-44 中 c_{jk}、c_j 和 c_{j0} 的单位相同。

表 6-44　可持续发展评价指标分级标准值 c_{jk}、标准规范值 x'_{jk} 及郑州市、西安市、上海市 2000 年指标值 c_j 和规范值 x'_j

指标	c_{j0}	k=1		k=2		k=3	
		c_{jk}	x'_{jk}	c_{jk}	x'_{jk}	c_{jk}	x'_{jk}
C_1	2	5	0.1833	7	0.2506	9	0.3008
C_2	225	90	0.1833	70	0.2335	50	0.3008
C_3	600	1600	0.1962	2400	0.2773	3200	0.3348
C_4	30000	650	0.1916	350	0.2226	50	0.3198
C_5	30000	3500	0.2148	2500	0.2485	1500	0.2996
C_6	200	80	0.1833	60	0.2408	40	0.3219
C_7	300	35	0.2148	25	0.2485	15	0.2996
C_8	20000	8000	0.1833	6000	0.2408	4000	0.3219
C_9	100	14.5	0.1931	9.5	0.2354	4.5	0.3101
C_{10}	25000	525	0.1932	275	0.2255	25	0.3454
C_{11}	35	13.5	0.1905	10.5	0.2408	7.5	0.3081
C_{12}	15000	332.5	0.1905	167.5	0.2247	2.5	0.4350
C_{13}	80	12.5	0.1856	7.5	0.2367	2.5	0.3466
C_{14}	150	50	0.2197	40	0.2644	30	0.3219
C_{15}	15000	2050	0.1990	1350	0.2408	650	0.3139
C_{16}	200	80	0.1833	60	0.2408	40	0.3219
C_{17}	120	45	0.1962	35	0.2464	25	0.3137
C_{18}	50	8.5	0.1772	5.5	0.2207	2.5	0.2996
C_{19}	20	8	0.1833	6	0.2408	4	0.3219
C_{20}	20	3.1	0.1864	1.9	0.2354	0.7	0.3352
C_{21}	300	100	0.2197	80	0.2644	60	0.3219
C_{22}	1	95	0.1609	85	0.2708	75	0.3219
C_{23}	800	95	0.2131	65	0.2510	35	0.3129
C_{24}	150	25	0.1792	15	0.2303	5	0.3401
C_{25}	6000	1075	0.1719	675	0.2185	175	0.3535
C_{26}	60	10	0.1792	6	0.2303	2	0.3401
C_{27}	400	60	0.1897	40	0.2303	20	0.2996
C_{28}	300	100	0.2197	80	0.2644	60	0.3219

指标	c_{j0}	郑州市		西安市		上海市	
		c_j	x'_j	c_j	x'_j	c_j	x'_j
C_1	2	7.62	0.2675	8.36	0.2861	2.12	0.0117
C_2	225	72.8	0.2257	64.2	0.2508	82.5	0.2007
C_3	600	2168	0.2569	2003	0.2411	2897	0.3149
C_4	30000	533	0.2015	492	0.2055	798	0.1813

续表

指标	c_{j0}	郑州市		西安市		上海市	
		c_j	x'_j	c_j	x'_j	c_j	x'_j
C_5	30000	1961	0.2728	1911	0.2754	4507	0.1896
C_6	200	63.5	0.2295	47.6	0.2871	51.6	0.2710
C_7	300	17	0.2871	20	0.2708	31	0.2270
C_8	20000	6503	0.2247	7362	0.1999	8293	0.1761
C_9	100	12.0	0.2120	6.1	0.2797	10.8	0.2226
C_{10}	25000	168	0.2501	95	0.2786	742	0.1759
C_{11}	35	7.08	0.3196	7.90	0.2977	9.40	0.2629
C_{12}	15000	141	0.2334	70	0.2684	476	0.1725
C_{13}	80	14	0.1743	2	0.3689	11	0.1984
C_{14}	150	42.75	0.2511	37.38	0.2779	48.99	0.2238
C_{15}	15000	300	0.3912	250	0.4094	1000	0.2708
C_{16}	200	58	0.2476	77	0.1909	80	0.1833
C_{17}	120	30.3	0.2753	33.3	0.2564	20.9	0.3495
C_{18}	50	4.3	0.2453	3.2	0.2749	7.2	0.1938
C_{19}	20	4.58	0.2948	4.90	0.2813	3.60	0.3430
C_{20}	20	1.1	0.2996	1.1	0.2996	3.1	0.1864
C_{21}	300	94.6	0.2308	67.0	0.2998	93.2	0.2338
C_{22}	1	90.0	0.2303	86.0	0.2639	89.4	0.2361
C_{23}	800	62.0	0.2557	54.0	0.2696	93.3	0.2149
C_{24}	150	13.88	0.2380	13.72	0.2392	15.19	0.2290
C_{25}	6000	698	0.2151	583	0.2331	569	0.2356
C_{26}	60	5.2	0.2446	4.4	0.2613	8.3	0.1978
C_{27}	400	17.3	0.3141	24.7	0.2785	49.4	0.2092
C_{28}	300	98.4	0.2229	90.4	0.2399	100.0	0.2197

注：C_1为人口自然增长率，其c_{j0}、c_{jk}、c_j的单位为%；C_2为非农业人口比重，其c_{j0}、c_{jk}、c_j的单位为%；C_3为人口密度，其c_{j0}、c_{jk}、c_j的单位为人/km²；C_4为万人拥有大学生人数，其c_{j0}、c_{jk}、c_j的单位为个；C_5为人均GDP，其c_{j0}、c_{jk}、c_j的单位为美元；C_6为第三产业占GDP比重，其c_{j0}、c_{jk}、c_j的单位为%；C_7为投资率，其c_{j0}、c_{jk}、c_j的单位为%；C_8为社会劳动生产率，其c_{j0}、c_{jk}、c_j的单位为美元/人；C_9为GDP增长率，其c_{j0}、c_{jk}、c_j的单位为%；C_{10}为人均教育投资，其c_{j0}、c_{jk}、c_j的单位为美元；C_{11}为平均受教育年限，其c_{j0}、c_{jk}、c_j的单位为年；C_{12}为每百人公共图书馆藏书量，其c_{j0}、c_{jk}、c_j的单位为册；C_{13}为科技投资占财政支出比重，其c_{j0}、c_{jk}、c_j的单位为‰；C_{14}为科技对经济增长的贡献率，其c_{j0}、c_{jk}、c_j的单位为%；C_{15}为人均水资源占有量，其c_{j0}、c_{jk}、c_j的单位为m³；C_{16}为水重复利用率，其c_{j0}、c_{jk}、c_j的单位为%；C_{17}为建成区绿化覆盖率，其c_{j0}、c_{jk}、c_j的单位为%；C_{18}为人均道路面积，其c_{j0}、c_{jk}、c_j的单位为m²；C_{19}为人均公共绿地面积，其c_{j0}、c_{jk}、c_j的单位为m²；C_{20}为环保投资指数；C_{21}为工业废水排放达标率，其c_{j0}、c_{jk}、c_j的单位为%；C_{22}为废气处理率，其c_{j0}、c_{jk}、c_j的单位为%；C_{23}为工业固体废物综合利用率，其c_{j0}、c_{jk}、c_j的单位为%；C_{24}为人均居住面积，其c_{j0}、c_{jk}、c_j的单位为m²；C_{25}为每10万人拥有医院床位数，其c_{j0}、c_{jk}、c_j的单位为张；C_{26}为城市基础设施建设投资增长率，其c_{j0}、c_{jk}、c_j的单位为%；C_{27}为生活污水处理率，其c_{j0}、c_{jk}、c_j的单位为%；C_{28}为生活垃圾处理率，其c_{j0}、c_{jk}、c_j的单位为%。

表 6-45　9 个指数公式计算得到的郑州市、西安市、上海市可持续发展评价的分级标准综合指数值 XI_k

k	分级标准综合指数值 XI_k								
	FI_k	KI_k	LI_k	MI_k	SI_k	ΓI_k	UI_k	λI_k	HI_k
1	0.2667	0.3131	0.3608	0.2607	0.2644	0.2985	0.2267	0.1951	0.3229
2	0.3358	0.3462	0.3975	0.2987	0.2943	0.3815	0.3276	0.2447	0.3822
3	0.4502	0.4010	0.4543	0.3550	0.3481	0.4974	0.5236	0.3282	0.5255

表 6-46　9 个指数公式计算得到的郑州市、西安市、上海市可持续发展评价的综合指数值及评价结果

项目	评价指数公式综合指数值			等级		
	郑州市	西安市	上海市	郑州市	西安市	上海市
FI	0.3525	0.3760	0.3039	3	3	2
KI	0.3542	0.3654	0.3309	3	3	2
LI	0.4056	0.4175	0.3798	3	3	2
MI	0.3065	0.3185	0.2777	3	3	2
SI	0.3024	0.3132	0.2816	3	3	2
ΓI	0.3971	0.4223	0.3405	3	3	2
UI	0.3540	0.3925	0.2793	3	3	2
λI	0.2612	0.2767	0.2240	3	3	2
HI	0.4056	0.4323	0.3664	3	3	2
集对分析法	—	—	—	2	3	1

6.8　本 章 小 结

(1) 实例分析表明，广义环境系统评价的 9 个普适指数公式用于同一对象的评价结果几乎完全相同；也与其他方法评价结果基本一致，而用这 9 个普适指数公式评价十分简单和方便。

(2) 实际应用表明，广义环境系统评价的 9 个普适指数公式对评价分级的数目多少没有限制，无论是分 2 级、3 级、4 级还是 5 级，评价都适用。

(3) 计算综合指数时，指标的赋权通常分两种情况考虑：① 若评价指标数 m 较多，且由指数公式计算得到的 m 个指标的指数值 XI_j(或规范值 x'_j)相差不大，则可视各指标为等权，其评价结果与实际情况相符合；② 若指标数 m 较少，且由指数公式计算得到的最大指数值与最小指数值相差较大，则需要考虑采用某种赋权法对指标进行加权。

参 考 文 献

[1] 高明美, 孙涛, 张坤. 基于超标倍数赋权法的济南市大气质量模糊动态评价[J]. 干旱区资源与环境, 2014, 28(9): 150-154.

[2] 张小丽, 李祚泳, 汪嘉杨. 基于指标规范变换的室内空气质量突变模糊指数公式[J]. 成都信息工程学院学报, 2014, 29(5): 547-551.

[3] 牛红亚, 荣竞平, 孟志强. 基于灰色系统理论的室内空气环境评价[J]. 能源与环境, 2007, 3: 13-14.

[4] 于洪涛, 吴泽宁. 灰色关联分析在南水北调中线澧河水质评价中的应用[J]. 节水灌溉, 2010, (3): 39-41, 45.

[5] 巩奕成, 张永祥, 丁飞, 等. 基于萤火虫算法的投影寻踪地下水水质评价方法[J]. 中国矿业大学学报, 2015, 44(3): 566-572.

[6] 李祚泳, 汪嘉杨, 郭淳. 富营养化评价的对数型幂函数普适指数公式[J]. 环境科学学报, 2010, 30(3): 664-672.

[7] 李祚泳, 汪嘉杨, 赵晓莉, 等. 富营养化评价的幂函数加和型普适指数公式[J]. 环境科学学报, 2008, 28(2): 392-400.

[8] 谢群, 张瑜斌, 孙省利. 流沙湾海域水质的综合评价与分析[J]. 中国环境监测, 2011, 21(7): 77-83.

[9] 徐恒振. 海水水质评价的模糊贴近度法[J]. 东海海洋, 1993, 11(3): 53-58.

[10] 夏斌, 陈碧鹃, 辛福言, 等. 灰色聚类法在胶州湾富营养化评价中的应用[J]. 渔业科学进展, 2011, 32(5): 114-120.

[11] 康有, 陈元芳, 顾圣华, 等. 基于随机森林的区域水资源可持续利用评价[J]. 水电能源科学, 2014, 32(3): 35-38.

[12] 王志良, 李楠楠, 张先起, 等. 基于集对分析的区域水资源承载力评价[J]. 人民黄河, 2011, 23(4): 40-42.

[13] 迟克续. 大连市水资源安全评价研究[D]. 大连: 辽宁师范大学, 2008.

[14] 陈媛, 王文圣, 汪嘉杨, 等. 基于集对分析的城市可持续发展评价[J]. 人民黄河, 2010, 32(1): 11-13.

第 7 章　广义环境系统评价的普适智能模型

虽然人工神经网络、投影寻踪、支持向量机等智能模型具有非线性映射能力强、自适应性和容错能力好等优点，已广泛应用于环境评价，但传统的环境系统智能评价模型的共同局限是存在维数灾难和训练样本数不足以及对不同环境系统，尤其是广义环境系统，不具有普适性和通用性。为了建立不同环境系统都能普适、通用的广义环境系统评价模型，在对指标进行规范变换的基础上，将任意多指标的评价问题转化为仅对等效规范指标的评价问题，从而极大地减少指标个数，简化评价模型结构；并采用优化算法优化模型参数，最终建立适用于广义环境系统指标规范值的简洁、规范、普适和通用的评价模型。

7.1　广义环境系统评价的前向神经网络模型

BP 神经网络具有自组织、自学习、自适应和较强的非线性映射能力及原理简单等优点，已广泛应用于水环境、空气环境、生态环境和水资源等分析与评价[1-3]。但由于 BP 神经网络采用误差反向传播的梯度下降法调整网络权值，因此不可避免地存在学习效率低、收敛速度慢和易陷入局部极值的缺点[4]。随着优化技术的发展，研究人员提出用智能优化算法优化前向神经网络模型连接权值的学习算法，能较好地避免陷入局部极值问题[5,6]。但是，将传统的前向神经网络模型用于环境系统评价，网络结构和待优化参数会随着指标数增多而变得复杂，因此无论采用何种优化方法，都会影响模型的优化效率和求解精度。此外，传统的前向神经网络模型不能建立对不同指标或指标数组合都能普适、通用的环境系统评价模型，更不能建立对不同环境系统(如空气环境、水环境、水文水资源环境等)都能普适、通用的评价模型，因此其应用受到很大限制。

7.1.1　广义环境系统评价的前向神经网络模型的提出背景

为了建立对不同环境系统都能普适、通用的神经网络评价模型，针对 BP 神经网络模型收敛速度慢、易陷入局部极值和实用性受限的问题，提出采用双极性 Sigmoid 函数作为隐节点(神经元)激活函数和对隐节点输出线性求和的前向神经网络环境系统评价模型。

与第 4 章优化建立分类水环境系统前向神经网络模型的方法类似，将指标规范变换与优化算法相结合，构建并优化得出适用于广义环境系统评价的 2-2-1 和 3-2-1

两种简单结构的前向神经网络模型，并对模型进行可靠性分析。对指标数较多的前向神经网络建模，可将多指标分解为若干个 2-2-1 结构和(或)3-2-1 结构模型的组合。

基于指标规范值的前向神经网络(NV-FNN)环境系统评价模型不仅能避免陷入局部极值，而且不受环境系统指标数的限制，对任意多项指标都能普适、通用；其评价过程也比 BP 神经网络模型和传统的前向神经网络模型更简便，适用范围更广泛。指标规范变换与优化算法相结合用于前向神经网络建模的思想和方法也为高维、非线性数据的分析处理或其他模型的建立提供了一种新思路[7]。

对于广义环境系统，无论何种评价指标、评价指标的分级标准值是否相同以及不同指标的分级标准值之间的差异有多大，都可以按照一定的普适原则和方法，设置指标的参照值及规范变换式，并对指标的各分级标准值进行规范变换，使规范变换后的任何指标的同级标准规范值都能限定在较小区间内，从而用规范值表示的不同指标皆等效于同一个规范指标，因此任意环境系统的各种评价模型都可以用该等效规范指标的相应模型等效替代。在满足一定优化目标准则的条件下，采用优化算法分别对模型中的参数进行优化，以期建立适用于广义环境系统的简洁、规范、统一、普适和通用的评价模型，为环境系统规划和管理的科学决策提供理论基础和技术手段。

对不同环境系统的指标分级标准值(国标或非国标)的分析研究表明，对于任意环境系统，无论指标类型、属性及分级标准值之间存在多大差异，都能按 c_{j0}、n_j 设定的原则和方法，构建由幂函数变换式(式(5-1))和对数函数规范式(式(5-2))组成的规范变换式，并对各指标的各级标准值进行规范变换，使广义环境系统的不同指标规范变换后的同级标准规范值 x'_{jk} 都能被限定在表 5-2 中各级标准规范值 x'_{jk} 的较小区间内，从而可以认为广义环境系统规范变换后的各指标皆等效于同一个规范指标，此等效指标的某级标准规范值即该级标准不同指标规范值的平均值。因而对等效规范指标建立的各种评价模型也适用于广义环境系统的任意指标规范值的评价，从而使广义环境系统评价模型简洁、规范、统一、普适和通用。

7.1.2 基于指标规范值的广义环境系统评价的前向神经网络模型的特点

NV-FNN 模型与 BP 神经网络模型或传统 FNN 模型的不同之处如下[7]。

(1) 不用单极性 Sigmoid 激活函数，而选择式(7-1)所示的双极性 Sigmoid 激活函数(或称双曲正切函数)作为隐节点处的激活函数。

$$f(\boldsymbol{x}) = (1-\mathrm{e}^{-\boldsymbol{x}})/(1+\mathrm{e}^{-\boldsymbol{x}}) \tag{7-1}$$

(2) 输出层中的节点输出不采用 Sigmoid 激活函数，而采用对隐节点输出的线性求和计算，即

$$O_l = \sum_{h=1}^{H} v_{hl} \cdot f_h = \sum_{h=1}^{H} v_{hl} \cdot \frac{1-\mathrm{e}^{-x}}{1+\mathrm{e}^{-x}} \tag{7-2}$$

式中，f_h为隐节点 h 的输出；v_{hl}为隐节点 h 与输出节点 l 的连接权值，通常取 l=1；H 为隐节点数目；O_l为输出节点 l 的输出；$\boldsymbol{x}$ 为样本 i 的输入向量，$\boldsymbol{x}=\sum_{j=1}^{m} w_{hj} x'_{ji}$，$w_{hj}$为输入层节点 j 与隐节点 h 的连接权值，x'_{ji}为样本 i 的指标 j 的规范值，m 为指标数目，也是输入节点数目。

(3) 以式(5-1)和式(5-2)计算得到的指标规范值 x'_j 作为 NV-FNN 模型表示式(7-1)和式(7-2)的输入，由于规范变换后的各指标皆等效于某一个规范指标，因而若对规范指标建立了某种结构的 NV-FNN 模型，则该模型对所有的指标皆适用，因此，建立的模型具有普适性和通用性。

7.1.3 基于指标规范值的广义环境系统评价的前向神经网络建模

1. 设计优化目标函数式

为了优化网络的连接权值 w_{hj} 和 v_h，需设计如下优化目标函数式：

$$\min Q = \frac{1}{500} \sum_{k=1}^{5} \sum_{i=1}^{100} \left(O_{ik} - T_k\right)^2 \tag{7-3}$$

式中，O_{ik} 为由式(7-2)计算得到训练样本 i 的 k 级标准的 NV-FNN 实际输出值；T_k(k=1, 2, ⋯, 5)为训练样本 i 的 k 级标准的 NV-FNN 期望输出值，同级标准的训练样本的网络期望输出值 T_k 应相同，5 级标准的网络期望输出值可分别设置为 T_1=0.15，T_2=0.25，T_3=0.3，T_4=0.45，T_5=0.65。

采用基于免疫进化的野草算法[8](IEA-IWO)对连接权值 w_{hj} 和 v_h 进行优化。IEA-IWO 的基本原理及其算法实现详见文献[8]，其参数设置见表 7-1。

表 7-1　IEA-IWO 的参数设置

种群规模 P_s	族群规模 Q_s	非线性调节指数 n	标准差动态调整系数 A	族群最大可生成种子数 S_{max}	族群最小可生成种子数 S_{min}	初始步长 σ_0	最终步长 σ_{final}
15	200	3	5	5	1	3	0.0000001

2. 构建 2 个输入节点、2 个隐节点及 1 个输出节点的 2-2-1 结构 NV-FNN 模型

(1) 训练样本的组成。与 5.2.1 节 9 个普适指数公式的参数优化方法类似，在表 5-2 中广义环境系统指标各级标准规范值 x'_{jk}限定变化范围内，以其中心值作为正态分布函数的中心，各生成 100 个正态分布随机数；5 级标准共生成 100×5=500 个正态分布随机数作为标准训练样本。将各级标准生成的第 1 个、第 2 个正态分

布随机数组成第 1 个训练样本的 2 个因子，再将第 2 个、第 3 个正态分布随机数组成第 2 个训练样本的 2 个因子，依次递推，直至将第 100 个和第 1 个正态分布随机数组成第 100 个训练样本的 2 个因子。各级标准的 100 个正态分布随机数共组成 100 个训练样本，5 级标准的 500 个正态分布随机数共组成 500 个 NV-FNN 的训练样本，用于训练 2-2-1 结构的 NV-FNN 模型。

(2) 结构为 2-2-1 的 NV-FNN 模型的输出式。为了优化结构为 2-2-1 的 NV-FNN 模型的连接权值 w_{hj} 和 $v_h(h=1, 2; j=1, 2; l=1$, 故略去), 在满足优化目标函数式(7-3)条件下，将上述生成的 500 个样本代入式(7-2)所示的网络结构为 2-2-1 的前向网络，用 IEA-IWO[8]对连接权值 w_{hj} 和 v_h 进行反复迭代优化，当优化目标函数式 $\min Q=\dfrac{1}{500}\sum_{k=1}^{5}\sum_{i=1}^{100}(O_{ik}-T_k)^2 \leqslant 2.6866\times10^{-4}$ 时，停止迭代，得到优化好的 2-2-1 结构的 NV-FNN 模型的权值矩阵 $\boldsymbol{w}$ 和 $\boldsymbol{v}$ 为

$$\boldsymbol{w}=\begin{bmatrix}1.3667 & 1.1956\\ 0.5564 & 0.9215\end{bmatrix},\quad \boldsymbol{v}=\begin{bmatrix}0.5903\\ 0.2508\end{bmatrix}$$

从而得到结构为 2-2-1 的 NV-FNN 模型的输出式为

$$\begin{aligned}O_i(2)&=v_1\frac{1-\mathrm{e}^{-(w_{11}x_1'+w_{12}x_2')}}{1+\mathrm{e}^{-(w_{11}x_1'+w_{12}x_2')}}+v_2\frac{1-\mathrm{e}^{-(w_{21}x_1'+w_{22}x_2')}}{1+\mathrm{e}^{-(w_{21}x_1'+w_{22}x_2')}}\\&=0.5903\times\frac{1-\mathrm{e}^{-(1.3667x_1'+1.1956x_2')}}{1+\mathrm{e}^{-(1.3667x_1'+1.1956x_2')}}+0.2508\times\frac{1-\mathrm{e}^{-(0.5564x_1'+0.9215x_2')}}{1+\mathrm{e}^{-(0.5564x_1'+0.9215x_2')}}\end{aligned}\tag{7-4}$$

3. 构建 3 个输入节点、2 个隐节点及 1 个输出节点的 3-2-1 结构 NV-FNN 模型

(1) 训练样本的组成。与网络结构为 2-2-1 的 NV-FNN 训练样本的组成类似，将各级标准生成的第 1 个、第 2 个、第 3 个正态分布随机数组成第 1 个训练样本的 3 个因子，再将第 2 个、第 3 个、第 4 个正态分布随机数组成第 2 个训练样本的 3 个因子，依次递推，直至将第 100 个、第 1 个和第 2 个正态分布随机数组成第 100 个训练样本的 3 个因子。各级标准均有 100 个训练样本，5 级标准共 500 个训练样本，用于训练 3-2-1 结构的 NV-FNN。

(2) 结构为 3-2-1 的 NV-FNN 模型的输出。为了优化结构为 3-2-1 的 NV-FNN 的连接权值 w_{hj} 和 $v_h(h=1, 2; j=1, 2, 3)$，同样在满足优化目标函数式(7-3)条件下，将上述生成的 500 个样本代入式(7-2)所示的网络结构为 3-2-1 的 NV-FNN 模型，采用 IEA-IWO 对连接权值 w_{hj} 和 v_h 进行反复迭代优化，当优化目标函数式 $\min Q \leqslant 1.9766\times10^{-4}$ 时，停止迭代，得到优化好的 3-2-1 结构的 NV-FNN 的权值矩阵 $\boldsymbol{w}$ 和 $\boldsymbol{v}$ 为

$$\boldsymbol{w} = \begin{bmatrix} 0.7299 & 0.6488 & 0.4848 \\ 0.2071 & 0.4960 & 0.5868 \end{bmatrix}, \quad \boldsymbol{v} = \begin{bmatrix} 0.6922 \\ 0.4354 \end{bmatrix}$$

从而得到结构为 3-2-1 的 NV-FNN 模型的输出式为

$$\begin{aligned} O_i(3) &= v_1 \frac{1-\mathrm{e}^{-(w_{11}x_1'+w_{12}x_2'+w_{13}x_3')}}{1+\mathrm{e}^{-(w_{11}x_1'+w_{12}x_2'+w_{13}x_3')}} + v_2 \frac{1-\mathrm{e}^{-(w_{21}x_1'+w_{22}x_2'+w_{23}x_3')}}{1+\mathrm{e}^{-(w_{21}x_1'+w_{22}x_2'+w_{23}x_3')}} \\ &= 0.6922 \times \frac{1-\mathrm{e}^{-(0.7299x_1'+0.6488x_2'+0.4848x_3')}}{1+\mathrm{e}^{-(0.7299x_1'+0.6488x_2'+0.4848x_3')}} + 0.4354 \times \frac{1-\mathrm{e}^{-(0.2071x_1'+0.4960x_2'+0.5868x_3')}}{1+\mathrm{e}^{-(0.2071x_1'+0.4960x_2'+0.5868x_3')}} \end{aligned} \tag{7-5}$$

7.1.4 广义环境系统评价的 NV-FNN 模型的可靠性分析

由于广义环境系统指标实际值 c_j 具有随机不确定性，用式(5-1)和式(5-2)变换后的指标规范值 x_j' 也有随机不确定性，这种不确定性对 NV-FNN 模型输出结果的可靠性有一定影响，通过对 NV-FNN 模型的双极性 Sigmoid 函数输出式的灵敏度分析可以确定其影响大小。

依据系统灵敏度的定义，可得双极性 Sigmoid 函数的输出 O_j 的相对误差 $\Delta O_j / O_j$ 和指标实际值的相对误差 $\Delta c_j / c_j$ 有如下关系[9]：

$$\frac{\Delta O_j}{O_j} = S_{c_j} \frac{\Delta c_j}{c_j} \tag{7-6}$$

式中，S_{c_j} 为 NV-FNN 模型的双极性 Sigmoid 函数的输出 O_j 对指标实际值 c_j 的灵敏度。此外，若指标变换式(5-1)中的正向和逆向指标的 n_j 分别用正、负表示，则变换式(5-1)可统一用正向指标形式表示。由变换式(5-1)和规范式(5-2)分别可得

$$\frac{\Delta x_j}{x_j} = n_j \frac{\Delta c_j}{c_j} \tag{7-7}$$

$$\frac{\Delta x_j'}{x_j'} = \frac{1}{\ln x_j} \cdot \frac{\Delta x_j}{x_j} = \frac{1}{10x_j'} \cdot \frac{\Delta x_j}{x_j} \tag{7-8}$$

因而有

$$\frac{\Delta x_j'}{x_j'} = \frac{n_j}{10x_j'} \cdot \frac{\Delta c_j}{c_j} \tag{7-9}$$

由双极性 Sigmoid 函数的输出式：

$$O_j = \frac{1-\mathrm{e}^{-x_j'}}{1+\mathrm{e}^{-x_j'}} \tag{7-10}$$

可得

$$\frac{\partial O_j}{\partial x_j'}=\frac{2\mathrm{e}^{-x_j'}}{(1+\mathrm{e}^{-x_j'})^2}$$

$$\frac{\Delta O_j}{O_j}=\frac{2\mathrm{e}^{-x_j'}}{1-\mathrm{e}^{-2x_j'}}\Delta x_j'=\frac{2\mathrm{e}^{-x_j'}}{1-\mathrm{e}^{-2x_j'}}\cdot\frac{1}{10}\cdot\frac{\Delta x_j}{x_j}=\frac{\mathrm{e}^{-x_j'}}{1-\mathrm{e}^{-2x_j'}}\cdot\frac{n_j}{5}\cdot\frac{\Delta c_j}{c_j} \tag{7-11}$$

比较式(7-6)和式(7-11)，可得 NV-FNN 模型的双极性 Sigmoid 函数的输出 O_j 对指标实际值 c_j 的灵敏度为

$$S_{c_j}=\frac{n_j}{5}\cdot\frac{\mathrm{e}^{-x_j'}}{1-\mathrm{e}^{-2x_j'}} \tag{7-12}$$

类似地，可得 NV-FNN 模型的双极性(Sigmoid)函数的输出 O_j 对指标参照值 c_{j0} 的灵敏度计算式为

$$S_{c_{j0}}=\frac{n_j}{5}\cdot\frac{\mathrm{e}^{-x_{j0}'}}{1-\mathrm{e}^{-2x_{j0}'}} \tag{7-13}$$

广义环境系统的指标变换式(5-1)中的 n_j 只取±2、±1、±0.5，而 NV-FNN 模型中 x_j' 取值范围为[0.1, 0.5]。因此，当 n_j 为上述值时，由式(7-12)计算的双极性 Sigmoid 函数的输出 O_j 对指标实际值 c_j 的灵敏度 S_{c_j} 随 x_j' 的变化曲线是一条连续曲线，如图 7-1 所示。

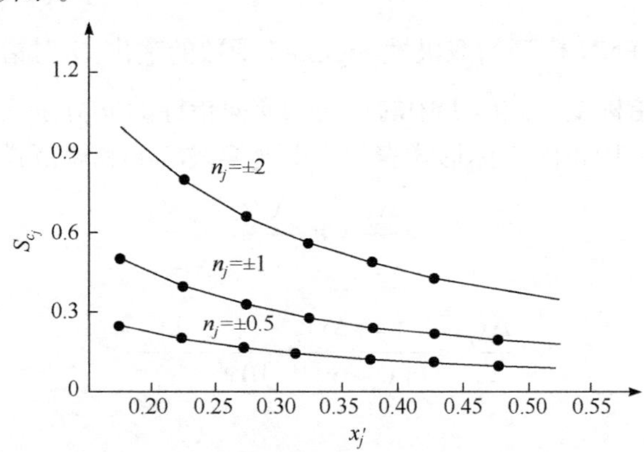

图 7-1　NV-FNN 模型对指标实际值 c_j 的灵敏度 S_{c_j} 随 x_j' 的变化曲线

由图 7-1 可见，当变换式的参数 $n_j=\pm0.5$ 和 $n_j=\pm1$ 时及除 $n_j=\pm2$，并且 $x_j'<0.2$ 时外，计算得到的 NV-FNN 模型灵敏度都满足 $|S_{c_j}|\leqslant1$，即低灵敏度模型，低灵敏度正是模型稳定性和可靠性所要求的。若指标实际值的相对误差(不确定性)为 $\Delta c_j/c_j$，由式(7-6)可知，$\Delta O_j/O_j\leqslant\Delta c_j/c_j$。可见，由 NV-FNN 模型计算得到的

输出 O_j 的相对误差 $\Delta O_j / O_j$ 一般不被放大，反而被缩小；只有当参数 $n_j = \pm 2$ 且 $x'_j < 0.2$ 时，模型输出的相对误差 $\Delta O_j / O_j$ 才有可能被放大，但也仅是指标实际值的相对误差 $\Delta c_j / c_j$ 的 1～2 倍。因此，广义环境系统的 NV-FNN 模型的输出是稳定、可靠的。

若各级标准规范值 x'_{jk} 被限制在表 5-2 所示的变化范围内(即表 7-3 第 2 列)，则由式(7-13)计算得到双极性 Sigmoid 函数的输出 O_j 对指标参照值 c_{j0} 的灵敏度 $S_{c_{j0}}$ 见表 7-2。可见，除 $n_j = \pm 2$ 变换外，NV-FNN 模型的双极性 Sigmoid 函数的输出 O_j 对指标参照值 c_{j0} 仍是低灵敏度。

表 7-2　NV-FNN 模型的双极性 Sigmoid 函数的输出 O_j 对指标参照值 c_{j0} 的灵敏度 $S_{c_{j0}}$

n_j	$S_{c_{j0}}$							
	$x'_j=0.55$	$x'_j=0.50$	$x'_j=0.45$	$x'_j=0.40$	$x'_j=0.35$	$x'_j=0.30$	$x'_j=0.25$	$x'_j=0.20$
±0.5	±0.0865	±0.0960	±0.1074	±0.1217	±0.1400	±0.1642	±0.1979	±0.2483
±1	±0.1730	±0.1920	±0.2149	±0.2434	±0.2800	±0.3284	±0.3959	±0.4966
±2	±0.3460	±0.3840	±0.4298	±0.4868	±0.5600	±0.6568	±0.7917	±0.9932

在 $\dfrac{\Delta O_j}{O_j} = \dfrac{2\mathrm{e}^{-x'_j}}{1-\mathrm{e}^{-2x'_j}} \Delta x'_j$ 中，当 x'_j 和 $\Delta x'_j$ 分别将表 7-3 中各级标准规范值的平均值 $\overline{x}'_j$ 和标准差 σ_{jk} 代入时，可得到满足指标规范变换要求的不同参照值 c_{j0} 引起的 NV-FNN 模型各级标准输出值的相对误差 r_{jk}，见表 7-3。可以看出，尽管指标参照值 c_{j0} 取值具有不确定性，但该不确定性对 NV-FNN 模型各级标准输出值的影响(相对误差)较小，其最大相对误差(1 级标准)为 0.1490，小于 0.15。

表 7-3　广义环境系统各级标准规范值 x'_{jk} 的变化范围、平均值 $\overline{x}'_{jk}$、标准差 σ_{jk} 和 NV-FNN 模型各级标准输出值的相对误差 r_{jk}

x'_{jk}	x'_{jk} 的变化范围	$\overline{x}'_{jk}$	σ_{jk}	r_{jk}/%
x'_{j1}	[0.10, 0.24]	0.1855	0.0278	14.90
x'_{j2}	[0.18, 0.32]	0.2417	0.0341	13.97
x'_{j3}	[0.25, 0.40]	0.3064	0.0305	9.80
x'_{j4}	[0.33, 0.46]	0.3779	0.0326	8.42
x'_{j5}	[0.40, 0.55]	0.4430	0.0275	6.01

7.2　广义环境系统评价的投影寻踪回归模型

投影寻踪是将统计学、应用数学和计算机技术相结合，用于处理和分析高维、非线性、非正态数据的新兴探索性数据分析方法[10]。它的基本思想是利用计算机技术将高维数据投影到低维子空间上，通过极小化某个投影指标，寻找出能反映高维数据结构和特征的投影，以达到分析处理高维数据的目的。将投影寻踪与聚类分析、判别分析等相结合，可以用于评价与聚类，已在众多领域得到广泛应用[11]。

传统的证实性数据分析方法采取“假定—模拟—分析与预测”的建模方法，这种方法会出现实际数据和模型不吻合的情况，很难取得较好的效果。而投影寻踪属于探索性数据分析(exploratory data analysis，EDA)方法，采取“审视数据—计算机模拟—分析与预测”的建模思路，其不对模型做任何假定，只对数据结构进行分析，是一种新的思维方式。

7.2.1　投影寻踪回归模型的矩阵表示

传统 PPR 模型是用一系列岭函数 $G_m(Z_m)$的和来逼近回归函数 y，即

$$y=\sum_{i=1}^{N}\beta_i G_i(\boldsymbol{\alpha}\cdot\boldsymbol{x}) \tag{7-14}$$

式中，$G_i(\boldsymbol{\alpha}\cdot\boldsymbol{x})$ 为第 i 个岭函数，i=1, 2, …, N；β_i 为第 i 个岭函数的权值；N 为岭函数的个数。

传统 PPR 模型的求解方法采用 Friedmann 和 Stuetzle 所提出的多重平滑回归计算技术，即采用分层分组迭代交替优化方法[12]，但该方法理论抽象，优化求解过程十分复杂，编程实现难度大，尤其在指标变量较多(维数高)的情况下更是如此。

实际上，岭函数 $G_m(Z_m)$ 中的 m 维自变量可以表示为 m 维列矩阵 $\boldsymbol{x}=(x_1\ \ x_2\ \ \cdots\ \ x_m)^{\mathrm{T}}$，T 表示矩阵转置；$\boldsymbol{\alpha}$ 也可表示为 m 维投影方向组成的 m 维行矩阵，满足 $\sum_{j=1}^{m}\alpha_{ij}^2=1$。因此式(7-14)中有限个岭函数 $G_m(Z_m)$的组合也就可以表示为若干个指标变量数据矩阵与参数矩阵乘积的形式[13]，如式(7-15)所示，从而使 PPR 模型的优化转化为对参数矩阵的矩阵元优化，而 PPR 矩阵表示的优化比 PPR 多重平滑回归计算优化更易于理解和编程实现。

$$
\begin{aligned}
y &= \sum_{i=1}^{N} \beta_i \left(\sum_{j=1}^{m} \alpha_{ij} x_j \right) \\
&= \beta_1 \left(\sum_{j=1}^{m} \alpha_{1j} x_j \right) + \beta_2 \left(\sum_{j=1}^{m} \alpha_{2j} x_j \right) + \cdots + \beta_N \left(\sum_{j=1}^{m} \alpha_{Nj} x_j \right) \\
&= \beta_1 \left(\alpha_{11} x_1 + \alpha_{12} x_2 + \cdots + \alpha_{1m} x_m \right) + \beta_2 \left(\alpha_{21} x_1 + \alpha_{22} x_2 + \cdots + \alpha_{2m} x_m \right) \\
&\quad + \cdots + \beta_N \left(\alpha_{N1} x_1 + \alpha_{N2} x_2 + \cdots + \alpha_{Nm} x_m \right) \\
&= \left(\beta_1 \alpha_{11} + \beta_2 \alpha_{21} + \cdots + \beta_N \alpha_{N1} \right) x_1 + \left(\beta_1 \alpha_{12} + \beta_2 \alpha_{22} + \cdots + \beta_N \alpha_{N2} \right) x_2 \\
&\quad + \cdots + \left(\beta_1 \alpha_{1m} + \beta_2 \alpha_{2m} + \cdots + \beta_N \alpha_{Nm} \right) x_m \\
&= \begin{bmatrix} \beta_1 \alpha_{11} + \beta_2 \alpha_{21} + \cdots + \beta_N \alpha_{N1} \\ \beta_1 \alpha_{12} + \beta_2 \alpha_{22} + \cdots + \beta_N \alpha_{N2} \\ \vdots \\ \beta_1 \alpha_{1m} + \beta_2 \alpha_{2m} + \cdots + \beta_N \alpha_{Nm} \end{bmatrix}^{\mathrm{T}} \begin{bmatrix} x_1 \\ x_2 \\ \vdots \\ x_m \end{bmatrix} \\
&= \begin{bmatrix} \beta_1 & \beta_2 & \cdots & \beta_N \end{bmatrix} \begin{bmatrix} \alpha_{11} & \alpha_{12} & \cdots & \alpha_{1m} \\ \alpha_{21} & \alpha_{22} & \cdots & \alpha_{2m} \\ \vdots & \vdots & & \vdots \\ \alpha_{N1} & \alpha_{N2} & \cdots & \alpha_{Nm} \end{bmatrix} \begin{bmatrix} x_1 \\ x_2 \\ \vdots \\ x_m \end{bmatrix}
\end{aligned} \tag{7-15}
$$

7.2.2　基于指标规范值的投影寻踪回归模型的矩阵表示

虽然 PPR 矩阵表示的矩阵元优化比 PPR 多重平滑回归计算优化更直观且易于编程实现，但随着岭函数个数和指标数的增加，矩阵的阶数也会增加，需要优化确定的参数矩阵元急剧增长，从而使优化效率降低，优化效果受到影响，实用性受到限制。尤其是将 PPR 的矩阵表示用于指标较多的问题评价时，真正实现尚有一定困难。此外，某些指标优化建立的 PPR 模型对其他指标并不适用，因此 PPR 矩阵表示的模型不具有普适性和通用性。

但正如 7.1.1 节中分析指出的，对广义环境系统，都可以设定各指标的参照值和规范变换式，使规范变换后不同指标的同级标准规范值 x'_{jk} 都能被限定在表 5-2 中各级标准规范值 x'_{jk} 的较小区间内，从而可以认为对于广义环境系统，规范变换后的各指标皆等效于同一个规范指标，因此一个样本的 m 个不同指标(m 维)的规范值只不过是该样本等效规范指标(一维)的 m 个不同取值而已，从而可构建对各指标规范值都适用的 2-2-1 结构(指标个数 m=2；岭函数个数 N=2；评价变量个数 $y=1$)的 NV-PPR(2)评价模型，如式(7-16)或式(7-17)所示，或构建 3-2-1 结构(指标个数 m=3；岭函数个数 N=2；评价变量个数 $y=1$)的 NV-PPR(3)评价模型，如式(7-18)或式(7-19)所示，使高阶矩阵 PPR 模型的求解得到极大简化[14,15]。

既然规范变换能使广义环境系统不同指标的同级标准规范值 x'_{jk} 都被限定在表 5-2 中各级标准规范值 x'_{jk} 的较小区间内，而被视作一个等效规范指标，那么只要在表 5-2 中广义环境系统指标各级标准规范值 x'_{jk} 限定变化范围内，以其中心值作为正态分布函数的中心，每级标准各生成 100 个正态分布随机数，5 级标准共生成 500 个正态分布随机数。用生成的 500 个正态分布随机数按一定规则组成 NV-PPR(2)和 NV-PPR(3)矩阵表示的评价模型训练样本，并应用优化算法优化参数矩阵，则得到的 NV-PPR(2)和 NV-PPR(3)评价模型也适用于指标规范变换的广义环境系统评价，从而使建立的 NV-PPR(2)和 NV-PPR(3)评价模型简洁、规范、普适、通用。

$$y(2)=[\beta_1 \quad \beta_2]\begin{bmatrix}\alpha_{11} & \alpha_{12}\\ \alpha_{21} & \alpha_{22}\end{bmatrix}\begin{bmatrix}x'_{j1}\\ x'_{j2}\end{bmatrix} \tag{7-16}$$

化简得

$$y(2)=Ax'_{j1}+Bx'_{j2} \tag{7-17}$$

$$y(3)=[\beta_1 \quad \beta_2]\begin{bmatrix}\alpha_{11} & \alpha_{12} & \alpha_{13}\\ \alpha_{21} & \alpha_{22} & \alpha_{23}\end{bmatrix}\begin{bmatrix}x'_{j1}\\ x'_{j2}\\ x'_{j3}\end{bmatrix} \tag{7-18}$$

化简得

$$y(3)=Ax'_{j1}+Bx'_{j2}+Cx'_{j3} \tag{7-19}$$

7.2.3 矩阵表示的 NV-PPR 模型的优化

1. 设计优化目标函数式

为了优化 NV-PPR 模型(式(7-16)或式(7-18))中的参数矩阵元 β_u 和 α_{uj}，需设计如下优化目标函数式：

$$\min Q=\frac{1}{500}\sum_{k=1}^{5}\sum_{i=1}^{100}\left(y_{ik}-T_k\right)^2 \tag{7-20}$$

式中，y_{ik} 为由式(7-16)(或式(7-18))计算得到训练样本 i 的 k 级标准的 NV-PPR(2)(或 NV-PPR(3))模型输出值；$T_k(k=1, 2, \cdots, 5)$为训练样本 i 的 k 级标准的 NV-PPR(2)(或 NV-PPR(3))模型期望输出值。两种模型同级标准的的期望输出值 T_k 应设计为相同。NV-PPR 模型 5 级标准的期望输出值可分别设计为：$T_1=0.30$, $T_2=0.40$, $T_3=0.50$, $T_4=0.60$, $T_5=0.70$。

仍采用 IEA-IWO[8]对式(7-16)或式(7-18)中的参数矩阵元 β_u 和 α_{uj} 进行优化，

IEA-IWO 的参数设置见表 7-1。

2. 训练样本的组成

1) NV-PPR(2)评价模型训练样本的组成

与基于指标规范值的广义环境系统评价的前向神经网络模型 NV-FNN(2)的训练样本的组成完全相同。仍以表 5-2 中各级标准生成 100 个正态分布随机数，5 级标准共生成 100×5=500 个正态分布随机数作为标准训练样本。将各级标准生成的第 1 个、第 2 个正态分布随机数组成第 1 个训练样本的 2 个因子，再将第 2 个、第 3 个正态分布随机数组成第 2 个训练样本的 2 个因子，依次递推，直至将第 100 个和第 1 个正态分布随机数组成第 100 个训练样本的 2 个因子。各级标准的 100 个正态分布随机数共组成 100 个训练样本，5 级标准的 500 个正态分布随机数共组成 500 个训练样本，用于训练 2-2-1 结构的 NV-PPR(2)模型。

2) NV-PPR(3)评价模型训练样本的组成

与结构为 2-2-1 的 NV-PPR(2)模型训练样本的组成类似，将各级标准生成的第 1 个、第 2 个、第 3 个正态分布随机数组成第 1 个训练样本的 3 个因子，再将第 2 个、第 3 个、第 4 个正态分布随机数组成第 2 个训练样本的 3 个因子，依次递推，直至将第 100 个、第 1 个和第 2 个正态分布随机数组成第 100 个训练样本的 3 个因子。各级标准有 100 个训练样本，5 级标准共 500 个训练样本，用于训练 3-2-1 结构的 NV-PPR(3)模型。

3. NV-PPR(2)和 NV-PPR(3)模型的优化

与 NV-FNN 模型的构建及优化类似，为了优化 NV-PPR(2)和 NV-PPR(3)模型中的参数矩阵元 β_u 和 α_{uj}，在满足优化目标函数式(7-20)和 $\sum_{j=1}^{m}\alpha_{uj}^2=1$ 的条件下，将上述生成的 500 个训练样本分别代入式(7-16)所示的 NV-PPR(2)模型或式(7-18)所示的 NV-PPR(3)模型中，采用 IEA-IWO 对 β_u 和 α_{uj} 反复寻优。当优化目标函数分别满足 $\min Q_2 \leqslant 1.3\times10^{-3}$ 和 $\min Q_3 \leqslant 9.0\times10^{-4}$ 时，停止迭代，分别得到优化好的参数矩阵为

$$\boldsymbol{\beta}=[0.762983\quad 0.386027],\qquad \boldsymbol{\beta}=[0.552522\quad 0.496798]$$

$$\boldsymbol{\alpha}=\begin{bmatrix}0.731587 & 0.681748\\ 0.539548 & 0.841955\end{bmatrix},\qquad \boldsymbol{\alpha}=\begin{bmatrix}0.265927 & 0.925651 & 0.269172\\ 0.853338 & 0.338639 & 0.396406\end{bmatrix}$$

分别将矩阵 $\boldsymbol{\beta}$ 和 $\boldsymbol{\alpha}$ 代入式(7-16)和式(7-18)并化简，得到适用于样本 i 的任意 2 项指标和 3 项指标规范值的 NV-PPR(2)和 NV-PPR(3)模型输出式分别为

$$y_i(2)=0.766469x'_{j1}+0.845179x'_{j2} \tag{7-21}$$

$$y_i(3) = 0.570867x'_{j1} + 0.679678x'_{j2} + 0.345656x'_{j3} \tag{7-22}$$

式中，x'_{j1}、x'_{j2}、x'_{j3}为广义环境系统样本 i 的任意 3 项指标 $j1$、$j2$、$j3$ 的规范值。

7.2.4 NV-PPR 模型的可靠性分析

依据系统灵敏度的定义，评价模型输出 y 的相对误差 $\Delta y/y$ 和指标实际值的相对误差 $\Delta c_j/c_j$之间具有如下关系：

$$\frac{\Delta y}{y} = S_{c_j}\frac{\Delta c_j}{c_j} \tag{7-23}$$

式中，S_{c_j} 为 NV-PPR 模型的输出 y 对指标实际值 c_j 的灵敏度。

将式(5-1)中最简单变换式 $X_j = (c_j / c_{j0})^{n_j}$ 代入式(5-2)，得

$$x'_j = \frac{n_j}{10}\left(\ln c_j - \ln c_{j0}\right) \tag{7-24}$$

求 x'_j 对 c_j 的微分，得

$$\Delta x'_j = \frac{n_j}{10}\cdot\frac{\Delta c_j}{c_j} \tag{7-25}$$

式(7-25)两边同除以 x'_j，得

$$\frac{\Delta x'_j}{x'_j} = \frac{n_j}{10x'_j}\cdot\frac{\Delta c_j}{c_j} \tag{7-26}$$

类似地，两种结构的 NV-PPR 预测模型输出式(7-17)和式(7-19)可统一表示为

$$y = \alpha x'_j \tag{7-27}$$

对式(7-27)进行微分，并与式(7-26)进行比较，可得

$$\frac{\Delta y}{y} = \frac{n_j}{10x'_j}\cdot\frac{\Delta c_j}{c_j} \tag{7-28}$$

比较式(7-23)和式(7-28)可得

$$S_{c_j} = \frac{n_j}{10x'_j} \tag{7-29}$$

变换式(5-1)中的 n_j 只取±2、±1、±0.5。用式(5-1)和式(5-2)计算得到的各指标最小规范值为 0.15，最大规范值为 0.55。因此，任何指标的其余规范值均满足 $0.15< x'_j <0.55$。由式(7-29)可知，当且仅当 $n_j=\pm2$ 和 $0.15< x'_j <0.2$ 时，才会出现计算得到的 NV-PPR 模型灵敏度$|S_{c_j}|>1$；其余情况皆满足$|S_{c_j}|\leqslant1$，即低灵敏度模型，

若指标实际值的相对误差为 $\Delta c_j/c_j$，由式(7-23)可知，$\Delta y/y \leqslant \Delta c_j/c_j$。可见，NV-PPR 模型计算得到的输出值 y 的相对误差 $\Delta y/y$ 一般不被放大，反而被缩小。因此，NV-PPR 模型的输出是稳定、可靠的。

7.3　广义环境系统评价的支持向量机回归模型

单层 FNN 和多层 FNN 可以分别解决线性分类和非线性分类问题，但两者都不能保证得到的分类器是最优的。而支持向量机是从统计学习理论发展而来的一种模式识别方法，它能根据有限的样本信息，在模型的复杂性和学习能力之间寻求最佳折中。从理论上讲，支持向量机能够实现对线性可分数据的最优分类；而对于非线性分类问题，可通过引入核函数映射，将线性不可分类问题转化为高维空间的线性可分类问题。尤其在解决小样本、非线性及高维模式识别问题时表现出许多特有的优势，并易于推广应用到函数拟合等其他机器学习问题中，因此支持向量机已成为目前较常用的适用于小样本训练的分类器[16]。

7.3.1　最小二乘支持向量机回归算法的基本原理和方法

由 Sukyens 提出的最小二乘支持向量机回归是在支持向量机分类方法的基础上，通过引进适当的损失函数推广而来的。支持向量机回归也具有逼近任意连续、有界非线性函数的能力[17]。而函数的逼近问题就是寻找一个函数 f，使之通过样本训练后，对于训练样本集以外的样本输入 $\boldsymbol{x}$，通过函数 f 找出对应的样本输出 y。支持向量机回归有线性回归和非线性回归两类。

设样本为 n 维向量，某区域的 l 个样本及其数值表示为：$(\boldsymbol{x}_1, y_1), (\boldsymbol{x}_2, y_2), \cdots, (\boldsymbol{x}_l, y_l) \in \mathbf{R}^n \times \mathbf{R}$，$\mathbf{R}$ 为实数空间，$\mathbf{R}^n$ 为 n 维实向量空间。

(1) 首先用一非线性映射 $\varphi(\cdot)$ 把样本从原空间 $\mathbf{R} \xrightarrow{\text{映射}}$ 特征空间 $\varphi(\boldsymbol{x}) = (\varphi(\boldsymbol{x}_1), \varphi(\boldsymbol{x}_2), \cdots, \varphi(\boldsymbol{x}_l))$。在此高维特征空间中构造最优决策函数：$y(\boldsymbol{x}) = \boldsymbol{W} \cdot \varphi(\boldsymbol{x}) + b$，从而将非线性估计函数转化为高维特征空间的线性估计函数。

(2) 利用结构风险最小化原则寻找 $\boldsymbol{W}$、b，就是最小化 $R = \|\boldsymbol{W}\|^2 + C \cdot \mathrm{Remp}$，其中，$\|\boldsymbol{W}\|^2$ 为控制模型的复杂度；C 为惩罚因子；Remp 为误差控制函数，即 ε 不敏感损失函数。常用的损失函数有线性 ε 损失函数和二次 ε 损失函数。选取不同的损失函数，可构造不同形式的支持向量机。LS-SVR 在优化目标函数中的损失函数为误差 ξ_i 的二次项，故优化问题为

$$\begin{aligned}&\min J(\boldsymbol{W}, \xi_i) = \frac{1}{2}\boldsymbol{W} \cdot \boldsymbol{W} + C\sum_{i=1}^{l}\xi_i^2, \\ &\text{s.t.}\ \ y_i = \boldsymbol{W} \cdot \varphi(\boldsymbol{x}_i) + b + \xi_i, \quad i = 1, 2, \cdots, l\end{aligned} \tag{7-30}$$

(3) 用拉格朗日乘子法求解此优化问题：

$$L(\boldsymbol{W},b,\xi_i,\alpha_i)=\frac{1}{2}\boldsymbol{W}\cdot\boldsymbol{W}+C\sum_{i=1}^{l}\xi_i^2-\sum_{i=1}^{l}\alpha_i[\boldsymbol{W}\cdot\varphi(x_i)+b+\xi_i-y_i] \tag{7-31}$$

式中，α_i为拉格朗日乘子，i=1, 2,⋯, l。

根据优化条件：

$$\frac{\partial L}{\partial \boldsymbol{W}}=0,\quad \frac{\partial L}{\partial b}=0,\quad \frac{\partial L}{\partial \xi_i}=0,\quad \frac{\partial L}{\partial \alpha_i}=0 \tag{7-32}$$

可得

$$\begin{cases}\boldsymbol{W}=\sum_{i=1}^{l}\alpha_i\varphi(\boldsymbol{x}_i) & \text{(7-33a)}\\ \sum_{i=1}^{l}\alpha_i=0 & \text{(7-33b)}\\ \alpha_i=2C\xi_i & \text{(7-33c)}\\ \boldsymbol{W}\cdot\varphi(\boldsymbol{x}_i)+b+\xi_i-y_i=0 & \text{(7-33d)}\end{cases}$$

(4) 求解以 b 和α_i(i=1,2,⋯,l)为未知量的线性方程组。将式(7-33a)和式(7-33c)代入式(7-33d)，消去 $\boldsymbol{W}$ 和 ξ_i，定义核函数$k(\boldsymbol{x}_i,\boldsymbol{x}_j)=\varphi(\boldsymbol{x}_i)\cdot\varphi(\boldsymbol{x}_j)$，$k(\boldsymbol{x}_i,\boldsymbol{x}_j)$为满足 Mercer 条件的对称函数。将式(7-33b)和式(7-33d)合成为以 b 和α_i为未知量的线性方程组，即优化问题转化为求解式(7-34)所示的含有待优化参数 C(惩罚因子)和核参数σ的 l+1 个未知量的线性方程组(未知量为 b 和α_i (i=1, 2, ⋯, l))的问题。

$$\begin{bmatrix}0 & 1 & \cdots & 1\\ 1 & k(\boldsymbol{x}_1,\boldsymbol{x}_1)+\frac{1}{2C} & \cdots & k(\boldsymbol{x}_1,\boldsymbol{x}_l)\\ \vdots & \vdots & & \vdots\\ 1 & k(\boldsymbol{x}_l,\boldsymbol{x}_1) & \cdots & k(\boldsymbol{x}_l,\boldsymbol{x}_l)+\frac{1}{2C}\end{bmatrix}\begin{bmatrix}b\\ \alpha_1\\ \vdots\\ \alpha_l\end{bmatrix}=\begin{bmatrix}0\\ y_1\\ \vdots\\ y_l\end{bmatrix} \tag{7-34}$$

(5) 最后得到如下支持向量机回归(非线性)模型：

$$y=f(\boldsymbol{x})=\sum_{i=1}^{l}\alpha_i k(\boldsymbol{x}_i,\boldsymbol{x})+b \tag{7-35}$$

式中，b 为常参数；α_i为支持向量，i=1, 2,⋯, l；$k(\boldsymbol{x}_i,\boldsymbol{x})$为内积核函数，内积核函数主要有多项式核函数$k(\boldsymbol{x}_i,\boldsymbol{x})=[1+\boldsymbol{x}\cdot\boldsymbol{x}_i]^q$，线性核函数$k(\boldsymbol{x}_i,\boldsymbol{x}_j)=(\boldsymbol{x}_i,\boldsymbol{x}_j)$，Sigmoid 核函数$k(\boldsymbol{x}_i,\boldsymbol{x})=S(a(\boldsymbol{x}_i\cdot\boldsymbol{x})+t)$，其中，$S$ 为 Sigmoid 函数，a、t 为常数；而常用的是高斯径向基核函数：

$$k(\boldsymbol{x}_i, \boldsymbol{x}) = \exp\left(-\frac{\|\boldsymbol{x} - \boldsymbol{x}_i\|^2}{2\sigma^2}\right), \quad \sigma > 0 \tag{7-36}$$

式中，$\|\cdot\|$表示两个样本之间的范数；σ为径向基核函数的宽度参数。

σ精确定义了高维特征空间非线性映射函数的结构，控制了最终解的复杂性，因此影响高维特征空间上的线性回归。当σ减小时，回归函数的复杂度增加，容易导致过拟合，σ值过大或过小都会使系统的泛化性能变差。因此，适当选择σ对回归模型的泛化性能很关键。式(7-34)中的惩罚因子 C 是调节训练误差和模型复杂度之间的折中，间接影响回归模型的泛化性能，C 值过大或过小都会因过学习或欠学习而使系统的泛化性能变差。应用 LS-SVR 建模时，惩罚因子 C 和核参数σ的选择直接影响模型的预测准确程度。因此，求模型参数 C 和σ是一个最佳模型选择问题，可以应用各种优化方法对 C 和σ进行搜索。LS-SVR 算法的原理和实现步骤详见文献[18]。

7.3.2　广义环境系统评价的 NV-SVR 模型的特点

基于指标规范值的广义环境系统评价的 NV-SVR 模型与传统 LS-SVR 模型的主要区别：传统 LS-SVR 模型对不同的评价指标和指标数组合需要建立不同的 LS-SVR 优化模型，即式(7-35)中的支持向量α_i、b 和核参数σ都不同，不能建立优化后对任意多个不同指标的支持向量α_i、b和核参数σ都能普适、通用的 LS-SVR 模型；此外，随着评价指标数的增加，核函数的计算变得复杂，必然在一定程度上影响学习效率，因此 LS-SVR 模型的实用性受到一定限制。

建立在指标规范值基础上的广义环境系统评价的 NV-SVR 模型是对广义环境系统的任意 m 项指标组合都能普适、通用的环境系统评价模型。该模型建立后，对给定的任意 m 项指标组合的环境系统进行评价，只要将 m 项指标规范值输入优化好的 NV-SVR 模型中，计算出输出结果后就可以进行环境评价。因此，相对于传统 LS-SVR 模型，优化得到的 NV-SVR 模型不仅对广义环境系统的任意多项指标普适、通用，且无须进行编程和复杂的优化计算，方便实用[19]。

7.3.3　广义环境系统评价的 NV-SVR 建模

1. 训练样本的生成

由于在表 7-3 中各级标准规范值 x'_{jk} 限定变化范围内，各级标准生成的 100 个随机数可以视为任意 100 项不同指标的同级标准规范值，5 级标准生成的 500 个随机数则是该 100 项不同指标的 5 级标准规范值 x'_{jk} (j=1, 2, …, 100; k=1, 2, …, 5)。因此，用规范值表示的该 100 项指标皆与某项规范指标等效。若以各级标准

生成的每个标准规范值 x'_{jk} 作为等效规范指标的一个训练样本，则每级标准生成等效规范指标的 100 个训练样本(也可以视为由 100 项不同规范指标组成的 1 个标准训练样本)，5 级标准共生成等效规范指标的 500 个训练样本，再加上规范值为 0 的参照级生成的 100 个参照样本，共同组成 NV-SVR 模型的 600 个训练样本。选用式(7-36)所示的高斯径向基函数作为核函数。此处，范数$\|\cdot\|$不用两个样本之间的欧氏距离，而用两个样本之间的均方根距离$\|\cdot\| = \sqrt{\frac{1}{m}\sum_{j=1}^{m}(x'_{jk} - x'_{k0})^2}$ 表示。其中，x'_{jk} 为第 $k(k=0, 1, \cdots, 5)$级标准(包括参照级)规范值限定范围内随机生成的 100 个标准规范值；x'_{k0} 为第 k 级标准随机生成的 100 个标准规范值的平均值，即第 k 级标准高斯径向基核函数(式(7-36))中心值(x'_{k0} 也可视为第 k 个核函数中心常矢量的分量值)，对同级标准的 100 个训练样本，其中心值 x'_{k0} 均相同，见表 7-4。

表 7-4　NV-SVR 模型的高斯径向基核函数中心值 x'_{k0}、期望输出值 y'_{k0} 和分级标准值 y'_k

项目	k=0	k=1	k=2	k=3	k=4	k=5
x'_{k0}	0.0000	0.1855	0.2417	0.3064	0.3779	0.4430
y'_{k0}	0.0000	0.2000	0.3500	0.5000	0.6500	0.8000
y'_k	− 0.0461	0.2256	0.3543	0.5096	0.6705	0.7913

2. 设计优化目标函数式

为了优化 NV-SVR 评价模型表达式(7-35)和式(7-36)中的α_i、b 和核参数 σ 等 3 个参数，需要构造全部训练样本的最小误差平方和的均值作为优化目标函数式：

$$\min Q = \frac{1}{K}\sum_{k=1}^{K}\left(y'_k - y'_{k0}\right) \tag{7-37}$$

式中，y'_k 为由式(7-35)计算得到的第 k 级标准样本的 NV-SVR 模型分级标准值；y'_{k0} 为设定的第 k 级标准样本的 NV-SVR 模型期望输出值，同级标准样本的 NV-SVR 模型期望输出值设定为相同，见表 7-4；K 为训练样本总数。

3. 参数设置和模型优化结果

广义环境系统评价的 NV-SVR 模型如式(7-35)所示。为了优化确定 NV-SVR 模型中的惩罚因子 C 和核参数 σ_k，分别设置 C 和 σ_k 的取值区间为 $C\in[0,\ 200]$，$\sigma_k \in [0,\ 1]$。在满足目标函数式(7-37)的条件下，以表 7-3 中生成的全部 600 个标准规范值作为 NV-SVR 模型的训练样本，将其指标标准规范值代入高斯径向基核函数 $k(\boldsymbol{x}_i, \boldsymbol{x}_j)$ $(i, j=0, 1, 2, 3, 4, 5)$中，在以最小二乘回归矩阵法求解线性方程组的过程中，用免疫进化算法对核参数 σ (所有 σ_k 视为相同，因而略去下标 k)和惩罚因子 C 进行反复迭代优化。在优化过程中，免疫进化算法的参数设置见表 7-5。免疫进化算法的基本原理及其算法实现详见文献[20]。当 $\min Q \leqslant 1.4225\times10^{-4}$ 时，停止迭代，得到优化好的 σ 、C 及线性方程组的优化解 α_k (k=0, 1, 2, 3, 4, 5)和 b，见表 7-6。将 α_k 和 b 代入式(7-35)，得到适用于广义环境系统评价的 NV-SVR 模型，如式(7-38)所示。

$$y = -0.3278k_0(\boldsymbol{x}',\boldsymbol{x}'_{00}) - 0.3562k_1(\boldsymbol{x}',\boldsymbol{x}'_{10}) - 0.5905k_2(\boldsymbol{x}',\boldsymbol{x}'_{20}) + 0.5462k_3(\boldsymbol{x}',\boldsymbol{x}'_{30}) - 0.1643k_4(\boldsymbol{x}',\boldsymbol{x}'_{40}) + 0.8926k_5(\boldsymbol{x}',\boldsymbol{x}'_{50}) + 0.4247 \tag{7-38}$$

式中，$k_k(\boldsymbol{x}',\boldsymbol{x}'_{k0})$ 为与式(7-36)类似的高斯径向基核函数；核函数中的范数 $\|\cdot\|$ 采用均方根距离计算；核参数 σ 见表 7-6。

将指标规范值表示的各级标准的 100 个训练样本分别代入式(7-38)所示的 NV-SVR 模型中，计算得到环境评价模型输出的分级标准值 y'_k，见表 7-4。

表 7-5　免疫进化算法的参数设置

IEA 动态调整系数 A	最大迭代次数 T	群体规模 K	标准差 δ_0
10	2000	100	0.1

表 7-6　NV-SVR 模型的参数优化结果

α_k						b	σ	C	$\min Q$
k=0	k=1	k=2	k=3	k=4	k=5				
−0.3278	−0.3562	−0.5905	0.5462	−0.1643	0.8926	0.4247	0.3171	200	5.5054×10^{-4}

7.3.4　广义环境系统评价的 NV-SVR 模型的可靠性分析

由于广义环境系统评价的 NV-SVR 模型都是在若干参数基础上建立的，这些参数又是依据评价指标的输入数据 c_j 及目标值的输出数据来确定的。而获得的输入数据和输出数据的误差会导致评价模型的参数估计存在一定的不确定性，这些不确定性对 NV-SVR 模型的评价结果有一定影响，其影响程度可以通过对模型核函数的输出 K 的灵敏度分析予以确定[9]。由灵敏度定义，指标实际值的相对误差 $\Delta c_j/c_j$ 与核函数输出 K 的相对误差 $\Delta K/K$ 之间的关系式为

$$\frac{\Delta K}{K} = S_{c_j}\frac{\Delta c_j}{c_j} \tag{7-39}$$

式中，S_{c_j} 为核函数对指标 c_j 的灵敏度；K 为核函数，其计算公式为

$$K = \mathrm{e}^{-\frac{\|\cdot\|^2}{2\sigma^2}} \tag{7-40}$$

其中

$$\|\cdot\|^2 = \frac{1}{m}\sum_{j=1}^{m}\left(x'_j - x'_{jM}\right)^2 \tag{7-41}$$

式中，x'_{jM} 为指标 j 规范值的最大值。由式(7-40)和式(7-41)，经化简得

$$\frac{\Delta K}{K} = -\frac{0.2}{\sigma^2}\cdot\frac{n_j}{10}\cdot\frac{\Delta c_j}{c_j} \tag{7-42}$$

比较式(7-39)与式(7-42)，得

$$S_{c_j} = -0.02\frac{n_j}{\sigma^2} \tag{7-43}$$

由于 n_j 仅取 0.5、1、2；σ 大多在[0.1, 0.2]内，若取其中值 $\sigma = 0.15$，则仅当 n_j=2 时，$\left|S_{c_j}\right|_{\sigma=0.15,\, n_j=2} = 1.78$；因此，NV-SVR 模型为低灵敏度模型，即该模型是稳健、可靠的。

7.4 普适智能评价模型用于广义环境系统评价步骤

步骤一：由评价样本 i 的 m 项指标($j = 1, 2, \cdots, m$)及其分级标准，设置各指标的参照值 c_{j0} 和变换式，并分别计算出指标 j 的各级标准规范值 x'_{jk} (j =1, 2, ⋯, m; k =1, 2, ⋯, K)及待评价样本 i 的各指标 j 的规范值 x'_{ji}。

步骤二：从某项指标开始，依次将各级标准的第 1 项和第 2 项指标，第 2 项和第 3 项指标，⋯，第 m 项和第 1 项指标的标准规范值，分别代入适用于广义环境系统评价的 NV-FNN(2)模型输出式(7-4)和 NV-PPR(2)模型输出式(7-21)，计算两种模型各级标准的 m 个输出值的平均值作为两种模型输出的各分级标准值 $O_k(2)$ 和 $y_k(2)$；类似地，依次将各级标准的第 1 项、第 2 项和第 3 项指标， 第 2 项、第 3 项和第 4 项指标，⋯，第 m 项、第 1 项和第 2 项指标的标准规范值，分别代入适用于广义环境系统评价的 NV-FNN(3)模型输出式(7-5)和 NV-PPR(3)模型输出式(7-22)，计算两种模型各级标准的 m 个输出值的平均值作为两种模型输出的各分级标准值 $O_k(3)$ 和 $y_k(3)$；而对于 NV-SVR 模型，则将各级标准的 m 项指标的

标准规范值 x'_{jk} (j =1, 2, …, m; k =1, 2, …, K)分别代入 NV-SVR 评价模型输出式(7-38)中，计算得到 NV-SVR 模型输出的分级标准值 y'_k。

步骤三： 与 NV-FNN 模型和 NV-PPR 模型输出的分级标准值的计算方法类似，从评价样本 i 的某一项指标开始，依次将指标 1 和指标 2，指标 2 和指标 3，…，指标 m 和指标 1 的规范值作为 NV-FNN(2)模型和 NV-PPR(2)模型的输入指标，分别代入式(7-4)和式(7-21)计算输出值，并计算评价样本 i 的 m 个模型输出值的平均值 $O_i(2)$ 和 $y_i(2)$；同样，从评价样本的某一项指标开始，依次将指标 1、指标 2 和指标 3，指标 2、指标 3 和指标 4，…，指标 m、指标 1 和指标 2 的规范值作为 NV-FNN(3)模型和 NV-PPR(3)模型的输入指标，分别代入式(7-5)和式(7-22)计算输出值，并计算评价样本 i 的 m 个模型输出值的平均值 $O_i(3)$ 和 $y_i(3)$；对于 NV-SVR 模型，则将样本 i 的 m 项指标的规范值 x'_{ji} (j =1, 2, …, m)代入 NV-SVR 评价模型输出式(7-38)中，计算得到 NV-SVR 模型输出值 y_i。

步骤四： 将评价样本 i 的各模型输出值或输出值的平均值与各模型输出的分级标准值进行比较，即可对样本的评价等级进行判断。

7.5 本章小结

本章提出将指标规范变换与优化算法相结合，构建并优化得出适用于广义环境系统评价的两种简单结构的前向神经网络(NV-FNN(2)、NV-FNN(3))模型、投影寻踪回归(NV-PPR(2)、NV-PPR(3))模型和支持向量机回归(NV-SVR)模型，并分别对三种智能评价模型进行可靠性分析，从而建立适用于广义环境系统指标规范值的简洁、规范、统一、普适和通用的评价模型，为环境评价开辟了新途径。类似地，还可将指标规范变换与优化算法相结合，构建并优化得出适用于广义环境系统评价的结构简单的 NV-BP 神经网络模型、NV-RBF 网络模型、NV-PNN 网络模型。

参考文献

[1] Ventresca M, Tizhoosh H R. Improving the convergence of backpropagation by opposite transfer functions[J]. IEEE International Joint Conference on Neural Network Proceedings, 2006, 1(10): 4777-4784.

[2] Singh K P, Basant A, Malik A, et al. Artificial neural network modelling of the river water quality: A case study[J]. Ecological Modelling, 2009, 220(6): 888-895.

[3] 李祚泳, 王文圣, 张正健, 等. 环境信息规范对称与普适性[M]. 北京: 科学出版社, 2011.

[4] Wang X G, Tang Z, Tamura H, et al. An improved back-propagation algorithm to avoid the local minima problem[J]. Neurocomputing, 2004, 56(1): 455-460.

[5] Harri N, Teri H, Ari K. Evolving the neural network model for forecasting air pollution time series[J]. Engineering Applications of Artificial Intelligence, 2004, 17(2): 159-167.
[6] Zhang J R, Zhang J, Lok T M, et al. A hybrid particle swarm optimization back-propagation algorithm for food forward neural network training[J].Applied Mathematics and Computation, 2007, 185(2): 1026-1037.
[7] 李祚泳, 徐源蔚, 汪嘉杨, 等. 基于前向神经网络的广义环境系统评价普适模型[J]. 环境科学学报, 2015, 35(9): 2996-3005.
[8] 张小丽. 改进野草算法及用于环境质量综合评价模型优化[D]. 成都: 成都信息工程大学, 2015.
[9] 郑彤, 陈春云. 环境系统数学模型[M]. 北京: 化学工业出版社, 2003.
[10] 巩奕成, 张永祥, 丁飞, 等. 基于萤火虫算法的投影寻踪地下水水质评价方法[J]. 中国矿业大学学报, 2015, 44(3): 566-572.
[11] 付强, 赵小勇. 投影寻踪模型原理及其应用[M]. 北京: 科学出版社，2006.
[12] Friedmann J H, Stuetle W. Projection pursuition regression[J]. Journal of American Statistical Association, 1981, 76(376): 817-823.
[13] 李祚泳, 汪嘉杨, 金相灿, 等. 基于进化算法的湖泊富营养化投影寻踪回归预测模型[J]. 四川大学学报(工程科学版), 2007, 39(2): 1-8.
[14] 李祚泳, 张正健, 余春雪. 基于投影寻踪回归的指标规范值的水质评价模型[J]. 水文, 2012, 32(3): 6-12.
[15] 李祚泳, 徐源蔚, 汪嘉杨, 等. 基于投影寻踪回归的规范指标的气象灾情评估[J]. 应用气象学报, 2016, 27(4): 480-487.
[16] Liu S Y, Xu L Q, Li D L. Water quality early warning model based on support vector machine optimized by rough set algorithm[J]. Systems Engineering—Theory & Practice, 2015, 35(6): 1617-1624.
[17] Wu Z L, Li C H, Joseph K, et al. Location estimation via support vector regression[J]. IEEE Transactions on Mobile Computing, 2007, 6(3): 311-321.
[18] 李祚泳, 汪嘉杨, 熊建秋, 等. 可持续发展评价模型与应用[M]. 北京: 科学出版社, 2007.
[19] 李祚泳, 张正健. 基于回归支持向量机的指标规范值的水质评价模型[J]. 中国环境科学, 2013, 33(8): 1502-1508.
[20] 倪长健, 丁晶, 李祚泳. 免疫进化算法[J]. 西南交通大学学报, 2003, 38(1): 87-91.

第 8 章　广义环境系统的智能评价模型的应用

本章将第 7 章优化得到的基于指标规范值的前向神经网络(NV-FNN)模型、投影寻踪回归(NV-PPR)模型和支持向量机回归(NV-SVR)模型等三种环境系统智能评价模型用于空气环境、水环境、水资源环境等不同环境系统进行分析评价，以验证上述三种智能模型用于广义环境系统评价的可行性和实用性。

8.1　基于 NV-FNN 和 NV-PPR 模型的空气环境评价实例

2001～2011 年济南市 3 项空气环境指标的分级标准值 c_{jk} (《环境空气质量标准》(GB 3095—2012))及监测值 c_j 分别见表 6-1 和表 6-2[1]。设置各指标的参照值 c_{j0} 和变换式，分别见表 6-1 和式(8-1)。根据式(8-1)和式(5-2)计算出这 3 项指标的分级标准规范值 x'_{jk} 和各年度 3 项指标的规范值 x'_j，分别见表 6-1 和表 6-2。

按照 7.4 节普适智能评价模型用于广义环境系统评价的步骤二，在视各指标等权的情况下，由表 6-1 中各指标标准规范值 x'_{jk} 及式(7-4)、式(7-5)和式(7-21)、式(7-22)，分别计算得到 NV-FNN、NV-PPR 两种模型输出的分级标准值 O_k 和 $y_k(k=1, 2)$，见表 8-1。同样，按照步骤三，由式(7-4)、式(7-5)和式(7-21)、式(7-22)，分别计算得到 2001～2011 年济南市空气质量的 NV-FNN、NV-PPR 两种模型输出值 O_i 和 y_i(表 8-2)及依据两种模型输出的分级标准值 O_k 和 y_k(表 8-1)得到的等级评价结果，见表 8-2。表 8-2 中还列出了文献[1]用超标倍数赋权法的评价结果。可见，NV-FNN、NV-PPR 两种模型对 2001～2011 年济南市空气质量评价结果与超标倍数赋权法的评价结果完全一致。

$$X_j = \begin{cases} c_j/c_{j0}, & c_j \geqslant c_{j0}，\text{对指标NO}_2 \\ (c_j/c_{j0})^2, & c_j \geqslant c_{j0}，\text{对指标SO}_2\text{、PM}_{10} \\ 1, & c_j < c_{j0}，\text{对所有指标} \end{cases} \tag{8-1}$$

式中，各指标的 c_{j0} 值见表 6-1；c_{j0} 和 c_j 的单位均为 mg/m^3。

表 8-1　NV-FNN 和 NV-PPR 模型输出的分级标准值 O_k 和 y_k

模型输出分级标准	NV-FNN		模型输出分级标准	NV-PPR	
	k=1	k=2		k=1	k=2
$O_k(2)$	0.1309	0.2308	$y_k(2)$	0.2260	0.4042
$O_k(3)$	0.1292	0.2287	$y_k(3)$	0.2239	0.4003
O_k	0.1301	0.2298	y_k	0.2250	0.4023

表 8-2　多种评价模型和方法对 2001～2011 年济南市空气质量的评价结果

年份	NV-FNN		NV-FNN		NV-PPR		NV-PPR		超标倍数赋权法	
	$O_i(2)$	等级	$O_i(3)$	等级	$y_i(2)$	等级	$y_i(3)$	等级	SI	等级
2011	0.2395	2	0.2393	2	0.4236	2	0.4196	2	0.3082	2
2010	0.2307	2	0.2304	2	0.4074	2	0.4035	2	0.3025	2
2009	0.2373	2	0.2373	2	0.4199	2	0.4159	2	0.3079	2
2008	0.2372	2	0.2373	2	0.4199	2	0.4159	2	0.3084	2
2007	0.2390	2	0.2391	2	0.4232	2	0.4191	2	0.3095	2
2006	0.2151	2	0.2145	2	0.3784	2	0.3748	2	0.2918	2
2005	0.2487	2	0.2491	2	0.4416	2	0.4374	2	0.3171	2
2004	0.2541	2	0.2546	2	0.4517	2	0.4474	2	0.3203	2
2003	0.2797	2	0.2812	2	0.5010	2	0.4962	2	0.3401	2
2002	0.2589	2	0.2594	2	0.4606	2	0.4561	2	0.3233	2
2001	0.2660	2	0.2670	2	0.4746	2	0.4700	2	0.3296	2

8.2　基于 NV-FNN 和 NV-PPR 模型的水环境评价实例

8.2.1　基于 NV-FNN 和 NV-PPR 模型的天津市塘沽区地表水水质评价

2006 年天津市塘沽区地表水水质 5 个监测点为大梁子(1#)、船闸(2#)、唐汉桥(3#)、宁车站(4#)、北塘库(5#)，其 5 项地表水指标监测值 c_j 及分级标准值 c_{jk} 见表 8-3[2]。设置指标变换式如式(8-2)所示，指标 DO、COD_{Mn}、COD_{Cr}、BOD_5、NH_3-N 的参照值 c_{j0} 分别为 20mg/L、0.2mg/L、5mg/L、1mg/L、0.03mg/L。由式(8-2)和式(5-2)计算得到 5 项指标各级标准规范值 x'_{jk} 及各测点 5 项指标规范值 x'_j，见表 8-3。

按照 7.4 节普适智能评价模型用于广义环境系统评价的步骤二，在视各指标等权的情况下，由表 8-3 中各指标标准规范值 x'_{jk} 及式(7-4)、式(7-5)和式(7-21)、式(7-22)，分别计算得到 NV-FNN、NV-PPR 两种模型输出的分级标准值 O_k、y_k(k=1, 2, …, 5)，见表 8-4；同样，按照步骤三，由式(7-4)、式(7-5)和式(7-21)、式(7-22)，分别计算得到 2006 年天津市塘沽区地表水 5 个监测点的 NV-FNN、NV-PPR 两种模型输出值 O_i 和 y_i(表 8-5)及依据两种模型输出的分级标准值 O_k 和 y_k(表 8-4)得出的等级评价结果，见表 8-5。表 8-5 中还列出了文献[2]中用等效数值法和模糊综合法的评价结果。可以看出，几种方法评价结果除北塘库(5#)相差一级外，其余 4 个地区评价结果完全一致。

$$X_j=\begin{cases}c_j/c_{j0}, & c_j \geqslant c_{j0},\ \text{对指标}NH_3\text{-N、}COD_{Mn}\\(c_j/c_{j0})^2, & c_j \geqslant c_{j0},\ \text{对指标}BOD_5\text{、}COD_{Cr}\\(c_{j0}/c_j)^2, & c_j \leqslant c_{j0},\ \text{对指标DO}\\1, & c_j > c_{j0},\ \text{对指标DO}\\1, & c_j < c_{j0},\ \text{对指标}NH_3\text{-N、}BOD_5\text{、}COD_{Cr}\text{、}COD_{Mn}\end{cases} \tag{8-2}$$

式中，各指标 c_{j0} 和 c_j 的单位均为 mg/L。

表 8-3　天津市塘沽区地表水评价指标的监测值 c_j、规范值 x'_j 及分级标准值 c_{jk}、标准规范值 x'_{jk}

指标	项目	地表水分级标准					项目	塘沽区				
		k=1	k=2	k=3	k=4	k=5		大梁子	船闸	唐汉桥	宁车站	北塘库
DO	c_{jk}	7.5	6.0	5.0	3.0	2.0	c_j	8.9	8.9	4.3	6.6	9.6
	x'_{jk}	0.1962	0.2408	0.2773	0.3794	0.4605	x'_j	0.1619	0.1619	0.3074	0.2217	0.1468
COD_{Mn}	c_{jk}	2	4	6	10	15	c_j	13.27	11.92	11.63	8.94	9.19
	x'_{jk}	0.2303	0.2996	0.3401	0.3912	0.4317	x'_j	0.4195	0.4088	0.4063	0.3800	0.3828
COD_{Cr}	c_{jk}	15	15	20	30	45	c_j	53	48	68	79	56
	x'_{jk}	0.2197	0.2197	0.2773	0.3584	0.4394	x'_j	0.4722	0.4524	0.5220	0.5520	0.4832
BOD_5	c_{jk}	2.0	3.0	4.0	6.0	10.0	c_j	4.2	4.8	6.2	7.4	2.5
	x'_{jk}	0.1386	0.2197	0.2773	0.3584	0.4605	x'_j	0.2870	0.3137	0.3649	0.4003	0.1833
NH_3-N	c_{jk}	0.15	0.50	1.00	1.50	2.00	c_j	8.67	14.01	11.88	7.13	0.11
	x'_{jk}	0.1609	0.2813	0.3507	0.3912	0.4200	x'_j	0.5666	0.6146	0.5981	0.5471	0.1299

注：各指标的 c_{jk} 和 c_j 的单位均为 mg/L。

表 8-4　天津市塘沽区地表水评价 NV-FNN 和 NV-PPR 模型输出的分级标准值 O_k 和 y_k

模型输出分级标准	级别				
	$k=1$	$k=2$	$k=3$	$k=4$	$k=5$
$O_k(2)$	0.1750	0.2305	0.2747	0.3319	0.3820
$O_k(3)$	0.1735	0.2299	0.2757	0.3364	0.3912
O_k	0.1743	0.2302	0.2752	0.3341	0.3866

续表

模型输出分级标准	级别				
	$k=1$	$k=2$	$k=3$	$k=4$	$k=5$
$y_k(2)$	0.3048	0.4065	0.4908	0.6055	0.7130
$y_k(3)$	0.3019	0.4026	0.4861	0.5997	0.7062
y_k	0.3034	0.4045	0.4885	0.6026	0.7096

表 8-5　多种评价模型和方法对天津市塘沽区地表水水质的评价结果

监测点	NV-FNN		NV-FNN		NV-PPR		NV-PPR		等效数值法等级	模糊综合法等级
	$O_i(2)$	等级	$O_i(3)$	等级	$y_i(2)$	等级	$y_i(3)$	等级		
1#	0.3352	5	0.3409	5	0.6147	5	0.6089	5	5	5
2#	0.3417	5	0.3481	5	0.6290	5	0.6230	5	5	5
3#	0.3793	5	0.3888	5	0.7087	5	0.7019	5	5	5
4#	0.3639	5	0.3726	5	0.6772	5	0.6708	5	5	5
5#	0.2379	3	0.2404	3	0.4274	3	0.4233	3	4	4

8.2.2　基于 NV-FNN 和 NV-PPR 模型的黑龙洞泉域地下水水质评价

黑龙洞泉域地下水 5 个监测点为：南鼓山(1#)、磁山镇(2#)、固镇(3#)、二里山(4#)、黑龙洞(5#)，其 6 项地下水指标监测值 c_j 及分级标准值 c_{jk} 见表 8-6[3]。设置指标变换式如式(8-3)所示，指标 HDS、SO_4^{2-}、Cl^-、NO_3^--N、SS、F^-的参照值 c_{j0} 分别为 15mg/L、7mg/L、7mg/L、0.5mg/L、30mg/L、0.05mg/L。由式(8-3)和式(5-2)计算得到 6 项指标各级标准规范值 x'_{jk} 及各测点 6 项指标规范值 x'_j，见表 8-6。

按照 7.4 节普适智能评价模型用于广义环境系统评价的步骤二，在视各指标等权的情况下，由表 8-6 中各指标标准规范值 x'_{jk} 及式(7-4)、式(7-5)和式(7-21)、式(7-22)，分别计算得到 NV-FNN、NV-PPR 两种模型输出的分级标准值 O_k、y_k(k=1, 2, …, 5)，见表 8-7；同样，按照步骤三，由式(7-4)、式(7-5)和式(7-21)、式(7-22)，分别计算得到黑龙洞泉域地下水 5 个监测点的 NV-FNN、NV-PPR 两种模型输出值 O_i 和 y_i(表 8-8)及依据两种模型输出的分级标准值 O_k 和 y_k(表 8-7)得出的等级评价结果，见表 8-8。表 8-8 中还列出了文献[3]中用属性识别理论法的评价结果。可以看出，几种方法的评价结果完全一致。

$$X_j=\begin{cases} c_j/c_{j0}, & c_j \geqslant c_{j0}, \quad \text{对所有指标} \\ 1, & c_j < c_{j0}, \quad \text{对所有指标} \end{cases} \tag{8-3}$$

式中，各指标名称见表 8-6，其 c_{j0} 和 c_j 的单位均为 mg/L。

表 8-6　黑龙洞泉域地下水评价指标的监测值 c_j 、规范值 x'_j 及分级标准值 c_{jk} 、标准规范值 x'_{jk}

指标	项目	地下水分级标准					项目	黑龙洞泉域				
		k=1	k=2	k=3	k=4	k=5		南鼓山	磁山镇	固镇	二里山	黑龙洞
HDS	c_{jk}	150	300	450	550	900	c_j	558.0	282.7	291.3	396.3	381.5
	x'_{jk}	0.2303	0.2996	0.3401	0.3602	0.4094	x'_j	0.3616	0.2936	0.2966	0.3274	0.3236
SO_4^{2-}	c_{jk}	50	150	250	350	500	c_j	283.4	22.8	103.9	109.3	110.3
	x'_{jk}	0.1966	0.3065	0.3576	0.3912	0.4269	x'_j	0.3701	0.1181	0.2698	0.2748	0.2757
Cl^-	c_{jk}	50	150	250	350	500	c_j	139.0	11.0	19.5	25.5	18.0
	x'_{jk}	0.1966	0.3065	0.3576	0.3912	0.4269	x'_j	0.2989	0.0452	0.1025	0.1293	0.0944
NO_3^--N	c_{jk}	2	5	20	20	30	c_j	4.89	3.44	5.36	6.03	3.83
	x'_{jk}	0.1386	0.2303	0.3689	0.3689	0.4094	x'_j	0.2280	0.1929	0.2372	0.2490	0.2036
SS	c_{jk}	300	500	1000	2000	3000	c_j	882	287	398	468	379
	x'_{jk}	0.2303	0.2813	0.3507	0.4200	0.4605	x'_j	0.3381	0.2258	0.2585	0.2747	0.2536
F^-	c_{jk}	0.5	1.0	1.0	2.0	3.0	c_j	0.3	0.1	0.3	0.3	0.3
	x'_{jk}	0.2303	0.2996	0.2996	0.3689	0.4094	x'_j	0.1792	0.0693	0.1792	0.1792	0.1792

注：各指标 c_{jk} 和 c_j 的单位均为 mg/L。

表 8-7　黑龙洞泉域 NV-FNN 和 NV-PPR 模型输出的分级标准值 O_k 和 y_k

模型	模型输出分级标准	级别				
		k=1	k=2	k=3	k=4	k=5
NV-FNN	$O_k(2)$	0.1880	0.2603	0.3082	0.3378	0.3683
	$O_k(3)$	0.1867	0.2607	0.3110	0.3428	0.3760
	O_k	0.1874	0.2605	0.3096	0.3403	0.3722
NV-PPR	$y_k(2)$	0.3422	0.4767	0.5710	0.6316	0.6967
	$y_k(3)$	0.3389	0.4722	0.5655	0.6256	0.6900
	y_k	0.3407	0.4745	0.5682	0.6286	0.6934

表 8-8　多种评价模型和方法对黑龙洞泉域地下水水质的评价结果

监测点	NV-FNN		NV-FNN		NV-PPR		NV-PPR		属性识别理论法等级
	$O_i(2)$	等级	$O_i(3)$	等级	$y_i(2)$	等级	$y_i(3)$	等级	
1#	0.2671	3	0.2682	3	0.4770	3	0.4724	3	3
2#	0.1461	1	0.1449	1	0.2538	1	0.2514	1	1

续表

监测点	NV-FNN		NV-FNN		NV-PPR		NV-PPR		属性识别理论法等级
	$O_i(2)$	等级	$O_i(3)$	等级	$y_i(2)$	等级	$y_i(3)$	等级	
3#	0.2056	2	0.2048	2	0.3610	2	0.3575	2	2
4#	0.2188	2	0.2182	2	0.3853	2	0.3816	2	2
5#	0.2034	2	0.2027	2	0.3573	2	0.3539	2	2

8.2.3 基于 NV-FNN 和 NV-PPR 模型的长江口水域海水水质评价

2004 年长江口(1#)及其邻近水域杭州湾(2#)和舟山群岛(3#)的 11 项指标分级标准值 c_{jk} 及监测值 c_j 见表 8-9[4]。设置指标变换式如式(8-4)所示，指标参照值 c_{j0} 见表 8-9，由式(8-4)及式(5-2)计算出指标各级标准规范值 x'_{jk} 及 3 个水域的各指标规范值 x'_j，见表 8-9。

按照 7.4 节普适智能评价模型用于广义环境系统评价的步骤二，在视各指标等权的情况下，由表 8-9 中各指标标准规范值 x'_{jk} 及式(7-4)、式(7-5)和式(7-21)、式(7-22)，分别计算得到 NV-FNN、NV-PPR 两种模型输出的分级标准值 O_k 和 y_k(k=1, 2, 3, 4)，见表 8-10；同样，按照步骤三，由式(7-4)、式(7-5)和式(7-21)、式(7-22)，分别计算得到 2004 年长江口(1#)及其邻近水域杭州湾(2#)和舟山群岛(3#)的 NV-FNN、NV-PPR 两种模型输出值 O_i 和 y_i(表 8-11)及依据两种模型输出的分级标准值 O_k 和 y_k(表 8-10)得出的等级评价结果，见表 8-11。表 8-11 中还列出了文献[4]中用灰色聚类法得出的评价结果。可以看出，NV-FNN、NV-PPR 两种模型对杭州湾(2#)和舟山群岛(3#)的评价结果与灰色聚类法的评价结果相差一级；对长江口的评价结果则完全一致。

$$X_j=\begin{cases} c_j/c_{j0}, & c_j \geqslant c_{j0}，\text{对指标石油类、Cu、Zn、Cd、Hg} \\ (c_j/c_{j0})^2, & c_j \geqslant c_{j0}，\text{对指标COD}_{\text{Mn}}\text{、TN、PO}_4^{3-}\text{、As} \\ (c_j/c_{j0})^{0.5}, & c_j \geqslant c_{j0}，\text{对指标Pb} \\ (c_{j0}/c_j)^2, & c_j \leqslant c_{j0}，\text{对指标DO} \\ 1, & c_j > c_{j0}，\text{对指标DO} \\ 1, & c_j < c_{j0}，\text{对除 DO 以外的其他指标} \end{cases} \tag{8-4}$$

式中，各指标的 c_{j0} 见表 8-9；c_{j0} 和 c_j 的单位均为 mg/L。

表 8-9　长江口水域海水评价指标的监测值 c_j、规范值 x'_j 及分级标准值 c_{jk}、标准规范值 x'_{jk}

指标	c_{j0}	项目	级别				项目	长江口水域		
			k=1	k=2	k=3	k=4		长江口	杭州湾	舟山群岛
DO	18	c_{jk}	6	5	4	3	c_j	7.37	7.68	7.91
		x'_{jk}	0.2197	0.2562	0.3008	0.3584	x'_j	0.1786	0.1704	0.1644
COD_{Mn}	0.28	c_{jk}	2	3	4	5	c_j	1.35	1.56	1.15
		x'_{jk}	0.1833	0.2644	0.3219	0.3665	x'_j	0.1046	0.1336	0.0726
TN	0.08	c_{jk}	0.2	0.3	0.4	0.5	c_j	0.325	0.439	0.309
		x'_{jk}	0.1833	0.2644	0.3219	0.3665	x'_j	0.2804	0.3405	0.2703
PO_4^{3-}	0.007	c_{jk}	0.015	0.030	0.030	0.045	c_j	0.023	0.045	0.035
		x'_{jk}	0.1524	0.2911	0.2911	0.3722	x'_j	0.2379	0.3722	0.3219
石油类	0.007	c_{jk}	0.050	0.050	0.300	0.500	c_j	0.135	0.104	0.062
		x'_{jk}	0.1966	0.1966	0.3758	0.4269	x'_j	0.2959	0.2698	0.2181
Cu	0.0007	c_{jk}	0.005	0.010	0.050	0.050	c_j	0.0265	0.0272	0.0336
		x'_{jk}	0.1966	0.2659	0.4269	0.4269	x'_j	0.3634	0.3660	0.3871
Zn	0.006	c_{jk}	0.020	0.050	0.100	0.500	c_j	0.1099	0.0787	0.0729
		x'_{jk}	0.1204	0.2120	0.2813	0.4423	x'_j	0.2908	0.2574	0.2497
Pb	0.00002	c_{jk}	0.001	0.005	0.010	0.050	c_j	0.0154	0.0253	0.0201
		x'_{jk}	0.1956	0.2761	0.3107	0.3912	x'_j	0.3323	0.3571	0.3456
Cd	0.0003	c_{jk}	0.001	0.005	0.010	0.010	c_j	0.0004	0.0004	0.0004
		x'_{jk}	0.1204	0.2813	0.3507	0.3507	x'_j	0.0288	0.0288	0.0288
Hg	0.00001	c_{jk}	0.00005	0.00020	0.00020	0.00050	c_j	0.0004	0.0002	0.0001
		x'_{jk}	0.1609	0.2996	0.2996	0.3912	x'_j	0.3689	0.2996	0.2303
As	0.008	c_{jk}	0.02	0.03	0.05	0.05	c_j	0.0052	0.0070	0.0051
		x'_{jk}	0.1833	0.2644	0.3665	0.3665	x'_j	0.0000	0.0000	0.0000

注：各指标 c_{j0}、c_{jk} 和 c_j 的单位均为 mg/L。

表 8-10　长江口水域海水评价的 NV-FNN 和 NV-PPR 模型输出的分级标准值 O_k 和 y_k

模型输出分级标准	NV-FNN				模型输出分级标准	NV-PPR			
	$k=1$	$k=2$	$k=3$	$k=4$		$k=1$	$k=2$	$k=3$	$k=4$
$O_k(2)$	0.1613	0.2381	0.2967	0.3406	$y_k(2)$	0.2802	0.4208	0.5344	0.6240
$O_k(3)$	0.1598	0.2377	0.2989	0.3458	$y_k(3)$	0.2775	0.4168	0.5292	0.6181
O_k	0.1605	0.2379	0.2978	0.3432	y_k	0.2789	0.4188	0.5318	0.6211

表 8-11 多种评价模型和方法对长江口水域海水水质的评价结果

监测点	NV-FNN		NV-FNN		NV-PPR		NV-PPR		灰色聚类法等级
	$O_i(2)$	等级	$O_i(3)$	等级	$y_i(2)$	等级	$y_i(3)$	等级	
1#	0.2059	2	0.2056	2	0.3636	2	0.3601	2	2
2#	0.2144	2	0.2145	2	0.3803	2	0.3766	2	3
3#	0.1901	2	0.1897	2	0.3353	2	0.3321	2	3

8.3 基于NV-FNN和NV-PPR模型的湖泊富营养化评价实例

武汉市东湖 10 个湖区的 5 项富营养化指标的分级标准值 c_{jk} 见表 8-12[5]。设置指标变换式如式(8-5)所示，各富营养化指标 Chla、TP、COD_{Mn}、BOD_5、NH_3-N 的参照值 c_{j0} 分别为 0.05μg/L、0.1μg/L、0.01mg/L、0.2mg/L、0.001mg/L。各湖区指标监测值 c_j 见表 8-13[5]。由式(8-5)及式(5-2)计算得到指标各级标准规范值 x'_{jk} 和各湖区指标规范值 x'_j 分别见表 8-12 和表 8-13。

按照 7.4 节普适智能评价模型用于广义环境系统评价的步骤二，在视各指标等权的情况下，由表 8-12 中各指标标准规范值 x'_{jk} 及式(7-4)、式(7-5)和式(7-21)、式(7-22)，分别计算得到 NV-FNN 、NV-PPR 两种模型输出的分级标准值 O_k 和 $y_k(k=1, 2, \cdots, 5)$，见表 8-14；同样，按照步骤三，由式(7-4)、式(7-5)和式(7-21)、式(7-22)，分别计算得到武汉市东湖 10 个湖区水体富营养化的 NV-FNN、NV-PPR 两种模型输出值 O_i 和 y_i(表 8-15)及依据两种模型输出的分级标准值 O_k 和 y_k(表 8-14)得出的等级评价结果，见表 8-15。表 8-15 还列出了文献[5]中用混合禁忌搜索(hybrid taboo search，HTS)算法和 BP 神经网络法进行评价的结果。本节的 1 级(贫营养)对应文献[5]中的 1 级(极贫营养)和 2 级(贫营养)，2 级(中营养)对应其 3 级(中富营养)，3 级(富营养)对应其 4 级(富营养)，4 级(重富营养)和 5 级(极富营养)对应其 5 级(重富营养)。可以看出，几种方法的评价结果完全一致。

$$X_j = \begin{cases} c_j/c_{j0}, & c_j \geqslant c_{j0}，\text{对指标BOD}_5 \\ (c_j/c_{j0})^{0.5}, & c_j \geqslant c_{j0}，\text{对指标Chla、TP、COD}_{\text{Mn}}\text{、NH}_3\text{-N} \\ 1, & c_j < c_{j0}，\text{对所有5项指标} \end{cases} \tag{8-5}$$

式中，各指标 c_{j0} 和 c_j 的单位与表 8-12 中 c_{jk} 的单位相同。

表 8-12 武汉市东湖 5 项富营养化指标的分级标准值 c_{jk} 和标准规范值 x'_{jk}

指标	1 级		2 级		3 级		4 级		5 级	
	c_{jk}	x'_{jk}	c_{jk}	x'_{jk}	c_{jk}	x'_{jk}	c_{jk}	x'_{jk}	c_{jk}	x'_{jk}
Chla	1.600	0.1733	10.0	0.2649	64.00	0.3577	160	0.4035	1000	0.4952
TP	4.600	0.1914	23.0	0.2719	110.00	0.3502	250	0.3912	1250	0.4717
COD_{Mn}	0.480	0.1936	1.8	0.2596	7.10	0.3283	14	0.3622	54	0.4297
BOD_5	1.200	0.1792	2.8	0.2639	6.60	0.3497	12	0.4094	30	0.5011
NH_3-N	0.055	0.2004	0.2	0.2649	0.65	0.3238	1.5	0.3657	5	0.4259

注：Chla 和 TP 的 c_{jk} 单位为μg/L；COD_{Mn}、BOD_5 和 NH_3-N 的 c_{jk} 单位为 mg/L。

表 8-13 武汉市东湖 10 个湖区富营养化指标的监测值 c_j 及规范值 x'_j

指标	项目	1#	2#	3#	4#	5#	6#	7#	8#	9#	10#
Chla	c_j	50.23	28.16	8.19	42.47	12.07	18.57	5.26	12.46	83.86	59.61
	x'_j	0.3456	0.3167	0.2549	0.3372	0.2743	0.2959	0.2328	0.2759	0.3712	0.3542
TP	c_j	220	80	49	520	50	130	68	60	540	170
	x'_j	0.3848	0.3342	0.3097	0.4278	0.3107	0.3585	0.3261	0.3198	0.4297	0.3719
COD_{Mn}	c_j	7.94	5.67	3.49	9.75	5.15	5.43	5.35	5.37	11.08	11.30
	x'_j	0.3339	0.3170	0.2928	0.3441	0.3122	0.3149	0.3141	0.3143	0.3505	0.3515
BOD_5	c_j	8.47	6.03	2.74	12.49	2.36	4.98	2.20	2.84	12.55	8.42
	x'_j	0.3746	0.3406	0.2617	0.4134	0.2468	0.3215	0.2398	0.2653	0.4139	0.3740
NH_3-N	c_j	1.84	0.50	0.31	5.63	0.67	0.49	0.34	0.33	6.29	3.30
	x'_j	0.3759	0.3107	0.2868	0.4318	0.3254	0.3097	0.2914	0.2900	0.4373	0.4051

注：各指标 c_j 的单位与表 8-12 中 c_{jk} 的单位相同。

表 8-14 武汉东湖富营养化评价 NV-FNN 和 NV-PPR 模型输出的分级标准值 O_k 和 y_k

模型	模型输出分级标准	级别				
		k=1	k=2	k=3	k=4	k=5
NV-FNN	$O_k(2)$	0.1737	0.2416	0.3053	0.3402	0.3979
	$O_k(3)$	0.1722	0.2413	0.3078	0.3453	0.4090
	O_k	0.2030	0.2415	0.3065	0.3427	0.4034
NV-PPR	$y_k(2)$	0.3023	0.4272	0.5511	0.6228	0.7490
	$y_k(3)$	0.2994	0.4231	0.5458	0.6168	0.7418
	y_k	0.3009	0.4252	0.5485	0.6198	0.7454

表 8-15 多种评价模型和方法对武汉市东湖 10 个湖区富营养化的评价结果

监测点	NV-FNN		NV-FNN		NV-PPR		NV-PPR		HTS 算法等级	BP 神经网络法等级
	$O_i(2)$	等级	$O_i(3)$	等级	$y_i(2)$	等级	$y_i(3)$	等级		
1#	0.3220	4	0.3257	4	0.5850	4	0.5794	4	5	5(重富)
2#	0.2906	3	0.2924	3	0.5219	3	0.5169	3	4	4(富)
3#	0.2552	3	0.2554	3	0.4532	3	0.4488	3	4	4(富)
4#	0.3435	5	0.3490	5	0.6299	5	0.6239	5	5	5(重富)
5#	0.2659	3	0.2665	3	0.4736	3	0.4691	3	4	4(富)
6#	0.2876	3	0.2892	3	0.5159	3	0.5109	3	4	4(富)
7#	0.2548	3	0.2551	3	0.4526	3	0.4483	3	4	4(富)
8#	0.2652	3	0.2658	3	0.4723	3	0.4678	3	4	4(富)
9#	0.3509	5	0.3570	5	0.6455	5	0.6393	5	5	5(重富)
10#	0.3285	4	0.3327	4	0.5985	4	0.5927	4	5	5(重富)

8.4 基于 NV-FNN 和 NV-PPR 模型的水资源评价实例

8.4.1 基于 NV-FNN 和 NV-PPR 模型的黄河山西段水资源承载力评价

黄河流域山西省 9 个河段水资源承载力 10 项指标分级标准值 c_{jk} 及实际值 c_j 分别见表 8-16 和表 8-17[6]。设置指标变换式如式(8-6)所示，指标参照值 c_{j0} 见表 8-16，由式(8-6)及式(5-2)计算得到指标各级标准规范值 x'_{jk} 和各河段指标规范值 x'_j 分别见表 8-16 和表 8-17。

按照 7.4 节普适智能评价模型用于广义环境系统评价的步骤二，在视各指标等权的情况下，由表 8-16 中各指标标准规范值 x'_{jk} 及式(7-4)、式(7-5)和式(7-21)、式(7-22)，分别计算得到 NV-FNN、NV-PPR 两种模型输出的分级标准值 O_k 和 y_k(k=1, 2, 3)，见表 8-18；同样，按照步骤三，由式(7-4)、式(7-5)和式(7-21)、式(7-22)，分别计算得到黄河流域山西省 9 个河段水资源承载力的 NV-FNN、NV-PPR 两种模型输出值 O_i 和 y_i(表 8-19)及依据两种模型输出的分级标准值 O_k 和 y_k(表 8-18)得到的等级评价结果，见表 8-19。表 8-19 中还列出了文献[6]中用极大熵原理的评价结果。可以看出，除 NV-FNN 和 NV-PPR 两种模型对朔州的评价结果与极大熵原理评价结果相差一级外，其余 8 个河段的评价结果完全一致。

$$X_j = \begin{cases} (c_{j0} / c_j)^2, & c_j \leqslant c_{j0}, \text{对指标} C_1、C_{10} \\ (c_j / c_{j0})^2, & c_j \geqslant c_{j0}, \text{对指标} C_2 \sim C_9 \\ 1, & c_j > c_{j0}, \text{对指标} C_1、C_{10} \\ 1, & c_j < c_{j0}, \text{对指标} C_2 \sim C_9 \end{cases} \tag{8-6}$$

式中，各指标的 c_{j0} 值见表 8-16，各指标名称及其 c_{j0}、c_j 的单位与表 8-16 中相应指标名称及其 c_{j0}、c_{jk} 的单位相同。

表 8-16　水资源承载力指标的参照值 c_{j0}、分级标准值 c_{jk} 和标准规范值 x'_{jk}

指标	c_{j0}	c_{jk}			x'_{jk}		
		k=1	k=2	k=3	k=1	k=2	k=3
C_1	3000	1000	750	500	0.2197	0.2773	0.3584
C_2	10	20	40	60	0.1386	0.2773	0.3584
C_3	34	100	150	200	0.2158	0.2969	0.3544
C_4	1500	3000	6250	10000	0.1386	0.2854	0.3794
C_5	1	2	4	6	0.1386	0.2773	0.3584
C_6	25	50	100	150	0.1386	0.2773	0.3584
C_7	65	200	300	400	0.2248	0.3059	0.3634
C_8	30	70	126.25	175	0.1695	0.2874	0.3527
C_9	0.6	1.5	2.5	3.5	0.1833	0.2854	0.3527
C_{10}	10	3.5	2.5	1.5	0.2100	0.2773	0.3794

注：C_1 为人均水资源量，其 c_{j0} 和 c_{jk} 的单位为 m^3/a；C_2 为水资源利用率，其 c_{j0} 和 c_{jk} 的单位为%；C_3 为人口密度，其 c_{j0} 和 c_{jk} 的单位为人/km^2；C_4 为人均工业产值，其 c_{j0} 和 c_{jk} 的单位为元；C_5 为生态环境用水量，其 c_{j0} 和 c_{jk} 的单位为%；C_6 为万元工业产值需水量，其 c_{j0} 和 c_{jk} 的单位为 m^3；C_7 为农作物灌溉定额，其 c_{j0} 和 c_{jk} 的单位为 m^3/hm^2；C_8 为城市生活用水定额，其 c_{j0} 和 c_{jk} 的单位为 L/(d·人)；C_9 为年需水模数，其 c_{j0} 和 c_{jk} 的单位为 $10^4m^3/km^2$；C_{10} 为年供水模数，其 c_{j0} 和 c_{jk} 的单位为 $10^4m^3/km^2$。

表 8-17　黄河山西段水资源承载力各指标的实际值 c_j 及规范值 x'_j

指标	项目	太原	临汾	运城	吕梁	忻州	晋城	晋中	长治	朔州
C_1	c_j	98	305	124	149	450	298	149	1316	257
	x'_j	0.6843	0.4572	0.6372	0.6005	0.3794	0.4619	0.6005	0.1648	0.4915
C_2	c_j	330	107	373	175	25	76	306	12	66
	x'_j	0.6993	0.4740	0.7238	0.5724	0.1833	0.4056	0.6842	0.0365	0.3774
C_3	c_j	511	211	368	174	81	278	283	68	71
	x'_j	0.5420	0.3651	0.4763	0.3265	0.1736	0.4203	0.4238	0.1386	0.1473

续表

指标	项目	太原	临汾	运城	吕梁	忻州	晋城	晋中	长治	朔州
C_4	c_j	36535	16813	12212	9828	4439	24038	19119	14240	8040
	x'_j	0.6386	0.4833	0.4194	0.3760	0.2170	0.5548	0.5090	0.4501	0.3358
C_5	c_j	5.0	4.3	4.5	2.0	2.0	3.0	4.7	3.0	2.0
	x'_j	0.3219	0.2917	0.3008	0.1386	0.1386	0.2197	0.3095	0.2197	0.1386
C_6	c_j	52.7	39.2	46.7	28.5	76.5	38.0	41.3	38.0	76.5
	x'_j	0.1491	0.0900	0.1250	0.0262	0.2237	0.0837	0.1004	0.0837	0.2237
C_7	c_j	319	279	254	293	289	282	271	282	289
	x'_j	0.3182	0.2914	0.2726	0.3012	0.2984	0.2935	0.2855	0.2935	0.2984
C_8	c_j	210	155	140	99	95	144	190	144	95
	x'_j	0.3892	0.3284	0.3081	0.2388	0.2305	0.3137	0.3692	0.3137	0.2305
C_9	c_j	16.48	6.88	17.04	4.56	0.91	6.28	12.93	1.06	1.20
	x'_j	0.6626	0.4879	0.6693	0.4056	0.0833	0.4696	0.6141	0.1138	0.1386
C_{10}	c_j	19.68	10.36	8.12	2.22	1.00	4.33	6.66	0.37	0.48
	x'_j	0.0000	0.0000	0.0417	0.3010	0.4605	0.1674	0.0813	0.6594	0.6073

注：各指标 c_j 的单位与表 8-16 中 c_{jk} 和 c_{j0} 的单位相同。

表 8-18　黄河山西段水资源承载力评价 NV-FNN 和 NV-PPR 模型输出的分级标准值 O_k 和 y_k

模型输出分级标准	NV-FNN			模型输出分级标准	NV-PPR		
	k=1	k=2	k=3		k=1	k=2	k=3
$O_k(2)$	0.1648	0.2583	0.3209	$y_k(2)$	0.2865	0.4589	0.5827
$O_k(3)$	0.1537	0.2593	0.3244	$y_k(3)$	0.2837	0.4545	0.5771
O_k	0.1593	0.2588	0.3226	y_k	0.2851	0.4567	0.5749

表 8-19　多种评价模型和方法对黄河山西段水资源承载力的评价结果

流域河段	NV-FNN		NV-FNN		NV-PPR		NV-PPR		极大熵原理等级
	$O_i(2)$	等级	$O_i(3)$	等级	$y_i(2)$	等级	$y_i(3)$	等级	
太原	0.3710	3	0.3858	3	0.7100	3	0.7032	3	3
临汾	0.2896	3	0.2939	3	0.5268	3	0.5218	3	3

续表

流域河段	NV-FNN		NV-FNN		NV-PPR		NV-PPR		极大熵原理等级
	$O_i(2)$	等级	$O_i(3)$	等级	$y_i(2)$	等级	$y_i(3)$	等级	
运城	0.3399	3	0.3509	3	0.6405	3	0.6344	3	3
吕梁	0.2879	3	0.2935	3	0.5297	3	0.5246	3	3
忻州	0.2173	2	0.2176	2	0.3849	2	0.3812	2	2
晋城	0.2994	3	0.3041	3	0.5464	3	0.5411	3	3
晋中	0.3416	3	0.3520	3	0.6410	3	0.6349	3	3
长治	0.2229	2	0.2249	2	0.3987	2	0.3949	2	2
朔州	0.2657	3	0.2692	3	0.4817	3	0.4771	3	2

8.4.2　基于 NV-FNN 和 NV-PPR 模型的福建水资源可持续利用评价

福建省 9 个地级市水资源可持续利用 6 项指标的分级标准值 c_{jk} 及实际值 c_j 分别见表 8-20 和表 8-21[7]。设置指标变换式如式(8-7)所示，设置人均水资源量(C_1)、每平方千米水资源量(C_2)、人均用水量(C_3)、万元 GDP 用水量(C_4)、万元工业用水量(C_5)和水资源利用率(C_6)的参照值 c_{j0} 分别为 30000m^3、800000m^3、100m^3、160m^3、5m^3 和 5%。由式(8-7)及式(5-2)计算得到指标各级标准规范值 x'_{jk} 和 9 个地级市各指标规范值 x'_j，分别见表 8-20 和表 8-21。

$$X_j=\begin{cases} c_{j0}/c_j, & c_j\leqslant c_{j0}，\text{对指标}C_1、C_2 \\ c_j/c_{j0}, & c_j\geqslant c_{j0}，\text{对指标}C_5 \\ (c_j/c_{j0})^2, & c_j\geqslant c_{j0}，\text{对指标}C_3、C_4、C_6 \\ 1, & c_j< c_{j0}，\text{对指标}C_3\sim C_6 \\ 1, & c_j> c_{j0}，\text{对指标}C_1、C_2 \end{cases} \tag{8-7}$$

式中，各指标名称及其 c_{j0}、c_j 的单位与表 8-20 中相应指标名称及其 c_{jk} 单位相同。

按照 7.4 节普适智能评价模型用于广义环境系统评价的步骤二，在视各指标等权的情况下，由表 8-20 中各指标标准规范值 x'_{jk} 及式(7-4)、式(7-5)和式(7-21)、式(7-22)，分别计算得到 NV-FNN、NV-PPR 两种模型输出的分级标准值 O_k 和 $y_k(k=1, 2, 3, 4)$，见表 8-22；同样，按照步骤三，由式(7-4)、式(7-5)和式(7-21)、式(7-22)，分别计算得到福建省 9 个地级市水资源可持续利用的 NV-FNN、NV-PPR 两种模型输出值 O_i 和 y_i(表 8-23)及依据两种模型输出的分级标准值 O_k 和 y_k(表 8-22)

得出的等级评价结果，见表 8-23。表 8-23 中还列出了文献[7]用引力指数公式得出的评价结果。可以看出，除 NV-FNN 和 NV-PPR 两种模型对厦门的评价结果与引力指数公式得出的评价结果相差一级外，其余 8 个地级市的评价结果完全一致。

表 8-20　福建省 9 个地级市水资源可持续利用指标的分级标准值 c_{jk} 和标准规范值 x'_{jk}

k	C_1		C_2		C_3		C_4		C_5		C_6	
	c_{jk}	x'_{jk}	c_{jk}	x'_{jk}	c_{jk}	x'_{jk}	c_{jk}	x'_{jk}	c_{jk}	x'_{jk}	c_{jk}	x'_{jk}
1	5000	0.1792	120000	0.1897	200	0.1386	300	0.1257	25	0.1609	10	0.1386
2	3000	0.2303	75000	0.2367	400	0.2773	600	0.2644	75	0.2708	20	0.2773
3	1500	0.2996	30000	0.3283	600	0.3584	1000	0.3665	150	0.3401	30	0.3584
4	500	0.4094	15000	0.3977	800	0.4159	1500	0.4476	300	0.4094	40	0.4159

注：C_1 为人均水资源量，其 c_{jk} 的单位为 m^3；C_2 为每平方千米水资源量，其 c_{jk} 的单位为 m^3；C_3 为人均用水量，其 c_{jk} 的单位为 m^3；C_4 为万元 GDP 用水量，其 c_{jk} 的单位为 m^3；C_5 为万元工业用水量，其 c_{jk} 的单位为 m^3；C_6 为水资源利用率，其 c_{jk} 的单位为%。

表 8-21　福建省 9 个地级市的水资源可持续利用 6 项指标的实际值 c_j 及规范值 x'_j

地级市	C_1		C_2		C_3	
	c_j	x'_j	c_j	x'_j	c_j	x'_j
福州	1663.32	0.2892	73127.6	0.2392	390	0.2722
厦门	860.31	0.3552	45795.6	0.2860	250	0.1833
莆田	1095.14	0.3310	54650.9	0.2684	320	0.2326
泉州	1450.92	0.3029	69690.5	0.2441	355	0.2534
漳州	2507.00	0.2482	72582.3	0.2400	501	0.3223
龙岩	6414.50	0.1543	138377.0	0.1755	814	0.4194
三明	8067.59	0.1313	130729.0	0.1811	1093	0.4783
南平	8775.91	0.1229	128309.0	0.1830	885	0.4361
宁德	4526.18	0.1891	106134.0	0.2020	460	0.3052

地级市	C_4		C_5		C_6	
	c_j	x'_j	c_j	x'_j	c_j	x'_j
福州	219	0.0628	51	0.2322	25.61	0.3267
厦门	83	0.0000	12	0.0875	45.42	0.4413

续表

地级市	C_4		C_5		C_6	
	c_j	x'_j	c_j	x'_j	c_j	x'_j
莆田	379	0.1725	32	0.1856	26.68	0.3349
泉州	217	0.0609	59	0.2468	27.77	0.3429
漳州	433	0.1991	49	0.2282	20.37	0.2809
龙岩	851	0.3342	273	0.4000	11.95	0.1743
三明	991	0.3647	409	0.4404	13.17	0.1937
南平	986	0.3637	228	0.3820	9.41	0.1265
宁德	570	0.2541	66	0.2580	9.44	0.1271

注：各指标名称及其 c_j 的单位与表 8-20 中相应指标名称及其 c_{jk} 的单位相同。

表 8-22 福建省 9 个地级市水资源可持续利用 NV-FNN 和 NV-PPR 模型输出的分级标准值 O_k 和 y_k

模型输出分级标准	NV-FNN				模型输出分级标准	NV-PPR			
	k=1	k=2	k=3	k=4		k=1	k=2	k=3	k=4
$O_k(2)$	0.1447	0.2367	0.3051	0.3626	$y_k(2)$	0.3103	0.4220	0.5194	0.6125
$O_k(3)$	0.1431	0.2363	0.3078	0.3697	$y_k(3)$	0.3073	0.4180	0.5144	0.6066
O_k	0.1439	0.2365	0.3064	0.3661	y_k	0.3088	0.4200	0.5169	0.6096

表 8-23 福建省 9 个地级市水资源可持续利用 NV-FNN 和 NV-PPR 模型输出值 O_i、y_i 及评价结果

地级市	NV-FNN		NV-FNN		NV-PPR		NV-PPR		引力指数公式等级
	$O_i(2)$	等级	$O_i(3)$	等级	$y_i(2)$	等级	$y_i(3)$	等级	
福州	0.2165	2	0.2162	2	0.3820	2	0.3784	2	2
厦门	0.2034	2	0.2049	2	0.3635	2	0.3600	2	3
莆田	0.2314	2	0.2314	2	0.4096	2	0.4057	2	2
泉州	0.2204	2	0.2204	2	0.3898	2	0.3860	2	2
漳州	0.2312	2	0.2307	2	0.4079	2	0.4040	2	2
龙岩	0.2489	3	0.2503	3	0.4453	3	0.4410	3	3
三明	0.2660	3	0.2690	3	0.4807	3	0.4761	3	3
南平	0.2417	3	0.2436	3	0.4336	3	0.4294	3	3
宁德	0.2043	2	0.2034	2	0.3587	2	0.3553	2	2

8.5 基于 NV-FNN 和 NV-PPR 模型的水安全评价实例

我国云南、江苏、河南、广西、陕西五省(自治区)水安全评价 19 项指标的分级标准值 c_{jk} 及实际值 c_j 分别见表 8-24 和表 8-25[8]。设置指标参照值 c_{j0} 和阈值 c_{jb}，见表 8-24，设置指标变换式如式(8-8)所示，由式(8-8)及式(5-2)计算得到水安全指标各级标准规范值 x'_{jk} 及我国五省(自治区)水安全各指标规范值 x'_j，分别见表 8-24 和表 8-25。

按照 7.4 节普适智能评价模型用于广义环境系统评价的步骤二，在视各指标等权的情况下，由表 8-24 中各指标标准规范值 x'_{jk} 及式(7-4)、式(7-5)和式(7-21)、式(7-22)，分别计算得到 NV-FNN、NV-PPR 两种模型输出的分级标准值 O_k 和 $y_k(k=1, 2, 3, 4)$，见表 8-26；同样，按照步骤三：由式(7-4)、式(7-5)和式(7-21)、式(7-22)，分别计算得到我国五省(自治区)水安全评价的 NV-FNN、NV-PPR 两种模型输出值 O_i 和 y_i(表 8-27)及依据两种模型输出的分级标准值 O_k 和 y_k(表 8-26)得出的等级评价结果，见表 8-27。表 8-27 中还列出了文献[8]中用多种方法得出的评价结果。可以看出，除 NV-FNN 和 NV-PPR 两种模型对河南、广西的评价结果与其他几种方法评价结果相差一级外，其余 3 省水安全的评价结果完全一致。

$$X_j=\begin{cases} c_j/c_{j0}, & c_j \geqslant c_{j0}, \quad \text{对指标}C_3、C_4、C_{10}、C_{11}、C_{13}、C_{14}、C_{18}、C_{19} \\ (c_j/c_{j0})^2, & c_j \geqslant c_{j0}, \quad \text{对指标}C_5\sim C_7 \\ c_{j0}/c_j, & c_j \leqslant c_{j0}, \quad \text{对指标}C_1、C_2、C_{15}、C_{16} \\ (c_{j0}/c_j)^2, & c_j \leqslant c_{j0}, \quad \text{对指标}C_{12}、C_{17} \\ \left[(c_{jb}-c_j)/c_{j0}\right]^{0.5}, & c_j \leqslant c_{jb}-c_{j0}, \quad \text{对指标}C_9 \\ \left[(c_{jb}-c_j)/c_{j0}\right]^2, & c_j \leqslant c_{jb}-c_{j0}, \quad \text{对指标}C_8 \\ 1, & c_j > c_{jb}-c_{j0}, \quad \text{对指标}C_8、C_9 \\ 1, & c_j > c_{j0}, \quad \text{对指标}C_1、C_2、C_{12}、C_{15}\sim C_{17} \\ 1, & c_j < c_{j0}, \quad \text{对其余11项指标} \end{cases} \tag{8-8}$$

式中，各指标的 c_{j0} 和 c_{jb} 值见表 8-24；各指标名称及其 c_{j0}、c_{jb} 和 c_j 的单位与表 8-24 中相应指标名称及其 c_{j0}、c_{jb}、c_{jk} 的单位相同。

表 8-24 我国五省(自治区)水安全评价指标的参照值 c_{j0}、阈值 c_{jb}、分级标准值 c_{jk} 及标准规范值 x'_{jk}

指标	c_{j0}	c_{jb}	c_{jk}				x'_{jk}			
			k=1	k=2	k=3	k=4	k=1	k=2	k=3	k=4
C_1	4	—	0.525	0.375	0.225	0.085	0.2031	0.2367	0.2878	0.3851
C_2	25	—	3.5	2.5	1.5	0.575	0.1966	0.2303	0.2813	0.3772
C_3	3	—	20	55	85	125	0.1897	0.2909	0.3344	0.3730
C_4	3	—	15	45	70	90	0.1609	0.2708	0.3150	0.3401
C_5	40	—	85	150	210	270	0.1508	0.2644	0.3316	0.3819
C_6	100	—	200	400	600	800	0.1386	0.2773	0.3584	0.4159
C_7	0.7	—	1.25	2.75	4.25	5.75	0.1160	0.2737	0.3607	0.4212
C_8	5	105	95	85	75	65	0.1386	0.2773	0.3584	0.4159
C_9	0.03	65	64.5	53.5	42.0	30.5	0.1407	0.2974	0.3321	0.3524
C_{10}	0.02	—	0.125	0.375	0.625	0.875	0.1833	0.2931	0.3442	0.3778
C_{11}	0.005	—	0.025	0.075	0.125	0.175	0.1609	0.2708	0.3219	0.3555
C_{12}	130	—	66.25	48.75	31.25	13.75	0.1348	0.1962	0.2851	0.4493
C_{13}	0.5	—	3	9	15	21	0.1792	0.2890	0.3401	0.3738
C_{14}	1	—	6.5	19.5	32.5	45.5	0.1872	0.2970	0.3481	0.3818
C_{15}	150	—	22	16	10	4	0.1920	0.2238	0.2708	0.3624
C_{16}	500	—	87.5	62.5	37.5	12.5	0.1743	0.2079	0.2590	0.3689
C_{17}	2000	—	640	525	415	305	0.2279	0.2675	0.3145	0.3761
C_{18}	2	—	17.5	32.5	47.5	62.5	0.2169	0.2788	0.3168	0.3442
C_{19}	0.3	—	1.5	4.5	7.5	10.5	0.1609	0.2708	0.3219	0.3555

注：C_1 为人均水资源量，其 c_{j0}、c_{jk} 和 c_{jb} 的单位为 10^4m^3；C_2 为公顷平均水资源量，其 c_{j0}、c_{jk} 和 c_{jb} 的单位为 10^4m^3；C_3 为地表水利用率，其 c_{j0}、c_{jk} 和 c_{jb} 的单位为%；C_4 为地下水利用率，其 c_{j0}、c_{jk} 和 c_{jb} 的单位为%；C_5 为工业万元产值用水量，其 c_{j0}、c_{jk} 和 c_{jb} 的单位为 m^3；C_6 为人均用水量，其 c_{j0}、c_{jk} 和 c_{jb} 的单位为 m^3；C_7 为单位面积 COD_{Mn} 排放量，其 c_{j0}、c_{jk} 和 c_{jb} 的单位为 t/km^2；C_8 为工业废水处理达标率，其 c_{j0}、c_{jk} 和 c_{jb} 的单位为%；C_9 为Ⅳ级以上水质占总河长比例，其 c_{j0}、c_{jk} 和 c_{jb} 的单位为%；C_{10} 为侵蚀模数；C_{11} 为荒漠化指数；C_{12} 为森林覆盖率，其 c_{j0}、c_{jk} 和 c_{jb} 的单位为%；C_{13} 为洪水受灾面积率，其 c_{j0}、c_{jk} 和 c_{jb} 的单位为%；C_{14} 为干旱受灾面积率，其 c_{j0}、c_{jk} 和 c_{jb} 的单位为%；C_{15} 为单位面积蓄水工程库容，其 c_{j0}、c_{jk} 和 c_{jb} 的单位为 m^3/km^2；C_{16} 为堤防保护耕地面积率，其 c_{j0}、c_{jk} 和 c_{jb} 的单位为%；C_{17} 为人均粮食，其 c_{j0}、c_{jk} 和 c_{jb} 的单位为 kg；C_{18} 为灌溉面积率，其 c_{j0}、c_{jk} 和 c_{jb} 的单位为%；C_{19} 为氟病区人口数比例，其 c_{j0}、c_{jk} 和 c_{jb} 的单位为%。

表 8-25 我国五省(自治区)19 项水安全指标实际值 c_j 及规范值 x'_j

指标	c_j					x'_j				
	云南	江苏	河南	广西	陕西	云南	江苏	河南	广西	陕西
C_1	0.572	0.058	0.072	0.355	0.098	0.1945	0.4234	0.4017	0.2422	0.3709
C_2	3.825	0.855	0.825	3.615	0.690	0.1877	0.3376	0.3411	0.1934	0.3590
C_3	5.565	134.752	18.407	17.619	13.157	0.0618	0.3805	0.1814	0.1770	0.1478
C_4	0.837	10.739	41.572	3.013	28.500	0.0000	0.1275	0.2629	0.0004	0.2251
C_5	114	81	66	192	71	0.2095	0.1411	0.1002	0.3137	0.1148
C_6	340	600	220	650	220	0.2448	0.3584	0.1577	0.3744	0.1577
C_7	0.775	6.156	4.913	4.335	1.587	0.0204	0.4348	0.3897	0.3647	0.1637
C_8	79.12	95.89	91.52	74.00	80.88	0.3288	0.1200	0.1984	0.3649	0.3147
C_9	23.0	61.2	72.4	54.0	55.9	0.3622	0.2421	0.0000	0.2952	0.2857
C_{10}	0.242	0.094	0.149	0.264	1.000	0.2493	0.1548	0.2008	0.2580	0.3912
C_{11}	0.009	0.000	0.005	0.000	0.185	0.0588	0.0000	0.0000	0.0000	0.3611
C_{12}	48.2	7.4	20.2	49.7	47.4	0.1984	0.5732	0.3724	0.1923	0.2018
C_{13}	5.840	1.580	23.920	5.309	3.852	0.2458	0.1151	0.3868	0.2363	0.2042
C_{14}	3.2080	37.5347	29.5920	22.6870	32.0980	0.1166	0.3625	0.3388	0.3122	0.3469
C_{15}	2.170	17.801	23.715	9.527	1.768	0.4236	0.2131	0.1845	0.2757	0.4441
C_{16}	5.705	94.518	49.060	5.332	5.914	0.4473	0.1666	0.2322	0.4541	0.4437
C_{17}	342.304	417.666	443.118	340.499	302.108	0.3530	0.3132	0.3014	0.3541	0.3780
C_{18}	18.921	65.703	52.346	27.658	20.531	0.2247	0.3492	0.3265	0.2627	0.2329
C_{19}	0.038	4.947	10.345	0.254	8.613	0.0000	0.2803	0.3540	0.0000	0.3357

注：各指标 c_j 的单位与表 8-24 中 c_{j0}、c_{jb} 和 c_{jk} 单位相同。

表 8-26 我国五省(自治区)水安全评价 NV-FNN 和 NV-PPR 模型输出的分级标准值 O_k 和 y_k

模型输出分级标准	NV-FNN				模型输出分级标准	NV-PPR			
	k=1	k=2	k=3	k=4		k=1	k=2	k=3	k=4
$O_k(2)$	0.1588	0.2404	0.2874	0.3346	$y_k(2)$	0.2759	0.4253	0.5159	0.6114
$O_k(3)$	0.1573	0.2402	0.2891	0.3394	$y_k(3)$	0.2732	0.4212	0.5110	0.6055
O_k	0.1580	0.2403	0.2882	0.3370	y_k	0.2746	0.4232	0.5134	0.6085

表 8-27 我国五省(自治区)水安全的 NV-FNN 和 NV-PPR 模型输出值 O_i 、 y_i 及多种方法评价结果

省(自治区)	NV-FNN		NV-FNN		NV-PPR		NV-PPR		模糊物元法等级	主分量法等级	BP 神经网络法等级
	$O_i(2)$	等级	$O_i(3)$	等级	$y_i(2)$	等级	$y_i(3)$	等级			
云南	0.1877	2	0.1882	2	0.3331	2	0.3299	2	2	2	2
江苏	0.2421	3	0.2432	3	0.4320	3	0.4279	3	3	3	3

续表

省(自治区)	NV-FNN		NV-FNN		NV-PPR		NV-PPR		模糊物元法等级	主分量法等级	BP 神经网络法等级
	$O_i(2)$	等级	$O_i(3)$	等级	$y_i(2)$	等级	$y_i(3)$	等级			
河南	0.2252	2	0.2261	2	0.4013	2	0.3974	2	3	3	3
广西	0.2221	2	0.2231	2	0.3962	2	0.3924	2	3	3	3
陕西	0.2588	3	0.2606	3	0.4647	3	0.4603	3	3	3	3

注：$O_i(2)$和$O_i(3)$计算 O 时，分别用$O_i(2)$的 5 个组合个数和$O_i(3)$的 3 个组合个数占总组合数 8 的比例进行加和计算。

8.6 基于 NV-FNN 和 NV-PPR 模型的城市可持续发展评价实例

郑州市、西安市、上海市 2000 年可持续发展评价 28 项指标的分级标准值[9]c_{jk}见表 8-28，实际值 c_j 见表 8-29[9]。设置指标参照值 c_{j0} 见表 8-28，设置指标变换式如式(8-9)所示，由式(8-9)及式(5-2)计算得到可持续发展指标各级标准规范值 x'_{jk} 及郑州市、西安市、上海市 2000 年可持续发展的各指标规范值 x'_j ,分别见表 8-28 和表 8-29。

按照 7.4 节普适智能评价模型用于广义环境系统评价的步骤二，在视各指标等权的情况下，由表 8-28 中各指标标准规范值 x'_{jk} 及式(7-4)、式(7-5)和式(7-21)、式(7-22),分别计算得到NV-FNN、NV-PPR 两种模型输出的分级标准值 O_k 和 $y_k(k=1, 2, 3)$，见表 8-30；同样，按照步骤三：由式(7-4)、式(7-5)和式(7-21)、式(7-22)，分别计算得到郑州市、西安市、上海市 2000 年可持续发展评价的 NV-FNN、NV-PPR 两种模型输出值 O_i 和 y_i(表 8-31)及依据两种模型输出的分级标准值 O_k 和 y_k(表 8-30)得出的可持续发展等级评价结果，见表 8-31。表 8-31 中还列出了文献[9]用集对分析(set pair analysis，SPA)法对郑州市、西安市、上海市 2000 年可持续发展的评价结果，等级分别是 2 级、3 级和 1 级。实际情况是：郑州市 28 项指标中，分别有 1 项、11 项和 16 项指标处于强可持续(1 级)、基本可持续(2 级)和弱可持续(3 级)，因此评价为 3 级比 2 级要合理；西安市 28 项指标中，分别有 6 项和 22 项指标处于 2 级和 3 级，因此，评价为 3 级较合理；上海市 28 项指标中，分别有 8 项、12 项和 8 项指标处于 1 级、2 级和 3 级，因此，评价为 2 级比 1 级要合理。采用 NV-FNN 和 NV-PPR 模型对郑州市、西安市、上海市进行评价的结果完全一致，等级分别为 3 级、3 级和 2 级，符合实际情况。因此基于 NV-FNN、NV-PPR 模型对郑州市、西安市、上海市可持续发展所做出的评价结果比用 SPA 法的评价结果更合理，而且计算简便。

$$X_j=\begin{cases}\left[(100-c_j)/c_{j0}\right]^2, & c_j \leqslant 100-c_{j0}, \text{ 对指标} C_{22} \\ (c_j/c_{j0})^2, & c_j \geqslant c_{j0}, \text{ 对指标} C_1、C_3 \\ c_{j0}/c_j, & c_j \leqslant c_{j0}, \text{ 对指标} C_5、C_7、C_9、C_{13}、C_{15}、C_{18}、C_{20}、C_{23} \sim C_{27} \\ (c_{j0}/c_j)^2, & c_j \leqslant c_{j0}, \text{ 对指标} C_2、C_6、C_8、C_{11}、C_{14}、C_{16}、C_{17}、C_{19}、C_{21}、C_{28} \\ (c_{j0}/c_j)^{0.5}, & c_j \leqslant c_{j0}, \text{ 对指标} C_4、C_{10}、C_{12} \\ 1, & \text{对指标} C_1 \sim C_{28} \text{ 各自条件与上述条件相反} \end{cases} \tag{8-9}$$

式中，各指标的 c_{j0} 值见表 8-28；各指标名称及其 c_{j0} 和 c_j 的单位与表 8-28 中相应指标名称及其 c_{j0} 和 c_{jk} 的单位相同。

表 8-28 可持续发展评价指标的参照值 c_{j0}、分级标准值 c_{jk} 和标准规范值 x'_{jk}

指标	c_{j0}	c_{jk}			x'_{jk}		
		$k=1$	$k=2$	$k=3$	$k=1$	$k=2$	$k=3$
C_1	2	5	7	9	0.1833	0.2506	0.3008
C_2	225	90	70	50	0.1833	0.2335	0.3008
C_3	600	1600	2400	3200	0.1962	0.2773	0.3348
C_4	30000	650	350	50	0.1916	0.2226	0.3198
C_5	30000	3500	2500	1500	0.2148	0.2485	0.2996
C_6	200	80	60	40	0.1833	0.2408	0.3219
C_7	300	35	25	15	0.2148	0.2485	0.2996
C_8	20000	8000	6000	4000	0.1833	0.2408	0.3219
C_9	100	14.5	9.5	4.5	0.1931	0.2354	0.3101
C_{10}	25000	525	275	25	0.1932	0.2255	0.3454
C_{11}	35	13.5	10.5	7.5	0.1905	0.2408	0.3081
C_{12}	15000	332.5	167.5	2.5	0.1905	0.2247	0.4350
C_{13}	80	12.5	7.5	2.5	0.1856	0.2367	0.3466
C_{14}	150	50	40	30	0.2197	0.2644	0.3219
C_{15}	15000	2050	1350	650	0.1990	0.2408	0.3139
C_{16}	200	80	60	40	0.1833	0.2408	0.3219
C_{17}	120	45	35	25	0.1962	0.2464	0.3137
C_{18}	50	8.5	5.5	2.5	0.1772	0.2207	0.2996
C_{19}	20	8	6	4	0.1833	0.2408	0.3219

续表

指标	c_{j0}	c_{jk}			x'_{jk}		
		$k=1$	$k=2$	$k=3$	$k=1$	$k=2$	$k=3$
C_{20}	20	3.1	1.9	0.7	0.1864	0.2354	0.3352
C_{21}	300	100	80	60	0.2197	0.2644	0.3219
C_{22}	1	95	85	75	0.1609	0.2708	0.3219
C_{23}	800	95	65	35	0.2131	0.2510	0.3129
C_{24}	150	25	15	5	0.1792	0.2303	0.3401
C_{25}	6000	1075	675	175	0.1719	0.2185	0.3535
C_{26}	60	10	6	2	0.1792	0.2303	0.3401
C_{27}	400	60	40	20	0.1897	0.2303	0.2996
C_{28}	300	100	80	60	0.2197	0.2644	0.3219

注: C_1 为人口自然增长率，其 c_{j0} 和 c_{jk} 的单位为%；C_2 为非农业人口比重，其 c_{j0} 和 c_{jk} 的单位为%；C_3 为人口密度，其 c_{j0} 和 c_{jk} 的单位为人/km²；C_4 为万人拥有大学生人数，其 c_{j0} 和 c_{jk} 的单位为个；C_5 为人均 GDP，其 c_{j0} 和 c_{jk} 的单位为美元；C_6 为第三产业占 GDP 比重，其 c_{j0} 和 c_{jk} 的单位为%；C_7 为投资率，其 c_{j0} 和 c_{jk} 的单位为%；C_8 为社会劳动生产率，其 c_{j0} 和 c_{jk} 的单位为美元/人；C_9 为 GDP 增长率，其 c_{j0} 和 c_{jk} 的单位为%；C_{10} 为人均教育投资，其 c_{j0} 和 c_{jk} 的单位为美元；C_{11} 为平均受教育年限，其 c_{j0} 和 c_{jk} 的单位为年；C_{12} 为百人公共图书馆藏书量，其 c_{j0} 和 c_{jk} 的单位为册；C_{13} 为科技支出占财政支出比重，其 c_{j0} 和 c_{jk} 的单位为‰；C_{14} 为科技对经济增长的贡献率，其 c_{j0} 和 c_{jk} 的单位为%；C_{15} 为人均水资源占有量，其 c_{j0} 和 c_{jk} 的单位为 m³；C_{16} 为水重复利用率，其 c_{j0} 和 c_{jk} 的单位为%；C_{17} 为建成区绿化覆盖率，其 c_{j0} 和 c_{jk} 的单位为%；C_{18} 为人均道路面积，其 c_{j0} 和 c_{jk} 的单位为 m²；C_{19} 为人均公共绿地面积，其 c_{j0} 和 c_{jk} 的单位为 m²；C_{20} 为环境保护投资指数；C_{21} 为工业废水排放达标率，其 c_{j0} 和 c_{jk} 的单位为%；C_{22} 为废气处理率，其 c_{j0} 和 c_{jk} 的单位为%；C_{23} 为工业固体废物综合利用率，其 c_{j0} 和 c_{jk} 的单位为%；C_{24} 为人均居住面积，其 c_{j0} 和 c_{jk} 的单位为 m²；C_{25} 为 10 万人拥有医院床位数，其 c_{j0} 和 c_{jk} 的单位为张；C_{26} 为城市基础设施建设投资增长率，其 c_{j0} 和 c_{jk} 的单位为%；C_{27} 为生活污水处理率，其 c_{j0} 和 c_{jk} 的单位为%；C_{28} 为生活垃圾处理率，其 c_{j0} 和 c_{jk} 的单位为%。

表 8-29　郑州市、西安市、上海市可持续发展评价指标的参照值 c_{j0}、实际值 c_j 和规范值 x'_j

指标	c_{j0}	c_j			x'_j		
		郑州市	西安市	上海市	郑州市	西安市	上海市
C_1	2	7.62	8.36	2.12	0.2675	0.2861	0.0117
C_2	225	72.8	64.2	82.5	0.2257	0.2508	0.2007
C_3	600	2168	2003	2897	0.2569	0.2411	0.3149
C_4	30000	533	492	798	0.2015	0.2055	0.1813
C_5	30000	1961	1911	4507	0.2728	0.2754	0.1896
C_6	200	63.5	47.6	51.6	0.2295	0.2871	0.2710
C_7	300	17	20	31	0.2871	0.2708	0.2270
C_8	20000	6503	7362	8293	0.2247	0.1999	0.1761
C_9	100	12.0	6.1	10.8	0.2120	0.2797	0.2226
C_{10}	25000	168	95	742	0.2501	0.2786	0.1759

续表

指标	c_{j0}	c_j			x'_j		
		郑州市	西安市	上海市	郑州市	西安市	上海市
C_{11}	35	7.08	7.90	9.40	0.3196	0.2977	0.2629
C_{12}	15000	141	70	476	0.2334	0.2684	0.1725
C_{13}	80	14	2	11	0.1743	0.3689	0.1984
C_{14}	150	42.75	37.38	48.99	0.2511	0.2779	0.2238
C_{15}	15000	300	250	1000	0.3912	0.4094	0.2708
C_{16}	200	58	77	80	0.2476	0.1909	0.1833
C_{17}	120	30.3	33.3	20.9	0.2753	0.2564	0.3495
C_{18}	50	4.3	3.2	7.2	0.2453	0.2749	0.1938
C_{19}	20	4.58	4.9	3.6	0.2948	0.2813	0.3430
C_{20}	20	1.0	1.0	3.1	0.2996	0.2996	0.1864
C_{21}	300	94.6	67.0	93.2	0.2308	0.2998	0.2338
C_{22}	1	90.0	86.0	89.4	0.2303	0.2639	0.2361
C_{23}	800	62.0	54.0	93.3	0.2557	0.2696	0.2149
C_{24}	150	13.88	13.72	15.19	0.2380	0.2392	0.2290
C_{25}	6000	698	583	569	0.2151	0.2331	0.2356
C_{26}	60	5.2	4.4	8.3	0.2446	0.2613	0.1978
C_{27}	400	17.3	24.7	49.4	0.3141	0.2785	0.2092
C_{28}	300	98.4	90.4	100.0	0.2229	0.2399	0.2197

注：各指标名称及其 c_{j0} 和 c_j 的单位与表 8-28 中相应指标名称及其 c_{j0} 和 c_{jk} 的单位相同。

表 8-30 可持续发展评价的 NV-FNN 和 NV-PPR 模型输出的分级标准值 O_k 和 y_k

模型输出分级标准	NV-FNN			模型输出分级标准	NV-PPR		
	$k=1$	$k=2$	$k=3$		$k=1$	$k=2$	$k=3$
$O_k(2)$	0.1779	0.2217	0.2910	$y_k(2)$	0.3098	0.3900	0.5229
$O_k(3)$	0.1764	0.2209	0.2928	$y_k(3)$	0.3065	0.3862	0.5179
O_k	0.1771	0.2213	0.2919	y_k	0.3083	0.3889	0.5204

表 8-31 郑州市、西安市、上海市可持续发展评价的 NV-FNN 和 NV-PPR 模型输出值 O_i 和 y_i 及多种方法评价结果

城市	NV-FNN		NV-FNN		NV-PPR		NV-PPR		SPA 法等级
	$O_i(2)$	等级	$O_i(3)$	等级	$y_i(2)$	等级	$y_i(3)$	等级	
郑州市	0.2317	3	0.2313	3	0.4093	3	0.4054	3	2
西安市	0.2461	3	0.2462	3	0.4366	3	0.4324	3	3
上海市	0.2009	2	0.2001	2	0.3529	2	0.3495	2	1

8.7　基于 NV-SVR 模型的图们江地表水水质评价

2008 年图们江干流 6 个监测断面的地表水水质指标的分级标准值 c_{jk} 及监测值[10]，分别见表 8-32 和表 8-33。设置指标变换式如式(8-10)所示，设置指标 DO (C_1)、COD_{Mn}(C_2)、COD_{Cr}(C_3)、BOD_5(C_4)、NH_3-N(C_5)、挥发酚(C_6)的参照值 c_{j0} 分别为 20mg/L、0.2mg/L、5mg/L、1mg/L、0.03mg/L、0.0001mg/L。由式(8-10)及式(5-2)计算得到地表水指标各级标准规范值 x'_{jk} 及图们江干流 6 个断面地表水指标规范值 x'_j,分别见表 8-32 和表 8-34。

按照 7.4 节普适智能评价模型用于广义环境系统评价的步骤二，在视各指标等权的情况下，将表 8-32 中各指标标准规范值 x'_{jk} (j=1, 2,···, 6；k=0, 1, 2, ···, 5)分别代入 NV-SVR 评价模型输出式(7-38)中，式中，各级标准核函数中心值 x'_{k0} 见表 8-35，范数$\|\cdot\|$用均方根距离计算，核参数 $\sigma_j(0)=0.3171$。计算得到适用于 6 项指标(表 8-32)的 NV-SVR 模型输出的分级标准值 y_k(k=1, 2,···, 5)，见表 8-35；为了比较，将建立广义环境系统 NV-SVR 模型的各级标准的 100 个训练样本分别代入式(7-38)中，计算得到适用于广义环境系统的 NV-SVR 模型输出的分级标准值 y'_k，见表 8-35。

同样，按照步骤三，将各样本的 6 项指标规范值 x'_j ($j=1, 2,\cdots, 6$) 代入 NV-SVR 模型输出式(7-38)中，计算得到 2008 年图们江干流 6 个监测断面的地表水水质的 NV-SVR 模型输出值 y_i (表 8-34)及依据 6 项指标的 NV-SVR 模型输出的分级标准值 y_k(表 8-35)得出的等级评价结果，见表 8-34。其实，依据广义环境系统的 NV-SVR 模型输出的分级标准值 y'_k，对 6 个断面水质得出的等级评价结果也是相同的。表 8-34 中还列出了文献[10]用改进密切值法的评价结果。对于河东断面，其 6 项指标中，有 3 项指标为 1 级、2 项指标为 5 级、1 项指标为 4 级，并且 NV-SVR 输出结果接近 3 级和 4 级的分级标准边界线，因此评价为 3 级也是合理的；对开山屯断面有 3 项指标是 5 级，3 项指标是 1 级或 2 级，因此评价为 4 级也是可以的。两种评价方法的评价结果基本一致。

$$X_j=\begin{cases}(c_{j0}/c_j)^2, & c_j \leqslant c_{j0}，\text{对指标DO}\\(c_j/c_{j0})^{0.5}, & c_j \geqslant c_{j0}，\text{对指标挥发酚}\\(c_j/c_{j0})^2, & c_j \geqslant c_{j0}，\text{对指标COD}_{\text{Cr}}\text{、BOD}_5\\c_j/c_{j0}, & c_j \geqslant c_{j0}，\text{对指标COD}_{\text{Mn}}\text{、NH}_3\text{-N}\\1, & c_j > c_{j0}，\text{对指标DO}\\1, & c_j < c_{j0}，\text{对除 DO 以外其余 5 项指标}\end{cases} \tag{8-10}$$

式中，各指标 c_j 和 c_{j0} 的单位均为 mg/L。

表 8-32　地表水 6 项指标分级标准值 c_{jk} 及标准规范值 x'_{jk}

指标	c_{jk}/(mg/L)					x'_{jk}				
	1 级	2 级	3 级	4 级	5 级	1 级	2 级	3 级	4 级	5 级
C_1	7.5	6.0	5.0	3.0	2.0	0.1962	0.2408	0.2773	0.3794	0.4605
C_2	2	4	6	10	15	0.2303	0.2996	0.3401	0.3912	0.4318
C_3	15	15	20	30	45	0.2197	0.2197	0.2773	0.3584	0.4394
C_4	2	3	4	6	10	0.1386	0.2197	0.2773	0.3584	0.4605
C_5	0.15	0.50	1.00	1.50	2.00	0.1609	0.2813	0.3507	0.3912	0.4200
C_6	0.001	0.002	0.005	0.010	0.050	0.2303	0.2649	0.3107	0.3654	0.4259

表 8-33　图们江干流 6 个断面指标监测值 c_j

监测断面	c_j/(mg/L)					
	COD_{Mn}	DO	BOD_5	COD_{Cr}	挥发酚	NH_3-N
崇善	2.03	9.2	1.0	6.7	0.001	0.100
南坪	3.65	7.7	1.0	9.6	0.001	0.035
开山屯	26.00	7.7	8.5	63.1	0.003	0.160
河东	16.10	7.8	6.0	37.5	0.002	0.090
圈河	8.70	8.0	2.2	23.7	0.001	0.110
图们	18.00	5.0	9.0	48.1	0.007	1.970

表 8-34　图们江干流 6 个断面指标规范值 x'_j、NV-SVR 模型输出值 y_i 及评价结果

监测断面	x'_j						NV-SVR		改进密切值法等级
	COD_{Mn}	DO	BOD_5	COD	挥发酚	NH_3-N	y_i	等级	
崇善	0.2317	0.1553	0.0000	0.0585	0.2303	0.1204	0.1293	1	1
南坪	0.2904	0.1909	0.0000	0.1305	0.2303	0.0154	0.1535	1	1
开山屯	0.4868	0.1909	0.4280	0.5071	0.2852	0.1674	0.5830	4	5
河东	0.4388	0.1883	0.3584	0.4030	0.2649	0.1099	0.4763	3	4
圈河	0.3773	0.1833	0.1577	0.3112	0.2303	0.1299	0.3336	2	2
图们	0.4500	0.2773	0.4394	0.4528	0.3276	0.4185	0.6989	5	5

表 8-35　NV-SVR 模型的核函数中心值 x'_{k0}、模型输出的两种分级标准值 y_k 和 y'_k

项目	$k=0$	$k=1$	$k=2$	$k=3$	$k=4$	$k=5$
x'_{k0}	0.000	0.1855	0.2417	0.3064	0.3779	0.4430
y_k	0.0000	0.2483	0.3855	0.5508	0.6625	0.7860
y'_k	−0.0461	0.2256	0.3543	0.5096	0.6705	0.7913

8.8　基于NV-SVR模型的甘肃省民勤县水资源承载力综合评价

甘肃省民勤县水资源承载力 14 项评价指标及其分级标准值 c_{jk} 与石羊河流域水资源承载力的统计和规划数据 c_j[11](2003 年和 2010 年的水资源承载力数据为统计的实际数据，2020 年的数据为水资源承载力规划数据)分别见表 8-36 和表 8-37。设置指标参照值 c_{j0}，见表 8-36，设置指标变换式，如式(8-11)所示，由式(8-11)及式(5-2)计算得到水资源承载力 14 项指标各级标准规范值 x'_{jk} 及石羊河流域水资源承载力 14 项指标的规范值 x'_j 分别见表 8-36 和表 8-37。

$$X_j=\begin{cases} c_{j0}/c_j, & c_j \leqslant c_{j0}, \text{对指标}C_1、C_6、C_8、C_{12} \\ (c_{j0}/c_j)^{0.5}, & c_j \leqslant c_{j0}, \text{对指标}C_4、C_7、C_9 \\ c_j/c_{j0}, & c_j \geqslant c_{j0}, \text{对指标}C_2、C_5 \\ (c_j/c_{j0})^2, & c_j \geqslant c_{j0}, \text{对指标}C_3、C_{10}、C_{11}、C_{13} \\ (c_j/c_{j0})^{1/3}, & c_j \geqslant c_{j0}, \text{对指标}C_{14} \\ 1, & c_j > c_{j0}, \text{对指标}C_1、C_4、C_6、C_7、C_8、C_9、C_{12} \\ 1, & c_j \leqslant c_{j0}, \text{对其余 7 项指标} \end{cases} \tag{8-11}$$

式中，各指标的名称及 c_{j0} 值见表 8-36；各指标的 c_{j0} 和 c_j 的单位与表 8-36 中 c_{j0} 和 c_{jk} 的单位相同。

需要指出的是，当指标规范值 x'_j 比最大分级标准规范值大得多(如大于 1.5 倍)时，需用(8-12)所示的公式对指标规范值 x'_j 进行调整。

$$x''_j=\overline{x}'_{\max k}+\frac{x'_j-\overline{x}'_{\max k}}{1+x'_j} \tag{8-12}$$

式中，x''_j 为指标 j 调整后的规范值；x'_j 为指标 j 调整前的规范值；$\overline{x}'_{\max k}$ 为训练样本中分级标准最大级别规范值的平均值。

表 8-36　甘肃省民勤县水资源承载力评价指标参照值 c_{j0}、分级标准值 c_{jk} 及各级标准规范值 x'_{jk}

指标	c_{j0}	c_{jk}			x'_{jk}		
		1 级	2 级	3 级	1 级	2 级	3 级
C_1	2×10^4	3000	1700	1000	0.1897	0.2465	0.2996
C_2	4	30	50	75	0.2015	0.2526	0.2931
C_3	20	50	70	90	0.1833	0.2506	0.3008

续表

指标	c_{j0}	c_{jk}			x'_{jk}		
		1级	2级	3级	1级	2级	3级
C_4	300	5	3	1	0.2047	0.2303	0.2852
C_5	0.5	3	6	10	0.1792	0.2485	0.2996
C_6	10	2	1	0	0.1609	0.2303	0.2996
C_7	2500	50	30	10	0.1956	0.2211	0.2761
C_8	400	60	40	20	0.1897	0.2303	0.2996
C_9	8×10^5	20000	7000	2000	0.1844	0.2369	0.2996
C_{10}	20	50	70	90	0.1833	0.2506	0.3008
C_{11}	100	200	300	400	0.1386	0.2197	0.2773
C_{12}	1×10^3	200	150	50	0.1609	0.1897	0.2996
C_{13}	0.15	0.2	0.5	0.7	0.1962	0.2408	0.3081
C_{14}	0.0001	0.01	0.20	0.40	0.1535	0.2534	0.2765

注：C_1为人均水资源量，其c_{j0}和c_{jk}的单位为m^3；C_2为水资源开发利用率，其c_{j0}和c_{jk}的单位为%；C_3为农业用水率，其c_{j0}和c_{jk}的单位为%；C_4为生态用水率，其c_{j0}和c_{jk}的单位为%；C_5为地下水深度，其c_{j0}和c_{jk}的单位为m；C_6为森林覆盖率，其c_{j0}和c_{jk}的单位为%；C_7为城镇化率，其c_{j0}和c_{jk}的单位为%；C_8为非农业经济比重，其c_{j0}和c_{jk}的单位为%；C_9为人均GDP，其c_{j0}和c_{jk}的单位为元；C_{10}为单位GDP用水量，其c_{j0}和c_{jk}的单位为m^3/万元；C_{11}为单位工业增加值用水量，其c_{j0}和c_{jk}的单位为m^3/万元；C_{12}为灌溉利用系数；C_{13}为地下水下降速率，其c_{j0}和c_{jk}的单位为m/a；C_{14}为地下水矿化度，其c_{j0}和c_{jk}的单位为g/L。

表 8-37 石羊河流域水资源承载力指标的实际值 c_j 及规范值 x'_j

指标	c_j			x'_j		
	2003年	2010年	2020年	2003年	2010年	2020年
C_1	2546	1091	1150	0.2061	0.2909	0.2856
C_2	172	128	117	0.3761	0.3466	0.3376
C_3	87.85	82.47	10.10	0.2960	0.2833	0.0000
C_4	9.0	10.1	10.0	0.1753	0.1696	0.1701
C_5	15	18	16	0.3401	0.3584	0.3466
C_6	1.48	0.00	1.00	0.1911	0.6532	0.2303
C_7	8.70	11.25	20.00	0.2830	0.2702	0.2414
C_8	19.8	25.5	40.0	0.3006	0.2753	0.2303
C_9	4718	11606	30000	0.2567	0.2117	0.1642
C_{10}	53	58	80	0.1949	0.2129	0.2773
C_{11}	4484	1072	300	0.5644	0.4204	0.2197
C_{12}	364	86	70	0.1011	0.2453	0.2659
C_{13}	0.658	0.668	0.670	0.2957	0.2987	0.2993
C_{14}	0.90	0.40	0.01	0.3035	0.2765	0.1535

注：c_j的单位与表8-36中c_{jk}和c_{j0}的单位相同。

按照 7.4 节的评价步骤二和步骤三，在视各指标等权的情况下，分别将表 8-36 中 14 项指标的各级标准规范值 x'_{jk} ($j=1, 2, \cdots, 14; k=0, 1, 2, 3$)和石羊河流域 2003 年、2010 年、2020 年水资源承载力 14 项指标的规范值 x'_j ($j=1, 2, \cdots, 14$)，分别代入 NV-SVR 模型计算式(7-38)(式中，各级标准核函数中心值 x'_{k0}，见表 8-35，范数 $\|\cdot\|$ 用均方根距离计算，核参数仍为 $\sigma=0.3171$)。计算得到三级标准的 NV-SVR 模型输出值 y_k($k=1, 2, 3$)分别为：$y_1=0.2128$，$y_2=0.3506$，$y_3=0.4793$；同样计算得到石羊河流域三年水资源承载力的 NV-SVR 模型输出值 y_i，见表 8-38。依据 NV-SVR 模型输出的分级标准值 y_k 得出的等级评价结果，见表 8-38。表 8-38 还列出了文献[11]中用熵权模糊物元模型得出的评价结果。可见，两种模型对石羊河流域三个年份水资源承载力的评价结果均为 3 级、3 级、2 级。

表 8-38　两种方法对石羊河流域水资源承载力的评价结果

年份	NV-SVR 模型		熵权模糊物元模型
	输出值 y_i	等级	等级
2003	0.4395	3	3
2010	0.5084	3	3
2020	0.3301	2	2

8.9　本 章 小 结

将基于指标规范值的三种智能评价模型用于同一个评价实例，不仅同种智能模型两种不同结构的评价结果完全相同，而且不同智能评价模型的评价结果也基本一致，与其他传统评价方法的评价结果大部分也相同。从而表明广义环境系统的三种智能评价模型皆具有规范、普适、统一、简单、实用的特点。三种智能评价模型比较而言，NV-PPR 模型最简单、使用最方便，NV-SVR 模型稍微复杂，但比传统的智能评价模型简单。因为对广义环境系统评价，只需要依据评价问题的指标分级标准，设置指标参照值和规范变换式，分别计算指标分级标准规范值 x'_{jk} 和待评价样本的指标规范值 x'_j，直接用优化得到的三种广义智能评价模型，计算待评价样本的模型输出值，并将其与分级标准的模型输出值进行比较，就可以对样本的评价等级进行判断。

参 考 文 献

[1] 高明美，孙涛，张坤. 基于超标倍数赋权法的济南市大气质量模糊动态评价[J]. 干旱区资源与环境, 2014, 28(9): 150-154.

[2] 储金宇, 席彩文. 地表水环境质量的等效数值评价法[J]. 水资源保护, 2009, 25(2): 28-29.
[3] 郭凤台, 王瑞京, 孙红. 属性识别模型在黑龙洞泉域地下水质评价中的应用[J]. 节水灌溉, 2008, (11): 43-45.
[4] 平仙隐, 沈新强. 灰色聚类法在海水水质评价中的应用[J]. 海洋渔业, 2006, 28(4): 326-330.
[5] 李祚泳, 王文圣, 张正健, 等. 环境信息规范对称与普适性[M]. 北京: 科学出版社, 2011.
[6] 陈南祥, 杨淇翔. 基于博弈论组合赋权的流域水资源承载力集对分析[J]. 灌溉排水学报, 2013, 32(2): 81-85.
[7] 刘梅冰, 陈兴伟. 福建省水资源可持续利用的模糊综合评判[J]. 福建师范大学学报(自然科学版), 2006, 22(1): 107-111.
[8] 郦建强. 水资源安全及其综合评价模型研究[D]. 南京: 河海大学, 2008.
[9] 陈媛, 王文圣, 汪嘉杨, 等. 基于集对分析的城市可持续发展评价[J]. 人民黄河, 2010, 32(1): 11-13.
[10] 唐立新, 李东日. 改进的密切值法在图们江干流地表水水质评价中的应用[J]. 吉林水利, 2010, (6): 36-38.
[11] 田静宜, 王新军. 基于熵权模糊物元模型的干旱区水资源承载力研究——以甘肃民勤县为例[J]. 复旦学报(自然科学版), 2013, 52(1): 88-93.

第9章 规范变换与误差修正相结合的广义环境系统预测模型

人们经过认真思索，终于达成共识，即人类不仅要重视环境的现状，更应关注环境的未来。因此，需要建立能用于环境预测的数学模型。但是，预测变量会受多种复杂因素的影响，其预测结果常难以满足实际需要。预测建模与评价建模的区别为：首先，评价通常是静态的；而预测是动态的。其次，评价只需依据制定的指标评价分级标准，对评价对象的状态进行判断，评价结果容易满足实际情况；而预测需要由系统状态变量的过去和现状的已有资料，预测变量未来的变化趋势，预测结果难以满足精度、可信的要求。因此，预测建模尤其是多影响因子的预测建模远比评价建模复杂。

9.1 规范变换及基于规范变换预测模型的一般表达式

9.1.1 传统预测模型的局限

预测模型通常分为机理性预测模型和非机理性预测模型两类。非机理性预测模型不涉及复杂的产生机理，因此相对简单，应用方便，常被人们采用。多年来，国内外学者提出了可变集合[1]、集对分析[2]、Copula 函数[3]、分段线性表示K 最近邻(K-nearest neighbor，KNN)算法[4]、时间序列分析[5-9]等多种预测模型和方法[10-12]。神经网络[13-18]、投影寻踪[19]和支持向量机[20-25]等模型是最常用的非机理性预测模型。这些模型和方法已广泛应用于环境预测。

上述传统预测模型各有其特点，但都有如下不足：① 当影响因子较多而又复杂(如数据非线性、非正态、波动大)时，不仅模型结构设计复杂，计算工作量大，计算效率低，收敛速度慢；而且因为需要优化的参数多，在参数优化调试过程中，需要兼顾具有不同特性的众多因子，以满足不同预测模型制定的目标函数式的精度要求。因此，无论是智能预测模型，还是统计预测模型、不确定性分析预测模型，即使运算时间长，模型也很难达到指定的精度要求。② 虽然从理论上讲，只要代表性的训练样本数足够多，模型结构又与问题相匹配，多数预测模型(如智能预测模型)都能以任意精度逼近任意函数。但是，对于多数实际问题，样本数总是有限的，而且代表性也是不完全的。因此，对高维、非线性预测问题，传统预测模型也难以达到理想的预测效果。虽然，传统预测模型可以通过增加训练样本数，以满足模型的复杂结构，或者减少因子个数，以简化模型结构，但是对于实际问题，增加训练样本数往往是不现实的；为了简化预测模型结构，传统的统计预测建模可以采用主分量分析法提取少数几个主成分作为预测建模的因子[10]，也可以采用相关系数法剔除不重要的因子[26]，或用相似性准则选择对预测变量有显著作用的因子。但无论用何种减少因子个数的方法来简化模型结构，都会丢失样本部分信息，致使模型部分失真。这可能是传统预测模型预测结果大多不理想(精度不高)和对不同样本(尤其对异常样本)预测的误差差异很大(稳定性差)的原因之一。因此，为了建立收敛速度快，又有较高精度的预测模型，不仅需要在不损失样本信息的情况下简化模型结构，而且必须消除或削弱样本数有限(不完备)和样本的代表性不全(不充分)对模型预测精度的影响。研究人员对上述某些预测模型提出了改进的预测建模方法[25]，在某些特定情况下可以加快收敛速度。但是，对于复杂的预测问题，模型的预测精度尤其是对异常样本的预测精度仍不高，而且对不同样本数和因子数的预测模型建模不能规范和统一。因此，建立适用于多因子和复杂环境系统普适、规范、简洁和通用的预测模型具有重要的理论意义和应用价值。

因为环境系统(事实上包括环境系统在内的任意系统)的不同要素(预测变量及其影响因子)之间不仅单位、量纲、数值大小等都有所不同，而且其分布特性(正态或非正态、高维或低维)和变化规律(线性或非线性、正向或逆向、快变或缓变、平稳或剧烈、趋势性或波动性)也存在较大差异，因此环境系统是一个非常复杂的巨系统。正因为如此，要建立既简单、实用，又有较高精度的预测模型并非易事。针对上述传统预测模型对多因子、非线性复杂问题建模，存在模型结构复杂，需要优化的参数多，学习效率低，预测精度不高，稳定性差，以及对不同样本数和因子数的建模不能普适、规范和统一的局限，提出基于规范变换与误差修正相结合的广义环境系统预测模型。其基本思想是[27,28]：针对影响因子多，致使模型结构复杂，因而学习效率低的缺点，在不损失信息的前提下，提出将高维降为低维的等效因子降维法，从而简化模型结构；针对简化了的模型结构会使原数据变化特性和规律有所改变，提出用相似样本误差修正公式对预测样本的模型输出值进行误差修正，使原数据的特征信息得到补偿、恢复和重现，从而进一步提高模型的预测精度。该模型既简化和统一了预测模型结构，又提高了模型预测的稳定性和精度。

9.1.2 预测变量及其影响因子的规范变换

传统预测模型的预测变量及其影响因子通常采用归一化或标准化变换，其都是各自独立的线性变换，因此变换前后影响因子的个数及数据变化特性不会发生改变。若对预测变量及其影响因子采用式(9-1)和式(9-2)所示的规范变换[28]，此规范变换要求变换后的样本预测变量及各影响因子的最小规范值 y'_{jm} (或 x'_{jm})和最大规范值 y'_{jM} (或 x'_{jM})分别被限定在较小的范围内(如[0.15, 0.30]和[0.40, 0.55])，并能使规范变换后的不同影响因子规范值皆呈现近似相同的变化规律(为叙述简便，在合理情况下，影响因子简称因子)。该规范变换的特点是：变换后用规范值表示的各因子之间不再彼此独立，而是相互关联。因此，规范变换后的所有因子均可视为一个等效规范因子，从而将多因子的高维复杂预测建模问题简化为仅对等效规范因子的简单三维、二维或一维的预测建模问题，使传统预测模型结构得到极大简化。因子等效的含义是指规范变换后所有因子的规范值(数据)不仅分布规律、变化特性呈近似正态分布，而且它们的分布参数(数学期望和方差)差异很小。因此，用规范值表示的每个因子对预测变量的影响基本相同，即完全等效。

$$X_j=\begin{cases}\left(c_j/c_{j0}\right)^{n_j}, & c_{j0}\leqslant c_j\leqslant c_{j0}\mathrm{e}^{10/n_j}, \quad 且\left[\max\limits_k\left\{c_{jk}\right\}\Big/\min\limits_k\left\{c_{jk}\right\}\right]>2\\ \left[\left(c_j-c_{jb}\right)/c_{j0}\right]^{n_j}, & c_j\geqslant c_{jb}+c_{j0}, \quad 且\left[\max\limits_k\left\{c_{jk}\right\}\Big/\min\limits_k\left\{c_{jk}\right\}\right]\leqslant 2\\ 1, & c_j<c_{j0} \quad 或 \quad c_j<c_{jb}+c_{j0}\\ \mathrm{e}^{10}, & c_j>c_{j0}\mathrm{e}^{10/n_j}\\ \left(c_{j0}/c_j\right)^{n_j}, & c_{j0}\mathrm{e}^{-10/n_j}\leqslant c_j\leqslant c_{j0}, \quad 且\left[\max\limits_k\left\{c_{jk}\right\}\Big/\min\limits_k\left\{c_{jk}\right\}\right]>2\\ \left[\left(c_{jb}-c_j\right)/c_{j0}\right]^{n_j}, & c_j\leqslant c_{jb}-c_{j0}, \quad 且\left[\max\limits_k\left\{c_{jk}\right\}\Big/\min\limits_k\left\{c_{jk}\right\}\right]\leqslant 2\\ 1, & c_j>c_{j0} \quad 或 \quad c_j>c_{jb}-c_{j0}\\ \mathrm{e}^{10}, & c_j<c_{j0}\mathrm{e}^{-10/n_j}\end{cases} \tag{9-1}$$

$$x'_j=\frac{1}{10}\ln X_j \tag{9-2}$$

式中，c_j 为因子或预测变量的实际值；c_{j0} 为设置的因子或预测变量的参照值；c_{jb} 为设置的因子或预测变量的阈值；X_j 和 x'_j 分别为因子或预测变量的变换值和规范值；k 代表全体样本个数；n_j 为因子或预测变量的幂指数，如式(9-3)所示。式(9-1)右边 1～4 行适用于正向因子或预测变量的变换；5～8 行适用于逆向因子或预测变量的变换。

$$n_j=\begin{cases}2, & 2\leqslant t_j<6\\ 1, & 6\leqslant t_j\leqslant 30\\ 0.5, & t_j>30\end{cases} \tag{9-3}$$

式中，t_j 为因子或预测变量实际值的最大值与最小值之比，如式(9-4)所示。

$$t_j=\begin{cases}\max\limits_k\left\{c_{jk}\right\}/\min\limits_k\left\{c_{jk}\right\}, & c_j>0\\ \max\limits_k\left\{c_{jb}-c_{jk}\right\}/\min\limits_k\left\{c_{jb}-c_{jk}\right\}, & c_j\leqslant 0\end{cases}\tag{9-4}$$

式中，各字母的意义同前。

变换式(9-1)中参数 c_{jb}、n_j 和 c_{j0} 的确定过程如下(为叙述简便，仅以因子确定过程为例，预测变量的确定过程完全相同)。

第一步，确定因子 j 是否需要设置 c_{jb}。有以下两种情况的正向因子、逆向因子需要设置 c_{jb}：① 原始数据中有 $c_j\leqslant 0$ 的因子，其目的是使所有样本的该因子值全变为正值，即有 $c_j-c_{jb}>0$(对正向因子)或 $c_{jb}-c_j>0$ (对逆向因子)；② 对用式(9-4)右边第 1 行的判定条件计算得到 $t_j<2$ 的因子，需要设置适当阈值 c_{jb}，使再用式(9-4)右边第 2 行的判定条件计算得到满足该因子的 $t_j>2$ 为止。对 c_{jb} 取值的限制条件为：对于正向因子，$c_{jb}<\min\{c_j\}$；对于逆向因子，$c_{jb}>\max\{c_j\}$。

第二步，确定 n_j。在计算出因子的 t_j 后，就可根据式(9-3)，确定 n_j 的取值。

第三步，确定因子的 c_{j0}。首先，在[0.15, 0.30]内，设置因子最小规范值 x'_{jm} (如令 $x'_{jm}=0.20$)，将第二步已确定的 n_j 及设置的 x'_{jm} 和 $\min\{c_j\}$(或还有 c_{jb})代入式(9-1)和式(9-2)中，进行逆运算，求解出 c_{j0}；再将求得的 c_{j0}、n_j 和 $\max\{c_j\}$(或还有 c_{jb})值代入式(9-1)和式(9-2)中，计算得到最大规范值 x'_{jM}。若 x'_{jM} 在[0.40, 0.55]内，则 c_{j0} 即为确定的参照值；否则，需对 c_{j0} 进行微调，再重复上述过程，直到最小规范值 x'_{jm} 和最大规范值 x'_{jM} 能分别在被限定的较小范围内即可。

举例说明如下。某市 1994～2000 年住户用气普及率(c_j)的调查统计数据分别为 56.17%、52.10%、46.40%、49.20%、53.02%、55.20%、59.14%。

(1) 确定该因子是否需要设置 c_{jb}。该因子 $t_j=59.14/46.40=1.27<2$，故需要设置 c_{jb}。又因该因子与该市空气清洁指数成正相关(正向因子)，因此变换式(9-1)应设计为 $X_j=\left[(c_j-c_{jb})/c_{j0}\right]^{n_j}$，而且应有 $c_{jb}<46.40$，设 $c_{jb}=40$。

(2) 确定 n_j。在 $c_{jb}=40$ 的情况下，最大值和最小值分别变为 59.14−40=19.14 和 46.4−40=6.4，从而 t_j=19.14/6.40=2.99>2，由式(9-3)右边第 1 个判别条件确定 n_j=2。

(3) 确定 c_{j0}。在[0.15, 0.30]内，若设置与因子最小数据(c_{jm}=46.40)相应的最小规范值 $x'_{jm}=0.20$，则将 $c_{jm}=46.40$、$c_{jb}=40$、$n_j=2$ 和 $x'_{jm}=0.20$ 代入规范变换式(9-1)和式(9-2)中进行逆运算，计算得到 $c_{j0}=2.35$。

(4) 验证当 $c_{j0}=2.35$ 时，与因子最大数据($c_{jM}=59.14$)相应的最大规范值 x'_{jM}

是否在限制范围内：将 $c_{jM} = 59.14$、$c_{jb} = 40$、$n_j=2$ 和 $c_{j0} = 2.35$ 代入规范变换式(9-1)和式(9-2)进行计算，得到最大规范值为 $x'_{jM} = 0.4195$，因为 $0.40 < 0.4195 < 0.55$，故设置 $c_{j0} = 2.35$ 是合理、可行的。

9.1.3　几种常用的规范变换预测模型的一般表达式

相对于其他多种预测模型和方法，智能预测模型具有自组织、自学习、自适应和容错性好等许多优势；而一元线性回归预测模型是最简单、实用的统计预测模型。由于规范变换将高维、非线性复杂问题转化为低维(甚至一维)、近似线性简单问题，从而能极大地简化模型结构。因此，将规范变换用于智能预测模型[28]和一元线性回归预测模型建模就非常重要[29]。与规范变换相结合的预测模型主要有以下几种。

(1) 基于规范变换的两种结构的前向神经网络(NV-FNN(2)和 NV-FNN(3))预测模型。

$$y(2) = v_1 \frac{1-\mathrm{e}^{-(w_{11}x'_{j1}+w_{12}x'_{j2})}}{1+\mathrm{e}^{-(w_{11}x'_{j1}+w_{12}x'_{j2})}} + v_2 \frac{1-\mathrm{e}^{-(w_{21}x'_{j1}+w_{22}x'_{j2})}}{1+\mathrm{e}^{-(w_{21}x'_{j1}+w_{22}x'_{j2})}} \tag{9-5}$$

$$y(3) = v_1 \frac{1-\mathrm{e}^{-(w_{11}x'_{j1}+w_{12}x'_{j2}+w_{13}x'_{j3})}}{1+\mathrm{e}^{-(w_{11}x'_{j1}+w_{12}x'_{j2}+w_{13}x'_{j3})}} + v_2 \frac{1-\mathrm{e}^{-(w_{21}x'_{j1}+w_{22}x'_{j2}+w_{23}x'_{j3})}}{1+\mathrm{e}^{-(w_{21}x'_{j1}+w_{22}x'_{j2}+w_{23}x'_{j3})}} \tag{9-6}$$

式中，x'_{ji} 为因子的规范值；v_h 和 w_{hj}(h=1, 2；j=1, 2, 3)为需要用优化算法(如免疫进化算法)优化确定的网络连接权值。

(2) 基于规范变换的两种结构的投影寻踪回归(NV-PPR(2)和 NV-PPR(3))预测模型。

$$y(2) = \begin{bmatrix} \beta_1 & \beta_2 \end{bmatrix} \begin{bmatrix} \alpha_{11} & \alpha_{12} \\ \alpha_{21} & \alpha_{22} \end{bmatrix} \begin{bmatrix} x'_{j1} \\ x'_{j2} \end{bmatrix} \tag{9-7}$$

化简，得

$$y(2) = Ax'_{j1} + Bx'_{j2} \tag{9-8}$$

式中

$$A = \beta_1\alpha_{11} + \beta_2\alpha_{21},\quad B = \beta_1\alpha_{12} + \beta_2\alpha_{22}$$

$$y(3) = \begin{bmatrix} \beta_1 & \beta_2 \end{bmatrix} \begin{bmatrix} \alpha_{11} & \alpha_{12} & \alpha_{13} \\ \alpha_{21} & \alpha_{22} & \alpha_{23} \end{bmatrix} \begin{bmatrix} x'_{j1} \\ x'_{j2} \\ x'_{j3} \end{bmatrix} \tag{9-9}$$

化简，得

$$y(3) = Ax'_{j1} + Bx'_{j2} + Cx'_{j3} \tag{9-10}$$

式中

$$A=\beta_1\alpha_{11}+\beta_2\alpha_{21}，\ B=\beta_1\alpha_{12}+\beta_2\alpha_{22}，\ C=\beta_1\alpha_{13}+\beta_2\alpha_{23}$$

式中，x'_{ji} 为因子的规范值；β_u 和 $\alpha_{uj}(u=1, 2;\ j=1, 2, 3)$分别为需要优化的岭函数矩阵和投影方向矩阵的矩阵元。

(3) 基于规范变换的两种结构的支持向量机回归预测模型(NV-SVR(2)和NV-SVR(3))。

NV-SVR(2)和NV-SVR(3)两种预测模型分别如式(9-11)和式(9-12)所示[29]。

$$y(2)=\alpha_1 k(\boldsymbol{x}', \boldsymbol{x}'_{10})+\alpha_2 k(\boldsymbol{x}', \boldsymbol{x}'_{20})+b \tag{9-11}$$

$$y(3)=\alpha_1 k(\boldsymbol{x}', \boldsymbol{x}'_{10})+\alpha_2 k(\boldsymbol{x}', \boldsymbol{x}'_{20})+\alpha_3 k(\boldsymbol{x}', \boldsymbol{x}'_{30})+b \tag{9-12}$$

式中，$\boldsymbol{x}'$ 为样本因子规范值构成的矢量；$\boldsymbol{x}'_{10}$、$\boldsymbol{x}'_{20}$ 和 $\boldsymbol{x}'_{30}$ 分别为 3 个核函数的恒定中心矢量；b 为需要优化确定的常参数项(阈值)；α_i 为需要优化的支持向量相应的分量；$k(\boldsymbol{x}'_i, \boldsymbol{x}')$ 为径向基核函数，如式(9-13)所示。

$$k(\boldsymbol{x}'_i, \boldsymbol{x})=\exp\left(-\frac{\|\boldsymbol{x}'-\boldsymbol{x}'_i\|^2}{2\sigma^2}\right),\quad \sigma>0 \tag{9-13}$$

式中，σ 为待优化的径向基核函数的宽度参数，同种结构预测模型的核函数中的核参数 σ 均相同；$\|\cdot\|$ 为用两个样本之间的均方根距离表示的范数，如式(9-14)所示。

$$\|\cdot\|=\sqrt{\frac{1}{m}\sum_{j=1}^{m}(x'_j-x'_{j0})^2} \tag{9-14}$$

式中，x'_j 为因子 j 的规范值；m 为由每个建模样本组成的模型训练样本数；x'_{j0} 为径向基核函数恒定中心矢量(参照样本)的第 j 个分量值。

(4) 基于规范变换的一元和多元线性回归(NV-ULR 和 NV-MLR)预测模型。

基于规范变换的一元线性回归(univariate linear regression based on normalized value, NV-ULR)预测模型和多元线性回归(multiple linear regression based on normalized value, NV-MLR)预测模型分别如式(9-15)和式(9-16)所示。规范变换后的多因子等效于一个规范因子，因此 NV-ULR 也能用于多因子的预测建模，而且比基于规范变换的多元线性回归预测模型简单，因此本书只建立 NV-ULR 预测模型。

$$y'_i=ax'_j+b \tag{9-15}$$

$$y'_i=a_1x'_{j1}+a_2x'_{j2}+\cdots+a_mx'_{jm}+b_m \tag{9-16}$$

式中，x'_j，x'_{j1}，x'_{j2}，…，x'_{jm} 为样本的影响因子规范值；y'_i 为基于规范变换的一

元或多元线性回归预测模型的计算输出值；a、a_j ($j = 1, 2, \cdots, m$)和 b、b_m 为需要优化的回归方程的参数。

9.2　误差修正公式及预测模型的建模过程

9.2.1　预测样本模型输出的误差修正公式

为使预测样本尤其是异常预测(检测)样本的预测(检测)值更接近实际值，在多数情况下，需对预测(检测)样本的模型计算输出值进行误差修正。此处提出的误差修正基本思想为：依据相似原因产生相似结果的原则，从建模样本集中找出与预测(检测)样本的模型计算输出值 y'_x 最接近的一个或多个建模样本模型拟合输出值 y'_s 相似的样本，并认为这些相似样本的模型拟合输出值及拟合相对误差应分别与该预测(检测)样本的模型计算输出值和估计相对误差成比例，满足式(9-17)或式(9-18)所示的比例基本定理公式，从而计算得到预测样本的模型计算输出值 y'_x 的估计相对误差 r'_x，再由估计相对误差 r'_x 计算预测样本修正后的模型计算输出值 y'_{xx}，如式(9-19)或式(9-20)所示[27-29]。

$$y'_x / r'_x = y'_s / r'_s \tag{9-17}$$

即

$$r'_x = (y'_x r'_s) / y'_s \tag{9-18}$$

$$y'_{xx} = y'_x / (1 + r'_x) \tag{9-19}$$

或

$$y'_{xx} = y'_x / (1 - r'_x) \tag{9-20}$$

式中，y'_x 和 y'_{xx} 分别为预测(检测)样本修正前和修正后的模型计算输出值；r'_x 为计算得到预测(检测)样本模型输出的估计相对误差的绝对值；y'_s 和 r'_s 分别为在建模样本集中，与预测(检测)样本的模型计算输出值 y'_x 最接近的一个或多个相似样本的模型拟合输出值及拟合相对误差的绝对值。

对模型计算输出值误差修正公式(9-19)、式(9-20)的两种情况说明如下。预测(检测)样本的模型计算输出值 y'_x 与相似样本的模型拟合输出值 y'_s 很接近，而相似样本的模型拟合输出的理想(目标)值应为该相似样本的实际值 y_s 的规范值 y'_{s0}，因此通常情况下，依据它们之间的相互大小关系来选用：① 若 $y'_x \sim y'_s$，且 $y'_x > y'_{s0}$ 和 $y'_s > y'_{s0}$，则因 y'_x 和 y'_s 都大于理想值 y'_{s0}，故需用式(9-19)修正，使修正后的预测样本模型计算输出值 y'_{xx} 减小。② 若 $y'_x \sim y'_s$，且 $y'_x < y'_{s0}$ 和 $y'_s < y'_{s0}$，则因 y'_x 和 y'_s 都小于理想值 y'_{s0}，故应用式(9-20)修正，使预测样本修正后的模型计算输出值

y'_{xx}增大。③ 若$y'_x \sim y'_s \sim y'_{s0}$，且$r'_s$很小(如$r'_s$<0.5%)，若只有这一个相似样本，则表示三者差异很小，误差可以忽略不计，可不进行误差修正；当有多个相似样本，而其他相似样本的误差r'_s又不可忽略时，该相似样本的r'_s虽然很小，则需兼顾其他相似样本的误差修正情况，选择其中一个公式修正。④ 若$y'_x \sim y'_s$，且r'_s较大(如r'_s>15%)，说明此相似样本可能是过拟合样本或异常样本，当只有这一个相似样本时，若用式(9-20)计算出的y'_{xx}较大，如y'_{xx}>0.55(上限值)，而用式(9-19)计算出的y'_{xx}值在[0.20,0.45]范围内，则用式(9-19)修正；反之，若用式(9-19)计算出的y'_{xx}较小，如低于y'_{xx}<0.20(下限值)，而用式(9-20)计算出的y'_{xx}值在[0.30, 0.55]范围内，则用式(9-20)修正；当还有其他相似样本时，也需兼顾其他相似样本的误差修正情况，选择其中一个公式修正。⑤ 有多个相似样本时，一般是将它们修正后输出值的平均值作为最终的输出修正值。

9.2.2 规范变换与误差修正相结合的预测模型的建模过程

基于规范变换与误差修正的预测模型的建模过程如下。

(1) 设置预测变量及其影响因子的参数c_{jb}、n_j、c_{j0}值和规范变换式。

对于一个实际预测建模问题，依据预测变量及其影响因子的原始数据，按照参数c_{jb}、n_j和c_{j0}及规范变换式(9-1)、式(9-2)，以及式(9-3)、式(9-4)的设计原则和方法，设置预测变量及其影响因子的参照值c_{j0}、幂指数值n_j、阈值c_{jb}和规范变换式，并计算因子和预测变量的规范值。

(2) 建立预测模型。

结合实际问题需要，选择一种或多种合适的预测模型建模，如基于规范变换的前向神经网络(NV-FNN)预测模型、基于规范变换的投影寻踪回归(NV-PPR)预测模型、基于规范变换的支持向量机回归(NV-SVR)预测模型、基于规范变换的一元线性回归(NV-ULR)预测模型等。

(3) 预测模型训练样本的组成。

对有m个规范因子的n个建模样本，m个规范因子完全等效，因此将各个建模样本的第1个、第2个规范因子组成预测模型的第1个训练样本；再将第2个、第3个规范因子组成预测模型的第2个训练样本，依次递推，直至将第m个和第1个规范因子组成预测模型的第m个训练样本，即2-2-1结构(2个输入规范因子、2个映射函数(激活函数、岭函数、核函数等)、1个预测输出变量)的预测模型；类似地，还可将各模型样本的第1个、第2个、第3个规范因子组成预测模型的第1个训练样本，再将第2个、第3个、第4个规范因子组成预测模型的第2个训练样本，依次递推，直至将第m个、第1个和第2个规范因子组成预测模型的第m个训练样本，即3-2-1结构(3个输入规范因子、2个映射函数(激活函数、岭函数、核函数等)、1个预测输出变量)的预测模型。两种不同结构组合都是由每个建

模样本组成 m 个训练样本，n 个建模样本共组成 $m\times n$ 个训练样本，分别用于训练 2-2-1 结构和 3-2-1 结构的两种预测模型。

(4) 设计预测模型的优化目标函数式。

为了优化预测模型中的参数，设计如下优化目标函数式：

$$\min Q=\frac{1}{m\times n}\sum_{i=1}^{n}\sum_{j=1}^{m}(y'_{ij}-y'_{i0})^2 \tag{9-21}$$

式中，y'_{ij} 为由某结构预测模型计算得到的第 $i(i=1, 2, \cdots, n)$ 个建模样本组成的第 j 个训练样本的模型输出值；y'_{i0} 为建模样本 i 组成的任意一个训练样本的模型期望输出值。由第 i 个建模样本组成的 m 个训练样本的模型期望输出值都相同，即该样本预测变量的规范值 y'_{i0}。

(5) 预测模型的优化。

将(1)计算得到的因子和预测变量的规范值，分别按(3)组成不同结构的某种预测模型的训练样本，代入不同结构的某类预测模型表达式中，选用适当的优化方法，对公式中的参数进行优化。当优化目标函数式(9-21)分别达到一定的精度要求时，停止训练，得到参数优化好的预测模型。

(6) 计算建模样本模型拟合输出值及其拟合相对误差和预测(检测)样本的模型计算输出值。

分别用(5)优化好的预测模型，计算得到不同结构的某类预测模型建模样本的模型拟合输出值及其拟合相对误差的绝对值和预测(检测)样本的模型计算输出值。

(7) 预测(检测)样本模型计算输出值的误差修正。

为提高预测(检测)样本尤其是异常样本的预测精度，多数情况下需要用相似样本误差修正式(9-17)～式(9-20)对(6)得到的预测(检测)样本模型计算输出值进行误差修正。

(8) 预测(检测)样本的预测。

由(7)计算得到预测(检测)样本修正后的模型输出值，用规范变换式(9-1)、式(9-2)的逆运算，计算出预测(检测)样本预测值 y_x。

(9) 预测模型精度的 F 值统计检验。

精度是指模型的计算结果与实际数据之间的吻合程度。常用模型精度的 F 值统计检验通过比较两组数据的方差，以确定其精度是否有显著性差异，F 值计算式为

$$F=\left(\frac{U}{m}\right)\bigg/\left(\frac{Q}{n-m-1}\right) \tag{9-22}$$

式中，U 和 Q 分别为样本的回归平方和及残差平方和；m 为影响因子数，n 为样本数。

选择显著水平 $\alpha=0.005$～0.10，查阅 F 分布表中自由度 $n_1=m$，$n_2=n-m-1$ 时的临界值 $F_{0.005\sim0.10}$。若由式(9-22)计算得到的 $F>F_{0.005\sim0.10}$，则模型精度得到验证。

9.3 规范变换与误差修正相结合的预测模型误差的理论分析

9.3.1 误差修正公式对模型输出的相对误差的影响

以第 1 个误差修正式(9-19)为例，分析其对预测样本模型输出精度的影响[28]。将式(9-18)代入式(9-19)，得

$$y'_{xx}=\frac{y'_x}{1+\dfrac{y'_x}{y'_s}r'_s} \tag{9-23}$$

定义预测样本 X 与其相似样本 S 之间的相似度(亦可称相似比)为

$$K=\frac{\min(y'_x,y'_s)}{\max(y'_x,y'_s)}$$

若 $y'_x<y'_s$，则 $K=\dfrac{y'_x}{y'_s}$；若 $y'_x\geqslant y'_s$，则 $K=\dfrac{y'_s}{y'_x}$。因此 $K\in[0,1]$，对相似样本而言，通常 $K\in[0.90,1]$。若 $y'_x<y'_s$，将 $K=\dfrac{y'_x}{y'_s}$ 代入式(9-23)，化简得

$$y'_{xx}=\frac{Ky'_s}{1+Kr'_s} \tag{9-24}$$

在 K 为一定值的情况下，将式(9-24)中的 y'_{xx} 对 r'_s 进行微分，得

$$\Delta y'_{xx}=-\frac{K^2y'_s}{(1+Kr'_s)^2}\Delta r'_s \tag{9-25}$$

将式(9-25)两边分别除以式(9-24)的两边，化简得

$$\frac{\Delta y'_{xx}}{y'_{xx}}=-\frac{K}{1+Kr'_s}\Delta r'_s \tag{9-26}$$

因为

$$\Delta r'_s=r'_{xx}-r'_s=\frac{y'_{xx}}{y'_s}r'_s-r'_s=\frac{Ky'_s}{(1+Kr'_s)y'_s}r'_s-r'_s \tag{9-27}$$

将式(9-27)代入式(9-26)，化简得

$$\frac{\Delta y'_{xx}}{y'_{xx}}=\frac{K(1-K+Kr'_s)}{(1+Kr'_s)^2}r'_s \tag{9-28}$$

式中，$\dfrac{\Delta y'_{xx}}{y'_{xx}}$ 为用误差公式修正后的预测样本模型计算输出值(估计)的相对误差，简

记为$r'_{xx}=\dfrac{\Delta y'_{xx}}{y'_{xx}}$。为了叙述方便，以下简称修正后的样本模型输出的相对误差。

从式(9-28)可见，修正后的样本模型输出的相对误差r'_{xx}仅由相似样本模型输出的拟合相对误差r'_s和预测样本与相似样本之间的相似度 K 唯一确定。由式 (9-28)计算得到有不同相似度K和不同相似样本模型输出的拟合相对误差r'_s的情况下，修正后的样本模型输出的相对误差(绝对值)见表 9-1。

表 9-1　不同 K 和不同 r'_s 情况下修正后的样本模型输出的相对误差(绝对值) r'_{xx} (单位：%)

r'_s	K										
	0.90	0.91	0.92	0.93	0.94	0.95	0.96	0.97	0.98	0.99	1.00
1	0.10	0.09	0.08	0.07	0.06	0.05	0.05	0.04	0.03	0.02	0.01
3	0.33	0.30	0.28	0.26	0.24	0.21	0.19	0.16	0.14	0.11	0.08
5	0.60	0.56	0.53	0.50	0.46	0.42	0.39	0.35	0.31	0.27	0.23
7	0.91	0.87	0.82	0.78	0.73	0.68	0.63	0.58	0.53	0.48	0.43
9	1.26	1.20	1.15	1.10	1.07	0.98	0.93	0.87	0.81	0.74	0.68
10	1.44	1.38	1.33	1.27	1.21	1.15	1.09	1.02	0.96	0.89	0.83
12	1.83	1.77	1.71	1.64	1.57	1.50	1.44	1.37	1.30	1.22	1.15
15	2.46	2.39	2.32	2.25	2.18	2.10	2.02	1.95	1.87	1.78	1.70
17	2.91	2.84	2.77	2.69	2.61	2.53	2.45	2.37	2.28	2.20	2.11
20	3.62	3.54	3.47	3.39	3.30	3.22	3.14	3.05	2.96	2.87	2.78
22	4.11	4.03	3.95	3.87	3.79	3.70	3.62	3.53	3.44	3.35	3.25
25	4.87	4.79	4.71	4.63	4.55	4.46	4.37	4.28	4.19	4.10	4.00
27	5.39	5.31	5.23	5.15	5.07	4.98	4.89	4.80	4.71	4.62	4.52
30	6.19	6.12	6.04	5.95	5.87	5.78	5.69	5.60	5.51	5.42	5.33
32	6.74	6.66	6.58	6.50	6.41	6.33	6.24	6.15	6.06	5.97	5.88
35	7.56	7.48	7.41	7.33	7.25	7.16	7.08	6.99	6.90	6.81	6.72
37	8.12	8.04	7.97	7.89	7.81	7.73	7.64	7.56	7.47	7.38	7.29
40	8.95	8.88	8.81	8.74	8.66	8.58	8.50	8.42	8.33	8.25	8.16
45	10.36	10.30	10.23	10.16	10.09	10.02	9.94	9.87	9.79	9.71	9.63
50	11.77	11.71	11.65	11.59	11.53	11.46	11.40	11.33	11.26	11.18	11.11

对修正后的样本模型输出的相对误差r'_{xx} (式(9-28))讨论如下。

(1) 当预测样本与相似样本完全相似时，K=1，式(9-28)简化为$r'_{xx}=\dfrac{r_s'^2}{(1+r'_s)^2}$。

(2) 式(9-28)等号右边的分数式因子可改写为

$$\frac{K(1-K+Kr'_s)}{(1+Kr'_s)^2}=\frac{K}{1+Kr'_s}\left(1-\frac{K}{1+Kr'_s}\right) \tag{9-29}$$

式(9-29)中第 1 个因子满足 $0<\dfrac{K}{1+Kr'_s}<1$；第 2 个因子满足 $0<1-\dfrac{K}{1+Kr'_s}<1$。因此，

它们的乘积亦满足 $0<\frac{K}{1+Kr_s'}\left(1-\frac{K}{1+Kr_s'}\right)<1$，所以一定有 $r_{xx}'<r_s'$ 。

结论：修正后的样本模型输出的相对误差 r_{xx}' 一定会小于未用误差公式修正的相似样本模型输出的拟合相对误差 r_s' 。

(3) r_{xx}' 随 r_s' 的变化。

在相似比 K 为某一定值的情况下，将式(9-28)中的 r_{xx}' 对 r_s' 求偏导数，并化简得

$$\frac{\partial r_{xx}'}{\partial r_s'}=\frac{K(1-K)}{(1+Kr_s')^3}+\frac{K^2(1+K)}{(1+Kr_s')^3}r_s' \tag{9-30}$$

由于 $0<K\leqslant 1$，式(9-30)右边总满足大于0，故 r_{xx}' 是 r_s' 的增函数，即 r_{xx}' 随 r_s' 的增大而增大。但随着 r_s' 的增大，其导数值逐渐变小，即 r_{xx}' 增大的速度逐渐减慢；反之亦然。这同表9-1中 K 为某一定值时的 r_{xx}' 随 r_s' 的变化规律完全一致。

(4) r_{xx}' 随 K 的变化。

类似地，在 r_s' 为某一定值的情况下，将式(9-28)中的 r_{xx}' 对 K 求偏导数，并化简得

$$\frac{\partial r_{xx}'}{\partial K}=\frac{r_s'-2Kr_s'+Kr_s'^2}{(1+Kr_s')^3}=\frac{1-K(2-r_s')}{\left(1+Kr_s'\right)^3}r_s' \tag{9-31}$$

式中，分子随 K 增大而减小；分母随 K 增大而增大，因此 r_{xx}' 是 K 的减函数，即修正后的样本模型输出的相对误差 r_{xx}' 随相似度 K 的增大而逐渐减小；反之亦然。这同表9-1中当 r_s' 为某一定值时，r_{xx}' 随 K 的变化规律也是完全一致的。

结论：修正后的样本模型输出的相对误差 r_{xx}' 随相似样本模型输出的拟合相对误差 r_s' 的增大而增大，但随相似样本的相似度 K 的增大而逐渐减小；反之亦然。

9.3.2 用误差修正和不用误差修正的两种预测值的相对误差分析与比较

对式(9-1)和式(9-2)进行逆变换，得到指数变换式：

$$c_j=a\mathrm{e}^{bx_j'} \tag{9-32}$$

式中，$a=c_{j0}$ ，$b=10/n_j$ 。

设不用误差公式修正和采用误差公式修正后的预测样本模型计算输出值分别为 y_x' 和 y_{xx}' ，将它们分别代入式(9-32)，得

$$\hat{y}_x=a\mathrm{e}^{by_x'} \tag{9-33}$$

$$\hat{y}_{xx}=a\mathrm{e}^{by_{xx}'} \tag{9-34}$$

式中，$\hat{y}_x$ 和 $\hat{y}_{xx}$ 分别为不用误差公式修正和采用误差公式修正后计算得到的样本预测值。

将式(9-33)和式(9-34)中的 $\hat{y}_x$ 和 $\hat{y}_{xx}$ 分别对 y'_x 和 y'_{xx} 求微分，可得

$$\Delta\hat{y}_x = abe^{by'_x}\Delta y'_x \tag{9-35}$$

$$\Delta\hat{y}_{xx} = abe^{by'_{xx}}\Delta y'_{xx} \tag{9-36}$$

将式(9-35)和式(9-36)两边分别除以式(9-33)和式(9-34)两边，得

$$\frac{\Delta\hat{y}_x}{\hat{y}_x} = b\Delta y'_x \tag{9-37}$$

$$\frac{\Delta\hat{y}_{xx}}{\hat{y}_{xx}} = b\Delta y'_{xx} \tag{9-38}$$

由 $y'_x = Ky'_s$，得 $\Delta y'_x = K\Delta y'_s$，又因为 $\Delta y'_s = r'_s y'_s$，有

$$\Delta y'_x = Kr'_s y'_s \tag{9-39}$$

将式(9-39)代入式(9-37)，得

$$\frac{\Delta\hat{y}_x}{\hat{y}_x} = bKr'_s y'_s \tag{9-40}$$

将式(9-27)代入式(9-25)，化简得

$$\Delta y'_{xx} = -\frac{K^2(y'_{xx} - y'_s)}{(1+Kr'_s)^2}r'_s \tag{9-41}$$

将式(9-41)代入式(9-38)，并取绝对值(为运算简洁，省去绝对值符号，下同)，得

$$\frac{\Delta\hat{y}_{xx}}{\hat{y}_{xx}} = b\frac{K^2(y'_{xx} - y'_s)}{(1+Kr'_s)^2}r'_s \tag{9-42}$$

式(9-42)的物理意义为：用误差修正公式修正后的预测样本模型计算输出值 y'_{xx} 代入逆规范变换式(9-34)，计算得到样本预测值 $\hat{y}_{xx}$ 的相对误差 $\dfrac{\Delta\hat{y}_{xx}}{\hat{y}_{xx}}$ 与相似样本的模型拟合输出值 y'_s 及其拟合相对误差 r'_s、相似度 K 和修正后的预测样本模型计算输出值 y'_{xx} 之间的关系式。

对式(9-42)讨论如下。

记 $\hat{R}_{xx} = \dfrac{\Delta\hat{y}_{xx}}{\hat{y}_{xx}}$，则式(9-42)还可化为

$$\hat{R}_{xx} = \frac{\Delta\hat{y}_{xx}}{\hat{y}_{xx}} = b\frac{K^2 r'_s y'_s}{(1+Kr'_s)^2}\cdot\frac{y'_{xx} - y'_s}{y'_s} = b\frac{K^2 r'_s y'_s}{(1+Kr'_s)^2}r'_s = b\frac{K^2 r'^2_s y'_s}{(1+Kr'_s)^2} \tag{9-43}$$

式中，因为 $y'_x \sim y'_s$，故 $y'_{xx} \sim y'_{s0}$，所以($y'_{xx} \sim y'_s$)/ y'_s 可近似用 r'_s =($y'_{s0} \sim y'_s$)/ y'_s 替代； y'_{s0} 为相似样本实际值的规范值。

(1) 当 K 为某一定值时，$\hat{R}_{xx}$ 随 r'_s 的变化。

将式(9-43)中的 $\hat{R}_{xx}$ 对 r'_s 求偏导数，并化简，得

$$\frac{\partial \hat{R}_{xx}}{\partial r_s'} = 2bK^2 y_s' r_s' \frac{1}{(1+Kr_s')^3} \tag{9-44}$$

因式(9-44)右边恒大于 0，故 $\hat{R}_{xx}$ 是 r_s' 的增函数，即修正后计算得到的样本预测值的相对误差 $\hat{R}_{xx}$ 随相似样本模型拟合输出值的相对误差 r_s' 增大而增大，但因导数值随 r_s' 的增大而逐渐减小，$\hat{y}_{xx}$ 的增大量逐渐变小，反之亦然。

(2) 当 r_s' 为某一定值时，$\hat{R}_{xx}$ 随 K 的变化。

将式(9-43)中的 $\hat{R}_{xx}$ 对相似度 K 求偏导数，并化简，得

$$\frac{\partial \hat{R}_{xx}}{\partial K} = 2br_s'^2 y_s' K \frac{1}{\left(1+Kr_s'\right)^3} \tag{9-45}$$

式(9-45)右边恒大于 0，因此 $\hat{R}_{xx}$ 亦是 K 的增函数，即修正后计算得到的样本预测值的相对误差 $\hat{R}_{xx}$ 也随相似度 K 的增大而增大。同样，导数值随 K 的增大而逐渐减小，因此其增大量也逐渐变小；反之亦然。

(3) 用误差公式修正和不用误差公式修正计算得到的两种预测值相对误差的大小比较。

用式(9-42)的两边除以式(9-40)的两边，化简得

$$B = \frac{\Delta\hat{y}_{xx}/\hat{y}_{xx}}{\Delta\hat{y}_x/\hat{y}_x} = \frac{K}{\left(1+Kr_s'\right)^2}\cdot\frac{y_{xx}'-y_s'}{y_s'} = \frac{K}{1+Kr_s'}\cdot\frac{r_s'}{1+Kr_s'} \tag{9-46}$$

由式(9-46)计算得到有不同相似度 K 和不同相似样本的相对误差 r_s' 情况下，两种相对误差的比值 B(或 B^{-1})见表 9-2。因为 $0<\dfrac{K}{1+Kr_s'}<1$ 和 $0<\dfrac{r_s'}{1+Kr_s'}<1$，故它们的乘积也满足 $0<\dfrac{K}{1+Kr_s'}\cdot\dfrac{r_s'}{1+Kr_s'}<1$，即两种相对误差的比值 $0<B<1$。

结论：用误差公式修正后的预测样本的模型输出值计算得到的样本预测值的相对误差一定小于未用误差公式修正的模型输出值计算得到的样本预测值的相对误差，即 $\dfrac{\Delta\hat{y}_{xx}}{\hat{y}_{xx}}<\dfrac{\Delta\hat{y}_x}{\hat{y}_x}$。

对式(9-46)讨论如下：

① K 为某一定值时，两种预测值的相对误差比值 B 随 r_s' 的变化。

将式(9-46)中的 B 对 r_s' 求偏导数，化简得

$$\frac{\partial B}{\partial r_s'} = K\frac{1-Kr_s'}{(1+Kr_s')^3} \tag{9-47}$$

通常情况下，$0<K\leqslant 1$，$0<r_s'<1$，其乘积 $0<Kr_s'<1$，故式(9-47)右边大于 0，因此，B 是 r_s' 的增函数，即 B 随 r_s' 的增大而增大(而其逆 B^{-1} 表示修正后的预测精度比不修正的预测精度高的倍数)；反之亦然。同样，随着 r_s' 的增加，式(9-47)右

边的导数减小，即随着 r_s' 的增大，两种相对误差的比值 B 的增加值逐渐减小。

② 当 r_s' 为某一定值时，B 随 K 的变化。

将式(9-46)中的 B 对 K 求偏导数，化简得

$$\frac{\partial B}{\partial K}=r_s'\frac{1-Kr_s'}{(1+Kr_s')^3} \tag{9-48}$$

式(9-48)与式(9-47)完全类似，因其右边大于 0，故 B 是 K 的增函数(B^{-1} 是 K 的减函数)，即 B 随 K 的增大而增大，但随着 K 增大，B 的增大量逐渐减小。B(或 B^{-1})随 r_s' 和 K 的变化规律与表 9-2 中的变化规律完全一致。但表 9-2 中的 r_s' 的变化范围为 $\Delta r_s'=0.01$～1.00，远大于 K 值的变化范围 $\Delta K=0.90$～1.00。因此，在 r_s' 为一定值的情况下，不同 K 值时的比值 B(或 B^{-1})差异很小；在 r_s' 为较大值时，不同 K 值时的 B(或 B^{-1})几乎完全相同，见表 9-2。

表 9-2　不同 K 和不同 r_s' 情况下修正和未修正样本的两种预测值相对误差的比值

r_s' /%	$B=\hat{R}_{xx}/\hat{R}_x$							
	$K=0.90$	$K=0.92$	$K=0.94$	$K=0.96$	$K=0.97$	$K=0.98$	$K=0.99$	$K=1.00$
1	0.0089	0.0090	0.0092	0.0094	0.0095	0.0096	0.0097	0.0098
3	0.0256	0.0261	0.0267	0.0272	0.0275	0.0277	0.0280	0.0283
5	0.0412	0.0420	0.0429	0.0437	0.0441	0.0445	0.0449	0.0454
7	0.0558	0.0568	0.0579	0.0590	0.0595	0.0600	0.0606	0.0611
10	0.0758	0.0772	0.0785	0.0799	0.0806	0.0813	0.0820	0.0826
12	0.0880	0.0895	0.0911	0.0926	0.0934	0.0942	0.0949	0.0957
15	0.1048	0.1066	0.1083	0.1100	0.1109	0.1117	0.1126	0.1134
17	0.1150	0.1170	0.1188	0.1206	0.1215	0.1224	0.1233	0.1241
20	0.1293	0.1313	0.1332	0.1351	0.1361	0.1370	0.1380	0.1389
22	0.1380	0.1400	0.1420	0.1440	0.1449	0.1459	0.1469	0.1478
25	0.1499	0.1520	0.1540	0.1561	0.1570	0.1581	0.1590	0.1600
27	0.1573	0.1594	0.1614	0.1635	0.1645	0.1655	0.1664	0.1674
30	0.1674	0.1695	0.1716	0.1736	0.1746	0.1756	0.1766	0.1775
35	0.1822	0.1842	0.1863	0.1882	0.1892	0.1902	0.1911	0.1920
40	0.1946	0.1966	0.1986	0.2005	0.2013	0.2013	0.2032	0.2041
45	0.2052	0.2071	0.2089	0.2107	0.2115	0.2124	0.2132	0.2140
50	0.2140	0.2158	0.2175	0.2191	0.2199	0.2207	0.2215	0.2222
60	0.2277	0.2292	0.2306	0.2319	0.2325	0.2332	0.2338	0.2344
70	0.2371	0.2383	02394	0.2404	0.2409	0.2413	0.2418	0.2422
80	0.2434	0.2442	0.2450	0.2457	0.2460	0.2463	0.2466	0.2469
90	0.2472	0.2478	0.2483	0.2487	0.2489	0.2490	0.2492	0.2493
100	0.2493	0.2496	0.2498	0.2499	0.2499	0.2500	0.2500	0.2500

续表

r_s' /%	$B^{-1}=\hat{R}_x/\hat{R}_{xx}$							
	$K=0.90$	$K=0.92$	$K=0.94$	$K=0.96$	$K=0.97$	$K=0.98$	$K=0.99$	$K=1.00$
1	113	110	108	106	105	104	103	102
3	39	38	37	37	36	36	36	35
5	24	24	23	23	23	22	22	22
7	18	18	17	17	17	16	16	16
10	13	13	13	13	12	12	12	12
12	11	11	11	11	10	10	10	10
15	9.5	9.4	9.2	9.1	9.0	9.0	8.9	8.8
17	8.7	8.6	8.4	8.3	8.2	8.2	8.1	8.0
20	7.7	7.6	7.5	7.4	7.4	7.3	7.2	7.2
22	7.3	7.1	7.0	7.0	6.9	6.9	6.8	6.7
25	6.7	6.6	6.5	6.4	6.4	6.3	6.3	6.3
27	6.3	6.3	6.2	6.1	6.1	6.0	6.0	6.0
30	6.0	5.9	5.8	5.8	5.7	5.7	5.7	5.6
35	5.5	5.4	5.4	5.3	5.3	5.3	5.2	5.2
40	5.2	5.1	5.0	5.0	5.0	4.9	4.9	4.9
45	4.9	4.8	4.8	4.7	4.7	4.7	4.7	4.7
50	4.7	4.6	4.6	4.6	4.6	4.5	4.5	4.5
60	4.4	4.4	4.3	4.3	4.3	4.3	4.3	4.3
70	4.2	4.2	4.2	4.2	4.2	4.1	4.1	4.1
80	4.1	4.1	4.1	4.1	4.1	4.1	4.1	4.1
90	4.0	4.0	4.0	4.0	4.0	4.0	4.0	4.0
100	4.0	4.0	4.0	4.0	4.0	4.0	4.0	4.0

结论：修正后样本预测值的相对误差与未修正样本预测值的相对误差的比值 B 随相似样本的相似度 K 和相似样本的相对误差 r_s' 的增大而增大，而其模型预测精度比不修正的模型预测精度提高的倍数 B^{-1} 随 K 和 r_s' 的增大而逐渐减小，但 B(或 B^{-1})随 K 的变化远不及随 r_s' 的变化大；反之亦然。

9.4　基于规范变换的环境系统智能预测模型

9.4.1　基于规范变换的前向神经网络预测模型

1) 基于规范变换的前向神经网络预测模型的数学表达式

传统 BP 神经网络预测模型对多因子、非线性复杂问题，除具有模型结构复杂、学习效率低、泛化能力和稳定性较差及预测精度不高、模型不能规范、普适、统一等共同局限外，还因隐节点采用单个 Sigmoid 函数作为激活函数，使对应于 0～无穷大输入，其输出的变化范围只有 0.5～1，因此功能不强大；其次，隐节点和输出节点都采用 Sigmoid 函数作为激活函数，虽然可以实现非线性映射，但使结构变得更复杂，影响学习效率；此外，BP 神经网络采用误差反向传播的梯度下降算法，不仅收敛速度慢，而且极易陷入局部极值。针对上述缺点，采用基于规范变换的前向神经网络模型，为使该模型功能更强大并加速收敛，用双极性 Sigmoid 函数作为隐节点的激活函数；此外，为使模型结构既简化，又能保持较强的非线性映射能力，采用对隐节点输出的线性求和计算。满足上述两个条件的 NV-FNN 预测模型为[28]

$$y=\sum_{h=1}^{H}v_{hl}f_h=\sum_{h=1}^{H}v_{hl}\frac{1-\mathrm{e}^{-\boldsymbol{x}'}}{1+\mathrm{e}^{-\boldsymbol{x}'}} \tag{9-49}$$

式中，y 为样本的模型输出；H 为隐节点数；f_h 为样本在隐节点 h 的输出；v_{hl} 为隐节点 h 与输出节点 l 的连接权值，通常取 $l=1$，故可略去；$\boldsymbol{x}'$ 为样本的输入矢量，$\boldsymbol{x}'=\sum_{j=1}^{m}w_{hj}x'_{ji}$，其中，$w_{hj}$ 为输入节点 j 与隐节点 h 的连接权值，x'_{ji} 为由式(9-1)和式(9-2)计算得到样本 i 的影响因子 j 的规范值，即 NV-FNN 模型的输入；m 为影响因子数，也是输入节点数。

规范变换后的 m 个因子完全等效，因此只需分别构建 2-2-1 结构(2 个输入节点、2 个隐节点和 1 个输出节点)的 NV-FNN(2)或 3-2-1 结构(3 个输入节点、2 个隐节点和 1 个输出节点)的 NV-FNN(3)两种前向神经网络预测模型，如式(9-5)和式(9-6)所示。式(9-5)和式(9-6)对所有 m 个等效规范因子皆适用，因此两种最简结构的预测模型不仅避免了维数灾难，而且具有普适性、规范性和统一性。

2) NV-FNN(2)和 NV-FNN(3)预测模型参数的优化

为了优化 NV-FNN(2)和 NV-FNN(3)两种结构预测模型(式(9-5)及式(9-6))中的参数 v_h、$w_{hj}(h=1,2;\ j=1,2)$和 v_h、$w_{hj}(h=1,2;\ j=1,2,3)$，按照 9.2.2 节预测模型的建模过程，分别将建模样本规范值组成的训练样本代入式(9-5)和式(9-6)及优化目标函数式(9-21)，当各自的优化目标函数值满足一定精度要求时，停止训练，分别得到优化好的两种结构预测模型参数值 v_h、$w_{hj}(h=1,2;j=1,2)$和 v_h、$w_{hj}(h=1,2;j=1,2,3)$[29]。

3) NV-FNN 预测模型的可靠性分析

由于任何预测模型都是建立在若干模型参数基础上的，这些参数又是依据模型影响因子及其预测变量的输入数据、输出数据来确定的。而获得的输入数据、输出数据具有的误差必然导致预测模型的参数估计存在一定的不确定性，这些参数的不确定性对模型预测结果的可靠性和稳定性会有一定的影响，其影响程度，即模型的可靠性可以通过模型的输出对输入的响应程度(即灵敏度)分析来确定。依据系统灵敏度的定义，预测模型输出 y 的相对误差 $\Delta y/y$ 和影响因子 c_j 的相对误差 $\Delta c_j/c_j$ 之间具有如下关系式：

$$\frac{\Delta y}{y}=S_y\frac{\Delta c_j}{c_j} \tag{9-50}$$

式中，S_y 为 NV-FNN 模型的输出 y 对影响因子 c_j 的灵敏度。

若变换式(9-1)中逆向因子的幂指数 n_j 用负数表示，则式(9-1)可统一用正向因子形式表示。将式(9-1)代入式(9-2)，得

$$x'_j=\frac{n_j}{10}(\ln c_j-\ln c_{j0}) \tag{9-51}$$

求式(9-51)中 x'_j 对 c_j 的微分，得

$$\Delta x'_j=\frac{n_j}{10}\cdot\frac{\Delta c_j}{c_j} \tag{9-52}$$

式(9-52)两边同除以 x'_j，得

$$\frac{\Delta x'_j}{x'_j}=\frac{n_j}{10x'_j}\cdot\frac{\Delta c_j}{c_j} \tag{9-53}$$

由双极性函数的输出式：

$$y=\frac{1-\mathrm{e}^{-x'_j}}{1+\mathrm{e}^{-x'_j}} \tag{9-54}$$

$$\frac{\partial y}{\partial x'_j}=\frac{2\mathrm{e}^{-x'_j}}{(1+\mathrm{e}^{-x'_j})^2} \tag{9-55}$$

可得

$$\frac{\Delta y}{y}=\frac{2\mathrm{e}^{-x'_j}}{1-\mathrm{e}^{-2x'_j}}\Delta x'_j=\frac{\mathrm{e}^{-x'_j}}{1-\mathrm{e}^{-2x'_j}}\cdot\frac{n_j}{5}\cdot\frac{\Delta c_j}{c_j} \tag{9-56}$$

比较式(9-50)和式(9-56)，可得 NV-FNN 模型的输出 y 对因子 c_j 的灵敏度为

$$S_y=\frac{n_j}{5}\cdot\frac{\mathrm{e}^{-x'_j}}{1-\mathrm{e}^{-2x'_j}} \tag{9-57}$$

变换式(9-1)中的 n_j 只取±2、±1、±0.5。计算得到的各因子和预测变量的最大规范值上限和最小规范值下限分别为 0.55 和 0.15，因此任何因子的其余规范值必然满足 $0.15<x'_j<0.55$。由式(9-57)可知，当且仅当 $n_j=\pm2$ 和 $0.15<x'_j<0.2$ 时，才会出现计算得到的 NV-FNN 模型灵敏度$|S_y|>1$；其余情况皆满足$|S_y|\leqslant1$，即低

灵敏度模型。若因子实际值的相对误差为 $\Delta c_j/c_j$，由式(9-50)可知，$\Delta y/y \leqslant \Delta c_j/c_j$。可见，NV-FNN 预测模型计算得到的输出值 y 的相对误差 $\Delta y/y$ 一般不被放大，而是被缩小。因此，NV-FNN 预测模型的输出是稳定、可靠的。

9.4.2　基于规范变换的投影寻踪回归预测模型

1) 基于规范变换的投影寻踪回归预测模型的矩阵表示

投影寻踪回归预测模型是用式(9-58)所示的一系列岭函数 $G_m(Z_m)$的和去逼近回归函数 y。

$$y = \sum_{i=1}^{N} \beta_i G_i(\boldsymbol{\alpha} \cdot \boldsymbol{x}) \tag{9-58}$$

式中，$G_i(\boldsymbol{\alpha}\cdot\boldsymbol{x})$ 为第 $i(i=1, 2, \cdots, N)$个岭函数，N 为岭函数的个数；β_i 为第 i 个岭函数的权重系数；设 $\boldsymbol{x}=(x_1,x_2,\cdots,x_m)^{\mathrm{T}}$ 为 m 维自变量组成的列向量(列矩阵)，(j=1, 2, …, m)，T 表示矩阵转置；$\boldsymbol{\alpha}$ 为 m 维投影方向组成的行向量(行矩阵)，满足 $\sum_{j=1}^{m}\alpha_{ij}^2=1$，则式(9-58)中第 i 个岭函数 $G_i(\boldsymbol{\alpha}\cdot\boldsymbol{x})$ 可表示为 $\boldsymbol{\alpha}$ 的行矩阵与 $\boldsymbol{x}$ 的列矩阵的乘积形式，故式(9-58)可写成如下参数矩阵乘积表达式：

$$\begin{aligned}
y &= \sum_{i=1}^{N}\beta_i\left(\sum_{j=1}^{m}\alpha_{ij}x_j\right) \\
&= \beta_1\left(\sum_{j=1}^{m}\alpha_{1j}x_j\right)+\beta_2\left(\sum_{j=1}^{m}\alpha_{2j}x_j\right)+\cdots+\beta_N\left(\sum_{j=1}^{m}\alpha_{Nj}x_j\right) \\
&= \beta_1(\alpha_{11}x_1+\alpha_{12}x_2+\cdots+\alpha_{1m}x_m)+\beta_2(\alpha_{21}x_1+\alpha_{22}x_2+\cdots+\alpha_{2m}x_m) \\
&\quad +\cdots+\beta_N(\alpha_{N1}x_1+\alpha_{N2}x_2+\cdots+\alpha_{Nm}x_m) \\
&= (\beta_1\alpha_{11}+\beta_2\alpha_{21}+\cdots+\beta_N\alpha_{N1})x_1+(\beta_1\alpha_{12}+\beta_2\alpha_{22}+\cdots+\beta_N\alpha_{N2})x_2 \\
&\quad +\cdots+(\beta_1\alpha_{1m}+\beta_2\alpha_{2m}+\cdots+\beta_N\alpha_{Nm})x_m \\
&= \begin{bmatrix}\beta_1\alpha_{11}+\beta_2\alpha_{21}+\cdots+\beta_N\alpha_{N1}\\ \beta_1\alpha_{12}+\beta_2\alpha_{22}+\cdots+\beta_N\alpha_{N2}\\ \vdots \\ \beta_1\alpha_{1m}+\beta_2\alpha_{2m}+\cdots+\beta_N\alpha_{Nm}\end{bmatrix}^{\mathrm{T}}\begin{bmatrix}x_1\\x_2\\ \vdots\\x_m\end{bmatrix} \\
&= [\beta_1\ \ \beta_2\ \ \cdots\ \ \beta_N]\begin{bmatrix}\alpha_{11} & \alpha_{12} & \cdots & \alpha_{1m}\\ \alpha_{21} & \alpha_{22} & \cdots & \alpha_{2m}\\ \vdots & \vdots & & \vdots\\ \alpha_{N1} & \alpha_{N2} & \cdots & \alpha_{Nm}\end{bmatrix}\begin{bmatrix}x_1\\x_2\\ \vdots\\x_m\end{bmatrix}
\end{aligned} \tag{9-59}$$

规范变换后的 m 个因子完全等效，因此只需分别构建 2-2-1 结构(2 个输入规范值因子、2 个岭函数和 1 个输出变量)的 NV-PPR(2)或 3-2-1 结构(3 个输入规范值因子、2 个岭函数和 1 个输出变量)的 NV-PPR(3)两种结构的 NV-PPR 预测模型，如式(9-7)和式(9-9)所示，式(9-7)和式(9-9)对所有 m 个等效规范因子皆适用，因此，这两种最简结构的预测模型不仅避免了维数灾难，而且具有普适性、规范性和统一性。

2) NV-PPR(2)和 NV-PPR(3)预测模型参数的优化

为了优化 NV-PPR(2)和 NV-PPR(3)两种结构预测模型(式(9-7)和式(9-9))中的参数 β_u、$\alpha_{uj}(u=1, 2;\ j=1, 2)$和 β_u、$\alpha_{uj}(u=1, 2;\ j=1, 2, 3)$，按照 9.2.2 节预测模型的建模过程，分别将建模样本规范值组成的训练样本代入式(9-7)和式(9-9)及优化目标函数式(9-21)，当各自的优化目标函数值满足一定精度要求时，停止训练，分别得到优化好的两种结构预测模型参数值 β_u、$\alpha_{uj}(u=1, 2; j=1, 2)$和 β_u、$\alpha_{uj}(u=1, 2;\ j=1, 2, 3)$[28]。

3) NV-PPR 预测模型的可靠性分析

NV-PPR 预测模型参数估计的不确定性对模型预测精度的影响程度(可靠性)同样可以通过模型的输出对输入的响应程度(即灵敏度)来确定。依据系统灵敏度的定义，预测模型输出 y 的相对误差 $\Delta y/y$ 和影响因子 c_j 的相对误差 $\Delta c_j/c_j$ 之间具有如式(9-50)所示的关系式。

NV-PPR 预测模型的可靠性分析与 NV-FNN 预测模型的可靠性分析类似，NV-PPR 预测模型输出式(9-8)和式(9-10)可统一表示为

$$y=\alpha' x_j' \tag{9-60}$$

由式(9-1)、式(9-2)和式(9-60)，可得

$$\frac{\Delta y}{y}=\frac{n_j}{10x_j'}\cdot\frac{\Delta c_j}{c_j} \tag{9-61}$$

比较式(9-50)和式(9-61)，得

$$S_y=\frac{n_j}{10x_j'} \tag{9-62}$$

变换式(9-1)中的 n_j 只取±2、±1、±0.5。用式(9-1)和式(9-2)计算得到的各因子和预测变量的最小规范值的下限为 0.15，最大规范值的上限为 0.55。因此任何因子的其余规范值必然满足 $0.15< x_j' <0.55$。由式(9-62)可知，当且仅当 $n_j=\pm 2$ 和 $0.15< x_j' <0.2$ 时，才会出现计算得到的 NV-PPR 预测模型的灵敏度$|S_y|>1$；其余情况都满足$|S_y|\leqslant 1$，即低灵敏度模型。若因子实际值的相对误差为 $\Delta c_j/c_j$，由式(9-50)可知，$\Delta y/y \leqslant \Delta c_j/c_j$。可见，NV-PPR 预测模型计算得到的输出值 y 的相对误差

$\Delta y/y$ 一般不被放大，反而被缩小。因此，NV-PPR 预测模型的输出是稳定、可靠的。

9.4.3　基于规范变换的支持向量机回归预测模型

1) NV-SVR 预测模型的数学表达式

线性化是解决非线性复杂问题的一种常用方法。SVR 的基本思想是：将样本空间训练数据集非线性映射到一个高维乃至无穷维的特征空间(Hilbert 空间)，用在高维特征空间中得到问题的线性解来等效原样本空间中问题的非线性解。将其用于函数逼近的最大特点是：在实际求解过程中，只需适当选用一个核函数 $k(\boldsymbol{x}_i', \boldsymbol{x}')$ 等效替代内积运算，从而极大地简化计算。

NV-SVR 预测模型数学表达式与传统 SVR 预测模型的基本形式相同，如式(9-63)所示[28]。

$$y_i = f(x) = \sum_{i=1}^{l} \alpha_i k(\boldsymbol{x}_i', \boldsymbol{x}') + b \tag{9-63}$$

式中，y_i 为样本 i 的 NV-SVR 预测模型的计算输出值；α_i 为需要优化的支持向量相应的分量(为叙述方便，α_i 简称为支持向量)；b 为需要优化的常参数项(阈值)；$k(\boldsymbol{x}_i', \boldsymbol{x}')$ 为式(9-13)所示的高斯型内积核函数，$k(\boldsymbol{x}_i', \boldsymbol{x}') = \boldsymbol{\Phi}(\boldsymbol{x}_i') \cdot \boldsymbol{\Phi}(\boldsymbol{x}')$。

规范变换后的 m 个因子完全等效，因此与 NV-FNN 预测模型和 NV-PPR 预测模型的构建相同，NV-SVR 预测模型也只需分别构建 2-2-1 结构(2 个输入规范值因子、2 个核函数和 1 个输出变量)的 NV-SVR(2)模型或 3-3-1 结构(3 个输入规范值因子、3 个核函数和 1 个输出变量)的 NV-SVR(3)模型，如式(9-11)和式(9-12)所示。式(9-11)和式(9-12)对所有 m 个等效规范因子皆适用，因此这两种最简结构的预测模型具有普适性、规范性和统一性。需要指出的是，NV-SVR(2)和 NV-SVR(3)预测模型与传统的 SVR 预测模型不同之处为：以全部建模样本各个因子的最大规范值 x_{jM}' 作为分量值，组成一个恒定的参照样本(中心矢量)。在 NV-SVR 建模过程中，每个训练样本在 NV-SVR 模型的第 1 个核函数中对应的参照样本的各个分量值都是该样本第 1 个因子的最大规范值 x_{1M}'；在第 2 个核函数中对应的参照样本的各个分量值都是该样本第 2 个因子的最大规范值 x_{2M}'；在第 3 个核函数中对应的参照样本的各个分量值都是该样本第 3 个因子的最大规范值 x_{3M}'。因此，以各因子最大规范值 x_{jM}' 组成的 NV-SVR 模型核函数的中心矢量是一个恒定中心矢量。因此，由同一个建模样本组成的 m 个训练样本与恒定中心矢量构成的样本之间的范数值差异较小，而不同建模样本的 m 个训练样本与恒定中心矢量构成的样本之间的范数值差异可能较大；同种结构预测模型的核函数中的核参数 σ 均相同。

2) NV-SVR(2)和 NV-SVR(3)预测模型参数的优化

为了优化 NV-SVR(2)和 NV-SVR(3)两种预测模型表达式(9-11)和式(9-12)中的核参数 σ、常参数 b、支持向量 α_i，按照 9.2.2 节预测模型的建模过程，分别将建模样本规范值组成的训练样本代入式(9-11)和式(9-12)及优化目标函数式(9-21)[27]，当各自的优化目标函数值满足一定精度要求时，停止训练，分别得到优化好的两种结构预测模型参数值 σ、b 和支持向量 α_i。

3) NV-SVR 预测模型的可靠性分析

NV-SVR 预测模型参数估计的不确定性对模型预测精度的影响程度(可靠性)同样可以通过模型的输出对输入的响应程度(即灵敏度)来确定。依据系统灵敏度的定义，预测模型输出 y 的相对误差 $\Delta y/y$ 和影响因子 c_j 的相对误差 $\Delta c_j/c_j$ 之间具有如式(9-50)所示的关系式。

NV-SVR 预测模型的可靠性分析与 NV-FNN 预测模型的可靠性分析类似，影响因子 c_j 的相对误差 $\Delta c_j/c_j$ 与核函数输出 K 的相对误差 $\Delta K/K$ 之间有如下关系：

$$\frac{\Delta K}{K}=S_y\frac{\Delta c_j}{c_j} \tag{9-64}$$

式中，S_y 为核函数对因子 c_j 的灵敏度。核函数表达式为

$$K=\mathrm{e}^{-\frac{\|\cdot\|^2}{2\sigma^2}} \tag{9-65}$$

其中

$$\|\cdot\|^2=\frac{1}{m}\sum_{j=1}^{m}(x'_j-x'_{jM})^2 \tag{9-66}$$

式中，x'_{jM} 为因子 j 的规范值的最大值。由式(9-65)和式(9-66)，经计算、化简，最终可得

$$\frac{\Delta K}{K}=-\frac{0.2}{\sigma^2}\cdot\frac{n_j}{10}\cdot\frac{\Delta c_j}{c_j} \tag{9-67}$$

比较式(9-64)与式(9-67)，可得

$$S_y=-0.02\frac{n_j}{\sigma^2} \tag{9-68}$$

由于 n_j 仅取±0.5、±1、±2；σ 大多在[0.1, 0.2]内，若取其中值 $\sigma=0.15$，仅当 $n_j=\pm2$ 时，$|S_y|=1.78$；而当 $n_j=\pm0.5$、±1 时，$|S_y|<1$。可见，在大多数情况下，因子 c_j 的相对误差 $\Delta c_j/c_j$ 不被 NV-SVR 预测模型放大，反而被缩小。因此，NV-SVR 预测模型为低灵敏度模型，即模型是稳定、可靠的。

9.5　基于规范变换的一元线性回归预测模型

环境中的预测问题有不少可采用或可近似采用线性回归模型进行预测。但传统的线性回归预测模型只适用于线性问题，不能用于非线性问题。但是，文献[29]依据误差理论推导得出：无论变量的原始数据具有何种分布特征及呈现怎样的变化规律，都可以借助一个有可调参数的幂函数变换式和对数变换式组成的规范变换式((式 9-1)和式(9-2))，将其规范化、降维化和线性化，若再结合预测样本模型输出的误差修正公式，就能大幅提高模型预测精度，与采用何种预测模型的形式无关。因此，将规范变换与误差修正相结合用于线性回归预测模型也是适合的。从应用角度出发，一元线性回归预测模型应是最简单的预测模型。由于基于规范变换的一元线性回归预测模型比基于规范变换的多元(如二元)线性回归预测模型简单，又能达到与其同样甚至更好的预测效果，因此本章只建立基于因子规范变换的一元线性回归预测模型。

9.5.1　NV-ULR 预测模型的建模思想和建模过程

1) NV-ULR 预测模型的建模思想

线性化和降维化是解决非线性、高维复杂问题的一种常用手段。不过，传统的极差归一化或均值-方差标准化的数据变换是各因子之间独立无关的变换，变换后不同因子的数据分布特性和变化规律也不会趋于一致，因此其既不能使变换后的各因子用一个等效因子代替，也不能使非线性数据线性化，也就达不到降维简化模型结构的目的。为了将高维复杂问题降为低维(二维)甚至最简单的一维问题处理，NV-ULR 预测模型借助幂函数变换式(9-1)和对数变换式(9-2)组合后既规范化又线性化的变换，使规范变换后的各影响因子皆可视为等效于同一个线性规范因子，从而将预测变量受 m 个因子影响的高维复杂问题，转化为预测变量仅受 1 个等效线性规范因子 m 次影响的一元问题，m 个因子的 n 个样本的复杂建模问题也就转化为只需 1 个等效线性规范因子的 $m\times n$ 个样本的简单一元线性回归建模问题，极大地减少了因子数目(将 m 维降为 1 维)，达到使预测模型结构最简化的目的；不过，用对数变换式(9-2)将非线性原始数据线性化后，虽然可以用简单的一元线性回归建模，但确实会在一定程度上削弱原数据的波动性，增强平滑性。因此在低维空间建立的适用于规范值的一元线性回归模型不可能精确反映原高维空间数据的非线性变化特性，若直接用该模型对原始数据进行预测往往达不到预期效果。若将 NV-ULR 模型计算得到的预测样本的模型输出值与最接近的建模拟合样本的模型输出值进行比较，并用一个相似样本的误差修正公式，对预测样本的模型输出值修正后，再代入预测量的规范变换式进行逆运算。这样使得原空间非线性复杂数据的波动性又得到恢复和重现，从而可以得到与预测样本真实值非常接近的样本预测值，提高了模型的预测稳定性和精度[30]。

9.3 节规范变换与误差修正相结合的预测模型误差的理论分析表明，基于因子规范变换与误差修正相结合的任何类型的预测模型的精度，都能比不用误差修正公式修正的模型预测精度或传统预测模型的精度提高数倍到数十倍，与采用预测模型的具体形式无关。这一结论为基于规范变换与误差修正相结合用于一元线性回归预测模型建模提供了理论依据。

2) NV-ULR 预测模型的建模过程

NV-ULR 预测模型的建模过程如图 9-1 所示[30]。

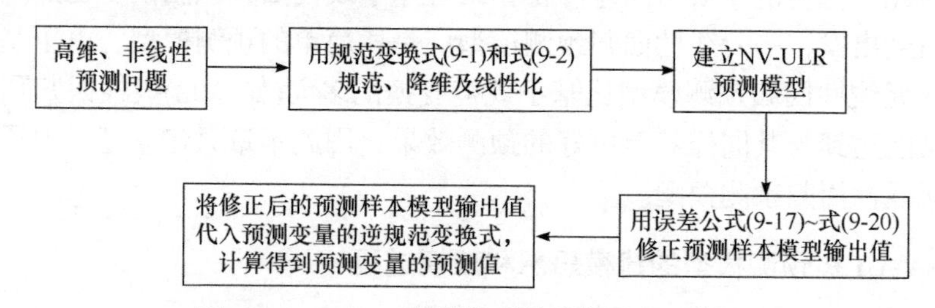

图 9-1　NV-ULR 预测模型的建模过程示意图

9.5.2　NV-ULR 预测模型的表达式及模型参数优化

NV-ULR 预测模型公式仍与传统的一元线性回归预测模型的公式相同，如式(9-15)所示。NV-ULR 预测模型表达式(9-15)中的参数 a 和 b 可用最小二乘法或任意一种优化算法优化。

9.5.3　NV-ULR 预测模型的可靠性分析

NV-ULR 预测模型的可靠性分析与 NV-PPR 预测模型类似。由于 NV-ULR 表达式 $y_i' = ax_i' + b$ 可改写为 $y_i' - b = ax_i'$，令 $Y_i' = y_i' - b$，可得如下线性表达式：

$$Y_i' = ax_i' \tag{9-69}$$

可见，NV-ULR 预测模型的表达式与 NV-PPR 预测模型的表达式 $y = \alpha' x_j'$ 类同，从而两者具有类似的灵敏度。因此，NV-ULR 预测模型的输出也是稳定、可靠的。

9.6　规范变换的时间序列预测模型

时间序列是指某一个变量的数值按照时间的先后顺序而排列的一组数据，而时间序列预测则是应用数学理论和方法，对时间序列进行分析和处理，找出其特征和规律，并以此类推，预测该时间序列变量未来某段时间内的值。环境中的很多问题都是时间序列问题[5]。时间序列分为平稳时间序列和非平稳时间序列两种情况。平稳时间序列 t 时刻的状态可用 t 时刻之前最近邻的 k 个有限时刻(t–1, t–2, …, t–k)的状态来描述，因此通常使用自回归模型、滑动平均模型和自回归滑动平均模型等进行预测[6]。但是，实际中的多数时间序列问题(如水环境和水文学时间序列问题)为非线性、非平稳随机序列，上述方法并不适用[8,30]。对于非线性、非平稳时间序列预测，有人采用将非线性、非平稳时间序列分解为一系列内在本征模态函数和趋势项，然后用传统的时间序列分析方法分别对子序列进行预测，并将各子序列的预测值相加，得到非线性、非平稳时间序列的预测值。但是，该方法在时间序列端点处提取本征模态函数会有困难[7]。也有研究人员提出基于经验模态分解的非平稳、非线性时间序列的组合预测模型[31]及基于 K 近邻和 BP 神经网络的多维时间序列组合预测模型[9]。当前，对于非线性、非平稳时间序列预测，用得较多的是具有较强非线性映射能力的神经网络(如 BP 神经网络、RBF 神经网络和 Elman 神经网络)、改进的神经网络预测模型[16,32,33]及适用于小样本、高维数据的 SVM 或 SVR 预测模型[21,24,34]。但神经网络模型存在模型参数选择、运算量随维数增加而急剧增加、易过拟合和陷入局部极小等问题；而 SVM 模型则存在正则化参数 C 及核参数的选择会直接影响模型的泛化能力和预测精度。若对时间序列(无论线性或非线性)数据进行规范变换，使规范变换后的时间序列数据的规范值呈线性(或近似线性)、较平稳变化特性，再对规范变换后的时间序列数据建立智能预测模型(NV-FNN、NV-PPR、NV-SVR)，并将其用于环境系统单个变量的时间序列估计与预测[29]。规范变换后时间序列数据的规范值呈线性(或近似线性)、较平稳变化特性，因此还可对规范变换后的时间序列数据建立一元线性回归预测模型。无论对时间序列数据规范值建立何种预测模型，为了提高模型对样本(尤其是异常样本)的预测精度，均可用相似样本的误差修正法对预测样本的模型输出值进行误差修正。

9.6.1　时间序列数据的规范变换式

由于时间序列只是一个变量的数值按照时间的先后顺序排列的一组数据，对时间序列的原始序列数据的规范变换，其变换式(9-1)简化为式(9-70)所示的形式，规范式仍保持式(9-2)的形式不变。

$$X_t = (c_t - c_{tb})^{n_j} / c_{t0}, \quad c_t > c_{t0} + c_{tb} \tag{9-70}$$

式中，X_t 为时间序列数据的变换值，变换后得到时间序列数据的最小规范值 x'_m 和最大规范值 x'_M，x'_m 和 x'_M 分别被限定在[0.10, 0.25]和[0.40, 0.55]的较小范围内；c_{t0} 为设置的时间序列数据参照值；c_t 为时间序列数据的实际值；c_{tb} 为设定的阈值(特例为 $c_{tb} = 0$)；n_j 为设定的幂指数，仅取 n_j=0.5, 1, 2。参数 n_j、c_{t0} 和 c_{tb} 的确定方法与 9.1.2 节的确定方法完全相同。

9.6.2 适用于规范变换的时间序列预测模型的建立与优化

1) 时间序列数据规范变换智能预测模型的建模

规范变换后时间序列数据的规范值已呈线性(或近似线性)、较平稳变化特性，因此只需分别构建适用于时间序列数据规范值最近邻时刻数 k=2 和 k=3(即 $m=2$ 个和 $m=3$ 个规范输入因子)两种不同结构的自回归智能预测模型。建立的基于规范变换的时间序列智能预测模型的表达式与非时间序列的多因子规范变换的 NV-FNN、NV-PPR、NV-SVR 智能预测模型的表达式完全相同，分别如式(9-5)、式(9-6)、式(9-7)、式(9-9)、式(9-11)、式(9-12)所示，此处不再赘述。在建模过程中训练样本的组成、目标函数的设置、模型参数的优化及预测样本模型输出的误差修正法等也与非时间序列的多因子规范变换的相应 NV-FNN、NV-PPR、NV-SVR 智能预测模型完全相同。

2) 时间序列规范变换的一元线性回归预测模型的建模

规范变换后的时间序列数据已呈近似线性和较平稳变化特性，因此只需将其看作最近邻时刻数 $k=2$ 或 $k=3$ 的单因子自回归的一元线性回归预测模型建模。其一元线性回归预测模型的表达式如式(9-15)所示，模型参数 a 和 b 可采用最小二乘法或任意一种优化算法优化。

9.7 具有同型规范变换不同变量的预测模型的兼容性和等效性

由 9.3 节式(9-43)可知，用误差公式修正后的预测值的相对误差 $\hat{R}_{xx}$ 与相似样本的 K、y_s' 和 r_s' 有关，与预测变量有关的仅有参数 b，$b=10/n_j$ ($n_j=0.5, 1, 2$)，其中，n_j 为预测变量变换式中的幂指数，它决定预测变量变换式的类型，与预测变量原始数据的分布特性及其变化规律有关；而与预测变量的建模样本数 n、影响因子数 m 无关，也与所选择的预测模型无关。由式 (9-46)可知，用误差公式修正后的预测值和未用误差公式修正的预测值的相对误差的比值 $B=\hat{R}_{xx}/\hat{R}_x$ 仅由相似样本的相似度 K 和拟合相对误差 r_s' 决定，且满足 $B<1$ 或 $B\ll 1$。因此，若将基于规范变换的预测变量的某种预测模型直接用于具有同型规范变换的其他变量的预测，变换式中幂指数 n_j 相同，则 b 也相同，故只要具有同型规范变换的其他变量的预测样本模型输出的相似样本选择适当，由式(9-46)计算得到的两种相对误差的比值 $B=\hat{R}_{xx}/\hat{R}_x$ 一定小于 1 或远小于 1。可见，基于同型规范变换的预测变量与误差修

正相结合的预测模型之间具有兼容性和等效性。兼容性是指任意一个基于规范变换预测变量的某种预测模型，都可以直接用于具有同型规范变换的其他变量的预测；反之亦然。因此，满足同型规范变换的不同变量的预测模型是彼此协调和兼容的；等效性是指对于同一个预测变量，用具有同型规范变换的不同变量的预测模型进行预测，其效果(预测值及其相对误差)是近似相同的，即彼此等效。具有上述两个特性的规范变换满足对称性。对称性是指与误差修正法相结合的同型规范变换的不同变量的预测模型，彼此互换使用，其预测效果差异甚微，具有近似稳定不变性。正是由于同型规范变换的不同变量的预测模型之间具有兼容性，并结合误差修正法，才保证了不同模型预测效果的等效性和稳定性。无论是多因子还是时间序列的预测问题，只要对某变量建立基于规范变换的智能预测模型、统计预测模型或其他非机理性预测模型，都可以将建立的基于规范变换的该变量的预测模型，结合误差修正法，直接用于具有同型规范变换的其他任意变量的预测中，而无须了解其他预测变量的样本个数、影响因子个数及数据分布和变化规律等特性[35]。图 9-2 描述了分别位于三角形三顶点的预测变量的同型规范变换与预测模型的对称性(兼容性、等效性)和预测模型预测效果的稳定性三者之间的逻辑关系。同型规范变换只有 $n_j = 2, 1, 0.5$ 三种不同的类型，故原则上只需建立三种不同类型规范变换预测变量的某种预测模型，即可满足不同预测问题的需要，省时省力，给实际应用带来极大方便。同型规范变换预测变量的预测模型的兼容性、等效性和对称性的发现，不仅具有重要的理论意义，而且具有重要的应用价值[35]。

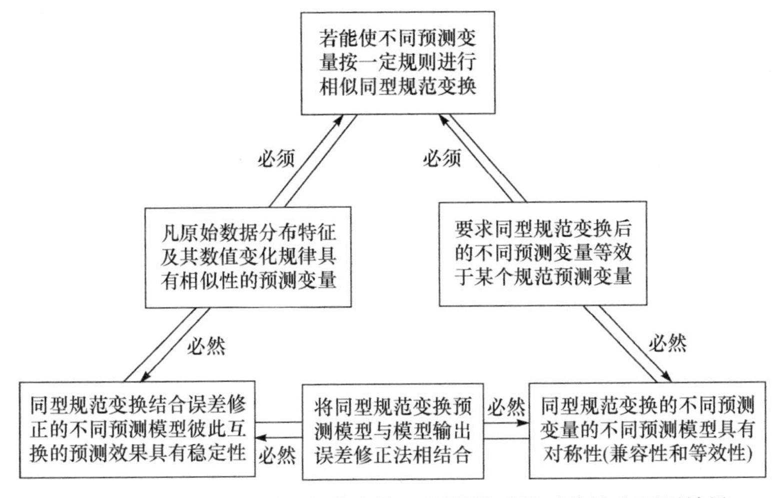

图 9-2 预测变量的同型规范变换、预测模型的对称性和预测效果的稳定性三者之间的逻辑关系

9.8 本章小结

本章依据数学理论不仅严格证明了只要将规范变换和误差修正相结合用于非机理性的预测模型建模，就能简化模型结构，大幅度提高模型的预测精度，而与所选用的何种预测模型或预测方法无关，并且推导出具有同型规范变换的不同预测变量的预测模型之间具有兼容性，从而保证具有同型规范变换的不同预测模型的预测结果具有等效性和稳定性，给实际应用带来了极大方便。在此基础上，分别提出基于规范变换与误差修正相结合的两种简单结构的前向神经网络(NV-FNN(2)、NV-FNN(3))预测模型、投影寻踪回归(NV-PPR(2)、NV-PPR(3))预测模型、支持向量机回归(NV-SVR(2)、NV-SVR(3))预测模型及基于规范变换与误差修正相结合的一元线性回归(NV-ULR)预测模型和时间序列的预测模型(NV-AR)。

事实上，将规范变换和模型输出的误差修正法相结合用于 BP 神经网络、RBF 神经网络、PNN 神经网络和 Logistic 等非机理性预测模型建模，同样可以简化模型结构并大幅度提高模型的预测精度。

参 考 文 献

[1] Chen S Y, Xue Z C, Li M. Variable sets principle and method for flood classification[J]. Science China Technological Sciences, 2013, 56(9): 2343-2348.

[2] 金菊良, 魏一鸣, 王文圣. 基于集对分析的水资源相似预测模型[J]. 水力发电学报, 2009, 28(1): 72-77.

[3] 陈晶, 王文圣. Copula 预测方法及其在年径流预测中的应用[J]. 水力发电学报, 2015, 34(4): 16-21.

[4] 王保良, 范昊, 冀海峰, 等. 基于分段线性表示 K 最近邻的水质预测方法[J]. 环境工程学报, 2016, 10(2): 1005-1009.

[5] Fu T C. A review on time series data mining[J]. Engineering Application of Artificial Intelligence, 2011, 24(1): 164-181.

[6] Wang H R, Wang C, Lin X, et al. An improved ARIMA model for hydrological simulations[J]. Nonlinear Processes in Geophysics Discussions, 2014, 1(1): 841-876.

[7] Jones S S, Evans R S, Allen T L, et al. A multivariate time series approach to modeling and forecasting demand in the emergency department[J]. Journal of Biomedical Informatics, 2009, 42(1): 123-139.

[8] 丁雨晴, 隋爱娜, 伏文龙, 等. 基于免疫算法的时间序列预测模型[J]. 中国传媒大学学报(自然科学版), 2016, 23(1): 21-26.

[9] 赵亚伟, 陈艳晶. 多维时间序列的组合预测模型[J]. 中国科学院大学学报, 2016, 33(6): 825-833.

[10] Sousa S I V, Martins F G, Alvim-Ferraz M C M, et al. Multiple linear regression and artificial

neural networks based on principal components to predict ozone concentrations[J]. Environmental Modelling & Software, 2007, 22(1): 97-103.

[11] 薛鹏松, 冯民权, 邢肖鹏. 基于马尔科夫链改进灰色神经网络的水质预测模型[J]. 武汉大学学报(工学版), 2012, 45(3): 319-324.

[12] 李嵩, 王翼, 张丹闯, 等. 大气 $PM_{2.5}$ 污染指数预测优化模型仿真分析[J]. 计算机仿真, 2015, 32(12): 400-403, 407.

[13] Liu Y H, Zhu Q, Yao D, et al. Forecasting urban air quality via a back-propagation neural network and a selection sample rule[J]. Atmosphere, 2015, 6(7): 891-907.

[14] Wang X G, Tang Z, Tamura H, et al. An improved backpropagation algorithm to avoid the local minima problem[J]. Neurocomputing, 2004, 56(1): 455-460.

[15] 杨云, 杨毅. 基于 GA-BP 神经网络的供暖期空气质量指数预测分析[J]. 陕西科技大学学报, 2016, 34(4): 171-176, 186.

[16] Xi J H, Wang H D, Jiang L Y. Multivariate time series prediction based on a simple RBF network[J]. Advanced Materials Research, 2012, 566: 97-102.

[17] 崔雪梅. 基于灰色 GA-LM-BP 模型的 COD_{Mn} 预测[J]. 水利水电科技进展, 2013, 33(5): 38-41.

[18] 陈媛, 胡恒, 王文圣. IEA-PNN 模型在水质预测中的应用[J]. 水电能源科学, 2010, 28(5): 22-25.

[19] 冯兆澍. 基于投影寻踪法的地下水涌水量预测[J]. 地下空间与工程学报, 2015, 11(2): 505-510.

[20] Liu S Y, Tai H J, Ding Q S, et al. A hybrid approach of support vector regression with genetic algorithm optimization for aquaculture water quality prediction[J]. Mathematical and Computer Modelling, 2013, 58(3-4): 458-465.

[21] Tan G H, Yan J Z, Gao C, et al. Prediction of water quality time series data based on least squares support vector machine[J]. Procedia Engineering, 2012, 31: 1194-1199.

[22] Moura M, Zio E, Lins I D, et al. Failure and reliability prediction by support vector machines regression of time series data[J]. Reliability Engineering & System Safety, 2011, 96(11): 1527-1534.

[23] Liu S Y, Xu S Q, Jiang Y, et al. A hybrid WA-CPSO-LSSVR model for dissolved oxygen content prediction in crab culture[J]. Engineering Applications of Artificial Intelligence, 2014, 29: 114-124.

[24] Noori R, Karbassi A, Ashrafi K, et al. Active and online prediction of BOD_5 in river systems using reduced-order support vector machine[J]. Environmental Earth Sciences, 2012, 67(1): 141-149.

[25] 笪英云, 汪晓东, 赵永刚, 等. 基于关联向量机回归的水值预测模型[J]. 环境科学学报, 2015, 35(11): 3730-3735.

[26] 田静毅, 范泽宣, 孙丽华. 基于 BP 神经网络的空气质量预测与分析[J]. 辽宁科技大学学报, 2015, 38(2): 131-136.

[27] 李祚泳, 汪嘉杨, 徐源蔚. 基于规范变换与误差修正的回归支持向量机的环境系统预测[J]. 环境科学学报, 2018, 38(3): 1235-1244.

[28] 李祚泳，汪嘉杨，徐源蔚．规范变换与误差修正结合的环境系统的前向网络和投影寻踪预测模型[J]．环境科学学报, 2019, 39(6): 2053-2070.
[29] 李祚泳，魏小梅，汪嘉杨．规范变换降维与误差修正结合的环境系统的一元线性回归预测[J]．环境科学学报, 2019, 39(7): 2455-2466.
[30] Thoe W, Wong S H C, Choo K W, et al. Daily prediction of Marine beach water quality in Hong Kong[J]. Journal of Hydro-Environment Research, 2012, 6(3): 164-180.
[31] 王德青，王斐斐，朱万闯．基于 EMD 技术的非平稳非线性时间序列预测[J]．系统工程，2014, 32(5): 138-143.
[32] Duruu O F. A hybrid neural network and ARIMA model for water quality time series prediction[J]. Engineering Applications of Artificial Intelligence, 2010, 23(4): 586-594.
[33] Chandra R, Zhang M J. Cooperative coevolution of Elman recurrent neural networks for chaotic time series prediction[J]. Neurocomputing, 2012, 86(1): 116-123.
[34] Quan T W, Liu X M, Liu Q. Weighted least squares support vector machine local region method for nonlinear time series prediction[J]. Applied Soft Computing, 2010, 10(2): 562-566.
[35] 李祚泳，魏小梅，汪嘉杨．同型规范变换的不同预测模型具有的兼容性和等效性[J]．环境科学学报, 2020, 40(4): 1517-1534.

第 10 章　三种智能模型和 NV-ULR 模型在环境预测中的应用

第 9 章从理论上证明了无论选用何种预测模型，只要将其与规范变换和误差修正法相结合，都可极大地提高模型的预测精度。将预测变量及影响因子规范变换(式(9-1)和式(9-2))的三种智能预测模型和一元线性回归预测模型用于环境预测实际问题(第 10 章～第 13 章)，模型中字母代表的物理意义为：c_{j0} 和 c_{jb} 分别为因子 j 的参照值和阈值；c_j 和 x_j' 分别为因子 j 的实际值和规范值；c_{ij} 和 x_{ij}' 分别为样本 i 的因子 j 的实际值及其规范值，c_{j0}、c_{jb}、c_j 和 c_{ij} 的单位都相同。类似地，c_{y0} 和 c_{yb} 分别为预测变量 y 的参照值和阈值；c_y 和 y_0' 分别为预测变量 y 的实际值和规范值；c_{iy} 和 y_{i0}' 分别为样本 i 的预测变量 y 的实际值及其规范值，y_{i0}' 可作为样本 i 的预测变量 y 的模型期望输出值；y_i' 为样本 i 的预测变量 y 的模型计算输出值(若是建模样本，也可称为拟合输出值)；Y_i' 为误差修正后检测(预测)样本 i 的预测变量 y 的模型计算输出值；c_{iY} 为由误差修正后 Y_i' 计算得到的检测(预测)样本 i 的预测变量 y 的预测值，c_{y0}、c_{yb}、c_y、c_{iy} 和 c_{iY} 的单位都相同。r_i' 为样本 i 的相对误差(绝对值)，若是建模样本，r_i' 也可称为拟合相对误差；r_i 为误差修正后的检测(预测)样本 i 预测值的相对误差(绝对值)。$n_j(n_j = 0.5, 1, 2)$为因子 j 或预测变量 y 的变换式中的幂指数(对于预测变量，下标 j 用 y 替换)，变换式中的幂指数 n_y 相同而预测变量不同的规范变换称为同型规范变换。本章分别将基于规范变换与误差修正法相结合的两种简单结构的前向神经网络(NV-FNN(2)、NV-FNN(3))预测模型、投影寻踪回归(NV-PPR(2)、NV-PPR(3))预测模型、支持向量机回归(NV-SVR(2)、NV-SVR(3))预测模型和一元线性回归(NV-ULR)预测模型用于空气环境预测和水环境预测的实证分析，并与传统的多种预测模型和方法的预测结果进行比较，检验其科学性和实用性。

10.1　三种智能模型和 NV-ULR 模型用于某城市 SO_2 浓度预测

10.1.1　SO_2 浓度及其影响因子的参照值和规范变换式的设置

某城市 SO_2 浓度(C_y)及工业耗煤量(C_1)、人口密度(C_2)、交通密度(C_3)、饮食服务点(C_4) 4 个影响因子的实际值见表 10-1[1]。传统的多种预测模型和方法对此实例预测的结果均不理想，相对误差较大。设置变换式如式(10-1)所示，由式(10-1)和式(9-2)计算出样本 i 各影响因子 j 的规范值 x'_{ij} 及 SO_2 的规范值 y'_{i0}，见表 10-1。

$$X_j = \begin{cases} (c_j / c_{j0})^{0.5}, & c_j \geqslant c_{j0}，\text{对} C_1 \sim C_4、C_y \\ 1, & c_j < c_{j0}，\text{对} C_1 \sim C_4、C_y \end{cases} \tag{10-1}$$

式中，C_1～C_4 和 C_y 的参照值 c_{j0} 分别设置为 0.8t/km²、4 人/km²、0.01 辆/km²、0.05 个/km² 和 0.00002mg/m³；c_{j0} 的单位和 c_j (j=1, 2, 3, 4, y)的单位与表 10-1 中 c_{ij} 的单位相同。

表 10-1　某城市 SO_2 浓度及其 4 个影响因子的实际值和规范值

样本 i	影响因子实际值 c_{ij}				影响因子规范值 x'_{ij}				SO_2 浓度	
	c_{i1}	c_{i2}	c_{i3}	c_{i4}	x'_{i1}	x'_{i2}	x'_{i3}	x'_{i4}	实际值 c_{iy}	规范值 y'_{i0}
1	0.028	0.093	12.9	24	0.2929	0.2724	0.3581	0.3087	0.008	0.2996
2	0.102	0.051	8.3	12	0.3575	0.2424	0.3361	0.2740	0.012	0.3198
3	0.004	0.043	12.0	22	0.1956	0.2339	0.3545	0.3043	0.023	0.3524
4	0.640	0.053	3.0	8	0.4494	0.2443	0.2852	0.2538	0.020	0.3454
5	0.432	0.185	31.2	41	0.4297	0.3068	0.4023	0.3355	0.062	0.4020
6	0.120	0.203	33.8	39	0.3657	0.3115	0.4063	0.3330	0.041	0.3813
7	0.430	0.194	50.8	22	0.4295	0.3092	0.4267	0.3043	0.071	0.4087
8	0.099	1.379	9.4	6	0.3560	0.4073	0.3423	0.2394	0.012	0.3198
9	0.084	0.039	35.7	23	0.3478	0.2290	0.4090	0.3066	0.007	0.2929
10	0.673	0.208	15.1	7	0.4519	0.3127	0.3660	0.2471	0.062	0.4020
11	2.319	0.245	9.1	12	0.5137	0.3209	0.3407	0.2740	0.092	0.4217
12	0.933	0.619	17.3	64	0.4682	0.3672	0.3728	0.3577	0.044	0.3848
13	0.217	6.732	46.8	276	0.3953	0.4865	0.4226	0.4308	0.120	0.4350
14	0.704	1.164	16.1	40	0.4541	0.3988	0.3692	0.3342	0.009	0.3055
15	0.017	1.233	25.8	38	0.2679	0.4017	0.3928	0.3317	0.014	0.3276
16	0.144	5.544	42.5	260	0.3748	0.4768	0.4177	0.4278	0.120	0.4350
17	0.120	0.203	33.8	39	0.3657	0.3115	0.4063	0.3330	0.041	0.3813
18	0.144	0.152	10.7	5	0.3748	0.2970	0.3488	0.2303	0.024	0.3545
19	0.503	1.255	7.1	57	0.4373	0.4026	0.3283	0.3519	0.056	0.3969
20	0.080	1.632	8.3	54	0.3454	0.4157	0.3361	0.3492	0.028	0.3622
21	0.120	1.422	6.8	135	0.3657	0.4088	0.3261	0.3951	0.024	0.3545
22	0.078	1.268	7.3	140	0.3441	0.4031	0.3297	0.3969	0.014	0.3276
23	0.045	0.247	6.4	80	0.3166	0.3213	0.3231	0.3689	0.030	0.3657
24	0.121	0.224	6.7	29	0.3661	0.3164	0.3254	0.3182	0.021	0.3478

续表

样本 i	影响因子实际值 c_{ij}				影响因子规范值 x'_{ij}				SO_2浓度	
	c_{i1}	c_{i2}	c_{i3}	c_{i4}	x'_{i1}	x'_{i2}	x'_{i3}	x'_{i4}	实际值 c_{iy}	规范值 y'_{i0}
25	0.245	0.451	19.3	68	0.4013	0.3514	0.3783	0.3608	0.012	0.3198
26	0.044	0.087	20.7	48	0.3155	0.2691	0.3818	0.3433	0.028	0.3622
27	0.323	1.271	32.0	77	0.4152	0.4032	0.4035	0.3670	0.045	0.3859
28	1.566	2.255	36.7	96	0.4941	0.4319	0.4104	0.3780	0.073	0.4101
29	2.312	0.439	39.8	74	0.5136	0.3500	0.4145	0.3650	0.078	0.4134
30	1.403	0.330	48.1	77	0.4886	0.3358	0.4239	0.3670	0.099	0.4254

注：26~30 为检测样本。c_{i1} 的单位为 10^4 t/km²；c_{i2} 的单位为 10^4 人/km²；c_{i3} 的单位为辆/km²；c_{i4} 的单位为个/km²；c_{iy} 的单位为 mg/m³。

10.1.2　某城市 SO_2 浓度的四种预测模型输出值的计算

按照 9.2.2 节预测模型的建模步骤(3)～(6)，依次组成训练样本、设计目标函数式、优化参数、计算建模样本模型输出值及其拟合相对误差、计算检测(预测)样本的模型输出值等。

分别选取表 10-1 中样本 1～25 和样本 26～30(SO_2浓度及其 4 个影响因子)作为建模样本和检测(预测)样本。分别由表中各建模样本的 4 个影响因子规范值 x'_{ij} 与相应 SO_2浓度规范值 y'_{i0}，按照训练样本的组成法，每个建模样本组成 4 个训练样本，25 个建模样本共组成 100 个训练样本，将其规范值分别代入 NV-FNN(2)(式(9-5))和 NV-FNN(3)(式(9-6))、NV-PPR(2)(式(9-7))和 NV-PPR(3)(式(9-9))、NV-SVR(2) (式(9-11))和 NV-SVR(3)(式(9-12))及 NV-ULR(式(9-15))中，用免疫进化算法分别对各智能预测模型中的参数进行迭代优化。该算法的优点是：不仅可有效避免不成熟收敛，以更高的精度和较快的速度逼近全局最优解，而且算法原理简单，编程简便。当各式的优化目标函数式(9-21)分别满足表 10-2 所示的精度时，停止迭代，得到参数优化后两种不同结构的三种智能预测模型(NV-FNN(2)和 NV-FNN(3)、NV-PPR(2)和 NV-PPR(3)、NV-SVR(2)和 NV-SVR(3))的输出计算式，分别如式(10-2)～式(10-7)所示。用最小二乘法优化得到 NV-ULR 预测模型的输出计算式，如式(10-8)所示。由式(10-2)～式(10-8)计算得到两种结构的三种智能预测模型和 NV-ULR 预测模型(为叙述简便，从本章起，将基于规范变换的两种不同结构的三种智能预测模型和 NV-ULR 预测模型简称为四种预测模型)的建模样本 1～25 的模型拟合输出值及检测(预测)样本 26～30 的模型计算输出值，见表 10-3。计算得到四种预测模型的建模样本 1～25 模型输出的拟合相对误差(绝对值)，见表 10-4。

表 10-2 基于规范变换的三种智能预测模型停止训练时的目标函数值 Q_0

智能预测模型	NV-FNN(2)	NV-FNN(3)	NV-PPR(2)	NV-PPR(3)	NV-SVR(2)	NV-SVR(3)
Q_0	0.0020	0.0016	0.0020	0.0017	0.0022	0.0020

$$y(2)=0.9595\times\frac{1-\mathrm{e}^{-\left(0.6110x'_{j1}+0.8452x'_{j2}\right)}}{1+\mathrm{e}^{-\left(0.6110x'_{j1}+0.8452x'_{j2}\right)}}+0.4357\times\frac{1-\mathrm{e}^{-\left(0.5979x'_{j1}+0.9246x'_{j2}\right)}}{1+\mathrm{e}^{-\left(0.5979x'_{j1}+0.9246x'_{j2}\right)}} \tag{10-2}$$

$$y(3)=0.8006\times\frac{1-\mathrm{e}^{-\left(0.5768x'_{j1}+0.5751x'_{j2}+0.6953x'_{j3}\right)}}{1+\mathrm{e}^{-\left(0.5768x'_{j1}+0.5751x'_{j2}+0.6953x'_{j3}\right)}}+0.3118\times\frac{1-\mathrm{e}^{-\left(0.7466x'_{j1}+0.9899x'_{j2}+0.2451x'_{j3}\right)}}{1+\mathrm{e}^{-\left(0.7466x'_{j1}+0.9899x'_{j2}+0.2451x'_{j3}\right)}} \tag{10-3}$$

$$\begin{aligned}y(2)&=[0.5845\quad 0.1879]\begin{bmatrix}0.4341 & 0.9009\\ 0.9703 & 0.2418\end{bmatrix}\begin{bmatrix}x'_{j1}\\ x'_{j2}\end{bmatrix}\\ &=0.4361x'_{j1}+0.5720x'_{j2}\end{aligned} \tag{10-4}$$

$$\begin{aligned}y(3)&=[0.3386\quad 0.2699]\begin{bmatrix}0.6726 & 0.3766 & 0.6370\\ 0.4737 & 0.8043 & 0.3589\end{bmatrix}\begin{bmatrix}x'_{j1}\\ x'_{j2}\\ x'_{j3}\end{bmatrix}\\ &=0.3556x'_{j1}+0.3446x'_{j2}+0.3126x'_{j3}\end{aligned} \tag{10-5}$$

$$\begin{aligned}y(2)&=\alpha_1k_1\left(\boldsymbol{x}',\boldsymbol{x}'_{10}\right)+\alpha_2k_2\left(\boldsymbol{x}',\boldsymbol{x}'_{20}\right)+b_1\\ &=0.0565\exp\left(-\frac{\left\|\boldsymbol{x}'_{j1}-\boldsymbol{x}'_{10}\right\|^2}{2\sigma_1^2}\right)+0.0942\exp\left(-\frac{\left\|\boldsymbol{x}'_{j2}-\boldsymbol{x}'_{20}\right\|^2}{2\sigma_1^2}\right)+0.2954\end{aligned} \tag{10-6}$$

$$\begin{aligned}y(3)&=\alpha_1k_1\left(\boldsymbol{x}',\boldsymbol{x}'_{10}\right)+\alpha_2k_2\left(\boldsymbol{x}',\boldsymbol{x}'_{20}\right)+\alpha_3k_3\left(\boldsymbol{x}',\boldsymbol{x}'_{30}\right)+b_2\\ &=0.0605\exp\left(-\frac{\left\|\boldsymbol{x}'_{j1}-\boldsymbol{x}'_{10}\right\|^2}{2\sigma_2^2}\right)+0.0595\exp\left(-\frac{\left\|\boldsymbol{x}'_{j2}-\boldsymbol{x}'_{20}\right\|^2}{2\sigma_2^2}\right)\\ &\quad+0.0582\exp\left(-\frac{\left\|\boldsymbol{x}'_{j3}-\boldsymbol{x}'_{30}\right\|^2}{2\sigma_2^2}\right)+0.3124\end{aligned} \tag{10-7}$$

式中，σ_1=0.1158，σ_2=0.1114。

$$y'_i=a+bx'_i=0.2944+0.1947x'_i \tag{10-8}$$

表 10-3　四种预测模型的样本计算输出值 y_i'

样本 i	NV-FNN		NV-PPR		NV-SVR		NV-ULR
	(2)	(3)	(2)	(3)	(2)	(3)	
1	0.3119	0.3141	0.3105	0.3120	0.3292	0.3287	0.3528
2	0.3065	0.3087	0.3049	0.3064	0.3196	0.3250	0.3506
3	0.2763	0.2790	0.2743	0.2756	0.3193	0.3173	0.3456
4	0.3118	0.3140	0.3106	0.3121	0.3138	0.3205	0.3493
5	0.3706	0.3715	0.3715	0.3733	0.3627	0.3666	0.3667
6	0.3567	0.3580	0.3570	0.3587	0.3565	0.3595	0.3641
7	0.3695	0.3704	0.3704	0.3721	0.3544	0.3585	0.3677
8	0.3392	0.3410	0.3389	0.3406	0.3428	0.3380	0.3575
9	0.3266	0.3285	0.3257	0.3272	0.3321	0.3330	0.3582
10	0.3472	0.3487	0.3472	0.3488	0.3356	0.3369	0.3602
11	0.3642	0.3654	0.3652	0.3670	0.3399	0.3364	0.3625
12	0.3923	0.3926	0.3946	0.3965	0.3861	0.3899	0.3697
13	0.4322	0.4309	0.4373	0.4394	0.4154	0.4377	0.3804
14	0.3900	0.3904	0.3922	0.3941	0.3861	0.3884	0.3691
15	0.3511	0.3526	0.3513	0.3530	0.3587	0.3518	0.3623
16	0.4233	0.4224	0.4277	0.4297	0.4086	0.4283	0.3783
17	0.3567	0.3580	0.3570	0.3587	0.3565	0.3595	0.3641
18	0.3165	0.3186	0.3152	0.3167	0.3225	0.3272	0.3532
19	0.3814	0.3821	0.3831	0.3849	0.3784	0.3800	0.3651
20	0.3639	0.3650	0.3645	0.3662	0.3633	0.3669	0.3621
21	0.3757	0.3765	0.3769	0.3787	0.3727	0.3805	0.3640
22	0.3705	0.3714	0.3714	0.3732	0.3677	0.3747	0.3631
23	0.3358	0.3375	0.3351	0.3367	0.3432	0.3442	0.3558
24	0.3349	0.3366	0.3342	0.3358	0.3396	0.3424	0.3557
25	0.3748	0.3756	0.3759	0.3777	0.3762	0.3839	0.3664
26	0.3308	0.3327	0.3301	0.3316	0.3420	0.3392	0.3577
27	0.3979	0.3780	0.4004	0.4023	0.3989	0.4133	0.3723
28	0.4272	0.4262	0.4320	0.4341	0.4171	0.4267	0.3788
29	0.4105	0.4101	0.4141	0.4160	0.3884	0.3884	0.3755
30	0.4040	0.4039	0.4071	0.4090	0.3859	0.3895	0.3746

表 10-4 四种预测模型建模样本模型输出的拟合相对误差 r_i' (单位：%)

建模样本 i	NV-FNN		NV-PPR		NV-SVR		NV-ULR
	(2)	(3)	(2)	(3)	(2)	(3)	
1	4.12	4.84	3.65	4.14	9.90	9.72	17.76
2	4.16	3.48	4.66	4.21	0.08	1.62	9.63
3	21.58	20.83	22.17	21.80	9.39	9.95	1.93
4	9.72	9.08	10.06	9.63	9.14	7.20	1.13
5	7.80	7.59	7.57	7.13	9.78	8.80	8.78
6	6.44	6.11	6.38	5.93	6.50	5.72	4.51
7	9.60	9.39	9.39	8.96	13.28	12.29	10.03
8	6.04	6.60	5.97	6.47	7.19	5.67	11.79
9	11.50	12.15	11.20	11.72	13.37	13.69	22.29
10	13.61	13.25	13.63	13.22	16.51	16.20	10.40
11	13.63	13.35	13.39	12.98	19.40	20.22	14.04
12	1.95	2.03	2.55	3.03	0.33	1.31	3.92
13	0.64	0.93	0.53	1.01	4.50	0.62	12.55
14	27.68	27.81	28.39	29.00	26.39	27.16	20.82
15	7.19	7.65	7.26	7.76	9.51	7.40	10.59
16	2.69	2.89	1.68	1.21	6.07	1.54	13.03
17	6.44	6.11	6.38	5.93	6.50	5.72	4.51
18	10.72	10.14	11.08	10.66	9.02	7.71	0.37
19	3.90	3.73	3.48	3.02	4.65	4.26	8.01
20	0.46	0.77	0.63	1.11	0.31	1.29	0.03
21	5.98	6.20	6.32	6.83	5.12	7.33	2.68
22	13.11	13.38	13.39	13.93	12.26	14.40	10.84
23	8.17	7.69	8.35	7.91	6.15	5.86	2.71
24	3.72	3.22	3.92	3.47	2.38	1.55	2.27
25	17.18	17.43	17.54	18.10	17.61	20.04	14.57

10.1.3 三种智能预测模型的精度检验

由式(9-22)计算出 NV-FNN、NV-PPR 和 NV-SVR 三种智能预测模型两种不同结构的 F 值分别为 $F(7.55)$、$F(7.31)$，$F(8.03)$、$F(8.09)$及 $F(4.73)$、$F(5.08)$，均大于 $F_{0.01}(4.18)$，表明模型精度检验合格，预测结果具有可信度。

10.1.4 检测样本的预测模型误差修正后的模型输出值及其预测值

由表 10-3 可见，与 5 个(26～30)SO_2浓度检测(预测)样本的四种预测模型输出相似的建模样本见表 10-5。用式(9-17)～式(9-20)进行误差修正后的 5 个 SO_2 检测样本的四种预测模型输出值 Y_i'，见表 10-6。再由式(9-2)和式(10-1)的逆运算，计算得到四种预测模型对 5 个 SO_2 浓度检测样本的预测值 c_{iY}，见表 10-6。表 10-6 中还列出了 5 个 SO_2 浓度检测样本的实际值 c_{iy} 及其规范值 y_{i0}'。

表 10-5　与 5 个 SO_2 浓度检测样本的四种预测模型输出相似的建模样本(序号)

检测样本 i	NV-FNN		NV-PPR		NV-SVR		NV-ULR
	(2)	(3)	(2)	(3)	(2)	(3)	
26	23	23	23	23	23	23	8,10,23,24
27	12,19	12,19	12,14,16,19	12,14,16,19	12,16	13,14,16	7,12,16
28	12,13,14,16	12,13,14,16	12,13,14,16	12,13,14,16	13,16,19,21	13,16,19,21	12,13,16
29	12,16	12,16	12,16	12,16	12,14,25	12,14,25	7,12,16
30	12,16,19,25	12,16,19,25	12,16,19,25	12,16,19,25	12,16,25	12,16,25	7,13,16

表 10-6　5 个 SO_2 浓度检测样本的四种预测模型误差修正后的模型输出值 Y_i' 和预测值 c_{iY}

检测样本 i	NV-FNN(2)		NV-FNN(3)		NV-PPR(2)		NV-PPR(3)	
	Y_i'	c_{iY}	Y_i'	c_{iY}	Y_i'	c_{iY}	Y_i'	c_{iY}
26	0.3598	0.0270	0.3600	0.0270	0.3597	0.0270	0.3596	0.0270
27	0.3863	0.0453	0.3865	0.0455	0.3859	0.0449	0.3869	0.0460
28	0.4083	0.0700	0.4080	0.0700	0.4118	0.0750	0.4114	0.0750
29	0.4119	0.0760	0.4118	0.0760	0.4122	0.0760	0.4121	0.0760
30	0.4267	0.1010	0.4265	0.1010	0.4264	0.1010	0.4265	0.1010

检测样本 i	NV-SVR(2)		NV-SVR(3)		NV-ULR		规范值和实际值	
	Y_i'	c_{iY}	Y_i'	c_{iY}	Y_i'	c_{iY}	y_{i0}'	c_{iy}
26	0.3643	0.0290	0.3600	0.0270	0.3618	0.0278	0.3622	0.0280
27	0.3871	0.0460	0.3853	0.0440	0.3842	0.0435	0.3859	0.0450
28	0.4087	0.0710	0.4115	0.0710	0.4110	0.0743	0.4101	0.0730
29	0.4149	0.0800	0.4132	0.0780	0.4136	0.0783	0.4134	0.0780
30	0.4246	0.0980	0.4262	0.1010	0.4249	0.0981	0.4254	0.0990

注：c_{iY} 和 c_{iy} 的单位为 mg/m^3。

10.1.5　检测样本的多种模型预测值的相对误差及比较

5 个 SO_2 浓度检测样本的预测值与实际值之间的相对误差绝对值 r_i 及其平均值和最大值见表 10-7。为了比较，表 10-7 中还列出了用 BP 神经网络[1]、PPR[2]、模糊识别[3]、组合算子[4]及多元回归[4]等传统模型与方法对这 5 个检测样本预测的相对误差绝对值 r_i 及其平均值和最大值。从表 10-6 和表 10-7 可见，对于同一个检测样本，基于规范变换与误差修正的四种预测模型的预测值及其相对误差几乎完全相同或相差甚微，表明基于规范变换与误差修正的几种预测模型不但预测精度高，而且结果稳定；对多个样本预测的相对误差绝对值的平均值及最大值也有类似的结果。从表 10-7 还可见，四种预测模型对 5 个检测样本预测的相对误差绝对值的平均值和最大值都远小于五种传统预测模型的相应预测结果。

表 10-7　5 个检测样本的多种模型预测值的相对误差绝对值 r_i 及其平均值和最大值(单位：%)

检测样本 i	r_i/%					
	NV-FNN(2)	NV-FNN(3)	NV-PPR(2)	NV-PPR(3)	NV-SVR(2)	NV-SVR(3)
26	3.57	3.57	3.57	3.57	3.57	3.57
27	0.67	1.11	0.00	2.22	2.22	2.22
28	4.11	4.11	2.74	2.74	2.74	2.74
29	2.56	2.56	2.56	2.56	2.56	1.28
30	2.02	2.02	2.02	2.02	5.05	2.02
平均值	2.59	2.67	2.18	2.62	3.23	2.37
最大值	4.11	4.11	3.57	3.57	5.05	3.57

检测样本 i	r_i/%					
	NV-ULR	BP 神经网络[1]	PPR[2]	模糊识别[3]	组合算子[4]	多元回归[4]
26	0.71	56.07	17.86	32.14	14.29	17.86
27	3.33	37.56	6.67	24.44	22.22	20.00
28	1.78	9.18	27.40	21.92	4.11	27.40
29	0.38	17.82	8.97	5.13	12.82	60.26
30	0.91	7.98	10.10	24.24	38.38	1.01
平均值	1.42	25.72	14.20	21.57	18.36	25.31
最大值	3.33	56.07	27.40	32.14	38.38	60.26

10.2　三种智能模型和 NV-ULR 模型用于郑州市 NO_2 浓度预测

10.2.1　NO_2 浓度及其影响因子的参照值和规范变换式的设置

1994～2000 年郑州市空气中 NO_2 浓度(C_y)及年耗煤量(C_1)、年耗油总量(C_2)、机动车保有量(C_3)、液化石油气用量(C_4)、天然气用量(C_5)、家庭用气普及率(C_6)6 个影响因子的实际值见表 10-8[5]。通过计算得到 6 个影响因子与 NO_2 浓度之间的相关系数分别为−0.91、−0.88、−0.90、−0.69、−0.99、−0.39，由相关系数的正、负值决定正、负向因子。设置变换式如式(10-9)所示，由式(10-9)和式(9-2)计算得到样本 i 各影响因子 j 的规范值 x'_{ij} 及 NO_2 浓度的规范值 y'_{i0}，见表 10-9。

$$X_j=\begin{cases}[(c_j-c_{jb})/c_{j0}]^2, & c_j\geqslant c_{j0}+c_{jb}, \text{ 对}C_1\sim C_4\text{、}C_6\\(c_j-c_{jb})/c_{j0}, & c_j\geqslant c_{j0}+c_{jb}, \text{ 对}C_5\\[(c_{jb}-c_j)/c_{j0}]^2, & c_j\leqslant c_{jb}-c_{j0}, \text{ 对}C_y\\1, & c_j<c_{j0}+c_{jb}, \text{ 对}C_1\sim C_6\\1, & c_j>c_{jb}-c_{j0}, \text{ 对}C_y\end{cases} \tag{10-9}$$

式中，$C_1\sim C_6$ 和 C_y 的参照值 c_{j0} 分别设置为 4×10^9t、1.1×10^8t、12000 辆、6×10^6t、1×10^5m^3、2%和 0.006mg/m^3；阈值 c_{jb} 分别为 3×10^{10}t、1×10^9t、1×10^5 辆、1×10^8t、4×10^7m^3、40%和 0.12mg/m^3；c_{j0}、c_{jb} 和 c_j (j=1～6, y)的单位与表 10-8 中 c_{ij} 的单位相同。

表 10-8 1994～2000 年郑州市大气 NO_2 浓度及 6 个影响因子的实际值

样本(年份)i	影响因子实际值 c_{ij}						NO_2 浓度年均实际值
	c_{i1}	c_{i2}	c_{i3}	c_{i4}	c_{i5}	c_{i6}	c_{iy}
1994	4141342	158131	135338	12839	4108	56.17	0.095
1995	4385520	139157	160978	12883	4197	52.10	0.095
1996	5041909	130725	187919	12661	4415	46.40	0.077
1997	6403431	163790	222838	14556	4691	49.20	0.074
1998	7503613	201194	199751	11660	5012	53.02	0.061
1999	8519100	210490	210000	17697	4984	55.20	0.059
2000	7711636	274111	279000	19165	5307	59.14	0.044

注：1999、2000 为检测样本。c_{i1} 的单位为 10^4 t；c_{i2} 的单位为 10^4t；c_{i3} 的单位为辆；c_{i4} 的单位为 10^4t；c_{i5} 的单位为 10^4m^3；c_{i6} 的单位为%；c_{iy} 的单位为 mg/m^3。

表 10-9 1994～2000 年郑州市大气 NO_2 浓度及 6 个影响因子的规范值

样本(年份)i	影响因子规范值 x'_{ij}						NO_2 浓度年均规范值
	x'_{i1}	x'_{i2}	x'_{i3}	x'_{i4}	x'_{i5}	x'_{i6}	y'_{i0}
1994	0.2097	0.3330	0.2160	0.3109	0.2380	0.4180	0.2854
1995	0.2485	0.2539	0.3251	0.3139	0.2981	0.3600	0.2854
1996	0.3260	0.2054	0.3983	0.2979	0.3726	0.2326	0.3939
1997	0.4282	0.3515	0.4652	0.4055	0.4236	0.3052	0.4074

续表

样本(年份)i	影响因子规范值 x'_{ij}						NO_2浓度年均规范值 y'_{i0}
	x'_{i1}	x'_{i2}	x'_{i3}	x'_{i4}	x'_{i5}	x'_{i6}	
1998	0.4842	0.4438	0.4236	0.2035	0.4617	0.3747	0.4572
1999	0.5249	0.4614	0.4431	0.5103	0.4589	0.4056	0.4638
2000	0.4933	0.5524	0.5405	0.5452	0.4873	0.4517	0.5078

注：1999、2000 为检测样本。

10.2.2 郑州市 NO_2 浓度的四种预测模型输出值的计算

分别选取表 10-9 中 1994～1998 年和 1999 年、2000 年的样本(NO_2浓度及其 6 个影响因子)作为建模样本和检测(预测)样本。预测建模过程与 10.1.2 节 SO_2 浓度预测建模过程类同，按照训练样本的组成法，每年的 6 个影响因子的规范值组成 6 个训练样本，1994～1998 年共组成 30 个训练样本，将其规范值分别代入四种预测模型(式(9-5)、式(9-6)，式(9-7)、式(9-9)，式(9-11)、式(9-12)及式(9-15))中，用免疫进化算法分别对智能预测模型中的参数进行迭代优化。当各式的优化目标函数式(9-21)分别满足表 10-10 所示的精度时，停止迭代，得到参数优化后的三种智能预测模型的输出计算式，分别如式(10-10)～式(10-15)所示。用最小二乘法优化得到 NV-ULR 预测模型的输出计算式，如式(10-16)所示。由式(10-10)～式(10-16)计算得到四种预测模型建模样本(1994～1998 年)的模型拟合输出值及检测样本(1999～2000 年)的模型计算输出值，见表 10-11。计算得到四种预测模型建模样本模型输出的拟合相对误差(绝对值)，见表 10-12。

表 10-10 基于规范变换的三种智能预测模型停止训练时的目标函数值 Q_0

智能预测模型	NV-FNN(2)	NV-FNN(3)	NV-PPR(2)	NV-PPR(3)	NV-SVR(2)	NV-SVR(3)
Q_0	0.0029	0.0024	0.0029	0.0025	0.0022	0.0020

$$y(2)=0.5268\times\frac{1-\mathrm{e}^{-\left(0.7169x'_{j1}+0.7992x'_{j2}\right)}}{1+\mathrm{e}^{-\left(0.7169x'_{j1}+0.7992x'_{j2}\right)}}+0.9461\times\frac{1-\mathrm{e}^{-\left(0.7234x'_{j1}+0.6836x'_{j2}\right)}}{1+\mathrm{e}^{-\left(0.7234x'_{j1}+0.6836x'_{j2}\right)}} \tag{10-10}$$

$$y(3)=0.7759\times\frac{1-\mathrm{e}^{-\left(0.4944x'_{j1}+0.8475x'_{j2}+0.7519x'_{j3}\right)}}{1+\mathrm{e}^{-\left(0.4944x'_{j1}+0.8475x'_{j2}+0.7519x'_{j3}\right)}}+0.2801\times\frac{1-\mathrm{e}^{-\left(0.9526x'_{j1}+0.2943x'_{j2}+0.9072x'_{j3}\right)}}{1+\mathrm{e}^{-\left(0.9526x'_{j1}+0.2943x'_{j2}+0.9072x'_{j3}\right)}} \tag{10-11}$$

$$y(2)=[0.4788\quad 0.2836]\begin{bmatrix}0.6993 & 0.7148\\ 0.4368 & 0.8996\end{bmatrix}\begin{bmatrix}x'_{j1}\\ x'_{j2}\end{bmatrix} \tag{10-12}$$
$$=0.4587x'_{j1}+0.5974x'_{j2}$$

$$y(3)=[0.3352\quad 0.4213]\begin{bmatrix}0.3062 & 0.3286 & 0.8935\\ 0.1580 & 0.9741 & 0.1617\end{bmatrix}\begin{bmatrix}x'_{j1}\\ x'_{j2}\\ x'_{j3}\end{bmatrix}$$
$$=0.1692x'_{j1}+0.5205x'_{j2}+0.3676x'_{j3} \tag{10-13}$$

$$y(2)=\alpha_1 k_1\left(\boldsymbol{x}',\boldsymbol{x}'_{10}\right)+\alpha_2 k_2\left(\boldsymbol{x}',\boldsymbol{x}'_{20}\right)+b_1$$
$$=0.0731\exp\left(-\frac{\left\|\boldsymbol{x}'_{j1}-\boldsymbol{x}'_{10}\right\|^2}{2\sigma_1^2}\right)+0.1247\exp\left(-\frac{\left\|\boldsymbol{x}'_{j2}-\boldsymbol{x}'_{20}\right\|^2}{2\sigma_1^2}\right)+0.2940 \tag{10-14}$$

$$y(3)=\alpha_1 k_1\left(\boldsymbol{x}',\boldsymbol{x}'_{10}\right)+\alpha_2 k_2\left(\boldsymbol{x}',\boldsymbol{x}'_{20}\right)+\alpha_3 k_3\left(\boldsymbol{x}',\boldsymbol{x}'_{30}\right)+b_2$$
$$=0.0756\exp\left(-\frac{\left\|\boldsymbol{x}'_{j1}-\boldsymbol{x}'_{10}\right\|^2}{2\sigma_2^2}\right)+0.0560\exp\left(-\frac{\left\|\boldsymbol{x}'_{j2}-\boldsymbol{x}'_{20}\right\|^2}{2\sigma_2^2}\right) \tag{10-15}$$
$$+0.0890\exp\left(-\frac{\left\|\boldsymbol{x}'_{j3}-\boldsymbol{x}'_{30}\right\|^2}{2\sigma_2^2}\right)+0.3027$$

式中，σ_1=0.1291，σ_2=0.1381。

$$y'_i=a+bx'_i=0.2316+0.3978x'_i \tag{10-16}$$

表 10-11　四种预测模型的样本计算输出值 y'_i

样本(年份)i	NV-FNN		NV-PPR		NV-SVR		NV-ULR
	(2)	(3)	(2)	(3)	(2)	(3)	
1994	0.3018	0.3106	0.3037	0.3041	0.3059	0.3097	0.3460
1995	0.3144	0.3233	0.3167	0.3171	0.3139	0.3138	0.3509
1996	0.3200	0.3286	0.3226	0.3230	0.3108	0.3136	0.3690
1997	0.4109	0.4174	0.4187	0.4193	0.3700	0.3690	0.3893
1998	0.4124	0.4187	0.4209	0.4214	0.3800	0.3711	0.3986
1999	0.4794	0.4822	0.4935	0.4934	0.4456	0.4529	0.4175
2000	0.5211	0.5202	0.5404	0.5411	0.4803	0.4958	0.4351

注：1999、2000 为检测样本。

表 10-12 四种预测模型建模样本模型输出的拟合相对误差 r_i' (单位：%)

建模样本(年份)i	NV-FNN		NV-PPR		NV-SVR		NV-ULR
	(2)	(3)	(2)	(3)	(2)	(3)	
1994	5.75	8.81	6.40	6.54	7.16	8.52	21.23
1995	10.14	13.26	10.96	11.10	9.98	9.94	22.95
1996	18.77	16.58	18.11	18.00	21.09	20.40	6.32
1997	0.87	2.45	2.79	2.92	9.16	9.43	4.44
1998	9.78	8.41	7.93	7.82	16.87	18.82	12.82

10.2.3 三种智能预测模型的精度检验

由式(9-22)计算得到两种不同结构的三种智能预测模型 NV-FNN、NV-PPR 和 NV-SVR 的 F 值分别为 $F(11.57)$、$F(11.34)$，$F(12.27)$、$F(12.25)$及 $F(4.80)$、$F(5.07)$，均大于 $F_{0.05}(4.35)$，表明模型精度检验合格，预测结果具有可信度。

10.2.4 检测样本的预测模型误差修正后的模型输出值及其预测值

分别与 2 个(1999 年、2000 年)NO_2 浓度检测(预测)样本的四种预测模型输出相似的建模样本见表 10-13。用式(9-17)～式(9-20)进行误差修正后的 2 个 NO_2 浓度检测样本的四种预测模型输出值 Y_i'，见表 10-14。再由式(9-2)和式(10-9)的逆运算，计算得到四种预测模型对 2 个 NO_2 浓度检测样本的预测值 c_{iY}，见表 10-14。表 10-14 中还列出了 1999 年和 2000 年 NO_2 浓度检测样本的实际值 c_{iy} 及其规范值 y_{i0}'。

表 10-13 与 2 个检测样本的四种预测模型输出相似的建模样本(年份)

检测样本(年份)i	NV-FNN		NV-PPR		NV-SVR		NV-ULR
	(2)	(3)	(2)	(3)	(2)	(3)	
1999	1997, 1998	1997, 1998	1997, 1998	1997, 1998	1997, 1998	1997, 1998	1997, 1998
2000	1998	1998	1998	1998	1997, 1998	1997, 1998	1998

表 10-14 2 个 NO_2 浓度检测样本的四种预测模型误差修正后的模型输出值 Y_i' 和预测值 c_{iY}

检测样本(年份)i	NV-FNN(2)		NV-FNN(3)		NV-PPR(2)		NV-PPR(3)	
	Y_i'	c_{iY}	Y_i'	c_{iY}	Y_i'	c_{iY}	Y_i'	c_{iY}
1999	0.4632	0.0592	0.4651	0.0586	0.4588	0.0605	0.4588	0.0605
2000	0.5043	0.0453	0.5049	0.0451	0.4993	0.0472	0.4991	0.0472

续表

检测样本(年份)i	NV-SVR(2)		NV-SVR(3)		NV-ULR		规范值和实际值	
	Y'_i	c_{iY}	Y'_i	c_{iY}	Y'_i	c_{iY}	y'_{i0}	c_{iy}
1999	0.4719	0.0565	0.4664	0.0582	0.4605	0.0600	0.4638	0.0590
2000	0.5109	0.0428	0.5120	0.0424	0.5059	0.0447	0.5078	0.0440

注：c_{iY}和 c_{iy} 的单位为 mg/m^3。

10.2.5　检测样本的多种模型预测值的相对误差及比较

2 个 NO_2 浓度检测样本的预测值与实际值之间的相对误差绝对值 r_i 及其平均值和最大值见表 10-15。为了比较，表 10-15 中还列出了用灰色聚类法[5]对这 2 个检测样本预测的相对误差绝对值 r_i 及其平均值和最大值。由表 10-14 和表 10-15 可见，对于同一个检测样本，基于规范变换与误差修正的两种不同结构的同种智能预测模型的预测值差异较小；对 2 个检测样本预测相对误差绝对值的平均值及最大值，除 NV-PPR 模型稍差外，其余 3 个预测模型的相对误差都很小。由表 10-15 还可见，四种预测模型对 2 个检测样本预测的相对误差绝对值的平均值和最大值都小于灰色聚类法的相应预测结果[5]。

表 10-15　2 个检测样本的多种模型预测值的相对误差绝对值 r_i 及其平均值和最大值(单位：%)

检测样本(年份)i	r_i/%							
	NV-FNN(2)	NV-FNN(3)	NV-PPR(2)	NV-PPR(3)	NV-SVR(2)	NV-SVR(3)	NV-ULR	灰色聚类法[5]
1999	0.34	0.68	2.54	2.54	4.24	1.36	1.69	1.69
2000	2.95	2.50	7.27	7.27	2.73	3.64	1.59	13.60
平均值	1.65	1.59	4.90	4.90	3.49	2.50	1.64	7.65
最大值	2.95	2.50	7.27	7.27	4.24	3.64	1.69	13.60

10.3　三种智能模型和 NV-ULR 模型用于灞河口 COD_{Mn} 年均值预测

10.3.1　COD_{Mn} 年均值及其影响因子的参照值和规范变换式的设置

1993～2003 年西安市灞河口丰水期、枯水期、平水期的 COD_{Mn}(C_y)年均值(c_y)及其 3 个影响因子 C_j 的实际值 c_j(j=1, 2, 3)见表 10-16[6]。C_j 与 C_y 之间的相关系数分别为 0.93、0.85、0.51，皆为正相关。设置变换式如式(10-17)所示，由式(10-17)和式(9-2)计算得到样本 i 的各影响因子 j 的规范值 x'_{ij} (j=1, 2, 3)及预测变量的规范

值 y'_{i0}，见表 10-16。

$$X_j = \begin{cases} (c_j / c_{j0})^2, & c_j \geqslant c_{j0}, \text{ 对}C_1\sim C_3、C_y \\ 1, & c_j < c_{j0}, \text{ 对}C_1\sim C_3、C_y \end{cases} \tag{10-17}$$

式中，3 个影响因子 C_j 和预测变量 C_y 的参照值 c_{j0} 分别设置为 0.7mg/L、0.5mg/L、0.8mg/L 和 0.8mg/L；$c_j(j=1\sim3, y)$和 c_{j0} 的单位与表 10-16 中 c_{ij} 的单位相同。

表 10-16　灞河口 COD_{Mn} 年均值及其影响因子的实际值和规范值

样本(年份)i	影响因子实际值 c_{ij}			影响因子规范值 x'_{ij}			COD_{Mn}	
	c_{i1}	c_{i2}	c_{i3}	x'_{i1}	x'_{i2}	x'_{i3}	实际值 c_{iy}	规范值 y'_{i0}
1993	3.02	1.32	3.70	0.2924	0.1942	0.3063	2.68	0.2418
1994	2.98	4.36	3.96	0.2897	0.4331	0.3199	3.77	0.3100
1995	3.44	3.33	1.47	0.3184	0.3792	0.1217	2.75	0.2469
1996	5.88	3.94	9.00	0.4152	0.4129	0.4841	6.27	0.4118
1997	4.47	3.18	5.78	0.3708	0.3700	0.3955	4.47	0.3441
1998	3.40	4.52	2.48	0.3161	0.4403	0.2263	3.46	0.2929
1999	3.61	4.16	7.18	0.3281	0.4237	0.4389	4.98	0.3657
2000	2.24	2.71	2.77	0.2326	0.3380	0.2484	2.57	0.2334
2001	2.90	3.29	4.90	0.2843	0.3768	0.3625	3.70	0.3063
2002	3.42	3.68	4.29	0.3173	0.3992	0.3359	3.96	0.3199
2003	3.75	4.11	4.48	0.3357	0.4213	0.3446	4.11	0.3273

注：2001、2002、2003 为检测样本。c_{ij} 和 c_{iy} 的单位为 mg/L。

10.3.2　COD_{Mn} 年均值的四种预测模型输出值的计算

分别选取表 10-16 中 1993～2000 年和 2001～2003 年的样本(COD_{Mn} 年均值及其 3 个影响因子)作为建模样本和检测(预测)样本。分别由表中各建模样本的 3 个影响因子规范值 x'_{ij} 与相应的 COD_{Mn} 规范值 y'_{i0}，按照训练样本的组成法，每个建模样本组成 3 个训练样本，8 个建模样本共组成 24 个训练样本，将其规范值分别代入四种预测模型(式(9-5)、式(9-6)，式(9-7)、式(9-9)，式(9-11)、式(9-12)及式(9-15))中，用免疫进化算法分别对各智能模型中的参数进行迭代优化。当各式的优化目标函数式(9-21)分别满足表 10-17 所示的精度时，停止迭代，得到参数优化后两种不同结构的三种智能预测模型的输出计算式，如式(10-18)～式(10-23)所示；用最小二乘法优化得到 NV-ULR 预测模型的输出计算式，如式(10-24)所示。由式(10-18)～式(10-24)计算得到四种预测模型 1993～2000 年建模样本的模型拟合输出值及 2001～2003 年检测样本的模型计算输出值，见表 10-18。计算得到四种预测模型 1993～2000 年建模样本模型输出的拟合相对误差(绝对值)，见表 10-19。

表 10-17　基于规范变换的三种智能预测模型停止训练时的目标函数值 Q_0

智能预测模型	NV-FNN(2)	NV-FNN(3)	NV-PPR(2)	NV-PPR(3)	NV-SVR(2)	NV-SVR(3)
Q_0	0.000908	0.000096	0.000924	0.000163	0.000714	0.000715

$$y(2)=0.5709\times\frac{1-\mathrm{e}^{-\left(0.6167x'_{j1}+0.8788x'_{j2}\right)}}{1+\mathrm{e}^{-\left(0.6167x'_{j1}+0.8788x'_{j2}\right)}}+0.7702\times\frac{1-\mathrm{e}^{-\left(0.6505x'_{j1}+0.6812x'_{j2}\right)}}{1+\mathrm{e}^{-\left(0.6505x'_{j1}+0.6812x'_{j2}\right)}}\tag{10-18}$$

$$y(3)=0.7431\times\frac{1-\mathrm{e}^{-\left(0.4401x'_{j1}+0.6609x'_{j2}+0.3883x'_{j3}\right)}}{1+\mathrm{e}^{-\left(0.4401x'_{j1}+0.6609x'_{j2}+0.3883x'_{j3}\right)}}+0.4389\times\frac{1-\mathrm{e}^{-\left(0.7232x'_{j1}+0.3480x'_{j2}+0.6938x'_{j3}\right)}}{1+\mathrm{e}^{-\left(0.7232x'_{j1}+0.3480x'_{j2}+0.6938x'_{j3}\right)}}\tag{10-19}$$

$$\begin{aligned}y(2)&=[0.2170\quad 0.4594]\begin{bmatrix}0.1489 & 0.9889\\ 0.7538 & 0.6571\end{bmatrix}\begin{bmatrix}x'_{j1}\\ x'_{j2}\end{bmatrix}\\&=0.3786x'_{j1}+0.5165x'_{j2}\end{aligned}\tag{10-20}$$

$$\begin{aligned}y(3)&=[0.2179\quad 0.3287]\begin{bmatrix}0.6620 & 0.6211 & 0.4159\\ 0.2785 & 0.8138 & 0.5101\end{bmatrix}\begin{bmatrix}x'_{j1}\\ x'_{j2}\\ x'_{j3}\end{bmatrix}\\&=0.2358x'_{j1}+0.4028x'_{j2}+0.2583x'_{j3}\end{aligned}\tag{10-21}$$

$$\begin{aligned}y(2)&=\alpha_1k_1\left(\boldsymbol{x}',\boldsymbol{x}'_{10}\right)+\alpha_2k_2\left(\boldsymbol{x}',\boldsymbol{x}'_{20}\right)+b_1\\&=0.0440\exp\left(-\frac{\left\|\boldsymbol{x}'_{j1}-\boldsymbol{x}'_{10}\right\|^2}{2\sigma_1^2}\right)+0.1323\exp\left(-\frac{\left\|\boldsymbol{x}'_{j2}-\boldsymbol{x}'_{20}\right\|^2}{2\sigma_1^2}\right)+0.2477\end{aligned}\tag{10-22}$$

$$\begin{aligned}y(3)&=\alpha_1k_1\left(\boldsymbol{x}',\boldsymbol{x}'_{10}\right)+\alpha_2k_2\left(\boldsymbol{x}',\boldsymbol{x}'_{20}\right)+\alpha_3k_3\left(\boldsymbol{x}',\boldsymbol{x}'_{30}\right)+b_2\\&=0.0690\exp\left(-\frac{\left\|\boldsymbol{x}'_{j1}-\boldsymbol{x}'_{10}\right\|^2}{2\sigma_2^2}\right)+0.0779\exp\left(-\frac{\left\|\boldsymbol{x}'_{j2}-\boldsymbol{x}'_{20}\right\|^2}{2\sigma_2^2}\right)\\&\quad+0.0775\exp\left(-\frac{\boldsymbol{x}'_{j3}-\boldsymbol{x}'^{\,2}_{30}}{2\sigma_2^2}\right)+0.2502\end{aligned}\tag{10-23}$$

式中，σ_1=0.0945，σ_2=0.1068。

$$y'_i=a+bx'_i=0.1450+0.4766x'_i\tag{10-24}$$

表 10-18 四种预测模型的样本计算输出值 y_i'

样本(年份)i	NV-FNN		NV-PPR		NV-SVR		NV-ULR
	(2)	(3)	(2)	(3)	(2)	(3)	
1993	0.2455	0.2449	0.2366	0.2373	0.2563	0.2529	0.2710
1994	0.3201	0.3187	0.3111	0.3120	0.2889	0.2883	0.3107
1995	0.2531	0.2528	0.2444	0.2452	0.2703	0.2514	0.2752
1996	0.4014	0.3982	0.3946	0.3958	0.3983	0.4313	0.3535
1997	0.3477	0.3457	0.3390	0.3400	0.3473	0.3652	0.3255
1998	0.3022	0.3012	0.2932	0.2941	0.2783	0.2638	0.3011
1999	0.3635	0.3612	0.3552	0.3563	0.3532	0.3605	0.3342
2000	0.2534	0.2527	0.2444	0.2451	0.2537	0.2543	0.2751
2001	0.3145	0.3131	0.3054	0.3063	0.3015	0.2935	0.3076
2002	0.3231	0.3215	0.3140	0.3149	0.3123	0.3078	0.3122
2003	0.3374	0.3357	0.3287	0.3297	0.3311	0.3288	0.3200

注：2001、2002、2003 为检测样本。

表 10-19 四种预测模型建模样本模型输出的拟合相对误差 r_i' (单位：%)

建模样本(年份)i	NV-FNN		NV-PPR		NV-SVR		NV-ULR
	(2)	(3)	(2)	(3)	(2)	(3)	
1993	1.53	1.29	2.15	1.86	6.01	4.60	12.08
1994	3.24	2.79	0.34	0.63	6.81	7.01	0.23
1995	2.49	2.37	1.03	0.71	9.46	1.78	11.46
1996	2.52	3.30	4.17	3.88	3.27	4.75	14.16
1997	1.04	0.46	1.48	1.19	0.93	6.13	5.41
1998	3.18	2.84	0.11	0.42	4.99	9.94	2.80
1999	0.61	1.23	2.88	2.57	3.42	1.44	8.61
2000	8.56	8.26	4.71	5.01	8.69	8.96	17.87

10.3.3 三种智能预测模型的精度检验

由式(9-22)计算得到 NV-FNN、NV-PPR 和 NV-SVR 三种智能预测模型两种不同结构的 F 值分别为 $F(60.29)$、$F(61.82)$，$F(92.03)$、$F(103.74)$及 $F(21.20)$、$F(25.39)$，均大于 $F_{0.005}(10.88)$，表明模型精度检验合格，预测结果具有可信度。

10.3.4 检测样本的预测模型误差修正后的模型输出值及其预测值

由表 10-18 可见，分别与 2001～2003 年 3 个检测(预测)样本的四种预测模型输出相似的建模样本见表 10-20。用式(9-17)～式(9-20)进行误差修正后的 3 个 COD_{Mn} 检测样本的四种预测模型输出值 Y_i'，见表 10-21。再由式(9-2)和式(10-17)

的逆运算，计算得到四种预测模型对 2001～2003 年检测样本的 COD_{Mn} 的预测值 c_{iY}，见表 10-21。表 10-21 中还列出了 2001～2003 年 COD_{Mn} 的实际值 c_{iy} 及其规范值 y'_{i0}。

表 10-20　与 3 个 COD_{Mn} 年均值检测样本的四种预测模型输出相似的建模样本(年份)

检测样本(年份)i	NV-FNN		NV-PPR		NV-SVR		NV-ULR
	(2)	(3)	(2)	(3)	(2)	(3)	
2001	1994	1994	1994	1994	1994,1998	1994,1998	—
2002	1994,1997	1994,1997	1994,1997	1994,1997	1994,1999	1994,1999	1994,1997
2003	1994	1994	1994	1994	1997	—	1994,1997

表 10-21　3 个 COD_{Mn} 年均值检测样本的四种预测模型误差修正后的模型输出值 Y'_i 和预测值 c_{iY}

检测样本(年份)i	NV-FNN(2)		NV-FNN(3)		NV-PPR(2)		NV-PPR(3)	
	Y'_i	c_{iY}	Y'_i	c_{iY}	Y'_i	c_{iY}	Y'_i	c_{iY}
2001	0.3048	3.67	0.3047	3.67	0.3044	3.67	0.3044	3.67
2002	0.3196	3.95	0.3178	3.92	0.3168	3.90	0.3177	3.92
2003	0.3262	4.09	0.3261	4.09	0.3275	4.11	0.3273	4.11

检测样本(年份)i	NV-SVR(2)		NV-SVR(3)		NV-ULR		规范值和实际值	
	Y'_i	c_{iY}	Y'_i	c_{iY}	Y'_i	c_{iY}	y'_{i0}	c_{iy}
2001	0.3055	3.69	0.3020	3.62	0.3076	3.72	0.3063	3.70
2002	0.3201	3.96	0.3184	3.93	0.3204	3.97	0.3199	3.96
2003	0.3282	4.13	0.3288	4.14	0.3286	4.14	0.3273	4.11

注：c_{iY} 和 c_{iy} 的单位为 mg/L。

10.3.5　检测样本的多种模型预测值的相对误差及比较

3 个 COD_{Mn} 检测样本的预测值与实际值之间的相对误差绝对值 r_i 及其平均值和最大值见表 10-22。为了比较，表 10-22 中还列出了文献[6]用传统的 LS-SVM、BP 神经网络、RBF 预测模型对这 3 个检测样本预测的相对误差绝对值 r_i 及其平均值和最大值。从表 10-21 和表 10-22 可见，四种预测模型中，除 NV-SVR(3)模型的两种误差稍大外，其余模型对 3 个检测样本预测的相对误差绝对值 r_i 的平均值和最大值都很小，而且彼此差异也很小，从表 10-22 还可见，四种预测模型对 3 个检测样本预测的相对误差绝对值的平均值和最大值都远小于传统的 LS-SVM、BP 神经网络、RBF 预测模型的预测结果。

表 10-22　3 个检测样本的多种模型预测值的相对误差绝对值 r_i 及其平均值和最大值

检测样本(年份)i	r_i/%									
	NV-FNN		NV-PPR		NV-SVR		NV-ULR	传统预测模型		
	(2)	(3)	(2)	(3)	(2)	(3)		LS-SVM	BP 神经网络	RBF
2001	0.81	0.81	0.81	0.81	0.27	2.16	0.54	—	—	—
2002	0.25	1.01	1.52	1.01	0.00	0.76	0.25	4.55	9.85	7.58
2003	0.49	0.49	0.00	0.00	0.49	0.73	0.73	5.36	11.44	9.73
平均值	0.52	0.77	0.78	0.61	0.25	1.22	0.51	4.96	10.65	8.66
最大值	0.81	1.01	1.52	1.01	0.49	2.16	0.73	5.36	11.44	9.73

10.4　三种智能模型和 NV-ULR 模型用于青弋江芜湖市区段水质预测

10.4.1　COD_{Cr} 及其影响因子的参照值和规范变换式的设置

2004 年 1 月～2006 年 11 月青弋江芜湖市区段 $COD_{Cr}(C_y)$及 DO(C_1)、$COD_{Mn}(C_2)$、$BOD_5(C_3)$、NH_3-N(C_4)、石油类(C_5)、$COD_{Cr}(C_6)$、TN(C_7)、TP(C_8) 8 个影响因子的实际值见表 10-23[7]。8 个影响因子与 COD_{Cr}之间的相关系数分别为 0.29、0.45、−0.33、−0.28、0.06、0.57、0.17、−0.52。设置变换式如式(10-25)所示，由式(10-25)和式(9-2)计算得到样本 i 各影响因子 j 的规范值 x'_{ij} 及 COD_{Cr} 的规范值 y'_{i0}，见表 10-24。

$$
X_j=\begin{cases}(c_j-c_{jb})/c_{j0}, & c_j\geqslant c_{j0}+c_{jb}，\text{对}C_1\\(c_j/c_{j0})^2, & c_j\geqslant c_{j0}，\text{对}C_2、C_5、C_6\\(c_{j0}/c_j)^2, & c_j\leqslant c_{j0}，\text{对}C_3、C_8\\c_{j0}/c_j, & c_j\leqslant c_{j0}，\text{对}C_4\\[(c_j-c_{jb})/c_{j0}]^2, & c_j\geqslant c_{j0}+c_{jb}，\text{对}C_7\\c_j/c_{j0}, & c_j\geqslant c_{j0}，\text{对}C_y\\1, & c_j>c_{j0}，\text{对}C_3、C_4、C_8\\1, & c_j<c_{j0}，\text{对}C_2、C_5、C_6、C_y\\1, & c_j<c_{j0}+c_{jb}，\text{对}C_1、C_7\end{cases} \tag{10-25}
$$

式中，C_1～C_8 和 C_y 的参照值 c_{j0} 分别设置为 0.08mg/L、0.65mg/L、4.6mg/L、5mg/L、0.015mg/L、2.2mg/L、0.06mg/L、1mg/L 和 0.32mg/L；C_1、C_7 的阈值 c_{jb} 分别为

5mg/L、0.3mg/L；c_{j0}、c_{jb} 及 c_j (j= 1, 2, ···, 8)的单位与表 10-23 中 c_{ij} 的单位相同。

表 10-23　2004 年 1 月～2006 年 11 月青弋江芜湖市区段 COD_{Cr} 浓度及 8 个影响因子的实际值

样本 i	时间(年-月)	影响因子实际值 c_{ij}								COD_{Cr} 实际值 c_{iy}
		c_{i1}	c_{i2}	c_{i3}	c_{i4}	c_{i5}	c_{i6}	c_{i7}	c_{i8}	
1	2004-01	9.12	3.26	0.30	0.037	0.133	12.99	0.861	0.131	13.48
2	2004-03	9.17	3.26	0.68	0.062	0.108	12.08	0.478	0.132	13.60
3	2004-05	6.95	3.10	0.67	0.075	0.119	14.06	0.704	0.150	13.44
4	2004-07	5.74	3.27	1.38	0.059	0.126	14.22	0.530	0.131	14.25
5	2004-09	7.81	3.33	0.35	0.093	0.086	14.64	0.621	0.129	14.39
6	2004-11	9.21	4.58	0.38	0.108	0.135	14.62	0.753	0.135	14.97
7	2005-01	11.07	5.09	0.89	0.079	0.045	18.23	0.742	0.130	18.84
8	2005-03	9.92	3.62	1.32	0.300	0.042	12.59	0.857	0.132	13.36
9	2005-05	7.78	2.78	1.97	0.185	0.044	9.12	0.646	0.168	8.64
10	2005-07	7.90	4.46	1.31	0.210	0.048	7.76	0.766	0.131	18.72
11	2005-09	7.84	2.91	1.27	0.212	0.046	8.65	0.800	0.153	18.49
12	2005-11	8.12	3.21	1.89	0.274	0.049	8.68	0.722	0.150	8.20
13	2006-01	10.82	2.35	0.87	0.423	0.046	17.80	0.846	0.144	16.35
14	2006-03	8.26	2.20	0.93	0.380	0.045	16.56	0.846	0.150	16.96
15	2006-05	8.42	2.52	1.05	0.260	0.041	7.13	0.865	0.158	6.58
16	2006-07	7.90	4.46	1.23	0.210	0.048	16.54	0.766	0.131	15.90
17	2006-09	7.78	2.88	0.99	0.245	0.046	15.62	0.716	0.161	15.60
18	2006-11	6.75	2.44	1.18	0.674	0.040	8.40	0.622	0.262	8.10

注：17、18 为检测样本。c_{ij} 和 c_{iy} 的单位为 mg/L。

表 10-24　2004 年 1 月～2006 年 11 月青弋江芜湖市区段 COD_{Cr} 浓度及 8 个影响因子的规范值

样本 i	时间(年-月)	影响因子规范值 x'_{ij}								COD_{Cr} 规范值 y'_{i0}
		x'_{i1}	x'_{i2}	x'_{i3}	x'_{i4}	x'_{i5}	x'_{i6}	x'_{i7}	x'_{i8}	
1	2004-01	0.3942	0.3225	0.5460	0.4906	0.4365	0.3551	0.4471	0.4065	0.3741
2	2004-03	0.3954	0.3225	0.3823	0.4390	0.3948	0.3406	0.2175	0.4050	0.3750
3	2004-05	0.3194	0.3124	0.3853	0.4200	0.4142	0.3710	0.3814	0.3794	0.3738
4	2004-07	0.2225	0.3231	0.2408	0.4440	0.4256	0.3732	0.2687	0.4065	0.3796
5	2004-09	0.3559	0.3268	0.5152	0.3985	0.3493	0.3791	0.3354	0.4096	0.3806
6	2004-11	0.3963	0.3905	0.4987	0.3835	0.4394	0.3788	0.4043	0.4005	0.3845
7	2005-01	0.4329	0.4116	0.3285	0.4148	0.2197	0.4229	0.3994	0.4080	0.4075
8	2005-03	0.4119	0.3435	0.2497	0.2813	0.2059	0.3489	0.4456	0.4050	0.3732

续表

样本 i	时间(年-月)	影响因子规范值 x'_{ij}								COD_{Cr}规范值 y'_{i0}
		x'_{i1}	x'_{i2}	x'_{i3}	x'_{i4}	x'_{i5}	x'_{i6}	x'_{i7}	x'_{i8}	
9	2005-05	0.3548	0.2906	0.1696	0.3297	0.2152	0.2844	0.3504	0.3568	0.3296
10	2005-07	0.3590	0.3852	0.2512	0.3170	0.2326	0.2521	0.4100	0.4065	0.4069
11	2005-09	0.3570	0.2998	0.2574	0.3161	0.2241	0.2738	0.4241	0.3755	0.4057
12	2005-11	0.3664	0.3194	0.1779	0.2904	0.2368	0.2745	0.3901	0.3794	0.3244
13	2006-01	0.4287	0.2570	0.3331	0.2470	0.2241	0.4181	0.4417	0.3876	0.3934
14	2006-03	0.3707	0.2438	0.3197	0.2577	0.2197	0.4037	0.4417	0.3794	0.3970
15	2006-05	0.3755	0.2710	0.2955	0.2957	0.2011	0.2352	0.4485	0.3690	0.3023
16	2006-07	0.3590	0.3852	0.2638	0.3170	0.2326	0.4035	0.4100	0.4065	0.3906
17	2006-09	0.3548	0.2977	0.3072	0.3016	0.2241	0.3920	0.3873	0.3653	0.3887
18	2006-11	0.3085	0.2646	0.2721	0.2004	0.1962	0.2680	0.3360	0.2679	0.3231

注：17、18 为检测样本。

10.4.2 青弋江芜湖市区段 COD_{Cr} 四种预测模型输出值的计算

分别选取表 10-24 中样本 1～16 及样本 17 和 18(COD_{Cr}及其 8 个影响因子)作为建模样本和检测(预测)样本。按照训练样本的组成法，样本的 8 个影响因子的规范值组成 8 个训练样本，16 个建模样本共组成 128 个训练样本，将其规范值分别代入四种预测模型(式(9-5)、式(9-6)，式(9-7)、式(9-9)，式(9-11)、式(9-12)及式(9-15))中，用免疫进化算法分别对两种结构的三种智能模型中的参数进行迭代优化。当各式的优化目标函数式(9-21)分别满足表 10-25 所示的精度时，停止迭代，得到参数优化后两种不同结构的三种智能预测模型的输出计算式，分别如式(10-26)～式(10-31)所示。用最小二乘法优化得到 NV-ULR 预测模型的输出计算式，如式(10-32)所示。由式(10-26)～式(10-32)计算得到四种预测模型的建模样本 1～16 的模型拟合输出值及检测(预测)样本 17、18 的模型计算输出值，见表 10-26。计算得到四种预测模型的建模样本 1～16 模型输出的拟合相对误差(绝对值)，见表 10-27。

表 10-25 基于规范变换的三种智能预测模型停止训练时的目标函数值 Q_0

智能预测模型	NV-FNN(2)	NV-FNN(3)	NV-PPR(2)	NV-PPR(3)	NV-SVR(2)	NV-SVR(3)
Q_0	0.0040	0.0030	0.0044	0.0034	0.0020	0.0022

$$y(2)=0.6917\times\frac{1-e^{-\left(0.7977x'_{j1}+0.8522x'_{j2}\right)}}{1+e^{-\left(0.7977x'_{j1}+0.8522x'_{j2}\right)}}+0.7293\times\frac{1-e^{-\left(0.8968x'_{j1}+0.5116x'_{j2}\right)}}{1+e^{-\left(0.8968x'_{j1}+0.5116x'_{j2}\right)}}\tag{10-26}$$

$$y(3)=0.7626\times\frac{1-\mathrm{e}^{-\left(0.8449x'_{j1}+0.4717x'_{j2}+0.6825x'_{j3}\right)}}{1+\mathrm{e}^{-\left(0.8449x'_{j1}+0.4717x'_{j2}+0.6825x'_{j3}\right)}}+0.3418\times\frac{1-\mathrm{e}^{-\left(0.7544x'_{j1}+0.7598x'_{j2}+0.4004x'_{j3}\right)}}{1+\mathrm{e}^{-\left(0.7544x'_{j1}+0.7598x'_{j2}+0.4004x'_{j3}\right)}} \tag{10-27}$$

$$\begin{aligned}y(2)&=[0.3848\quad 0.3815]\begin{bmatrix}0.9033 & 0.4290\\ 0.6037 & 0.7972\end{bmatrix}\begin{bmatrix}x'_{j1}\\ x'_{j2}\end{bmatrix}\\ &=0.5779x'_{j1}+0.4692x'_{j2}\end{aligned} \tag{10-28}$$

$$\begin{aligned}y(3)&=[0.4160\quad 0.2001]\begin{bmatrix}0.6413 & 0.4873 & 0.5927\\ 0.6299 & 0.2999 & 0.7165\end{bmatrix}\begin{bmatrix}x'_{j1}\\ x'_{j2}\\ x'_{j3}\end{bmatrix}\\ &=0.3928x'_{j1}+0.2627x'_{j2}+0.3899x'_{j3}\end{aligned} \tag{10-29}$$

$$\begin{aligned}y(2)&=\alpha_1k_1\left(\boldsymbol{x}',\boldsymbol{x}'_{10}\right)+\alpha_2k_2\left(\boldsymbol{x}',\boldsymbol{x}'_{20}\right)+b_1\\ &=0.0529\exp\left(-\frac{\left\|\boldsymbol{x}'_{j1}-\boldsymbol{x}'_{10}\right\|^2}{2\sigma_1^2}\right)+0.0697\exp\left(-\frac{\left\|\boldsymbol{x}'_{j2}-\boldsymbol{x}'_{20}\right\|^2}{2\sigma_1^2}\right)+0.2921\end{aligned} \tag{10-30}$$

$$\begin{aligned}y(3)&=\alpha_1k_1\left(\boldsymbol{x}',\boldsymbol{x}'_{10}\right)+\alpha_2k_2\left(\boldsymbol{x}',\boldsymbol{x}'_{20}\right)+\alpha_3k_3\left(\boldsymbol{x}',\boldsymbol{x}'_{30}\right)+b_2\\ &=0.0592\exp\left(-\frac{\left\|\boldsymbol{x}'_{j1}-\boldsymbol{x}'_{10}\right\|^2}{2\sigma_2^2}\right)+0.0548\exp\left(-\frac{\left\|\boldsymbol{x}'_{j2}-\boldsymbol{x}'_{20}\right\|^2}{2\sigma_2^2}\right)\\ &\quad+0.0413\exp\left(-\frac{\left\|\boldsymbol{x}'_{j3}-\boldsymbol{x}'_{30}\right\|^2}{2\sigma_2^2}\right)+0.3085\end{aligned} \tag{10-31}$$

式中，$\sigma_1=0.1513$，$\sigma_2=0.1255$。

$$y'_i=a+bx'_i=0.3645+0.0298x'_i \tag{10-32}$$

表 10-26　四种预测模型的样本计算输出值 y'_i

样本 i	NV-FNN		NV-PPR		NV-SVR		NV-ULR
	(2)	(3)	(2)	(3)	(2)	(3)	
1	0.4443	0.4371	0.4448	0.4441	0.3960	0.4101	0.3772
2	0.3823	0.3782	0.3792	0.3786	0.3717	0.3707	0.3753
3	0.3933	0.3887	0.3905	0.3899	0.3833	0.3955	0.3756
4	0.3579	0.3546	0.3540	0.3534	0.3549	0.3504	0.3746
5	0.4040	0.3989	0.4018	0.4012	0.3830	0.3882	0.3759
6	0.4317	0.4251	0.4309	0.4302	0.3984	0.4234	0.3768
7	0.4000	0.3949	0.3976	0.3970	0.3756	0.3913	0.3758

续表

样本 *i*	NV-FNN		NV-PPR		NV-SVR		NV-ULR
	(2)	(3)	(2)	(3)	(2)	(3)	
8	0.3559	0.3526	0.3523	0.3518	0.3597	0.3682	0.3745
9	0.3130	0.3111	0.3078	0.3073	0.3427	0.3402	0.3733
10	0.3463	0.3435	0.3421	0.3416	0.3543	0.3582	0.3742
11	0.3355	0.3330	0.3309	0.3304	0.3499	0.3503	0.3739
12	0.3235	0.3213	0.3187	0.3182	0.3486	0.3491	0.3736
13	0.3618	0.3583	0.3583	0.3577	0.3586	0.3643	0.3747
14	0.3491	0.3461	0.3451	0.3445	0.3551	0.3582	0.3743
15	0.3307	0.3284	0.3261	0.3256	0.3448	0.3448	0.3738
16	0.3672	0.3635	0.3636	0.3630	0.3656	0.3752	0.3748
17	0.3487	0.3458	0.3442	0.3437	0.3579	0.3609	0.3743
18	0.2824	0.2813	0.2767	0.2762	0.3269	0.3227	0.3724

注：17、18 为检测样本。

表 10-27　四种预测模型建模样本模型输出的拟合相对误差 r_i' （单位：%）

建模样本 *i*	NV-FNN		NV-PPR		NV-SVR		NV-ULR
	(2)	(3)	(2)	(3)	(2)	(3)	
1	18.78	16.84	18.92	18.73	5.88	9.64	0.83
2	1.97	0.88	1.14	0.98	0.86	1.13	0.08
3	5.23	3.98	4.47	4.30	2.55	5.83	0.48
4	5.72	6.60	6.75	6.90	6.52	7.70	1.32
5	6.16	4.82	5.57	5.41	0.63	1.99	1.23
6	12.26	10.54	12.05	11.88	3.60	10.11	2.00
7	1.85	3.10	2.43	2.59	7.85	3.98	7.78
8	4.62	5.50	5.58	5.73	3.62	1.33	0.35
9	5.04	5.60	6.61	6.76	3.97	3.23	13.26
10	14.88	15.59	15.93	16.06	12.94	11.96	8.04
11	17.30	17.91	18.44	18.57	13.75	13.64	7.84
12	0.27	0.94	1.74	1.89	7.47	7.64	15.17
13	8.04	8.92	8.92	9.06	8.84	7.38	4.75
14	12.08	12.83	13.08	13.22	10.55	9.79	5.72
15	8.21	8.27	7.50	7.50	3.91	0.71	23.65
16	10.37	9.75	25.19	25.19	18.02	10.25	4.05

10.4.3　三种智能预测模型的精度检验

由式(9-22)计算得到 NV-FNN、NV-PPR 和 NV-SVR 三种智能预测模型两种不同结构的 F 值分别为 $F(5.56)$、$F(5.42)$，$F(5.57)$、$F(5.55)$及 $F(6.65)$、$F(6.34)$，均大于 $F_{0.025}(4.24)$，表明模型精度检验合格，预测结果具有可信度。

10.4.4　检测样本的预测模型误差修正后的模型输出值及其预测值

与 2 个 COD_{Cr} 检测(预测)样本 17、18 的四种预测模型输出相似的建模样本见表 10-28。用式(9-17)～式(9-20)进行误差修正后的 2 个 COD_{Cr} 检测样本的四种预测模型输出值 Y_i'，见表 10-29。再由式(9-2)和式(10-25)的逆运算，计算得到四种预测模型对 2 个 COD_{Cr} 检测样本的预测值 c_{iY}，见表 10-29。表 10-29 中还列出了 2 个 COD_{Cr} 检测样本的实际值 c_{iy} 及其规范值 y_{i0}'。

表 10-28　与 2 个 COD_{Cr} 检测样本的四种预测模型输出相似的建模样本(序号)

检测样本 i	NV-FNN		NV-PPR		NV-SVR		NV-ULR
	(2)	(3)	(2)	(3)	(2)	(3)	
17	8,10,14	8,10,14	8,10,14	8,10,14	8,10	8,10	8,10
18	10,11	10,11	10,11	10,11	9,11,12	9,11,12	12

表 10-29　2 个 COD_{Cr} 检测样本的四种预测模型误差修正后的模型输出值 Y_i' 和预测值 c_{iY}

检测样本	NV-FNN(2)		NV-FNN(3)		NV-PPR(2)		NV-PPR(3)	
	Y_i'	c_{iY}	Y_i'	c_{iY}	Y_i'	c_{iY}	Y_i'	c_{iY}
17	0.3906	15.90	0.3908	15.94	0.3899	15.79	0.3899	15.79
18	0.3260	8.34	0.3269	8.41	0.3224	8.04	0.3223	8.03

检测样本	NV-SVR(2)		NV-SVR(3)		NV-ULR		规范值和实际值	
	Y_i'	c_{iY}	Y_i'	c_{iY}	Y_i'	c_{iY}	y_{i0}'	c_{iy}
17	0.3915	16.05	0.3880	15.50	0.3899	15.80	0.3887	15.6
18	0.3270	8.42	0.3223	8.03	0.3235	8.13	0.3231	8.10

注：c_{iY}和 c_{iy}的单位为 mg/L。

10.4.5　检测样本的多种模型预测值的相对误差及比较

2 个 COD_{Cr} 检测样本的预测值与实际值之间的相对误差绝对值 r_i 及其平均值和最大值见表 10-30。表 10-30 中还列出了文献[7]用两种 BP 神经网络模型对这 2 个检测样本预测的相对误差绝对值 r_i 及其平均值和最大值。从表 10-30 可见，基于规范变换与误差修正的四种预测模型对 2 个检测样本预测的相对误差绝对值的平均值和最大值都小于两种传统的 BP 神经网络模型的相应预测误差。

表 10-30 2 个检测样本的多种模型预测值的相对误差绝对值 r_i 及平均值和最大值(单位：%)

检测样本 i	NV-FNN		NV-PPR		NV-SVR		NV-ULR	BP 神经网络
	(2)	(3)	(2)	(3)	(2)	(3)		(1)、(2)
17	1.92	2.18	1.22	1.22	2.88	0.64	1.28	4.66
18	2.96	3.83	0.74	0.86	3.95	0.86	0.37	9.32
平均值	2.44	3.01	0.98	1.04	3.42	0.75	0.83	6.99
最大值	2.96	3.83	1.22	1.22	3.95	0.86	1.28	9.32

注：表中最右一列数据是 BP 神经网络模型(1)和(2)的平均值。

10.5 三种智能模型和 NV-ULR 模型用于渭河某河段 BOD_5 预测

10.5.1 BOD_5 及其影响因子的参照值和规范变换式的设置

渭河某河段不同时间 $BOD_5(C_y)$及其初始断面的 $BOD_5(C_1)$、初始断面的溶解氧浓度DO(C_2)、水温(C_3)、河段流量(C_4)、预测河段污水流量(C_5)、污水中$BOD_5(C_6)$、河水流经预测河段所需的时间(C_7) 7 个影响因子的实际值见表 10-31[8]。计算得到 7 个影响因子数据与预测量之间的相关系数分别为 0.63、−0.51、0.68、−0.93、0.53、0.91、−0.90。设置变换式如式(10-33)所示，由式(10-33)和式(9-2)计算得到样本 i 各影响因子 j 的规范值 x'_{ij} 及 BOD_5 的规范值 y'_{i0}，见表 10-32。

$$X_j=\begin{cases} c_j/c_{j0}, & c_j \geqslant c_{j0}, \quad 对C_1、C_2、C_y \\ [(c_j-c_{jb})/c_{j0}]^2, & c_j \geqslant c_{j0}+c_{jb}, \quad 对C_3、C_5 \\ (c_{j0}/c_j)^2, & c_j \leqslant c_{j0}, \quad 对C_4、C_7 \\ (c_j/c_{j0})^2, & c_j \geqslant c_{j0}, \quad 对C_6 \\ 1, & c_j > c_{j0}, \quad 对C_4、C_7 \\ 1, & c_j < c_{j0}, \quad 对C_1、C_2、C_6、C_y \\ 1, & c_j < c_{j0}+c_{jb}, \quad 对C_3、C_5 \end{cases} \tag{10-33}$$

式中，C_1～C_7和 C_y 的参照值 c_{j0} 分别设置为 0.1mg/L、−0.04mg/L、1.6℃、55m^3/s、0.1m^3/s、0.8mg/L、20s 和 0.2mg/L；C_3、C_5 的阈值 c_{jb} 分别为 10℃、1m^3/s；参照值 c_{j0}、阈值 c_{jb} 和 c_j(j=1～7, y)的单位与表 10-31 中 c_{ij} 的单位相同。

表 10-31　渭河某河段不同时间 BOD_5 及 7 个影响因子的实际值

样本 i	影响因子实际值 c_{ij}							BOD_5 实际值
	c_{i1}	c_{i2}	c_{i3}	c_{i4}	c_{i5}	c_{i6}	c_{i7}	c_{iy}
1	7.81	−0.36	28.5	7.28	1.87	6.96	3.20	13.27
2	6.91	−2.74	27.5	5.66	1.87	7.81	2.70	15.66
3	3.51	−3.18	27.5	5.72	1.87	8.34	3.50	16.73
4	4.96	−1.22	26.2	9.27	2.36	5.57	4.30	8.61
5	8.61	−2.55	26.1	8.18	2.36	5.61	4.10	9.34
6	3.27	−1.86	26.3	14.36	2.36	6.02	5.90	6.51
7	1.57	−1.44	18.5	13.41	1.51	4.74	5.40	6.88
8	0.98	−2.72	19.5	12.18	1.51	4.75	5.10	5.44
9	1.88	−1.55	21.4	12.65	1.51	4.88	5.10	7.36
10	2.54	−0.36	21.0	14.02	1.37	3.18	5.70	5.73
11	1.48	−0.74	25.2	18.91	1.37	3.21	6.60	2.07
12	4.66	−1.34	14.5	15.87	1.25	2.43	6.40	5.62
13	2.17	−1.67	14.5	13.26	1.25	2.43	5.20	3.79
14	2.56	−0.67	16.5	14.27	1.25	2.29	5.50	4.26
15	1.99	−0.88	17.5	15.08	1.25	2.75	5.90	3.87

注：13～15 为检测样本。c_{i1}、c_{i2}、c_{i6} 和 c_{iy} 的单位为 mg/L；c_{i3} 的单位为℃；c_{i4}、c_{i5} 的单位为 m^3/s；c_{i7} 的单位为 s。

表 10-32　渭河某河段不同时间 BOD_5 及 7 个影响因子的规范值

样本 i	影响因子规范值 x'_{ij}							BOD_5 规范值
	x'_{i1}	x'_{i2}	x'_{i3}	x'_{i4}	x'_{i5}	x'_{i6}	x'_{i7}	y'_{i0}
1	0.4358	0.2197	0.4896	0.4044	0.4327	0.4327	0.3665	0.4195
2	0.4236	0.4227	0.4784	0.4548	0.4327	0.4557	0.4005	0.4361
3	0.3558	0.4376	0.4784	0.4527	0.4327	0.4688	0.3486	0.4427
4	0.3904	0.3418	0.4630	0.3561	0.5220	0.3881	0.3074	0.3762
5	0.4456	0.4155	0.4618	0.3811	0.5220	0.3895	0.3169	0.3844
6	0.3487	0.3839	0.4642	0.2686	0.5220	0.4036	0.2442	0.3483
7	0.2754	0.3584	0.3340	0.2823	0.3258	0.3558	0.2619	0.3538
8	0.2282	0.4220	0.3563	0.3015	0.3258	0.3563	0.2733	0.3303
9	0.2934	0.3657	0.3927	0.2939	0.3258	0.3617	0.2733	0.3605
10	0.3235	0.2197	0.3856	0.2734	0.2617	0.2760	0.2511	0.3355
11	0.2695	0.2918	0.4503	0.2135	0.2617	0.2779	0.2217	0.2337
12	0.3842	0.3512	0.2068	0.2486	0.1833	0.2222	0.2279	0.3336
13	0.3077	0.3732	0.2068	0.2845	0.1833	0.2222	0.2694	0.2942
14	0.3243	0.2818	0.2804	0.2698	0.1833	0.2103	0.2582	0.3059
15	0.2991	0.3091	0.3090	0.2588	0.1833	0.2469	0.2442	0.2963

注：13～15 为检测样本。

10.5.2 渭河某河段 BOD_5 四种预测模型输出值的计算

分别选取表 10-32 中样本 1～12 和样本 13～15(BOD_5 及其 7 个影响因子)作为建模样本和检测(预测)样本。按照训练样本的组成法，每个建模样本 7 个影响因子的规范值组成 7 个训练样本，样本 1～12 共组成 84 个训练样本，将其规范值分别代入四种预测模型(式(9-5)、式(9-6)，式(9-7)、式(9-9)，式(9-11)、式(9-12)及式(9-15))中，用免疫进化算法分别对两种结构的三个智能模型中的参数进行迭代优化。当各式的优化目标函数式(9-21)分别满足表 10-33 所示的精度时，停止迭代，得到参数优化后两种不同结构的三种智能预测模型的输出计算式，分别如式(10-34)～式(10-39)所示。用最小二乘法优化得到 NV-ULR 预测模型的输出计算式，如式(10-40)所示。由式(10-34)～式(10-40)计算得到四种预测模型的建模样本 1～12 的模型拟合输出值及检测样本 13～15 的模型计算输出值，见表 10-34。计算得到四种预测模型的建模样本 1～12 模型输出的拟合相对误差(绝对值)，见表 10-35。

表 10-33 基于规范变换的三种智能预测模型停止训练时的目标函数值 Q_0

智能预测模型	NV-FNN(2)	NV-FNN(3)	NV-PPR(2)	NV-PPR(3)	NV-SVR(2)	NV-SVR(3)
Q_0	0.0026	0.0019	0.0028	0.0022	0.0014	0.0013

$$y(2)=0.4756\times\frac{1-\mathrm{e}^{-\left(0.2553x'_{j1}+0.7156x'_{j2}\right)}}{1+\mathrm{e}^{-\left(0.2553x'_{j1}+0.7156x'_{j2}\right)}}+0.8487\times\frac{1-\mathrm{e}^{-\left(0.9563x'_{j1}+0.9730x'_{j2}\right)}}{1+\mathrm{e}^{-\left(0.9563x'_{j1}+0.9730x'_{j2}\right)}} \tag{10-34}$$

$$y(3)=0.3824\times\frac{1-\mathrm{e}^{-\left(0.7503x'_{j1}+0.7262x'_{j2}+0.3237x'_{j3}\right)}}{1+\mathrm{e}^{-\left(0.7503x'_{j1}+0.7262x'_{j2}+0.3237x'_{j3}\right)}}+0.7335\times\frac{1-\mathrm{e}^{-\left(0.2964x'_{j1}+0.7740x'_{j2}+0.8626x'_{j3}\right)}}{1+\mathrm{e}^{-\left(0.2964x'_{j1}+0.7740x'_{j2}+0.8626x'_{j3}\right)}} \tag{10-35}$$

$$\begin{aligned}y(2)&=[0.3707\quad 0.3657]\begin{bmatrix}0.8780 & 0.4787\\ 0.6425 & 0.7663\end{bmatrix}\begin{bmatrix}x'_{j1}\\ x'_{j2}\end{bmatrix}\\ &=0.5604x'_{j1}+0.4577x'_{j2}\end{aligned} \tag{10-36}$$

$$\begin{aligned}y(3)&=[0.3068\quad 0.3172]\begin{bmatrix}0.5893 & 0.7551 & 0.2873\\ 0.3453 & 0.7727 & 0.5327\end{bmatrix}\begin{bmatrix}x'_{j1}\\ x'_{j2}\\ x'_{j3}\end{bmatrix}\\ &=0.2903x'_{j1}+0.4768x'_{j2}+0.2571x'_{j3}\end{aligned} \tag{10-37}$$

$$y(2) = \alpha_1 k_1(\boldsymbol{x}', \boldsymbol{x}'_{10}) + \alpha_2 k_2(\boldsymbol{x}', \boldsymbol{x}'_{20}) + b_1$$
$$= 0.0624\exp\left(-\frac{\left\|\boldsymbol{x}'_{j1} - \boldsymbol{x}'_{10}\right\|^2}{2\sigma_1^2}\right) + 0.0667\exp\left(-\frac{\left\|\boldsymbol{x}'_{j2} - \boldsymbol{x}'_{20}\right\|^2}{2\sigma_1^2}\right) + 0.2959 \tag{10-38}$$

$$y(3) = \alpha_1 k_1(\boldsymbol{x}', \boldsymbol{x}'_{10}) + \alpha_2 k_2(\boldsymbol{x}', \boldsymbol{x}'_{20}) + \alpha_3 k_3(\boldsymbol{x}', \boldsymbol{x}'_{30}) + b_2$$
$$= 0.0579\exp\left(-\frac{\left\|\boldsymbol{x}'_{j1} - \boldsymbol{x}'_{10}\right\|^2}{2\sigma_2^2}\right) + 0.0691\exp\left(-\frac{\left\|\boldsymbol{x}'_{j2} - \boldsymbol{x}'_{20}\right\|^2}{2\sigma_2^2}\right)$$
$$+ 0.0529\exp\left(-\frac{\left\|\boldsymbol{x}'_{j3} - \boldsymbol{x}'_{30}\right\|^2}{2\sigma_2^2}\right) + 0.3009 \tag{10-39}$$

式中，σ_1=0.1179，σ_2=0.1270。

$$y'_i = a + bx'_i = 0.2381 + 0.3527x'_i \tag{10-40}$$

表 10-34　四种预测模型的样本计算输出值 y'_i

样本 i	NV-FNN		NV-PPR		NV-SVR		NV-ULR
	(2)	(3)	(2)	(3)	(2)	(3)	
1	0.4004	0.3995	0.4069	0.4045	0.3729	0.3872	0.3782
2	0.4385	0.4368	0.4489	0.4462	0.4112	0.4546	0.3927
3	0.4260	0.4246	0.4352	0.4326	0.4000	0.4323	0.3880
4	0.3988	0.3978	0.4051	0.4027	0.3704	0.3858	0.3776
5	0.4205	0.4192	0.4290	0.4265	0.3883	0.4128	0.3858
6	0.3805	0.3801	0.3855	0.3832	0.3523	0.3516	0.3710
7	0.3207	0.3206	0.3209	0.3190	0.3259	0.3286	0.3486
8	0.3302	0.3301	0.3311	0.3292	0.3299	0.3307	0.3521
9	0.3363	0.3361	0.3374	0.3354	0.3359	0.3401	0.3543
10	0.2923	0.2924	0.2913	0.2896	0.3123	0.3137	0.3384
11	0.2913	0.2915	0.2906	0.2889	0.3119	0.3125	0.3382
12	0.2682	0.2685	0.2669	0.2653	0.3156	0.3125	0.3300
13	0.2718	0.2718	0.2688	0.2701	0.3133	0.3138	0.3312
14	0.2664	0.2665	0.2628	0.2646	0.3105	0.3116	0.3292
15	0.2725	0.2725	0.2691	0.2708	0.3116	0.3131	0.3313

注：13～15 为检测样本。

表 10-35 四种预测模型建模样本模型输出的拟合相对误差 r_i' (单位：%)

建模样本 i	NV-FNN		NV-PPR		NV-SVR		NV-ULR
	(2)	(3)	(2)	(3)	(2)	(3)	
1	4.54	4.77	3.00	3.57	11.11	7.69	9.85
2	0.57	0.18	2.95	2.34	5.69	4.25	9.95
3	3.77	4.08	1.69	2.27	9.63	2.34	12.36
4	5.99	5.74	7.67	7.03	1.56	2.55	0.37
5	9.40	9.07	11.61	10.95	1.03	7.40	0.36
6	9.27	9.13	10.70	10.04	1.16	0.95	6.52
7	9.36	9.38	9.29	9.83	7.89	7.14	1.47
8	0.05	0.07	0.25	0.35	0.13	0.13	6.60
9	6.73	6.78	6.41	6.96	6.83	5.66	1.72
10	12.87	12.84	13.18	13.70	6.91	6.50	0.86
11	24.65	24.75	24.35	23.61	33.45	33.73	44.71
12	19.61	19.51	19.99	20.47	5.38	6.33	1.08

10.5.3 三种智能预测模型的精度检验

由式(9-22)计算得到 NV-FNN、NV-PPR 和 NV-SVR 三种智能预测模型两种不同结构的 F 值分别为 F(12.41)、F(12.27)，F(8.17)、F(8.09)及 F(12.29)、F(12.90)，均大于 $F_{0.05}$(4.35)，表明模型精度检验合格，预测结果具有可信度。

10.5.4 检测样本的预测模型误差修正后的模型输出值及其预测值

由表 10-34 可见，与 3 个检测样本 13～15 的四种预测模型输出相似的建模样本见表 10-36。用式(9-17)～式(9-20)进行误差修正后的 3 个 BOD_5 检测样本的四种预测模型输出值 Y_i'，见表 10-37。再由式(9-2)和式(10-33)的逆运算，计算得到四种预测模型对 3 个 BOD_5 检测样本的预测值 c_{iY}，见表 10-37。表 10-37 中还列出了 3 个 BOD_5 检测样本的实际值 c_{iy} 及其规范值 y_{i0}'。

表 10-36 与 3 个 BOD_5 检测样本的四种预测模型输出相似的建模样本(序号)

检测样本 i	NV-FNN		NV-PPR		NV-SVR		NV-ULR
	(2)	(3)	(2)	(3)	(2)	(3)	
13	10,11,12	10,11,12	10,11,12	10,11,12	10,11,12	10,11,12	10,11,12
14	10,11,12	10,11,12	10,11,12	10,11,12	10,11,12	10,11,12	8, 11,12
15	10,11,12	10,11,12	10,11,12	10,11,12	10,11,12	10,11,12	10,11,12

表 10-37　3 个 BOD_5 检测样本的四种预测模型误差修正后的模型输出值 Y_i' 和预测值 c_{iY}

检测样本 i	NV-FNN(2)		NV-FNN(3)		NV-PPR(2)		NV-PPR(3)	
	Y_i'	c_{iY}	Y_i'	c_{iY}	Y_i'	c_{iY}	Y_i'	c_{iY}
13	0.2960	3.86	0.2965	3.88	0.2920	3.71	0.2935	3.76
14	0.3042	4.19	0.3045	4.20	0.3001	4.02	0.3016	4.08
15	0.2968	3.89	0.2972	3.91	0.2926	3.73	0.2940	3.78
检测样本 i	NV-SVR(2)		NV-SVR(3)		NV-ULR		规范值和实际值	
	Y_i'	c_{iY}	Y_i'	c_{iY}	Y_i'	c_{iY}	y_{i0}'	c_{iy}
13	0.2896	3.62	0.2883	3.57	0.2955	3.84	0.2942	3.79
14	0.2980	3.94	0.2995	4.00	0.3043	4.19	0.3059	4.26
15	0.2993	3.99	0.3010	4.06	0.2956	3.84	0.2963	3.87

注：c_{iY} 和 c_{iy} 的单位为 mg/L。

10.5.5　检测样本的多种模型预测值的相对误差及比较

3 个 BOD_5 检测样本的预测值与实际值之间的相对误差绝对值 r_i 及其平均值和最大值见表 10-38。为了比较，表 10-38 中还列出了文献[8]用 BP 神经网络预测模型对这 3 个检测样本预测的相对误差绝对值 r_i 及其平均值和最大值。由表 10-38 可见，基于规范变换与误差修正的四种预测模型对 3 个检测样本预测的相对误差绝对值的平均值和最大值都小于 BP 神经网络预测模型的相应预测误差。

表 10-38　3 个检测样本的多种模型预测值的相对误差绝对值 r_i 及其平均值和最大值(单位：%)

检测样本 i	NV-FNN		NV-PPR		NV-SVR		NV-ULR	BP 神经网络
	(2)	(3)	(2)	(3)	(2)	(3)		
13	1.85	2.37	2.11	0.79	4.49	5.80	1.32	0.56
14	1.66	1.41	5.63	4.23	7.51	6.10	1.64	9.55
15	0.53	1.03	3.62	2.33	3.10	4.91	0.78	10.82
平均值	1.35	1.60	3.79	2.45	5.03	5.60	1.25	6.98
最大值	1.85	2.37	5.63	4.23	7.51	6.10	1.64	10.82

10.6　三种智能模型和 NV-ULR 模型用于南昌市降水 pH 预测

10.6.1　降水 pH 及其影响因子的参照值和规范变换式的设置

1981～1999 年南昌市降水 $pH(C_y)$及 SO_2 浓度(C_1)、NO_x 浓度(C_2)、$TSP(C_3)$、

降尘(C_4) 4 个影响因子的实际值见表 10-39[9]。计算得到 4 个影响因子与 pH 之间的相关系数分别为−0.12、−0.01、−0.05、0.12。设置变换式如式(10-41)所示，由式(10-41)和式(9-2)计算得到样本 i 各影响因子 j 的规范值 x'_{ij} 及降水 pH 的规范值 y'_{i0}，见表 10-39。

$$X_j = \begin{cases} (c_{j0}/c_j)^2, & c_j \leqslant c_{j0}, & \text{对} C_1 \sim C_3 \\ (c_j/c_{j0})^2, & c_j \geqslant c_{j0}, & \text{对} C_4 \\ (c_j - c_{jb})/c_{j0}, & c_j \geqslant c_{j0} + c_{jb}, & \text{对} C_y \\ 1, & c_j > c_{j0}, & \text{对} C_1 \sim C_3 \\ 1, & c_j < c_{j0}, & \text{对} C_4 \\ 1, & c_j < c_{j0} + c_{jb}, & \text{对} C_y \end{cases} \tag{10-41}$$

式中，$C_1 \sim C_4$ 和 C_y 的参照值 c_{j0} 分别设置为 0.32mg/m³、0.2mg/m³、1.5mg/m³、2.5mg/m³ 和 0.03；c_y 的阈值 c_{jb} 为 4；参照值 c_{j0} 和 c_j (j=1, 2, 3, 4)的单位与表 10-39 中 c_{ij} 的单位相同。

表 10-39　1981～1999 年南昌市降水 pH 及 4 个影响因子的实际值和规范值

样本 i	年份	影响因子实际值 c_{ij}				影响因子规范值 x'_{ij}				pH	
		c_{i1}	c_{i2}	c_{i3}	c_{i4}	x'_{i1}	x'_{i2}	x'_{i3}	x'_{i4}	c_{iy}	y'_{i0}
1	1981	0.075	0.063	0.552	21.750	0.2902	0.2310	0.1999	0.4327	4.33	0.2398
2	1982	0.068	0.055	0.598	11.980	0.3098	0.2582	0.1839	0.3134	4.34	0.2428
3	1983	0.085	0.037	0.393	16.870	0.2651	0.3375	0.2679	0.3818	4.32	0.2367
4	1984	0.066	0.044	0.423	18.370	0.3157	0.3028	0.2532	0.3989	4.52	0.2853
5	1985	0.064	0.040	0.400	17.780	0.3219	0.3219	0.2644	0.3924	5.80	0.4094
6	1986	0.043	0.038	0.421	14.410	0.4014	0.3321	0.2541	0.3503	4.62	0.3029
7	1987	0.049	0.029	0.359	11.087	0.3753	0.3862	0.2860	0.2979	4.51	0.2833
8	1988	0.071	0.023	0.452	13.645	0.3011	0.4326	0.2399	0.3394	4.35	0.2457
9	1989	0.075	0.035	0.281	14.516	0.2902	0.3486	0.3350	0.3518	4.25	0.2120
10	1990	0.043	0.028	0.189	9.733	0.4014	0.3932	0.4143	0.2718	4.43	0.2663
11	1991	0.048	0.031	0.150	10.133	0.3794	0.3729	0.4605	0.2799	4.55	0.2909
12	1992	0.073	0.025	0.210	11.277	0.2956	0.4159	0.3932	0.3013	4.48	0.2773
13	1993	0.068	0.029	0.200	12.171	0.3098	0.3862	0.4030	0.3166	4.60	0.2996
14	1994	0.104	0.026	0.230	10.191	0.2248	0.4080	0.3750	0.2810	4.60	0.2996
15	1995	0.069	0.029	0.280	9.251	0.3068	0.3862	0.3357	0.2617	4.54	0.2890
16	1996	0.070	0.022	0.186	8.530	0.3040	0.4415	0.4175	0.2455	4.60	0.2996
17	1997	0.054	0.031	0.180	8.750	0.3559	0.3729	0.4241	0.2506	4.47	0.2752
18	1998	0.045	0.039	0.174	7.200	0.3923	0.3270	0.4308	0.2116	4.57	0.2944
19	1999	0.048	0.040	0.180	8.970	0.3794	0.3219	0.4241	0.2555	4.67	0.3106

注：16～19 为检测样本。c_{ij} 的单位为 mg/m³。

10.6.2 降水 pH 的四种预测模型输出值的计算

分别选取表 10-39 中样本 1～15 和样本 16～19(pH 及其 4 个影响因子)作为建模样本和检测(预测)样本。按照训练样本的组成法，每个建模样本的 4 个影响因子的规范值组成 4 个训练样本，15 个建模样本共组成 60 个训练样本，将其规范值分别代入四种预测模型(式(9-5)、式(9-6)，式(9-7)、式(9-9)，式(9-11)、式(9-12)及式(9-15))中，用免疫进化算法分别对两种结构的三种智能模型中的参数进行迭代优化。当各式的优化目标函数式(9-21)分别满足表 10-40 所示的精度时，停止迭代，得到参数优化后两种结构的三种智能预测模型的输出计算式，分别如式(10-42)～式(10-47)所示。用最小二乘法优化得到 NV-ULR 预测模型的输出计算式，如式(10-48)所示。由式(10-42)～式(10-48)分别计算得到四种预测模型的建模样本的模型拟合输出值及检测(预测)样本的模型计算输出值，见表 10-41。计算得到四种预测模型的建模样本模型输出的拟合相对误差(绝对值)，见表 10-42。

表 10-40　基于规范变换的三种智能预测模型停止训练时的目标函数值 Q_0

智能预测模型	NV-FNN(2)	NV-FNN(3)	NV-PPR(2)	NV-PPR(3)	NV-SVR(2)	NV-SVR(3)
Q_0	0.0027	0.0022	0.0028	0.0023	0.0027	0.0028

$$y(2)=0.6585\times\frac{1-\mathrm{e}^{-\left(0.7800x'_{j1}+0.8781x'_{j2}\right)}}{1+\mathrm{e}^{-\left(0.7800x'_{j1}+0.8781x'_{j2}\right)}}+0.6926\times\frac{1-\mathrm{e}^{-\left(0.4117x'_{j1}+0.4919x'_{j2}\right)}}{1+\mathrm{e}^{-\left(0.4117x'_{j1}+0.4919x'_{j2}\right)}} \tag{10-42}$$

$$y(3)=0.6690\times\frac{1-\mathrm{e}^{-\left(0.6460x'_{j1}+0.4864x'_{j2}+0.3718x'_{j3}\right)}}{1+\mathrm{e}^{-\left(0.6460x'_{j1}+0.4864x'_{j2}+0.3718x'_{j3}\right)}}+0.4012\times\frac{1-\mathrm{e}^{-\left(0.3708x'_{j1}+0.4939x'_{j2}+0.9689x'_{j3}\right)}}{1+\mathrm{e}^{-\left(0.3708x'_{j1}+0.4939x'_{j2}+0.9689x'_{j3}\right)}} \tag{10-43}$$

$$\begin{aligned}y(2)&=[0.1127\quad 0.4931]\begin{bmatrix}0.6873 & 0.7264\\ 0.8104 & 0.5859\end{bmatrix}\begin{bmatrix}x'_{j1}\\ x'_{j2}\end{bmatrix}\\ &=0.4771x'_{j1}+0.3708x'_{j2}\end{aligned} \tag{10-44}$$

$$\begin{aligned}y(3)&=[0.2554\quad 0.2462]\begin{bmatrix}0.7469 & 0.4899 & 0.4496\\ 0.6910 & 0.6402 & 0.3357\end{bmatrix}\begin{bmatrix}x'_{j1}\\ x'_{j2}\\ x'_{j3}\end{bmatrix}\\ &=0.3609x'_{j1}+0.2827x'_{j2}+0.1975x'_{j3}\end{aligned} \tag{10-45}$$

$$y(2)=\alpha_1 k_1(\boldsymbol{x}',\boldsymbol{x}'_{10})+\alpha_2 k_2(\boldsymbol{x}',\boldsymbol{x}'_{20})+b_1$$
$$=0.0788\exp\left(-\frac{\left\|\boldsymbol{x}'_{j1}-\boldsymbol{x}'_{10}\right\|^2}{2\sigma_1^2}\right)+0.0684\exp\left(-\frac{\left\|\boldsymbol{x}'_{j2}-\boldsymbol{x}'_{20}\right\|^2}{2\sigma_1^2}\right)+0.2001 \tag{10-46}$$

$$y(3)=\alpha_1 k_1(\boldsymbol{x}',\boldsymbol{x}'_{10})+\alpha_2 k_2(\boldsymbol{x}',\boldsymbol{x}'_{20})+\alpha_3 k_3(\boldsymbol{x}',\boldsymbol{x}'_{30})+b_2$$
$$=0.0504\exp\left(-\frac{\left\|\boldsymbol{x}'_{j1}-\boldsymbol{x}'_{10}\right\|^2}{2\sigma_2^2}\right)+0.0594\exp\left(-\frac{\left\|\boldsymbol{x}'_{j2}-\boldsymbol{x}'_{20}\right\|^2}{2\sigma_2^2}\right)$$
$$+0.0799\exp\left(-\frac{\left\|\boldsymbol{x}'_{j3}-\boldsymbol{x}'_{30}\right\|^2}{2\sigma_2^2}\right)+0.2366 \tag{10-47}$$

式中，$\sigma_1=0.1477$，$\sigma_2=0.1027$。

$$y'_i=a+bx'_i=0.2548+0.0726x'_i \tag{10-48}$$

表 10-41 四种预测模型的样本计算输出值 y'_i

样本 i	NV-FNN		NV-PPR		NV-SVR		NV-ULR
	(2)	(3)	(2)	(3)	(2)	(3)	
1	0.2439	0.2464	0.2446	0.2426	0.2483	0.2429	0.2757
2	0.2259	0.2282	0.2258	0.2240	0.2420	0.2426	0.2741
3	0.2645	0.2667	0.2654	0.2633	0.2628	0.2587	0.2775
4	0.2681	0.2704	0.2693	0.2672	0.2692	0.2625	0.2779
5	0.2743	0.2765	0.2757	0.2735	0.2761	0.2706	0.2784
6	0.2817	0.2841	0.2836	0.2813	0.2836	0.2784	0.2791
7	0.2833	0.2856	0.2852	0.2829	0.2859	0.2804	0.2792
8	0.2768	0.2790	0.2783	0.2761	0.2689	0.2640	0.2786
9	0.2794	0.2816	0.2810	0.2787	0.2845	0.2806	0.2789
10	0.3106	0.3126	0.3138	0.3113	0.3062	0.3124	0.2817
11	0.3130	0.3150	0.3164	0.3139	0.3047	0.3051	0.2819
12	0.2955	0.2978	0.2980	0.2956	0.2956	0.2893	0.2803
13	0.2975	0.2997	0.3000	0.2977	0.3016	0.3004	0.2805
14	0.2716	0.2740	0.2732	0.2710	0.2698	0.2576	0.2782
15	0.2721	0.2745	0.2735	0.2713	0.2755	0.2663	0.2782
16	0.2955	0.2982	0.2985	0.2962	0.2871	0.2735	0.2804
17	0.2950	0.2972	0.2975	0.2952	0.2926	0.2871	0.2803
18	0.2866	0.2887	0.2886	0.2862	0.2750	0.2703	0.2795
19	0.2906	0.9275	0.2927	0.2904	0.2839	0.2797	0.2799

注：16～19 为检测样本。

表 10-42　四种预测模型建模样本模型输出的拟合相对误差 r_i'　(单位：%)

建模样本 i	NV-FNN		NV-PPR		NV-SVR		NV-ULR
	(2)	(3)	(2)	(3)	(2)	(3)	
1	1.71	2.76	2.01	1.17	3.56	1.28	14.97
2	6.95	6.00	6.99	7.73	0.33	0.08	12.89
3	11.74	12.67	12.12	11.23	11.04	9.30	17.24
4	6.02	5.21	5.60	6.33	5.63	7.96	2.59
5	33.01	32.47	32.66	33.20	32.57	33.91	32.00
6	6.98	6.19	6.36	7.12	6.37	8.08	7.86
7	0.01	0.80	0.66	0.15	0.90	1.04	1.45
8	12.67	13.57	13.28	12.38	9.47	7.44	13.39
9	31.78	32.81	32.53	31.45	34.17	32.33	31.56
10	16.65	17.40	17.86	16.92	15.02	17.34	5.78
11	7.61	8.30	8.78	7.92	4.75	4.90	3.09
12	6.58	7.41	7.48	6.62	6.63	4.34	1.08
13	0.69	0.04	0.14	0.63	0.67	0.29	6.38
14	9.34	8.54	8.80	9.54	9.95	14.00	7.14
15	5.86	5.03	5.38	6.14	4.67	7.87	3.74

10.6.3　三种智能预测模型的精度检验

由式(9-22)计算得到 NV-FNN、NV-PPR 和 NV-SVR 三种智能预测模型两种不同结构的 F 值分别为 $F(13.16)$、$F(13.31)$，$F(12.38)$、$F(12.43)$及 $F(18.70)$、$F(15.55)$，均大于 $F_{0.01}(6.00)$，表明模型精度检验合格，预测结果具有可信度。

10.6.4　检测样本的预测模型误差修正后的模型输出值及其预测值

由表 10-41 可见，与 4 个(16～19)pH 检测(预测)样本的四种预测模型输出相似的建模样本见表 10-43。用式(9-17)～式(9-20)进行误差修正后的 4 个 pH 检测样本的四种预测模型输出值 Y_i'，见表 10-44。再由式(9-2)和式(10-41)的逆运算，计算得到四种预测模型对 4 个 pH 检测样本的预测值 c_{iY}，见表 10-44。表 10-44 中还列出了 4 个 pH 检测样本的实际值 c_{iy} 及其规范值 y_{i0}'。

表 10-43　与 4 个 pH 检测样本的四种预测模型输出相似的建模样本(序号)

检测样本 i	NV-FNN		NV-PPR		NV-SVR		NV-ULR
	(2)	(3)	(2)	(3)	(2)	(3)	
16	—	—	—	—	7	6	12,13

续表

检测样本 i	NV-FNN		NV-PPR		NV-SVR		NV-ULR
	(2)	(3)	(2)	(3)	(2)	(3)	
17	12	12	12	12	12	12	12
18	7	7	7	7	6	6	6,7
19	12	12	12	12	6	6	6

表 10-44　4 个 pH 检测样本的四种预测型误差修正后的模型输出值 Y_i' 和 pH 预测值 c_{iY}

检测样本 i	NV-FNN(2)		NV-FNN(3)		NV-PPR(2)		NV-PPR(3)	
	Y_i'	c_{iY}	Y_i'	c_{iY}	Y_i'	c_{iY}	Y_i'	c_{iY}
16	0.2958	4.58	0.2982	4.59	0.2985	4.59	0.2962	4.58
17	0.2768	4.48	0.2767	4.48	0.2768	4.48	0.2769	4.48
18	0.2866	4.53	0.2911	4.55	0.2905	4.55	0.2866	4.53
19	0.3107	4.67	0.3157	4.70	0.3159	4.71	0.3106	4.67

检测样本 i	NV-SVR(2)		NV-SVR(3)		NV-ULR		规范值和实际值	
	Y_i'	c_{iY}	Y_i'	c_{iY}	Y_i'	c_{iY}	y_{i0}'	c_{iy}
16	0.2897	4.54	0.2971	4.59	0.2915	4.55	0.2996	4.60
17	0.2746	4.47	0.2752	4.47	0.2773	4.48	0.2752	4.47
18	0.2931	4.56	0.2933	4.56	0.2935	4.57	0.2944	4.57
19	0.3033	4.62	0.3044	4.63	0.3038	4.63	0.3106	4.67

10.6.5　检测样本的多种模型预测值的相对误差及比较

4 个 pH 检测样本的预测值与实际值之间的相对误差绝对值 r_i 及其平均值和最大值见表 10-45。为了比较，表 10-45 中还列出了用 GA-BP 神经网络模型[9]、多元线性回归模型[9]、基于集对分析的相似(SPAS)预测模型[10]、BP 神经网络模型[11]和传统的时序 Holt's 模型[11]等多种模型对这 4 个检测样本预测的相对误差绝对值 r_i 及其平均值和最大值。从表 10-45 可见，基于规范变换与误差修正的四种预测模型对 4 个检测样本预测的相对误差绝对值的平均值和最大值彼此相差甚小，并且都小于传统预测模型的相应预测误差。

表 10-45　4 个检测样本的多种模型预测的相对误差绝对值 r_i 及其平均值和最大值

检测样本 i	r_i/%					
	NV-FNN(2)	NV-FNN(3)	NV-PPR(2)	NV-PPR(3)	NV-SVR(2)	NV-SVR(3)
26	0.43	0.22	0.22	0.43	1.30	0.22
27	0.22	0.22	0.22	0.22	0.00	0.00

续表

检测样本 i	r_i/%					
	NV-FNN(2)	NV-FNN(3)	NV-PPR(2)	NV-PPR(3)	NV-SVR(2)	NV-SVR(3)
28	0.88	0.44	0.44	0.88	0.22	0.22
29	0.00	0.64	0.86	0.00	1.07	0.86
平均值	0.38	0.38	0.44	0.38	0.65	0.33
最大值	0.88	0.64	0.86	0.88	1.30	0.86

检测样本 i	r_i/%					
	NV-ULR	SPAS 模型	时序 Holt's 模型	多元线性回归	BP 神经网络	GA-BP 神经网络
26	0.87	1.96	1.10	2.02	0.80	0.01
27	0.22	1.79	3.22	1.63	1.34	2.47
28	0.00	1.31	2.21	1.31	0.44	0.43
29	0.86	3.00	1.93	2.36	1.69	0.60
平均值	0.49	2.02	2.12	1.83	1.07	0.88
最大值	0.87	3.00	3.22	2.36	1.69	2.47

10.7 本章小结

本章空气环境和水环境的 6 个验证实例的预测结果均表明，基于规范变换与误差修正相结合的 NV-FNN、NV-PPR 和 NV-SVR 三种智能模型及 NV-ULR 模型预测的相对误差绝对值的平均值和最大值都小于或远小于传统模型或方法的相应预测误差，从而证实了基于规范变换与误差修正相结合的三种智能模型和 NV-ULR 模型的实用性。

参考文献

[1] 刘永, 郭怀成. 城市大气污染物浓度预测方法研究[J]. 安全与环境学报, 2004, 4(4): 59-62.

[2] 彭荔红, 李祚泳, 郑文教, 等. 环境污染的投影寻踪回归预测模型[J]. 厦门大学学报(自然科学版), 2002, 41(1): 79-83.

[3] 熊德琪, 陈守煜. 城市大气污染物浓度预测模糊识别理论与模型[J]. 环境科学学报, 1993, 13(4): 482-490.

[4] 姜庆华. 大气污染预测的参数化组合算子方法[J]. 山东大学学报(理学版), 2006, 41(4): 76-79.

[5] 赵勇, 孙中党, 李有, 等. 郑州市大气环境中的 NO_2 污染与灰色预测[J]. 安全与环境学报, 2002, 2(4): 38-41.

[6] 房平, 邵瑞华, 司全印, 等. 最小二乘支持向量机应用于西安霸河口水质预测[J]. 系统工程,

2011, 29(6): 113-117.
[7] 李峻, 孙世群. 基于BP网络模型的青弋江水质预测研究[J]. 安徽工程科技学院学报(自然科学版), 2008, 23(2): 23-26.
[8] 于扬, 薛丽梅, 聂伊辰. 水污染物浓度的神经网络预测模式及效果检验[J]. 成都信息工程学院学报, 2004, 19(1): 100-103.
[9] 汤丽妮, 李祚泳. 基于遗传算法的人工神经网络在降水酸度预测中的应用[J]. 重庆环境科学, 2003, 25(9): 59-61.
[10] 徐源蔚, 李祚泳, 汪嘉杨. 基于集对分析的降水酸度及水质相似预测模型研究[J]. 环境污染与防治, 2015, 37(2): 59-62, 88.
[11] 毛端谦, 刘春燕, 廖富强. BP神经网络在降水酸度预测中的应用[J]. 环境与开发, 2001, 16(3): 35-36.

第 11 章　三种智能模型和 NV-ULR 模型在水资源预测中的应用

本章分别将规范变换与误差修正相结合的两种简单结构的前向神经网络(NV-FNN(2)、NV-FNN(3))预测模型、投影寻踪回归(NV-PPR(2)、NV-PPR(3))预测模型、支持向量机回归(NV-SVR(2)、NV-SVR(3))预测模型和一元线性回归(NV-ULR)预测模型用于年径流量、地下水位、水资源承载力等水资源预测的实证分析，并与传统预测模型和方法的预测结果进行比较，验证规范变换与误差修正相结合的三种智能预测模型和一元线性回归预测模型应用于水资源预测的可行性和实用性。

11.1　三种智能模型和 NV-ULR 模型用于伊犁河年径流量预测

11.1.1　年径流量及其影响因子的参照值及规范变换式的设置

新疆伊犁河雅马渡站 23 年的年径流量(C_y)及其前一年 11 月至当年 3 月伊犁气候站的总降雨量(C_1)、前一年 8 月欧亚地区月平均纬向环流指数(C_2)、前一年 5 月欧亚地区月平均经向环流指数(C_3)、前一年 6 月 2800MHz 太阳射电流量(C_4) 4 个影响因子的实际值 c_{ij} 见表 11-1[1]。计算得到 4 个影响因子与年径流量之间的相关系数分别为 0.76、−0.49、0.54、0.45。设置变换式如式(11-1)所示，由式 (11-1)和式 (9-2)计算得到样本 i 各影响因子 j 的规范值 x'_{ij} 及年径流量的规范值 y'_{i0}，见表 11-1。

$$X_j=\begin{cases} c_j/c_{j0}, & c_j \geqslant c_{j0}, & \text{对} C_1 \\ [(c_{jb}-c_j)/c_{j0}]^2, & c_j \leqslant c_{jb}-c_{j0}, & \text{对} C_2 \\ [(c_j-c_{jb})/c_{j0}]^2, & c_j \geqslant c_{j0}+c_{jb}, & \text{对} C_3\text{、}C_y \\ (c_j/c_{j0})^2, & c_j \geqslant c_{j0}, & \text{对} C_4 \\ 1, & c_j < c_{j0}, & \text{对} C_1 \\ 1, & c_j < c_{j0}, & \text{对} C_4 \\ 1, & c_j > c_{jb}-c_{j0}, & \text{对} C_2 \\ 1, & c_j < c_{j0}+c_{jb}, & \text{对} C_3\text{、}C_y \end{cases} \tag{11-1}$$

式中，C_1～C_4和C_y的参照值c_{j0}分别设置为3.5mm、0.1、0.07、28×10^{-22}W/(m^2 · Hz)和30m^3/s；C_2、C_3和C_y的阈值c_{jb}分别为1.5、0.19和100m^3/s；c_j、c_{j0}和c_{jb}的单位与表11-1中c_{ij}的单位相同。

表 11-1 雅马渡站 23 年的年径流量及 4 个影响因子的实际值和规范值

样本 i	影响因子实际值 c_{ij}				影响因子规范值 x'_{ij}				年径流量	
	c_{i1}	c_{i2}	c_{i3}	c_{i4}	x'_{i1}	x'_{i2}	x'_{i3}	x'_{i4}	c_{iy}	y'_{i0}
1	114.6	1.10	0.71	85	0.3489	0.2773	0.4011	0.2221	346	0.4208
2	132.4	0.97	0.54	73	0.3633	0.3335	0.3219	0.1917	410	0.4671
3	103.5	0.96	0.66	67	0.3387	0.3373	0.3808	0.1745	385	0.4503
4	179.3	0.88	0.59	89	0.3936	0.3649	0.3486	0.2313	446	0.4890
5	92.7	1.15	0.44	154	0.3277	0.2506	0.2546	0.3409	300	0.3794
6	115.0	0.74	0.65	252	0.3492	0.4056	0.3765	0.4394	453	0.4931
7	163.6	0.85	0.58	220	0.3845	0.3744	0.3435	0.4123	495	0.5155
8	139.5	0.70	0.59	217	0.3685	0.4159	0.3486	0.4095	478	0.5067
9	76.7	0.95	0.51	162	0.3087	0.3409	0.3040	0.3511	341	0.4167
10	42.1	1.08	0.47	110	0.2487	0.2870	0.2773	0.2737	326	0.4039
11	77.8	1.19	0.57	91	0.3101	0.2263	0.3383	0.2357	456	0.4947
12	100.6	0.82	0.59	83	0.3358	0.3834	0.3486	0.2173	456	0.4947
13	55.3	0.96	0.40	69	0.2760	0.3373	0.2197	0.1804	300	0.3794
14	152.1	1.04	0.49	77	0.3772	0.3052	0.2911	0.2023	364	0.4350
15	81.0	1.08	0.54	96	0.3142	0.2870	0.3219	0.2464	336	0.4125
16	29.8	0.83	0.49	120	0.2142	0.3804	0.2911	0.2911	289	0.3601
17	248.6	0.79	0.50	147	0.4263	0.3920	0.2976	0.3316	483	0.5094
18	64.9	0.59	0.50	167	0.2920	0.4417	0.2976	0.3572	402	0.4618
19	95.7	1.02	0.48	160	0.3308	0.3137	0.2843	0.3486	384	0.4496
20	89.9	0.96	0.39	105	0.3246	0.3373	0.2100	0.2644	314	0.3930
21	121.8	0.83	0.60	140	0.3550	0.3804	0.3535	0.3219	401	0.4612
22	78.5	0.89	0.44	94	0.3110	0.3617	0.2546	0.2422	280	0.3584
23	90.5	0.95	0.43	89	0.3253	0.3409	0.2464	0.2313	301	0.3804

注：20～23为检测样本。c_{i1}的单位为mm；c_{i4}的单位为10^{-22}W/(m^2 · Hz)；c_{iy}的单位为m^3/s。

11.1.2 雅马渡站年径流量四种预测模型输出值的计算及模型的精度检验

1) 四种预测模型输出值的计算

分别选取表11-1中样本1～19和样本20～23(年径流量及其4个影响因子)作为建模样本和检测(预测)样本。分别由表中各建模样本的4个影响因子规范值

x'_{ij} 与相应年径流量的规范值 y'_{i0}，按照训练样本的组成法，每个建模样本组成 4 个训练样本，19 个建模样本共组成 76 个训练样本，将其规范值分别代入四种预测模型(式(9-5)、式(9-6)，式(9-7)、式(9-9)，式(9-11)、式(9-12)及式 (9-15))中，用免疫进化算法分别对两种不同结构的三种智能预测模型中的参数进行迭代优化。当各式的优化目标函数式(9-21)分别满足表 11-2 所示的精度时，停止迭代，得到参数优化后两种不同结构的三种智能预测模型的输出计算式，分别如式(11-2)～式(11-7)所示。用最小二乘法优化得到 NV-ULR 预测模型的输出计算式，如式(11-8)所示。由式(11-2)～式(11-8)计算得到四种预测模型建模样本的拟合输出值及检测样本的计算输出值，见表 11-3。计算得到四种预测模型建模样本模型输出的拟合相对误差(绝对值)，见表 11-4。

表 11-2　基于规范变换的三种智能预测模型停止训练时的目标函数值 Q_0

智能预测模型	NV-FNN(2)	NV-FNN(3)	NV-PPR(2)	NV-PPR(3)	NV-SVR(2)	NV-SVR(3)
Q_0	0.0026	0.0020	0.0026	0.0020	0.0025	0.0020

$$y(2)=0.8522\times\frac{1-\mathrm{e}^{-\left(0.6486x'_{j1}+0.9285x'_{j2}\right)}}{1+\mathrm{e}^{-\left(0.6486x'_{j1}+0.9285x'_{j2}\right)}}+0.9422\times\frac{1-\mathrm{e}^{-\left(0.6011x'_{j1}+0.9362x'_{j2}\right)}}{1+\mathrm{e}^{-\left(0.6011x'_{j1}+0.9362x'_{j2}\right)}} \tag{11-2}$$

$$y(3)=0.9588\times\frac{1-\mathrm{e}^{-\left(0.7895x'_{j1}+0.9300x'_{j2}+0.2925x'_{j3}\right)}}{1+\mathrm{e}^{-\left(0.7895x'_{j1}+0.9300x'_{j2}+0.2925x'_{j3}\right)}}+0.5297\times\frac{1-\mathrm{e}^{-\left(0.1855x'_{j1}+0.7267x'_{j2}+0.8764x'_{j3}\right)}}{1+\mathrm{e}^{-\left(0.1855x'_{j1}+0.7267x'_{j2}+0.8764x'_{j3}\right)}} \tag{11-3}$$

$$\begin{aligned} y(2)&=[0.5592\quad 0.5607]\begin{bmatrix}0.2844 & 0.9587\\ 0.9737 & 0.2279\end{bmatrix}\begin{bmatrix}x'_{j1}\\ x'_{j2}\end{bmatrix}\\ &=0.7050x'_{j1}+0.6639x'_{j2}\end{aligned} \tag{11-4}$$

$$\begin{aligned} y(3)&=[0.2136\quad 0.6139]\begin{bmatrix}0.3994 & 0.1494 & 0.9045\\ 0.4770 & 0.5793 & 0.6609\end{bmatrix}\begin{bmatrix}x'_{j1}\\ x'_{j2}\\ x'_{j3}\end{bmatrix}\\ &=0.3781x'_{j1}+0.3875x'_{j2}+0.5989x'_{j3}\end{aligned} \tag{11-5}$$

$$\begin{aligned} y(2)&=\alpha_1 k_1\left(\boldsymbol{x}',\boldsymbol{x}'_{10}\right)+\alpha_2 k_2\left(\boldsymbol{x}',\boldsymbol{x}'_{20}\right)+b_1\\ &=0.0787\exp\left(-\frac{\left\|\boldsymbol{x}'_{j1}-\boldsymbol{x}'_{10}\right\|^2}{2\sigma_1^2}\right)+0.0775\exp\left(-\frac{\left\|\boldsymbol{x}'_{j2}-\boldsymbol{x}'_{20}\right\|^2}{2\sigma_1^2}\right)+0.3728\end{aligned} \tag{11-6}$$

$$
\begin{aligned}
y(3) &= \alpha_1 k_1(\boldsymbol{x}', \boldsymbol{x}'_{10}) + \alpha_2 k_2(\boldsymbol{x}', \boldsymbol{x}'_{20}) + \alpha_3 k_3(\boldsymbol{x}', \boldsymbol{x}'_{30}) + b_2 \\
&= 0.0525\exp\left(-\frac{\left\|\boldsymbol{x}'_{j1} - \boldsymbol{x}'_{10}\right\|^2}{2\sigma_2^2}\right) + 0.0670\exp\left(-\frac{\left\|\boldsymbol{x}'_{j2} - \boldsymbol{x}'_{20}\right\|^2}{2\sigma_2^2}\right) \\
&\quad + 0.0626\exp\left(-\frac{\left\|\boldsymbol{x}'_{j3} - \boldsymbol{x}'_{30}\right\|^2}{2\sigma_2^2}\right) + 0.3457
\end{aligned} \tag{11-7}
$$

式中，$\sigma_1 = 0.1120$，$\sigma_2 = 0.1639$。

$$
y'_i = a + bx'_i = 0.3404 + 0.3407x'_i \tag{11-8}
$$

表 11-3 四种预测模型的样本计算输出值 y'_i

样本 i	NV-FNN		NV-PPR		NV-SVR		NV-ULR
	(2)	(3)	(2)	(3)	(2)	(3)	
1	0.4276	0.4359	0.4276	0.4262	0.4139	0.4166	0.4468
2	0.4145	0.4228	0.4142	0.4129	0.4206	0.4118	0.4434
3	0.4213	0.4296	0.4214	0.4200	0.4242	0.4121	0.4452
4	0.4566	0.4647	0.4580	0.4566	0.4458	0.4407	0.4543
5	0.4025	0.4108	0.4017	0.4004	0.4124	0.4087	0.4403
6	0.5318	0.5389	0.5375	0.5358	0.4999	0.5042	0.4741
7	0.5139	0.5213	0.5183	0.5167	0.4962	0.4990	0.4694
8	0.5228	0.5301	0.5279	0.5262	0.4993	0.5028	0.4717
9	0.4459	0.4541	0.4465	0.4451	0.4406	0.4468	0.4515
10	0.3738	0.3819	0.3719	0.3707	0.3975	0.3937	0.4329
11	0.3816	0.3899	0.3800	0.3788	0.3963	0.3946	0.4349
12	0.4390	0.4473	0.4398	0.4384	0.4369	0.4286	0.4498
13	0.3489	0.3569	0.3468	0.3457	0.3912	0.3763	0.4267
14	0.4031	0.4114	0.4024	0.4011	0.4102	0.4044	0.4405
15	0.4013	0.4096	0.4002	0.3990	0.4095	0.4105	0.4400
16	0.4035	0.4118	0.4027	0.4015	0.4100	0.4047	0.4406
17	0.4919	0.4998	0.4953	0.4938	0.4713	0.4708	0.4636
18	0.4731	0.4811	0.4752	0.4737	0.4433	0.4504	0.4586
19	0.4369	0.4451	0.4371	0.4358	0.4343	0.4386	0.4491
20	0.3901	0.3985	0.3892	0.3873	0.4056	0.3985	0.4371
21	0.4802	0.4885	0.4826	0.4814	0.4709	0.4753	0.4605
22	0.4012	0.4091	0.4003	0.3994	0.4108	0.4056	0.4400
23	0.3930	0.4012	0.3911	0.3901	0.4074	0.4012	0.4378

注：20～23 为检测样本。

表 11-4　四种预测模型的建模样本模型输出的拟合相对误差 r_i'　(单位：%)

建模样本 i	NV-FNN		NV-PPR		NV-SVR		NV-ULR
	(2)	(3)	(2)	(3)	(2)	(3)	
1	1.61	3.58	1.60	1.28	1.64	1.00	6.18
2	11.25	9.47	11.32	11.59	9.95	11.82	5.07
3	6.44	4.58	6.42	6.71	5.78	8.47	1.13
4	6.64	4.97	6.35	6.64	8.84	9.88	7.10
5	6.09	8.28	5.87	5.54	8.69	7.71	16.05
6	7.85	9.30	9.02	8.68	1.38	2.26	3.85
7	0.33	1.12	0.54	0.23	3.75	3.21	8.94
8	3.17	4.61	4.17	3.84	1.47	0.78	6.91
9	7.00	8.96	7.14	6.81	5.73	7.21	8.35
10	7.46	5.43	7.92	8.21	1.58	2.52	7.18
11	12.26	10.37	12.64	12.91	8.89	9.27	0.02
12	11.27	9.59	11.11	11.39	11.69	13.37	9.08
13	8.06	5.94	8.60	8.88	3.10	0.82	12.47
14	16.26	14.53	16.42	16.68	14.79	16.00	8.50
15	2.72	0.72	2.99	3.29	0.74	0.49	6.67
16	9.62	11.87	9.40	9.06	11.38	9.95	19.70
17	3.42	1.88	2.75	3.06	7.48	7.57	8.99
18	2.43	4.16	2.88	2.56	4.02	2.47	0.69
19	2.82	0.99	2.76	3.07	3.39	2.43	0.11

2) 三种智能预测模型的精度检验

由式(9-22)计算出 NV-FNN、NV-PPR 和 NV-SVR 三种智能预测模型两种不同结构的 F 值分别为 $F(9.61)$、$F(9.83)$，$F(10.06)$、$F(9.93)$及 $F(4.84)$、$F(5.54)$，均大于 $F_{0.01}(4.58)$，表明模型精度检验合格，预测结果具有可信度。

11.1.3　误差修正后年径流量的预测值及多种模型预测值的相对误差比较

1) 误差修正后的模型输出值及年径流量的预测值

与 4 个(20～23)年径流量检测(预测)样本的四种预测模型输出相似的建模样本见表 11-5。用式(9-17)～式(9-20)进行误差修正后的 4 个年径流量检测样本的四种预测模型输出值 Y_i' 见表 11-6。再由式(9-2)和式(11-1)的逆运算计算出四种预测模型对 4 个年径流量检测样本的预测值 c_{iY}，见表 11-6。表 11-6 中还列出了 4 个年径流量检测样本的实际值 c_{iy} 及其规范值 y_{i0}'。

表 11-5 与 4 个年径流量检测样本的四种预测模型输出相似的建模样本(序号)

检测样本 i	NV-FNN (2)	NV-FNN (3)	NV-PPR (2)	NV-PPR (3)	NV-SVR (2)	NV-SVR (3)	NV-ULR
20	—	—	—	—	13	13	13
21	18	18	18	18	6,7	6,7	—
22	5,14	5,14	5,14	5,14	5,14	5,14	16
23	5,15	5,15	5,15	5,15	5	5	5

表 11-6 4 个年径流量检测样本的四种预测模型误差修正后的模型输出值 Y_i' 和预测值 c_{iY}

检测样本 i	NV-FNN(2)		NV-FNN(3)		NV-PPR(2)		NV-PPR(3)	
	Y_i'	c_{iY}	Y_i'	c_{iY}	Y_i'	c_{iY}	Y_i'	c_{iY}
20	0.3901	311	0.3983	319	0.3889	310	0.3876	308
21	0.4687	412	0.4685	412	0.4690	413	0.4691	413
22	0.3617	283	0.3679	288	0.3611	282	0.3602	282
23	0.3764	297	0.3844	305	0.3754	296	0.3741	295

检测样本 i	NV-SVR(2)		NV-SVR(3)		NV-ULR		规范值和实际值	
	Y_i'	c_{iY}	Y_i'	c_{iY}	Y_i'	c_{iY}	y_{i0}'	c_{iy}
20	0.3931	314	0.3951	316	0.3876	308	0.3930	314
21	0.4598	399	0.4635	404	0.4605	400	0.4612	401
22	0.3680	289	0.3635	285	0.3677	289	0.3584	280
23	0.3753	296	0.3726	294	0.3775	298	0.3804	301

注：c_{iY}和 c_{iy}的单位为 m^3/s。

2) 检测样本的多种模型预测值的相对误差及比较

4 个检测样本的预测值与实际值之间的相对误差绝对值 r_i 及其平均值和最大值见表 11-7。为了比较，表 11-7 中还列出了其他文献[1-10]用 17 种传统模型和方法对这 4 个检测样本预测的相对误差绝对值 r_i 及其平均值和最大值。由表 11-7 可见，基于规范变换与误差修正的四种预测模型的预测值及其相对误差基本相同或相差很小，预测精度高，且都小于或远小于传统的 17 种模型或方法的相应预测误差。

表 11-7 4 个检测样本的多种模型预测值的相对误差绝对值 r_i 及其平均值和最大值

检测样本 i	r_i/%							
	NV-FNN (2)	NV-FNN (3)	NV-PPR (2)	NV-PPR (3)	NV-SVR (2)	NV-SVR (3)	NV-ULR	门限回归[1]
20	0.96	1.59	1.27	1.91	0.00	0.64	1.91	10.86
21	2.74	2.74	2.99	2.99	0.50	0.87	0.25	2.97
22	1.07	2.85	0.71	0.71	3.21	1.79	3.21	18.57

续表

检测样本 i	r_i/%							
	NV-FNN (2)	NV-FNN (3)	NV-PPR (2)	NV-PPR (3)	NV-SVR (2)	NV-SVR (3)	NV-ULR	门限回归[1]
23	1.33	1.33	1.66	1.99	1.66	2.33	1.00	13.46
平均值	1.53	2.13	1.66	1.90	1.34	1.41	1.59	11.47
最大值	2.74	2.85	2.99	2.99	3.21	2.33	3.21	18.57

检测样本 i	r_i/%							
	近邻估计[2]	模糊回归[2]	模糊识别[3]	RBF[4] (一)	RBF[5] (二)	IEA-BP 神经网络[5]	传统 BP 神经网络[5]	GRNN 网络[5]
20	7.76	7.32	3.72	5.70	7.79	1.05	18.30	4.35
21	5.41	3.74	4.67	0.99	3.40	7.17	0.33	4.62
22	19.18	14.64	14.37	13.90	0.82	0.63	10.13	0.02
23	9.01	12.29	7.51	12.30	11.38	10.66	21.58	13.77
平均值	10.34	9.50	7.57	8.22	5.85	4.88	12.59	5.69
最大值	19.18	14.64	14.37	13.90	11.38	10.66	21.58	13.77

检测样本 i	r_i/%							
	双隐层 BP 神经网络[5]	三隐层 BP 神经网络[5]	BSA-PPR[6]	LS-SVM[7]	PCA-SVM[8]	FSVM[9]	SVM[9]	模糊优选 BP 神经网络[10]
20	2.01	6.16	4.83	1.90	3.79	1.21	8.03	—
21	0.06	9.48	5.10	16.00	8.87	3.21	6.43	8.86
22	6.73	2.85	0.82	9.30	9.46	10.78	24.10	1.63
23	6.72	7.67	11.56	5.60	6.36	8.57	15.88	2.43
平均值	3.88	6.54	5.58	8.20	7.12	5.94	13.61	4.31
最大值	6.73	9.48	11.56	16.00	9.46	10.78	24.10	8.86

11.2　三种智能模型和 NV-ULR 模型用于滦河某观测站地下水位预测

11.2.1　地下水位及其影响因子的参照值和规范变换式的设置

滦河某观测站 24 个月的地下水位(C_y)及其河道流量(C_1)、气温(C_2)、饱和差(C_3)、降水量(C_4)、蒸发量(C_5) 5 个影响因子的实际值见表 11-8[11]。计算得到 5 个影响因子与地下水位之间的相关系数分别为−0.58、−0.91、−0.65、−0.74、−0.77。设置变换式如式(11-9)所示，由式(11-9)和式(9-2)计算得到样本 i 各影响因子 j 的规范值 x'_{ij} 及地下水位的规范值 y'_{i0}，见表 11-9。

$$X_j=\begin{cases}(c_j/c_{j0})^{0.5}, & c_j \geqslant c_{j0}, \quad 对C_1 \\ [(c_j-c_{jb})/c_{j0}]^2, & c_j \geqslant c_{j0}+c_{jb}, \quad 对C_2 \\ c_j/c_{j0}, & c_j \geqslant c_{j0}, \quad 对C_3、C_5 \\ [(c_j-c_{jb})/c_{j0}]^{0.5}, & c_j \geqslant c_{j0}+c_{jb}, \quad 对C_4 \\ [(c_{jb}-c_j)/c_{j0}]^2, & c_j \leqslant c_{jb}-c_{j0}, \quad 对C_y \\ 1, & c_j < c_{j0}, \quad 对C_1、C_3、C_5 \\ 1, & c_j < c_{j0}+c_{jb}, \quad 对C_2、C_4 \\ 1, & c_j > c_{jb}-c_{j0}, \quad 对C_y \end{cases} \tag{11-9}$$

式中，C_1～C_5 和 C_y 的参照值 c_{j0} 分别设置为 0.006m³/s、3.5℃、0.18hPa、0.01mm、0.08mm 和 0.38m；C_2、C_4 和 C_y 的阈值 c_{jb} 分别为−20℃、−1mm 和 8.2m；c_{j0}、c_{jb} 和 c_j(j=1～5, y)的单位与表 11-8 中 c_{ij} 的单位相同。

表 11-8 滦河某观测站地下水位及 5 个影响因子的实际值

样本 i	影响因子实际值 c_{ij}					地下水位实际值 c_{iy}
	c_{i1}	c_{i2}	c_{i3}	c_{i4}	c_{i5}	
1	1.5	−10.0	1.2	1	1.2	6.92
2	1.8	−10.0	2.0	1	0.8	6.97
3	4.0	−2.0	2.5	6	2.4	6.84
4	13.0	10.0	5.0	30	4.4	6.50
5	5.0	17.0	9.0	18	6.3	5.75
6	9.0	22.0	10.0	113	6.6	5.54
7	10.0	23.0	8.0	29	5.6	5.63
8	9.0	21.0	6.0	74	4.6	5.62
9	7.0	15.0	5.0	21	2.3	5.96
10	9.5	8.5	5.0	15	3.5	6.30
11	5.5	0.0	6.2	14	2.4	6.80
12	12.0	0.5	4.5	11	0.8	6.90
13	0.5	1.0	2.0	1	1.0	6.70
14	3.0	−7.0	2.5	2	1.3	6.77
15	7.0	0.0	3.0	4	4.1	6.67
16	10.0	10.0	7.0	0	3.2	6.33

续表

样本 i	影响因子实际值 c_{ij}					地下水位实际值 c_{iy}
	c_{i1}	c_{i2}	c_{i3}	c_{i4}	c_{i5}	
17	4.5	18.0	10.0	19	6.5	5.82
18	8.0	21.5	11.0	81	7.7	5.58
19	57.0	22.0	5.5	186	5.5	5.48
20	35.0	19.0	5.0	114	4.6	5.38
21	39.0	13.0	5.0	60	3.6	5.51
22	23.0	6.0	3.0	35	2.6	5.84
23	11.0	1.0	2.0	4	1.7	6.32
24	4.5	−7.0	1.0	6	1.0	6.56

注：20～24 为检测样本。c_{i1} 的单位为 m^3/s；c_{i2} 的单位为℃；c_{i3} 的单位为 hPa；c_{i4} 的单位为 mm；c_{i5} 的单位为 mm；c_{iy} 的单位为 m。

表 11-9　滦河某观测站地下水位规范值及 5 个影响因子的规范值

样本 i	影响因子规范值 x'_{ij}					地下水位规范值 y'_{i0}
	x'_{i1}	x'_{i2}	x'_{i3}	x'_{i4}	x'_{i5}	
1	0.2761	0.2100	0.1897	0.2649	0.2708	0.2429
2	0.2852	0.2100	0.2408	0.2649	0.2303	0.2349
3	0.3251	0.3275	0.2631	0.3276	0.3401	0.2550
4	0.3840	0.4297	0.3324	0.4020	0.4007	0.2996
5	0.3363	0.4716	0.3912	0.3775	0.4366	0.3727
6	0.3657	0.4970	0.4017	0.4671	0.4413	0.3892
7	0.3709	0.5017	0.3794	0.4003	0.4248	0.3823
8	0.3657	0.4922	0.3507	0.4461	0.4052	0.3831
9	0.3531	0.4605	0.3324	0.3848	0.3359	0.3548
10	0.3684	0.4194	0.3324	0.3689	0.3778	0.3219
11	0.3410	0.3486	0.3539	0.3657	0.3401	0.2608
12	0.3800	0.3535	0.3219	0.3545	0.2303	0.2460
13	0.2211	0.3584	0.2408	0.2649	0.2526	0.2746
14	0.3107	0.2624	0.2631	0.2852	0.2788	0.2651
15	0.3531	0.3486	0.2813	0.3107	0.3937	0.2786
16	0.3709	0.4297	0.3661	0.2303	0.3689	0.3187
17	0.3310	0.4770	0.4017	0.3800	0.4398	0.3669
18	0.3598	0.4946	0.4113	0.4506	0.4567	0.3862
19	0.4580	0.4970	0.3420	0.4918	0.4230	0.3936
20	0.4336	0.4822	0.3324	0.4675	0.4052	0.4009

续表

样本 i	影响因子规范值 x'_{ij}					地下水位规范值 y'_{i0}
	x'_{i1}	x'_{i2}	x'_{i3}	x'_{i4}	x'_{i5}	
21	0.4390	0.4487	0.3324	0.4358	0.3807	0.3914
22	0.4126	0.4011	0.2813	0.4094	0.3481	0.3652
23	0.3757	0.3584	0.2408	0.3107	0.3056	0.3198
24	0.3310	0.2624	0.1715	0.3276	0.2526	0.2925

注：20～24 为检测样本。

11.2.2 地下水位四种预测模型输出值的计算及模型的精度检验

1) 四种预测模型输出值的计算

分别选取表 11-9 中样本 1～19 和样本 20～24(地下水位及其 5 个影响因子)作为建模样本和检测(预测)样本。分别由表中各建模样本的 5 个影响因子规范值 x'_{ij} 与相应地下水位的规范值 y'_{i0}，按照训练样本的组成法，每个建模样本组成 5 个训练样本，19 个建模样本共组成 95 个训练样本，将其规范值分别代入四种预测模型(式(9-5)、式(9-6)，式(9-7)、式(9-9)，式(9-11)、式(9-12)及式(9-15))中，用免疫进化算法分别对两种不同结构的三种智能预测模型中的参数进行迭代优化。当各式的优化目标函数式(9-21)分别满足表 11-10 所示的精度时，停止迭代，得到参数优化后两种不同结构的三种智能预测模型的输出计算式，分别如式(11-10)～式(11-15)所示。用最小二乘法优化得到 NV-ULR 预测模型的输出计算式，如式(11-16)所示。由式(11-10)～式(11-16)计算得到四种预测模型建模样本的拟合输出值及检测样本的计算输出值，见表 11-11。计算得到四种预测模型建模样本模型输出的拟合相对误差(绝对值)，见表 11-12。

表 11-10　基于规范变换的三种智能预测模型停止训练时的目标函数值 Q_0

智能预测模型	NV-FNN(2)	NV-FNN(3)	NV-PPR(2)	NV-PPR(3)	NV-SVR(2)	NV-SVR(3)
Q_0	0.001000	0.000780	0.001000	0.000850	0.001	0.0011

$$y(2)=0.6332\times\frac{1-\mathrm{e}^{-\left(0.7207x'_{j1}+0.6135x'_{j2}\right)}}{1+\mathrm{e}^{-\left(0.7207x'_{j1}+0.6135x'_{j2}\right)}}+0.8682\times\frac{1-\mathrm{e}^{-\left(0.3633x'_{j1}+0.7462x'_{j2}\right)}}{1+\mathrm{e}^{-\left(0.3633x'_{j1}+0.7462x'_{j2}\right)}}\quad(11\text{-}10)$$

$$y(3)=0.4005\times\frac{1-\mathrm{e}^{-\left(0.6607x'_{j1}+0.8100x'_{j2}+0.9061x'_{j3}\right)}}{1+\mathrm{e}^{-\left(0.6607x'_{j1}+0.8100x'_{j2}+0.9061x'_{j3}\right)}}+0.4781\times\frac{1-\mathrm{e}^{-\left(0.3488x'_{j1}+0.9028x'_{j2}+0.6657x'_{j3}\right)}}{1+\mathrm{e}^{-\left(0.3488x'_{j1}+0.9028x'_{j2}+0.6657x'_{j3}\right)}}$$

(11-11)

$$y(2)=[0.3329\quad 0.3292]\begin{bmatrix}0.7890 & 0.6144\\ 0.5790 & 0.8153\end{bmatrix}\begin{bmatrix}x'_{j1}\\ x'_{j2}\end{bmatrix}$$

$$=0.4533x'_{j1}+0.4729x'_{j2} \tag{11-12}$$

$$y(3)=[0.4223\quad 0.1129]\begin{bmatrix}0.4132 & 0.5825 & 0.7000\\ 0.3022 & 0.7210 & 0.6236\end{bmatrix}\begin{bmatrix}x'_{j1}\\ x'_{j2}\\ x'_{j3}\end{bmatrix}$$

$$=0.2086x'_{j1}+0.3274x'_{j2}+0.3660x'_{j3} \tag{11-13}$$

$$y(2)=\alpha_1 k_1\left(\boldsymbol{x}',\boldsymbol{x}'_{10}\right)+\alpha_2 k_2\left(\boldsymbol{x}',\boldsymbol{x}'_{20}\right)+b_1$$

$$=0.0967\exp\left(-\frac{\left\|\boldsymbol{x}'_{j1}-\boldsymbol{x}'_{10}\right\|^2}{2\sigma_1^2}\right)+0.0778\exp\left(-\frac{\left\|\boldsymbol{x}'_{j2}-\boldsymbol{x}'_{20}\right\|^2}{2\sigma_1^2}\right)+0.2436 \tag{11-14}$$

$$y(3)=\alpha_1 k_1\left(\boldsymbol{x}',\boldsymbol{x}'_{10}\right)+\alpha_2 k_2\left(\boldsymbol{x}',\boldsymbol{x}'_{20}\right)+\alpha_3 k_3\left(\boldsymbol{x}',\boldsymbol{x}'_{30}\right)+b_2$$

$$=0.0984\exp\left(-\frac{\left\|\boldsymbol{x}'_{j1}-\boldsymbol{x}'_{10}\right\|^2}{2\sigma_2^2}\right)+0.0760\exp\left(-\frac{\left\|\boldsymbol{x}'_{j2}-\boldsymbol{x}'_{20}\right\|^2}{2\sigma_2^2}\right)$$

$$+0.0604\exp\left(-\frac{\left\|\boldsymbol{x}'_{j3}-\boldsymbol{x}'_{30}\right\|^2}{2\sigma_2^2}\right)+0.2533 \tag{11-15}$$

式中，$\sigma_1=0.1182$，$\sigma_2=0.1153$。

$$y'_i=a+bx'_i=0.1158+0.5624x'_i \tag{11-16}$$

表 11-11　四种预测模型的样本计算输出值 y'_i

样本 i	NV-FNN		NV-PPR		NV-SVR		NV-ULR
	(2)	(3)	(2)	(3)	(2)	(3)	
1	0.2174	0.2212	0.2244	0.2186	0.2515	0.2554	0.2521
2	0.2209	0.2248	0.2281	0.2221	0.2521	0.2559	0.2543
3	0.2828	0.2848	0.2933	0.2856	0.2850	0.2807	0.2939
4	0.3458	0.3440	0.3610	0.3516	0.3541	0.3693	0.3350
5	0.3568	0.3541	0.3729	0.3632	0.3547	0.3702	0.3422
6	0.3839	0.3786	0.4025	0.3920	0.3775	0.4064	0.3602
7	0.3677	0.3640	0.3848	0.3747	0.3656	0.3866	0.3494
8	0.3648	0.3616	0.3816	0.3716	0.3592	0.3756	0.3475
9	0.3317	0.3310	0.3458	0.3368	0.3276	0.3308	0.3257
10	0.3318	0.3310	0.3458	0.3368	0.3374	0.3458	0.3258
11	0.3116	0.3121	0.3240	0.3156	0.3154	0.3174	0.3126

续表

样本 i	NV-FNN		NV-PPR		NV-SVR		NV-ULR
	(2)	(3)	(2)	(3)	(2)	(3)	
12	0.2926	0.2942	0.3038	0.2959	0.2943	0.2881	0.3003
13	0.2397	0.2432	0.2478	0.2413	0.2575	0.2589	0.2663
14	0.2507	0.2539	0.2594	0.2526	0.2632	0.2625	0.2733
15	0.3008	0.3019	0.3126	0.3044	0.3034	0.2987	0.3056
16	0.3142	0.3145	0.3271	0.3186	0.3170	0.3132	0.3144
17	0.3596	0.3566	0.3759	0.3661	0.3555	0.3710	0.3441
18	0.3839	0.3786	0.4025	0.3920	0.3785	0.4076	0.3602
19	0.3904	0.3844	0.4097	0.3990	0.3783	0.4033	0.3646
20	0.3751	0.3708	0.3929	0.3826	0.3720	0.3937	0.3544
21	0.3608	0.3677	0.3777	0.3674	0.3653	0.3844	0.3449
22	0.3293	0.3286	0.3431	0.3342	0.3296	0.3303	0.3242
23	0.2840	0.2860	0.2948	0.2871	0.2866	0.2794	0.2948
24	0.2410	0.2444	0.2492	0.2427	0.2574	0.2582	0.2671

注：20～24 为检测样本。

表 11-12　四种预测模型的建模样本模型输出的拟合相对误差 r_i'　（单位：%）

建模样本 i	NV-FNN		NV-PPR		NV-SVR		NV-ULR
	(2)	(3)	(2)	(3)	(2)	(3)	
1	10.49	8.93	7.61	10.00	3.56	5.16	3.79
2	5.97	4.31	2.90	5.46	7.33	8.93	8.26
3	10.90	11.68	15.01	11.99	11.77	10.07	15.25
4	15.40	14.80	20.48	17.34	18.19	23.25	11.82
5	4.28	5.00	0.04	2.56	4.83	0.68	8.18
6	1.36	2.72	3.42	0.72	3.01	4.43	7.45
7	3.82	4.79	0.65	1.99	4.36	1.12	8.61
8	4.77	5.61	0.38	3.00	6.23	1.94	9.29
9	6.51	6.71	2.54	5.08	7.68	6.77	8.20
10	3.08	2.83	7.43	4.63	4.83	7.42	1.21
11	19.47	19.67	24.23	21.01	20.93	21.70	19.86
12	18.95	19.60	23.50	20.29	19.63	17.13	22.07
13	12.71	11.44	9.76	12.13	6.23	5.73	3.02
14	5.41	4.21	2.13	4.70	0.69	0.95	3.09
15	7.98	8.37	12.22	9.27	8.92	7.24	9.69
16	1.41	1.32	2.63	0.03	0.54	1.72	1.35
17	2.00	2.82	2.44	0.23	3.11	1.10	6.21

续表

建模样本 i	NV-FNN		NV-PPR		NV-SVR		NV-ULR
	(2)	(3)	(2)	(3)	(2)	(3)	
18	0.58	1.96	4.23	1.51	1.98	5.55	6.73
19	0.82	2.35	4.08	1.36	3.91	2.45	7.37

2) 三种智能预测模型的精度检验

由式(9-22)计算出 NV-FNN、NV-PPR 和 NV-SVR 三种智能预测模型两种不同结构的 F 值分别为 $F(13.18)$、$F(12.13)$，$F(14.45)$、$F(14.64)$及 $F(9.10)$、$F(13.90)$，均大于 $F_{0.005}(4.96)$，表明模型精度检验合格，预测结果具有可信度。

11.2.3　误差修正后地下水位的预测值及多种模型预测值的相对误差比较

1) 误差修正后的模型输出值及地下水位的预测值

与 5 个(20～24)地下水位检测样本的四种预测模型输出相似的建模样本见表 11-13。用式(9-17)～式(9-20)进行误差修正后的 5 个地下水位检测样本的四种预测模型输出值 Y_i' 见表 11-14。再由式(9-2)和式(11-9)的逆运算计算出四种预测模型对 5 个地下水位检测样本的预测值 c_{iY}，见表 11-14。表 11-14 中还列出了 5 个地下水位检测样本的实际值 c_{iy} 及其规范值 y_{i0}'。

表 11-13　与 5 个地下水位检测样本的四种预测模型输出相似的建模样本(序号)

检测样本 i	NV-FNN(2)	NV-FNN(3)	NV-PPR(2)	NV-PPR(3)	NV-SVR(2)	NV-SVR(3)	NV-ULR
20	7	7	7	7	7	7	7
21	7,8	17	17	8	17	17	8
22	9	9	9	9	9	9	9
23	3	3	3	3	3	3	15
24	13	13	13	13	13	13	2

表 11-14　5 个地下水位检测样本的四种预测模型误差修正后的模型输出值 Y_i' 和预测值 c_{iY}

检测样本 i	NV-FNN(2)		NV-FNN(3)		NV-PPR(2)		NV-PPR(3)	
	Y_i'	c_{iY}	Y_i'	c_{iY}	Y_i'	c_{iY}	Y_i'	c_{iY}
20	0.3903	5.53	0.3898	5.53	0.3955	5.45	0.3905	5.52
21	0.3768	5.70	0.3787	5.68	0.3872	5.57	0.3786	5.68
22	0.3520	5.99	0.3520	5.99	0.3520	5.99	0.3520	5.99
23	0.3189	6.33	0.3240	6.28	0.3472	6.04	0.3264	6.26
24	0.2763	6.69	0.2762	6.69	0.2763	6.69	0.2764	6.69

续表

检测样本 i	NV-SVR(2)		NV-SVR(3)		NV-ULR		规范值和实际值	
	Y_i'	c_{iY}	Y_i'	c_{iY}	Y_i'	c_{iY}	y_{i0}'	c_{iy}
20	0.3893	5.54	0.3982	5.42	0.3884	5.55	0.4009	5.38
21	0.3774	5.69	0.3888	5.55	0.3807	5.65	0.3914	5.51
22	0.3572	5.93	0.3542	5.97	0.3530	5.98	0.3652	5.84
23	0.3251	6.27	0.3105	6.41	0.3250	6.27	0.3198	6.32
24	0.2745	6.70	0.2738	6.71	0.2925	6.56	0.2925	6.56

注：c_{iy} 和 c_{iY} 的单位为 m。

2) 检测样本的多种模型预测值的相对误差及比较

5 个检测样本的预测值与实际值之间的相对误差绝对值 r_i 及其平均值和最大值见表 11-15。为了比较，表 11-15 中还列出了文献[11]用三种传统模型和方法对 5 个检测样本预测的相对误差绝对值 r_i 及其平均值和最大值。由表 11-15 可见，基于规范变换与误差修正的四种预测模型对 5 个检测样本预测的相对误差绝对值的平均值和最大值相差很小，也都略小于三种传统预测模型和方法的相应预测误差。

表 11-15　5 个检测样本的多种模型预测值的相对误差绝对值 r_i 及其平均值和最大值

检测样本 i	r_i/%									
	NV-FNN		NV-PPR		NV-SVR		NV-ULR	传统预测模型		
	(2)	(3)	(2)	(3)	(2)	(3)		模糊识别	BP 神经网络	RBF
20	2.79	2.79	1.30	2.60	2.97	0.74	3.19	3.30	5.50	3.50
21	3.45	3.09	1.09	3.09	3.27	0.73	2.54	4.20	3.20	2.30
22	2.57	2.57	2.57	2.57	1.54	2.23	2.40	1.00	4.20	2.90
23	0.16	0.63	4.43	0.95	0.79	1.42	0.79	3.20	8.30	7.20
24	1.98	1.98	1.98	1.98	2.13	2.29	0.00	1.20	2.60	4.00
平均值	2.19	2.21	2.27	2.24	2.14	1.48	1.78	2.58	4.76	3.98
最大值	3.45	3.09	4.43	3.09	3.27	2.29	3.19	4.20	8.30	7.20

11.3　三种智能模型和 NV-ULR 模型用于烟台市水资源承载力预测

11.3.1　水资源承载力及其影响因子的参照值和规范变换式的设置

1980～2000 年烟台市水资源承载力(C_y)及其总人口数(C_1)、固定资产值(C_2)、工业单位个数(C_3)、地区生产总值(GDP)(C_4)、人均 GDP(C_5)、人均日生活用水量(C_6)、日供水能力(C_7) 7 个影响因子的实际值见表 11-16[12]。计算得到 7 个影响因子与水资源承载力之间的相关系数分别为 0.87、0.91、0.53、0.95、0.95、0.33、0.93。设置变换式如式(11-17)所示，由式(11-17)和式(9-2)计算得到样本 i 各影响因子 j 的规范值 x'_{ij} 及水资源承载力的规范值 y'_{i0}，见表 11-17。

$$X_j = \begin{cases} [(c_j - c_{jb})/c_{j0}]^2, & c_j \geqslant c_{j0} + c_{jb}, & 对C_1、C_3、C_y \\ c_j/c_{j0}, & c_j \geqslant c_{j0}, & 对C_2、C_4、C_5 \\ (c_j/c_{j0})^2, & c_j \geqslant c_{j0}, & 对C_6、C_7 \\ 1, & c_j < c_{j0} + c_{jb}, & 对C_1、C_3、C_y \\ 1, & c_j < c_{j0}, & 对C_2、C_4 \sim C_7 \end{cases} \tag{11-17}$$

式中，$C_1 \sim C_7$ 和 C_y 的参照值 c_{j0} 分别设置为 15 万人、6000 万元、160 个、50000 万元、100 元、25L、$8\times10^4 m^3/d$ 和 $600\times10^4 m^3$；C_1、C_3 和 C_y 的阈值 c_{jb} 分别为 520 万人、1000 个和 $5000\times10^4 m^3$；c_{j0}、c_{jb} 和 c_j 的单位与表 11-16 中 c_{ij} 的单位相同。

表 11-16　1980～2000 年烟台市水资源承载力及 7 个影响因子的实际值

样本 i	年份	影响因子实际值 c_{ij}							水资源承载力实际值 c_{iy}
		c_{i1}	c_{i2}	c_{i3}	c_{i4}	c_{i5}	c_{i6}	c_{i7}	
1	1980	567.21	36574	1660	304923	535	83.0	18.0	6235
2	1981	573.89	44719	1540	311590	542	82.0	19.7	6897
3	1982	581.21	55828	1594	340400	585	85.0	20.5	7012
4	1983	585.75	50629	1499	407773	693	85.5	21.0	7023
5	1984	588.89	57645	1600	470404	795	86.0	21.3	7289
6	1985	592.43	79552	1947	572569	962	86.8	22.7	7896
7	1986	598.72	150800	1950	660180	1100	87.0	24.0	7589
8	1987	607.21	150016	1955	847263	1394	84.0	23.8	7986
9	1988	615.90	182673	1966	1150970	1867	98.0	24.1	7998
10	1989	619.91	123278	1999	1258556	2010	97.0	24.2	8012
11	1990	625.27	159147	2430	1485282	2362	99.0	25.4	8123
12	1991	626.27	208114	2465	1721637	2720	100.0	26.2	8456
13	1992	629.00	414659	2600	2296046	3624	110.0	26.8	8498
14	1993	629.93	595437	2610	3254235	5043	140.0	28.3	8654
15	1994	631.63	711650	2732	4278600	6730	273.0	54.3	8723
16	1995	634.88	696761	2700	5394000	8451	287.2	90.3	8923
17	1996	638.37	661720	2530	6152400	9589	132.8	96.8	10093
18	1997	641.48	683437	2200	6750000	10466	128.0	107.3	11626

续表

样本 i	年份	影响因子实际值 c_{ij}							水资源承载力实际值 c_{iy}
		c_{i1}	c_{i2}	c_{i3}	c_{i4}	c_{i5}	c_{i6}	c_{i7}	
19	1998	643.35	973217	2230	7400000	11439	137.1	109.3	11536
20	1999	644.79	983256	2210	8006600	12345	135.2	106.9	11276
21	2000	645.80	995612	2256	8795900	13546	108.3	111.8	11309

注：19～21 为检测样本。c_{i1} 的单位为万人；c_{i2} 的单位为万元；c_{i3} 的单位为个；c_{i4} 的单位为万元；c_{i5} 的单位为元；c_{i6} 的单位为 L；c_{i7} 的单位为 $10^4 m^3/d$；c_{iy} 的单位为 $10^4 m^3$。

表 11-17　1980～2000 年烟台市水资源承载力及 7 个影响因子的规范值

样本 i	年份	影响因子规范值 x'_{ij}							水资源承载力规范值 y'_{i0}
		x'_{i1}	x'_{i2}	x'_{i3}	x'_{i4}	x'_{i5}	x'_{i6}	x'_{i7}	
1	1980	0.2293	0.1808	0.2834	0.1808	0.1677	0.2400	0.1622	0.1444
2	1981	0.2558	0.2009	0.2433	0.1830	0.1690	0.2376	0.1802	0.2302
3	1982	0.2813	0.2231	0.2623	0.1918	0.1766	0.2448	0.1882	0.2420
4	1983	0.2956	0.2133	0.2275	0.2099	0.1936	0.2459	0.1930	0.2431
5	1984	0.3049	0.2263	0.2644	0.2242	0.2073	0.2471	0.1959	0.2678
6	1985	0.3149	0.2585	0.3556	0.2438	0.2264	0.2489	0.2086	0.3148
7	1986	0.3316	0.3224	0.3563	0.2580	0.2398	0.2494	0.2197	0.2924
8	1987	0.3521	0.3219	0.3573	0.2830	0.2635	0.2424	0.2180	0.3210
9	1988	0.3711	0.3416	0.3596	0.3136	0.2927	0.2732	0.2206	0.3218
10	1989	0.3792	0.3023	0.3663	0.3226	0.3001	0.2712	0.2214	0.3227
11	1990	0.3897	0.3278	0.4381	0.3391	0.3162	0.2752	0.2311	0.3299
12	1991	0.3916	0.3546	0.4429	0.3539	0.3303	0.2773	0.2373	0.3502
13	1992	0.3967	0.4236	0.4605	0.3827	0.3590	0.2963	0.2418	0.3526
14	1993	0.3984	0.4598	0.4618	0.4176	0.3921	0.3446	0.2527	0.3613
15	1994	0.4014	0.4776	0.4764	0.4449	0.4209	0.4781	0.3830	0.3651
16	1995	0.4072	0.4755	0.4726	0.4681	0.4437	0.4883	0.4847	0.3755
17	1996	0.4132	0.4703	0.4516	0.4813	0.4563	0.3340	0.4986	0.4277
18	1997	0.4183	0.4735	0.4030	0.4905	0.4651	0.3266	0.5192	0.4804
19	1998	0.4214	0.5089	0.4079	0.4997	0.4740	0.3404	0.5229	0.4776
20	1999	0.4237	0.5099	0.4046	0.5076	0.4816	0.3376	0.5185	0.4695
21	2000	0.4253	0.5112	0.4121	0.5170	0.4909	0.2932	0.5275	0.4706

注：19～21 为检测样本。

11.3.2　烟台市水资源承载力的四种预测模型输出值的计算及模型的精度检验

1) 四种预测模型输出值的计算

分别选取表 11-17 中样本 1～18 和样本 19～21(水资源承载力及其 7 个影响因子)作为建模样本和检测(预测)样本。分别由表中各建模样本的 7 个影响因子规范值 x'_{ij} 与相应水资源承载力的规范值 y'_{i0}，按照训练样本的组成法，每个建模样本组成 7 个训练样本，18 个建模样本共组成 126 个训练样本，将其规范值分别代入四种预测模型(式(9-5)、式(9-6)，式(9-7)、式(9-9)，式(9-11)、式(9-12)及式(9-15))中，用免疫进化算法分别对两种不同结构的三种智能预测模型中的参数进行迭代优化。当各式的优化目标函数式(9-21)分别满足表 11-18 所示的精度时，停止迭代，得到参数优化后两种不同结构的三种智能预测模型的输出计算式，分别如式(11-18)～式(11-23)所示。用最小二乘法优化得到 NV-ULR 预测模型的输出计算式，如式(11-24)所示。由式(11-18)～式(11-24)计算得到四种预测模型建模样本的拟合输出值及检测样本的计算输出值，见表 11-19。计算得到四种预测模型建模样本模型输出的拟合相对误差(绝对值)，见表 11-20。

表 11-18　基于规范变换的三种智能预测模型停止训练时的目标函数值 Q_0

智能预测模型	NV-FNN(2)	NV-FNN(3)	NV-PPR(2)	NV-PPR(3)	NV-SVR(2)	NV-SVR(3)
Q_0	0.0022	0.0017	0.0025	0.0021	0.0020	0.0017

$$y(2)=0.4505\times\frac{1-\mathrm{e}^{-\left(0.9670x'_{j1}+0.6736x'_{j2}\right)}}{1+\mathrm{e}^{-\left(0.9670x'_{j1}+0.6736x'_{j2}\right)}}+0.7482\times\frac{1-\mathrm{e}^{-\left(0.8811x'_{j1}+0.7763x'_{j2}\right)}}{1+\mathrm{e}^{-\left(0.8811x'_{j1}+0.7763x'_{j2}\right)}} \tag{11-18}$$

$$y(3)=0.2367\times\frac{1-\mathrm{e}^{-\left(0.9790x'_{j1}+0.8398x'_{j2}+0.8413x'_{j3}\right)}}{1+\mathrm{e}^{-\left(0.9790x'_{j1}+0.8398x'_{j2}+0.8413x'_{j3}\right)}}+0.7195\times\frac{1-\mathrm{e}^{-\left(0.6111x'_{j1}+0.8778x'_{j2}+0.4744x'_{j3}\right)}}{1+\mathrm{e}^{-\left(0.6111x'_{j1}+0.8778x'_{j2}+0.4744x'_{j3}\right)}} \tag{11-19}$$

$$\begin{aligned}y(2)&=[0.4229\quad 0.2877]\begin{bmatrix}0.9016 & 0.4326\\ 0.5032 & 0.8642\end{bmatrix}\begin{bmatrix}x'_{j1}\\ x'_{j2}\end{bmatrix}\\ &=0.5261x'_{j1}+0.4316x'_{j2}\end{aligned} \tag{11-20}$$

$$\begin{aligned}y(3)&=[0.2781\quad 0.3155]\begin{bmatrix}0.8797 & 0.3827 & 0.2823\\ 0.6022 & 0.7306 & 0.3218\end{bmatrix}\begin{bmatrix}x'_{j1}\\ x'_{j2}\\ x'_{j3}\end{bmatrix}\\ &=0.4346x'_{j1}+0.3369x'_{j2}+0.1800x'_{j3}\end{aligned} \tag{11-21}$$

$$
\begin{aligned}
y(2) &= \alpha_1 k_1\left(\boldsymbol{x}', \boldsymbol{x}'_{10}\right) + \alpha_2 k_2\left(\boldsymbol{x}', \boldsymbol{x}'_{20}\right) + b_1 \\
&= 0.0924\exp\left(-\frac{\left\|\boldsymbol{x}'_{j1} - \boldsymbol{x}'_{10}\right\|^2}{2\sigma_1^2}\right) + 0.1634\exp\left(-\frac{\left\|\boldsymbol{x}'_{j2} - \boldsymbol{x}'_{20}\right\|^2}{2\sigma_1^2}\right) + 0.2259 \qquad (11\text{-}22)
\end{aligned}
$$

$$
\begin{aligned}
y(3) &= \alpha_1 k_1\left(\boldsymbol{x}', \boldsymbol{x}'_{10}\right) + \alpha_2 k_2\left(\boldsymbol{x}', \boldsymbol{x}'_{20}\right) + \alpha_3 k_3\left(\boldsymbol{x}', \boldsymbol{x}'_{30}\right) + b_2 \\
&= 0.0765\exp\left(-\frac{\left\|\boldsymbol{x}'_{j1} - \boldsymbol{x}'_{10}\right\|^2}{2\sigma_2^2}\right) + 0.0951\exp\left(-\frac{\left\|\boldsymbol{x}'_{j2} - \boldsymbol{x}'_{20}\right\|^2}{2\sigma_2^2}\right) \\
&\quad + 0.1167\exp\left(-\frac{\left\|\boldsymbol{x}'_{j3} - \boldsymbol{x}'_{30}\right\|^2}{2\sigma_2^2}\right) + 0.2392 \qquad (11\text{-}23)
\end{aligned}
$$

式中，$\sigma_1 = 0.1715$，$\sigma_2 = 0.1636$。

$$
y'_i = a + bx'_i = 0.1127 + 0.6426x'_i \qquad (11\text{-}24)
$$

表 11-19　四种预测模型的样本计算输出值 y'_i

样本 i	NV-FNN		NV-PPR		NV-SVR		NV-ULR
	(2)	(3)	(2)	(3)	(2)	(3)	
1	0.2022	0.2071	0.1976	0.1963	0.2445	0.2394	0.2469
2	0.2057	0.2106	0.2011	0.1998	0.2468	0.2455	0.2490
3	0.2191	0.2241	0.2145	0.2132	0.2530	0.2487	0.2572
4	0.2206	0.2256	0.2160	0.2146	0.2532	0.2485	0.2581
5	0.2330	0.2381	0.2285	0.2270	0.2591	0.2517	0.2656
6	0.2582	0.2632	0.2540	0.2524	0.2757	0.2624	0.2812
7	0.2743	0.2792	0.2705	0.2688	0.2921	0.2748	0.2913
8	0.2824	0.2872	0.2788	0.2771	0.2988	0.2803	0.2963
9	0.3003	0.3049	0.2972	0.2953	0.3150	0.2944	0.3074
10	0.2991	0.3037	0.2959	0.2941	0.3113	0.2909	0.3067
11	0.3192	0.3234	0.3170	0.3150	0.3325	0.3121	0.3195
12	0.3284	0.3323	0.3267	0.3246	0.3448	0.3253	0.3254
13	0.3506	0.3538	0.3503	0.3481	0.3716	0.3566	0.3398
14	0.3720	0.3744	0.3731	0.3707	0.3954	0.3873	0.3536
15	0.4174	0.4175	0.4217	0.4190	0.4477	0.4645	0.3831
16	0.4369	0.4358	0.4433	0.4405	0.4645	0.4932	0.3963
17	0.4202	0.4202	0.4248	0.4221	0.4388	0.4551	0.3978
18	0.4191	0.4192	0.4236	0.4209	0.4302	0.4413	0.3970
19	0.4288	0.4283	0.4344	0.4316	0.4346	0.4488	0.4042
20	0.4298	0.4293	0.4355	0.4328	0.4340	0.4478	0.4050
21	0.4290	0.4284	0.4346	0.4319	0.4236	0.4310	0.4044

注：19～21 为检测样本。

表 11-20　四种预测模型的建模样本模型输出的拟合相对误差 r_i'　(单位：%)

建模样本 i	NV-FNN		NV-PPR		NV-SVR		NV-ULR
	(2)	(3)	(2)	(3)	(2)	(3)	
1	40.05	43.44	36.86	35.96	69.35	69.23	70.98
2	10.65	8.52	12.65	13.21	7.20	6.65	8.17
3	9.46	7.39	11.36	11.90	4.54	2.77	6.28
4	9.25	7.19	11.14	11.72	4.17	2.22	6.17
5	12.99	11.09	14.67	15.23	3.24	6.01	0.82
6	17.99	16.40	19.32	19.83	12.42	16.65	10.67
7	6.20	4.52	7.50	8.08	0.10	6.01	0.38
8	12.01	10.52	13.13	13.66	6.89	12.68	7.69
9	6.67	5.24	7.63	8.22	2.11	8.51	4.47
10	7.31	5.88	8.30	8.86	3.53	9.85	4.96
11	3.25	1.98	3.92	4.52	0.78	5.41	3.15
12	6.22	5.11	6.71	7.31	1.53	7.10	7.08
13	0.57	0.34	0.65	1.28	5.39	1.12	3.63
14	2.95	3.62	3.26	2.59	9.42	7.18	2.13
15	14.33	14.36	15.51	14.77	22.63	27.25	4.93
16	16.34	16.05	18.04	17.30	23.69	31.34	5.54
17	1.76	1.76	0.69	1.32	2.58	6.40	6.99
18	12.75	12.73	11.82	12.38	10.45	8.13	17.36

2) 三种智能预测模型的精度检验

由式(9-22)计算出 NV-FNN、NV-PPR 和 NV-SVR 三种智能预测模型两种不同结构的 F 值分别为 F(9.57)、F(9.63)，F(10.08)、F(9.64)及 F(6.15)、F(6.36)，均大于 $F_{0.005}$(5.28)，表明模型精度检验合格，预测结果具有可信度。

11.3.3　误差修正后水资源承载力的预测值及多种模型预测值的相对误差比较

1) 误差修正后的模型输出值及水资源承载力的预测值

与 3 个(19～21)水资源承载力检测样本的四种预测模型输出相似的建模样本见表 11-21。用式(9-17)～式(9-20)进行误差修正后的 3 个水资源承载力检测样本的四种预测模型输出值 Y_i' 见表 11-22。由式(9-2)和式(11-17)的逆运算计算出四种预测模型对 3 个水资源承载力检测样本的预测值 c_{iY}，见表 11-23。表 11-23 中还列出了 3 个水资源承载力检测样本的实际值 c_{iy} 及其规范值 y_{i0}'。

表 11-21　与 3 个水资源承载力检测样本的四种预测模型输出相似的建模样本(序号)

检测样本 i	NV-FNN(2)	NV-FNN(3)	NV-PPR(2)	NV-PPR(3)	NV-SVR(2)	NV-SVR(3)	NV-ULR
19	15,16,17	15,16,17	15,17	15,17	15,17	17	18
20	15,17	15,17	15,17	15,17	15,16	17	19
21	15,17	15,17	15,17	15,17	15,17	15,16,17	20

表 11-22　3 个水资源承载力检测样本的四种预测模型误差修正后的模型输出值 Y_i' 和预测值 c_{iY}

检测样本 i	NV-FNN(2)		NV-FNN(3)		NV-PPR(2)		NV-PPR(3)	
	Y_i'	c_{iY}	Y_i'	c_{iY}	Y_i'	c_{iY}	Y_i'	c_{iY}
19	0.4834	11727	0.4823	11690	0.4773	11525	0.4733	11396
20	0.4710	11323	0.4705	11307	0.4755	11467	0.4689	11257
21	0.4700	11291	0.4693	11269	0.4744	11431	0.4733	11396

检测样本 i	NV-SVR(2)		NV-SVR(3)		NV-ULR		规范值和实测值	
	Y_i'	c_{iY}	Y_i'	c_{iY}	Y_i'	c_{iY}	y_{i0}'	c_{iy}
19	0.4904	11967	0.4790	11581	0.4910	11987	0.4776	11536
20	0.4566	10884	0.4779	11545	0.4787	11571	0.4695	11276
21	0.4762	11489	0.4655	11151	0.4687	11250	0.4706	11309

注：c_{iY}、c_{iy} 的单位为 10^4m^3。

2) 检测样本的多种模型预测值的相对误差及比较

3 个检测样本的预测值与实际值之间的相对误差绝对值 r_i 及其平均值和最大值见表 11-23。为了比较，表 11-23 中还列出了文献[12]用四种传统模型和方法对 3 个检测样本预测的相对误差绝对值 r_i 及其平均值和最大值。由表 11-23 可见，除 NV-SVR(2) 和 NV-ULR 3 个检测样本预测的相对误差平均值略大于 LS-SVM(RBF)外，基于规范变换与误差修正的四种预测模型对 3 个检测样本预测的相对误差绝对值的平均值和最大值都小于四种传统模型预测的相应预测误差。

表 11-23　3 个检测样本的多种模型预测值的相对误差绝对值 r_i 及其平均值和最大值

检测样本 i	r_i/%					
	NV-FNN(2)	NV-FNN(3)	NV-PPR(2)	NV-PPR(3)	NV-SVR(2)	NV-SVR(3)
19	1.66	1.33	0.10	1.21	3.74	0.39
20	0.42	0.27	1.69	0.17	3.48	2.39
21	0.16	0.35	1.08	0.77	1.59	1.40
平均值	0.75	0.65	0.96	0.72	2.94	1.39
最大值	1.66	1.33	1.69	1.21	3.74	2.39

续表

检测样本 i	r_i/%				
	NV-ULR	偏最小二乘法	BP 神经网络	LS-SVM	LS-SVM(RBF)
19	3.90	1.13	7.17	1.33	4.04
20	2.62	5.16	3.86	2.49	0.34
21	0.52	9.66	5.48	6.82	1.50
平均值	2.35	5.32	5.50	3.55	1.96
最大值	3.90	9.66	7.17	6.82	4.04

11.4 本章小结

本章将规范变换与误差修正相结合的 NV-FNN、NV-PPR 和 NV-SVR 三种智能预测模型和 NV-ULR 预测模型用于年径流量、地下水位和水资源承载力的预测结果均表明，规范变换与误差修正相结合的模型预测的相对误差绝对值的平均值及最大值都小于传统模型和方法的相应预测误差，尤其是对新疆伊犁河雅马渡站年径流量的预测更是远小于十余种传统模型或方法的预测误差。

参考文献

[1] 金菊良, 杨晓华, 金保明, 等. 门限回归模型在年径流预测中的应用[J]. 冰川冻土, 2000, 22(3): 230-234.

[2] 蒋尚明, 金菊良, 袁先江, 等. 基于近邻估计的年径流预测动态联系数回归模型[J]. 水利水电技术, 2013, 44(7): 5-9.

[3] 李希灿, 王静, 赵庚星. 径流中长期预报模糊识别优化模型及应用[J]. 数学的实践与认识, 2010, 40(6): 92-98.

[4] 周佩玲, 陶小丽, 傅忠谦, 等. 基于遗传算法的 RBF 网络及应用[J]. 信号处理, 2001, 17(3): 269-273.

[5] 崔东文. 多隐层 BP 神经网络模型在径流预测中的应用[J]. 水文, 2013, 33(1): 68-73.

[6] 崔东文, 金波. 鸟群算法-投影寻踪回归模型在多元变量年径流预测中的应用[J]. 人民珠江, 2016, 37(11): 26-30.

[7] 李佳, 王黎, 马光文, 等. LS-SVM 在径流预测中的应用[J]. 中国农村水利水电, 2008, (5): 8-10, 14.

[8] 徐纬芳, 刘成忠, 顾延涛. 基于 PCA 和支持向量机的径流预测应用研究[J]. 水资源与水工程学报, 2010, 21(6): 72-75.

[9] 花蓓, 熊伟, 陈华. 模糊支持向量机在径流预测中的应用[J]. 武汉大学学报(工程版), 2008, 41(1): 5-8.

[10] 陈守煜, 王大刚. 基于遗传算法的模糊优选 BP 网络模型及其应用[J]. 水利学报, 2003,

34(5): 116-121.
[11] 曹邦兴. 基于蚁群径向基函数网络的地下水预测模型[J]. 计算机工程与应用, 2010, 46(2): 224-226.
[12] 孙林, 杨世元, 吴德会. 基于 LS-SVM 城市水资源承载能力预测方法[J]. 水科学与工程技术, 2008, 10(2): 34-37.

第 12 章　三种智能模型和 NV-ULR 模型在时间序列预测中的应用

本章将基于规范变换与误差修正法相结合的前向神经网络(NV-FNN(2)、NV-FNN(3))预测模型、投影寻踪回归(NV-PPR(2)、NV-PPR(3))预测模型、支持向量机回归(NV-SVR(2)、NV-SVR(3))预测模型和 NV-ULR 预测模型用于环境要素时间序列预测的实证分析，并与传统多种时间序列预测模型和方法的预测结果进行比较，验证其用于时间序列预测的可行性。

12.1　三种智能模型和 NV-ULR 模型用于密云水库 DO 时间序列预测

12.1.1　DO 时间序列变量参照值及规范变换式的设置

2010 年北京市密云水库入口处 DO 各周监测的时间序列数据见表 12-1[1]。依据式(9-1)及 c_{j0}、c_{jb} 和 n_j 的设计原则及方法，设置时间序列数据变换式如式(12-1)所示，由式(12-1)和式(9-2)计算出 DO 时间序列的规范值 x_t'，见表 12-1。取 t 时刻前的最近邻时刻数 $k=3$，则从第 4 个样本的数据规范值开始，由 DO 第 t 个样本的前 3 个最近邻时间序列数据的规范值 x_{t-1}'、x_{t-2}'、x_{t-3}' 构成第 t 个样本的 3 个影响因子 (x_{j1}'、x_{j2}'、x_{j3}')，则全部 19 个时间序列样本(第 34 周～第 52 周)的 3 个影响因子的规范值见表 12-1。

$$X_t = \begin{cases} (c_t - c_{tb})/c_{t0}, & c_t \geqslant c_{t0} + c_{tb}, \\ 1, & c_t < c_{t0} + c_{tb}, \end{cases} \quad 对\ DO \tag{12-1}$$

式中，参照值 $c_{t0}=0.05$mg/L；阈值 $c_{tb}=6$mg/L；c_{tb}、c_t 和 c_{t0} 的单位相同，均为 mg/L。

表 12-1　2010 年(第 31 周～第 52 周)北京市密云水库入口处 DO 监测值 c_t 及其规范值 x_t'

样本 i	时间(周)	监测值 c_t	规范值 x_t'	$k=3$		
				x_{t-1}'	x_{t-2}'	x_{t-3}'
1	31	6.49	0.2282	—	—	—
2	32	6.79	0.2760	—	—	—

续表

样本 i	时间(周)	监测值 c_t	规范值 x'_t	$k=3$		
				x'_{t-1}	x'_{t-2}	x'_{t-3}
3	33	6.94	0.2934	—	—	—
4	34	6.89	0.2879	0.2282	0.2760	0.2934
5	35	6.90	0.2890	0.2760	0.2934	0.2879
6	36	6.88	0.2868	0.2934	0.2879	0.2890
7	37	7.09	0.3082	0.2879	0.2890	0.2868
8	38	7.02	0.3016	0.2890	0.2868	0.3082
9	39	7.25	0.3219	0.2868	0.3082	0.3016
10	40	7.34	0.3288	0.3082	0.3016	0.3219
11	41	7.23	0.3203	0.3016	0.3219	0.3288
12	42	7.40	0.3332	0.3219	0.3288	0.3203
13	43	7.94	0.3658	0.3288	0.3203	0.3332
14	44	8.33	0.3842	0.3203	0.3332	0.3658
15	45	8.47	0.3900	0.3332	0.3658	0.3842
16	46	8.64	0.3967	0.3658	0.3842	0.3900
17	47	8.98	0.4088	0.3842	0.3900	0.3967
18	48	9.28	0.4184	0.3900	0.3967	0.4088
19	49	9.65	0.4290	0.3967	0.4088	0.4184
20	50	9.65	0.4290	0.4088	0.4184	0.4290
21	51	9.81	0.4333	0.4184	0.4290	0.4290
22	52	9.79	0.4328	0.4290	0.4290	0.4333

注：19～22 为检测样本。c_t的单位为 mg/L。

12.1.2　DO 时间序列数据的四种预测模型输出值的计算及模型的精度检验

1) 四种预测模型输出值的计算

分别选取表 12-1 中样本 4～18 和样本 19～22 的时间序列变量规范值 x'_t 及其前 3 个最近邻时间序列数据规范值 x'_{t-1}、x'_{t-2}、x'_{t-3} 组成的样本作为建模样本和检测(预测)样本。其中，x'_t 为样本预测变量的模型期望输出值 y'_{i0}，x'_{t-1}、x'_{t-2}、x'_{t-3} 为样本影响因子的模型输入值 x'_{j1}、x'_{j2}、x'_{j3}。按照训练样本的组成法，每个建模样本组成 3 个训练样本，样本 4～18 的 15 个建模样本共组成 45 个训练样本，将其规范值分别代入四种预测模型(式(9-5)、式(9-6)，式(9-7)、式(9-9)，式(9-11)、式(9-12)及式(9-15))中，用免疫进化算法分别对两种不同结构的三种智能预测模型中的参数进行迭代优化，当各式的优化目标函数式(9-21)分别满足表 12-2 所示的精度时，停止迭代，得到参数优化后两种不同结构的三种智能预测模型的输出计算式，分别如式(12-2)～式(12-7)所示。用最小二乘法优化得到 NV-ULR 预测模型的输出计算式，如式(12-8)所示。由式(12-2)～式(12-8)计算得到四种预测模型建模样本的拟合输出值及检测样本的计算输出值，见表 12-3。计算得到四种预测模型建模样本模型输出的拟合相对误差(绝对值)，见表 12-4。

表 12-2　基于规范变换的三种智能预测模型停止训练时的目标函数值 Q_0

智能预测模型	NV-FNN(2)	NV-FNN(3)	NV-PPR(2)	NV-PPR(3)	NV-SVR(2)	NV-SVR(3)
Q_0	0.000206	0.000016	0.000195	0.000165	0.000172	0.000160

$$y(2)=0.8113\times\frac{1-\mathrm{e}^{-\left(0.7412x'_{j1}+0.4873x'_{j2}\right)}}{1+\mathrm{e}^{-\left(0.7412x'_{j1}+0.4873x'_{j2}\right)}}+0.9768\times\frac{1-\mathrm{e}^{-\left(0.7499x'_{j1}+0.4023x'_{j2}\right)}}{1+\mathrm{e}^{-\left(0.7499x'_{j1}+0.4023x'_{j2}\right)}} \tag{12-2}$$

$$y(3)=0.4749\times\frac{1-\mathrm{e}^{-\left(0.6479x'_{j1}+0.5406x'_{j2}+0.9854x'_{j3}\right)}}{1+\mathrm{e}^{-\left(0.6479x'_{j1}+0.5406x'_{j2}+0.9854x'_{j3}\right)}}+0.6436\times\frac{1-\mathrm{e}^{-\left(0.5930x'_{j1}+0.8354x'_{j2}+0.3651x'_{j3}\right)}}{1+\mathrm{e}^{-\left(0.5930x'_{j1}+0.8354x'_{j2}+0.3651x'_{j3}\right)}} \tag{12-3}$$

$$\begin{aligned}y(2)&=\begin{bmatrix}0.2129 & 0.5471\end{bmatrix}\begin{bmatrix}0.4874 & 0.8732\\ 0.5734 & 0.8193\end{bmatrix}\begin{bmatrix}x'_{j1}\\ x'_{j2}\end{bmatrix}\\ &=0.4175x'_{j1}+0.6341x'_{j2}\end{aligned} \tag{12-4}$$

$$\begin{aligned}y(3)&=\begin{bmatrix}0.1621 & 0.4763\end{bmatrix}\begin{bmatrix}0.7609 & 0.1585 & 0.6292\\ 0.2908 & 0.6390 & 0.7121\end{bmatrix}\begin{bmatrix}x'_{j1}\\ x'_{j2}\\ x'_{j3}\end{bmatrix}\\ &=0.2618x'_{j1}+0.3300x'_{j2}+0.4412x'_{j3}\end{aligned} \tag{12-5}$$

$$\begin{aligned}y(2)&=\alpha_1k_1\left(\boldsymbol{x}',\boldsymbol{x}'_{10}\right)+\alpha_2k_2\left(\boldsymbol{x}',\boldsymbol{x}'_{20}\right)+b_1\\ &=0.1139\exp\left(-\frac{\left\|\boldsymbol{x}'_{j1}-\boldsymbol{x}'_{10}\right\|^2}{2\sigma_1^2}\right)+0.0820\exp\left(-\frac{\left\|\boldsymbol{x}'_{j2}-\boldsymbol{x}'_{20}\right\|^2}{2\sigma_1^2}\right)+0.2286\end{aligned} \tag{12-6}$$

$$\begin{aligned}y(3)&=\alpha_1k_1\left(\boldsymbol{x}',\boldsymbol{x}'_{10}\right)+\alpha_2k_2\left(\boldsymbol{x}',\boldsymbol{x}'_{20}\right)+\alpha_3k_3\left(\boldsymbol{x}',\boldsymbol{x}'_{30}\right)+b_2\\ &=0.0821\exp\left(-\frac{\left\|\boldsymbol{x}'_{j1}-\boldsymbol{x}'_{10}\right\|^2}{2\sigma_2^2}\right)+0.0585\exp\left(-\frac{\left\|\boldsymbol{x}'_{j2}-\boldsymbol{x}'_{20}\right\|^2}{2\sigma_2^2}\right)\\ &\quad+0.0908\exp\left(-\frac{\left\|\boldsymbol{x}'_{j3}-\boldsymbol{x}'_{30}\right\|^2}{2\sigma_2^2}\right)+0.2085\end{aligned} \tag{12-7}$$

式中，σ_1=0.1453，σ_2=0.1783。

$$y'_i = a + bx'_i = 0.017512 + 1.00144x'_i \tag{12-8}$$

表 12-3 四种预测模型的样本计算输出值 y'_i

样本 i	NV-FNN		NV-PPR		NV-SVR		NV-ULR
	(2)	(3)	(2)	(3)	(2)	(3)	
4	0.2798	0.2841	0.2796	0.2747	0.2823	0.2705	0.2838
5	0.3003	0.3043	0.3005	0.2952	0.3012	0.2942	0.3037
6	0.3048	0.3087	0.3051	0.2997	0.3057	0.2995	0.3080
7	0.3025	0.3065	0.3028	0.2974	0.3035	0.2969	0.3058
8	0.3095	0.3133	0.3099	0.3044	0.3102	0.3047	0.3126
9	0.3138	0.3175	0.3143	0.3087	0.3147	0.3100	0.3168
10	0.3258	0.3292	0.3266	0.3208	0.3275	0.3252	0.3286
11	0.3329	0.3360	0.3338	0.3279	0.3351	0.3340	0.3354
12	0.3393	0.3422	0.3404	0.3344	0.3427	0.3432	0.3417
13	0.3431	0.3459	0.3443	0.3383	0.3470	0.3482	0.3454
14	0.3557	0.3580	0.3573	0.3510	0.3595	0.3624	0.3578
15	0.3773	0.3787	0.3797	0.3730	0.3818	0.3887	0.3791
16	0.3965	0.3968	0.3996	0.3926	0.4015	0.4124	0.3981
17	0.4069	0.4066	0.4104	0.4032	0.4099	0.4224	0.4084
18	0.4151	0.4143	0.4191	0.4117	0.4148	0.4281	0.4166
19	0.4245	0.4232	0.4290	0.4214	0.4214	0.4192	0.4261
20	0.4353	0.4332	0.4403	0.4325	0.4325	0.4227	0.4368
21	0.4420	0.4394	0.4474	0.4395	0.4395	0.4241	0.4436
22	0.4470	0.4440	0.4526	0.4447	0.4447	0.4245	0.4485

注：19～22 为检测样本。

表 12-4 四种预测模型的建模样本模型输出的拟合相对误差 r'_i （单位：%）

建模样本 i	NV-FNN		NV-PPR		NV-SVR		NV-ULR
	(2)	(3)	(2)	(3)	(2)	(3)	
4	2.83	1.33	2.89	4.61	1.94	6.06	1.42
5	3.91	5.28	3.97	2.14	4.21	1.78	5.09
6	6.28	7.63	6.38	4.50	6.59	4.45	7.39
7	1.83	0.56	1.76	3.50	1.54	3.66	0.78
8	2.64	3.89	2.76	0.95	2.86	1.05	3.65
9	2.51	1.37	2.36	4.08	2.24	3.70	1.58
10	0.91	0.10	0.68	2.44	0.40	1.11	0.61
11	3.93	4.91	4.23	2.39	4.63	4.28	4.71
12	1.81	2.69	2.15	0.34	2.85	2.98	2.55

续表

建模样本 i	NV-FNN		NV-PPR		NV-SVR		NV-ULR
	(2)	(3)	(2)	(3)	(2)	(3)	
13	6.21	5.45	5.88	7.54	5.15	4.82	5.58
14	7.41	6.81	6.99	8.63	6.43	5.66	6.87
15	3.25	2.90	2.64	4.36	2.10	0.33	2.79
16	0.04	0.05	0.75	1.03	1.22	3.97	0.35
17	0.46	0.53	0.41	1.36	0.28	3.33	0.98
18	0.78	0.96	0.17	1.60	0.85	2.34	0.43

2) 三种智能预测模型的精度检验

由式(9-22)计算出 NV-FNN、NV-PPR 和 NV-SVR 三种智能预测模型两种不同结构的 F 值分别为 $F(100.40)$、$F(93.70)$，$F(99.19)$、$F(86.68)$及 $F(97.13)$、$F(174.73)$，均远大于 $F_{0.005}(6.48)$，表明模型精度检验合格，预测结果具有很高的可信度。

12.1.3　误差修正后 DO 的预测值及多种模型预测值的相对误差比较

1) 误差修正后的模型输出值及 DO 的预测值

与 4 个(19～22)DO 检测(预测)样本的四种预测模型输出相似的建模样本见表 12-5。用式(9-17)～式(9-20)进行误差修正后 4 个检测样本的四种预测模型的输出值 Y_i' 见表 12-6。再由式(9-2)和式(12-1)的逆运算计算得到四种预测模型对 4 个 DO 检测样本的预测值 c_{iY}，见表 12-6。表 12-6 中还列出了 4 个 DO 检测样本的实际值 c_{iy} 及其规范值 y_{i0}'。

表 12-5　与 4 个 DO 检测样本的四种预测模型输出相似的建模样本(序号)

检测样本 i	NV-FNN (2)	NV-FNN (3)	NV-PPR (2)	NV-PPR (3)	NV-SVR (2)	NV-SVR (3)	NV-ULR
19	18	18	18	18	18	18	18
20	18,19	18,19	18,19	18,19	18,19	18,19	19
21	19,20	19,20	19,20	19,20	19,20	19,20	20
22	21	21	21	21	20,21	20,21	21

表 12-6　4 个 DO 检测样本的四种预测模型误差修正后的模型输出值 Y_i' 和预测值 c_{iY}

检测样本 i	NV-FNN(2)		NV-FNN(3)		NV-PPR(2)		NV-PPR(3)	
	Y_i'	c_{iY}	Y_i'	c_{iY}	Y_i'	c_{iY}	Y_i'	c_{iY}
19	0.4279	9.61	0.4274	9.59	0.4283	9.62	0.4284	9.63
20	0.4312	9.73	0.4281	9.62	0.4399	10.06	0.4251	9.51
21	0.4363	9.92	0.4342	9.84	0.4358	9.90	0.4337	9.82
22	0.4381	10.00	0.4378	9.98	0.4382	10.00	0.4383	10.00

续表

检测样本 i	NV-SVR(2)		NV-SVR(3)		NV-ULR		规范值和实际值	
	Y_i'	c_{iY}	Y_i'	c_{iY}	Y_i'	c_{iY}	y_{i0}'	c_{iy}
19	0.4228	9.43	0.4347	9.86	0.4279	9.61	0.4290	9.65
20	0.4296	9.67	0.4276	9.60	0.4336	9.82	0.4290	9.65
21	0.4323	9.77	0.4340	9.84	0.4354	9.89	0.4333	9.81
22	0.4323	9.77	0.4332	9.80	0.4380	9.99	0.4328	9.79

注：c_{iY} 和 c_{iy} 的单位为 mg/L。

2) 检测样本的多种模型预测值的相对误差及比较

4 个检测样本的预测值与实际值之间的相对误差绝对值 r_i 及其平均值和最大值见表 12-7。表 12-7 中还列出了文献[1]用传统灰色预测法对这 4 个检测样本预测的相对误差绝对值 r_i 及其平均值与最大值。由表 12-7 可见，基于规范变换与误差修正的四种预测模型对 4 个检测样本预测的相对误差绝对值的平均值和最大值差异不大，而且都小于传统灰色预测法的相应误差。

表 12-7　4 个检测样本的多种模型预测值的相对误差绝对值 r_i 及其平均值和最大值

检测样本 i	r_i/%							
	NV-FNN		NV-PPR		NV-SVR		NV-ULR	灰色预测法
	(2)	(3)	(2)	(3)	(2)	(3)		
19	0.41	0.62	0.31	0.21	2.28	2.18	0.41	4.80
20	0.83	0.31	4.25	1.45	0.21	0.52	1.76	2.81
21	1.12	0.31	0.92	0.10	0.41	0.31	0.81	2.40
22	2.15	1.94	2.15	2.15	0.20	0.10	2.04	0.15
平均值	1.13	0.80	1.91	0.98	0.78	0.78	1.26	2.54
最大值	2.15	1.94	4.25	2.15	2.28	2.18	2.04	4.80

12.2　三种智能模型和 NV-ULR 模型用于牡丹江市 TSP 浓度时间序列预测

12.2.1　TSP 浓度时间序列变量参照值及规范变换式的设置

1991～2002 年牡丹江市 TSP 年均浓度各年监测的时间序列数据见表 12-8[2]。依据式(9-1)及 c_{j0}、c_{jb}、n_j 的设计原则和方法，设置数据变换式如式(12-9)所示，由式(12-9)和式(9-2)计算得到 TSP 年均浓度时间序列的规范值 x_t'，见表 12-8。

取 t 时刻前的最近邻时刻数 $k=3$，则从第 4 个样本的数据规范值开始，由 TSP 第 t 个样本的前 3 个最近邻时间序列数据的规范值 x'_{t-1}、x'_{t-2}、x'_{t-3} 构成第 t 个样本的 3 个影响因子 (x'_{j1}、x'_{j2}、x'_{j3})，则全部 9 个时间序列样本(1994～2002 年)的 3 个影响因子的规范值见表 12-8。

$$X_t=\begin{cases}(c_t/c_{t0})^2, & c_t \geqslant c_{t0},\\ 1, & c_t < c_{t0},\end{cases} \quad 对\ TSP \tag{12-9}$$

式中，参照值 c_{t0}=0.05mg/m^3；c_t 和 c_{t0} 的单位均为 mg/m^3。

表 12-8 1991～2002 年牡丹江市 TSP 年均浓度监测值 c_t 及其规范值 x'_t

样本 i	年份	监测值 c_t	规范值 x'_t	$k=3$		
				x'_{t-1}	x'_{t-2}	x'_{t-3}
1	1991	0.5150	—	—	—	—
2	1992	0.5070	—	—	—	—
3	1993	0.4440	—	—	—	—
4	1994	0.4030	0.4174	0.4664	0.4633	0.4368
5	1995	0.3650	0.3976	0.4633	0.4368	0.4174
6	1996	0.3810	0.4062	0.4368	0.4174	0.3976
7	1997	0.3790	0.4051	0.4174	0.3976	0.4062
8	1998	0.3690	0.3998	0.3976	0.4062	0.4051
9	1999	0.3590	0.3943	0.4062	0.4051	0.3998
10	2000	0.2030	0.2802	0.4051	0.3998	0.3943
11	2001	0.2280	0.3035	0.3998	0.3943	0.2802
12	2002	0.2600	0.3297	0.3943	0.2802	0.3035

注：11、12 为检测样本。c_t 的单位为 mg/m^3。

12.2.2 TSP 浓度时间序列数据的四种预测模型输出值的计算及模型的精度检验

1) 四种预测模型输出值的计算

分别选取表 12-8 中样本 4～10 和样本 11、12 的时间序列变量规范值 x'_t 及其前 3 个最近邻时间序列数据规范值 x'_{t-1}、x'_{t-2}、x'_{t-3} 组成的样本作为建模样本和检测(预测)样本。其中，x'_t 为样本预测变量的模型期望输出值 y'_{i0}，x'_{t-1}、x'_{t-2}、x'_{t-3} 为样本影响因子的模型输入值 x'_{j1}、x'_{j2}、x'_{j3}。按照训练样本的组成法，每个建模样本组成 3 个训练样本，样本 4～10 的 7 个建模样本共组成 21 个训练样本，将其规范值分别代入四种预测模型(式(9-5)、式(9-6)，式(9-7)、式(9-9)，式(9-11)、式(9-12)及式(9-15))中，用免疫进化算法分别对两种不同结构的三种智能预测模型中的参数进行迭代优化。当各式的优化目标函数式(9-21)分别满足表 12-9 所示的精度时，停止迭代，得到参数优化后两种不同结构的三种智能预测模型的输出计算式，分别如式(12-10)～式(12-15)所示。用最小二乘法优化得到 NV-ULR 预测模型的输出计算式，如式(12-16)所示。由式(12-10)～式(12-16)计算得到四种预测模型建模样本的拟合输出值及检测样本的计算输出值，见表 12-10；计算得到四种预测模型建模样本模型输出的拟合相对误差(绝对值)，见表 12-11。

表 12-9　基于规范变换的三种智能预测模型停止训练时的目标函数值 Q_0

智能预测模型	NV-FNN(2)	NV-FNN(3)	NV-PPR(2)	NV-PPR(3)	NV-SVR(2)	NV-SVR(3)
Q_0	0.0015	0.0015	0.0015	0.0015	0.0015	0.0016

$$y(2)=0.6019\times\frac{1-\mathrm{e}^{-\left(0.9614x'_{j1}+0.7283x'_{j2}\right)}}{1+\mathrm{e}^{-\left(0.9614x'_{j1}+0.7283x'_{j2}\right)}}+0.6573\times\frac{1-\mathrm{e}^{-\left(0.5931x'_{j1}+0.7115x'_{j2}\right)}}{1+\mathrm{e}^{-\left(0.5931x'_{j1}+0.7115x'_{j2}\right)}} \tag{12-10}$$

$$y(3)=0.8280\times\frac{1-\mathrm{e}^{-\left(0.5247x'_{j1}+0.1662x'_{j2}+0.3015x'_{j3}\right)}}{1+\mathrm{e}^{-\left(0.5247x'_{j1}+0.1662x'_{j2}+0.3015x'_{j3}\right)}}+0.8802\times\frac{1-\mathrm{e}^{-\left(0.2546x'_{j1}+0.4572x'_{j2}+0.4768x'_{j3}\right)}}{1+\mathrm{e}^{-\left(0.2546x'_{j1}+0.4572x'_{j2}+0.4768x'_{j3}\right)}} \tag{12-11}$$

$$\begin{aligned}y(2)&=\begin{bmatrix}0.2126 & 0.4442\end{bmatrix}\begin{bmatrix}0.5593 & 0.8289\\0.6886 & 0.7251\end{bmatrix}\begin{bmatrix}x'_{j1}\\x'_{j2}\end{bmatrix}\\&=0.4248x'_{j1}+0.4983x'_{j2}\end{aligned} \tag{12-12}$$

$$\begin{aligned}y(3)&=\begin{bmatrix}0.2007 & 0.3929\end{bmatrix}\begin{bmatrix}0.6160 & 0.7269 & 0.3037\\0.2092 & 0.3861 & 0.8984\end{bmatrix}\begin{bmatrix}x'_{j1}\\x'_{j2}\\x'_{j3}\end{bmatrix}\\&=0.2058x'_{j1}+0.2976x'_{j2}+0.4139x'_{j3}\end{aligned} \tag{12-13}$$

$$\begin{aligned}y(2)&=\alpha_1k_1\left(\boldsymbol{x}',\boldsymbol{x}'_{10}\right)+\alpha_2k_2\left(\boldsymbol{x}',\boldsymbol{x}'_{20}\right)+b_1\\&=0.0839\exp\left(-\frac{\left\|\boldsymbol{x}'_{j1}-\boldsymbol{x}'_{10}\right\|^2}{2\sigma_1^2}\right)+0.0923\exp\left(-\frac{\left\|\boldsymbol{x}'_{j2}-\boldsymbol{x}'_{20}\right\|^2}{2\sigma_1^2}\right)+0.2197\end{aligned} \tag{12-14}$$

$$y(3) = \alpha_1 k_1(\boldsymbol{x}', \boldsymbol{x}'_{10}) + \alpha_2 k_2(\boldsymbol{x}', \boldsymbol{x}'_{20}) + \alpha_3 k_3(\boldsymbol{x}', \boldsymbol{x}'_{30}) + b_2$$

$$= 0.0499\exp\left(-\frac{\left\|\boldsymbol{x}'_{j1} - \boldsymbol{x}'_{10}\right\|^2}{2\sigma_2^2}\right) + 0.0599\exp\left(-\frac{\left\|\boldsymbol{x}'_{j2} - \boldsymbol{x}'_{20}\right\|^2}{2\sigma_2^2}\right)$$

$$+ 0.0757\exp\left(-\frac{\left\|\boldsymbol{x}'_{j3} - \boldsymbol{x}'_{30}\right\|^2}{2\sigma_2^2}\right) + 0.2133 \tag{12-15}$$

式中，σ_1=0.1503，σ_2=0.1869。

$$y'_i = a + bx'_i = 0.0659 + 0.7654x'_i \tag{12-16}$$

表 12-10　四种预测模型的样本计算输出值 y'_i

样本 i	NV-FNN		NV-PPR		NV-SVR		NV-ULR
	(2)	(3)	(2)	(3)	(2)	(3)	
4	0.4106	0.4166	0.4205	0.4179	0.3939	0.3958	0.4146
5	0.3969	0.4023	0.4054	0.4029	0.3907	0.3929	0.4071
6	0.3784	0.3829	0.3852	0.3828	0.3826	0.3854	0.3853
7	0.3697	0.3739	0.3758	0.3734	0.3772	0.3808	0.3775
8	0.3663	0.3702	0.3720	0.3697	0.3746	0.3784	0.3744
9	0.3669	0.3709	0.3727	0.3704	0.3753	0.3789	0.3749
10	0.3635	0.3674	0.3690	0.3667	0.3698	0.3760	0.3719
11	0.3274	0.3297	0.3305	0.3282	0.3258	0.3235	0.3400
12	0.2990	0.3008	0.3008	0.2990	0.2972	0.2972	0.3155

注：11、12 为检测样本。

表 12-11　四种预测模型的建模样本模型输出的拟合相对误差 r'_i　(单位：%)

建模样本 i	NV-FNN		NV-PPR		NV-SVR		NV-ULR
	(2)	(3)	(2)	(3)	(2)	(3)	
4	1.63	0.18	0.75	0.12	5.62	5.18	0.67
5	0.17	1.18	1.98	1.34	1.72	1.18	1.13
6	6.83	5.72	5.16	5.75	5.79	5.10	5.15
7	8.73	7.71	7.23	7.81	6.89	6.00	6.81
8	8.38	7.38	6.94	7.52	6.30	5.35	6.35
9	6.95	5.93	5.47	6.06	4.81	3.89	4.92
10	29.71	31.09	31.68	30.86	31.96	34.17	32.73

2) 三种智能预测模型的精度检验

由式(9-22)计算出 NV-FNN、NV-PPR 和 NV-SVR 三种智能预测模型两种不

同结构的 F 值分别为 $F(7.97)$、$F(6.82)$，$F(6.04)$、$F(6.38)$及 $F(10.69)$、$F(9.13)$，均大于 $F_{0.025}(5.08)$，表明模型精度检验合格，预测结果具有较高的可信度。

12.2.3 误差修正后 TSP 浓度的预测值及多种模型预测值的相对误差比较

1) 误差修正后的模型输出值及 TSP 浓度的预测值

与 2 个(11、12)TSP 浓度检测样本的四种预测模型输出相似的建模样本见表 12-12。用式(9-17)～式(9-20)进行误差修正后的 2 个 TSP 浓度检测样本的四种预测模型的输出值 Y_i' 见表 12-13。再由式(9-2)和式(12-9)的逆运算计算得到四种预测模型对 2 个 TSP 浓度检测样本的预测值 c_{iY}，见表 12-13。表 12-13 中还列出了 2 个 TSP 浓度检测样本的实际值 c_{iy} 及其规范值 y_{i0}'。

表 12-12 与 2 个 TSP 浓度检测样本的四种预测模型输出相似的建模样本(序号)

检测样本 i	NV-FNN (2)	NV-FNN (3)	NV-PPR (2)	NV-PPR (3)	NV-SVR (2)	NV-SVR (3)	NV-ULR
11	9,10	9,10	9,10	9,10	8,9	8,9	8,9,10
12	9,10,11	9,10,11	9,10,11	9,10,11	9,10,11	9,10,11	8,9

表 12-13 2 个 TSP 浓度检测样本的四种预测模型误差修正后的模型输出值 Y_i' 和 TSP 预测值 c_{iY}

检测样本 i	NV-FNN(2)		NV-FNN(3)		NV-PPR(2)		NV-PPR(3)	
	Y_i'	c_{iY}	Y_i'	c_{iY}	Y_i'	c_{iY}	Y_i'	c_{iY}
11	0.3037	0.228	0.3035	0.228	0.3025	0.227	0.3024	0.227
12	0.3309	0.262	0.3332	0.265	0.3329	0.264	0.3307	0.261

检测样本 i	NV-SVR(2)		NV-SVR(3)		NV-ULR		规范值和实际值	
	Y_i'	c_{iY}	Y_i'	c_{iY}	Y_i'	c_{iY}	y_{i0}'	c_{iy}
11	0.3106	0.236	0.3110	0.236	0.3030	0.227	0.3035	0.228
12	0.3296	0.260	0.3308	0.261	0.3312	0.262	0.3297	0.260

注：c_{iY} 和 c_{iy} 的单位为 mg/m^3。

2) 检测样本的多种模型预测值的相对误差及比较

2 个检测样本的预测值与实际值之间的相对误差绝对值 r_i 及其平均值和最大值见表 12-14。表 12-14 中还列出了文献[2]用传统灰色预测法对 2 个检测样本预测的相对误差绝对值 r_i 及其平均值和最大值。由表 12-14 可见，基于规范变换与误差修正的四种预测模型中，除两种不同结构的 NV-SVR 模型预测的误差稍大外，其余三种预测模型的误差相差甚小，但四种预测模型对 2 个检测样本预测的相对误差绝对值的平均值和最大值都远小于灰色预测法的相应误差。

表 12-14　2 个检测样本的多种模型预测值的相对误差绝对值 r_i 及其平均值和最大值

检测样本 i	r_i/%							
	NV-FNN (2)	NV-FNN (3)	NV-PPR (2)	NV-PPR (3)	NV-SVR (2)	NV-SVR (3)	NV-ULR	灰色预测法
11	0.00	0.00	0.44	0.44	3.50	3.50	0.44	14.91
12	0.77	1.92	1.54	0.38	0.00	0.38	0.77	5.77
平均值	0.39	0.96	0.99	0.41	1.75	1.94	0.61	10.34
最大值	0.77	1.92	1.54	0.44	3.50	3.50	0.77	14.91

12.3　三种智能模型和 NV-ULR 模型用于伦河孝感段 COD_{Mn} 时间序列预测

12.3.1　COD_{Mn} 时间序列变量参照值及规范变换式的设置

2008 年 8 月～2011 年 12 月伦河孝感段(每 2 个月采集 1 次数据)COD_{Mn} 监测的时间序列数据见表 12-15[3]。依据式(9-1)及 c_{j0}、c_{jb} 和 n_j 的设计原则与方法，设置时间序列数据变换式如式(12-17)所示，由式(12-17)和式(9-2)计算得到 COD_{Mn} 时间序列的规范值 x'_t，见表 12-15。取 t 时刻前的最近邻时刻数 $k=3$，则从第 4 个样本的数据规范值开始，由 COD_{Mn} 第 t 个样本的前 3 个最近邻时间序列数据的规范值 x'_{t-1}、x'_{t-2}、x'_{t-3} 构成第 t 个样本的 3 个影响因子(x'_{j1}、x'_{j2}、x'_{j3})，则全部 18 个时间序列样本(2008～2011 年，样本 4～21)的 3 个影响因子的规范值见表 12-15。

$$X_t=\begin{cases}(c_t/c_{t0})^2, & c_t \geqslant c_{t0},\\ 1, & c_t < c_{t0},\end{cases} \quad \text{对 } COD_{Mn} \tag{12-17}$$

式中，参照值 c_{t0}=0.5mg/L；c_t 和 c_{t0} 的单位均为 mg/L。

表 12-15　2008 年 8 月～2011 年 12 月伦河孝感段的 COD_{Mn} 监测值 c_t 及其规范值 x'_t

样本 i	监测值 c_t	规范值 x'_t	$k=3$		
			x'_{t-1}	x'_{t-2}	x'_{t-3}
1	2.26	0.3017	—	—	—
2	2.56	0.3266	—	—	—
3	2.15	0.2917	—	—	—
4	2.10	0.2870	0.3017	0.3266	0.2917
5	1.90	0.2670	0.3266	0.2917	0.2870

续表

样本 i	监测值 c_t	规范值 x'_t	$k=3$		
			x'_{t-1}	x'_{t-2}	x'_{t-3}
6	2.40	0.3137	0.2917	0.2870	0.2670
7	2.03	0.2802	0.2870	0.2670	0.3137
8	1.93	0.2701	0.2670	0.3137	0.2802
9	2.23	0.2990	0.3137	0.2802	0.2701
10	2.33	0.3078	0.2802	0.2701	0.2990
11	4.25	0.4280	0.2701	0.2990	0.3078
12	3.37	0.3816	0.2990	0.3078	0.4280
13	3.36	0.3810	0.3078	0.4280	0.3816
14	3.25	0.3744	0.4280	0.3816	0.3810
15	2.77	0.3424	0.3816	0.3810	0.3744
16	3.25	0.3744	0.3810	0.3744	0.3424
17	2.85	0.3481	0.3744	0.3424	0.3744
18	2.76	0.3417	0.3424	0.3744	0.3481
19	2.71	0.3380	0.3744	0.3481	0.3417
20	2.76	0.3417	0.3481	0.3417	0.3380
21	2.78	0.3431	0.3417	0.3380	0.3417

注：19～21 为检测样本。c_t 的单位为 mg/L。

12.3.2　COD_{Mn} 时间序列数据的四种预测模型输出值的计算及模型的精度检验

1) 四种预测模型输出值的计算

分别选取表 12-15 中样本 4～18 和样本 19～21 的时间序列变量规范值 x'_t 及其前 3 个最近邻时间序列数据规范值 x'_{t-1}、x'_{t-2}、x'_{t-3} 组成的样本作为建模样本和检测(预测)样本。其中，x'_t 为样本的预测变量的模型期望输出值 y'_{i0}，x'_{t-1}、x'_{t-2}、x'_{t-3} 为样本影响因子的模型输入值 x'_{j1}、x'_{j2}、x'_{j3}。按照训练样本的组成法，每个建模样本组成 3 个训练样本，样本 4～18 的 15 个建模样本共组成 45 个训练样本，将其规范值分别代入四种预测模型(式 (9-5)、式(9-6)，式(9-7)、式(9-9)，式(9-11)、式(9-12)及式(9-15))中，用免疫进化算法分别对两种不同结构的三种智能预测模型中的参数进行迭代优化。当各式的优化目标函数式(9-21)分别满足表 12-16 所示的精度时，停止迭代，得到参数优化后两种不同结构的三种智能预测模型的输出计算式，分别如式(12-18)～式(12-23)所示。用最小二乘法优化得到 NV-ULR 预测模型的输出计算式，如式(12-24)所示。由式(12-18)～式(12-24)计算得到四种预测模型建模样本的拟合输出值及检测样本的计算输出值，见表 12-17。计算得到四种预测模型建模样本模型输出的拟合相对误差(绝对值)，见表 12-18。

表 12-16　基于规范变换的三种智能预测模型停止训练时的目标函数值 Q_0

智能预测模型	NV-FNN(2)	NV-FNN(3)	NV-PPR(2)	NV-PPR(3)	NV-SVR(2)	NV-SVR(3)
Q_0	0.0018	0.0016	0.0019	0.0019	0.0016	0.0016

$$y(2)=0.6083\times\frac{1-\mathrm{e}^{-\left(0.6304x'_{j1}+0.9534x'_{j2}\right)}}{1+\mathrm{e}^{-\left(0.6304x'_{j1}+0.9534x'_{j2}\right)}}+0.6187\times\frac{1-\mathrm{e}^{-\left(0.8189x'_{j1}+0.9640x'_{j2}\right)}}{1+\mathrm{e}^{-\left(0.8189x'_{j1}+0.9640x'_{j2}\right)}} \tag{12-18}$$

$$y(3)=0.6833\times\frac{1-\mathrm{e}^{-\left(0.7044x'_{j1}+0.7193x'_{j2}+0.8378x'_{j3}\right)}}{1+\mathrm{e}^{-\left(0.7044x'_{j1}+0.7193x'_{j2}+0.8378x'_{j3}\right)}}+0.3212\times\frac{1-\mathrm{e}^{-\left(0.5732x'_{j1}+0.7954x'_{j2}+0.3573x'_{j3}\right)}}{1+\mathrm{e}^{-\left(0.5732x'_{j1}+0.7954x'_{j2}+0.3573x'_{j3}\right)}} \tag{12-19}$$

$$\begin{aligned}y(2)&=\begin{bmatrix}0.5317 & 0.2374\end{bmatrix}\begin{bmatrix}0.4081 & 0.9129\\ 0.9336 & 0.3584\end{bmatrix}\begin{bmatrix}x'_{j1}\\ x'_{j2}\end{bmatrix}\\ &=0.4386x'_{j1}+0.5705x'_{j2}\end{aligned} \tag{12-20}$$

$$\begin{aligned}y(3)&=\begin{bmatrix}0.4544 & 0.1952\end{bmatrix}\begin{bmatrix}0.8105 & 0.2531 & 0.5282\\ 0.2089 & 0.9472 & 0.2434\end{bmatrix}\begin{bmatrix}x'_{j1}\\ x'_{j2}\\ x'_{j3}\end{bmatrix}\\ &=0.4091x'_{j1}+0.2999x'_{j2}+0.2875x'_{j3}\end{aligned} \tag{12-21}$$

$$\begin{aligned}y(2)&=\alpha_1k_1\left(\boldsymbol{x}',\boldsymbol{x}'_{10}\right)+\alpha_2k_2\left(\boldsymbol{x}',\boldsymbol{x}'_{20}\right)+b_1\\ &=0.0890\exp\left(-\frac{\left\|\boldsymbol{x}'_{j1}-\boldsymbol{x}'_{10}\right\|^2}{2\sigma_1^2}\right)+0.0732\exp\left(-\frac{\left\|\boldsymbol{x}'_{j2}-\boldsymbol{x}'_{20}\right\|^2}{2\sigma_1^2}\right)+0.2120\end{aligned} \tag{12-22}$$

$$\begin{aligned}y(3)&=\alpha_1k_1\left(\boldsymbol{x}',\boldsymbol{x}'_{10}\right)+\alpha_2k_2\left(\boldsymbol{x}',\boldsymbol{x}'_{20}\right)+\alpha_3k_3\left(\boldsymbol{x}',\boldsymbol{x}'_{30}\right)+b_2\\ &=0.0426\exp\left(-\frac{\left\|\boldsymbol{x}'_{j1}-\boldsymbol{x}'_{10}\right\|^2}{2\sigma_2^2}\right)+0.0465\exp\left(-\frac{\left\|\boldsymbol{x}'_{j2}-\boldsymbol{x}'_{20}\right\|^2}{2\sigma_2^2}\right)\\ &\quad+0.0524\exp\left(-\frac{\left\|\boldsymbol{x}'_{j3}-\boldsymbol{x}'_{30}\right\|^2}{2\sigma_2^2}\right)+0.2467\end{aligned} \tag{12-23}$$

式中，$\sigma_1=0.1671$，$\sigma_2=0.1479$。

$$y'_i=a+bx'_i=0.1778+0.4745x'_i \tag{12-24}$$

表 12-17　四种预测模型的样本计算输出值 y_i'

样本 i	NV-FNN		NV-PPR		NV-SVR		NV-ULR
	(2)	(3)	(2)	(3)	(2)	(3)	
4	0.3099	0.3110	0.3095	0.3056	0.3072	0.2975	0.3234
5	0.3052	0.3063	0.3045	0.3007	0.3029	0.2931	0.3210
6	0.2859	0.2873	0.2845	0.2809	0.2874	0.2792	0.3116
7	0.2930	0.2944	0.2919	0.2882	0.2927	0.2835	0.3151
8	0.2908	0.2922	0.2896	0.2859	0.2909	0.2819	0.3140
9	0.2918	0.2932	0.2906	0.2870	0.2918	0.2827	0.3145
10	0.2870	0.2885	0.2857	0.2821	0.2883	0.2799	0.3122
11	0.2960	0.2973	0.2950	0.2912	0.2954	0.2860	0.3165
12	0.3464	0.3466	0.3481	0.3437	0.3249	0.3162	0.3415
13	0.3724	0.3717	0.3758	0.3711	0.3460	0.3435	0.3546
14	0.3953	0.3935	0.4005	0.3954	0.3660	0.3748	0.3662
15	0.3787	0.3776	0.3824	0.3776	0.3608	0.3666	0.3577
16	0.3664	0.3658	0.3693	0.3646	0.3520	0.3532	0.3515
17	0.3644	0.3638	0.3670	0.3624	0.3509	0.3516	0.3504
18	0.3561	0.3558	0.3582	0.3537	0.3452	0.3435	0.3463
19	0.3559	0.3556	0.3579	0.3534	0.3450	0.3432	0.3462
20	0.3444	0.3445	0.3457	0.3420	0.3369	0.3324	0.3404
21	0.3423	0.3425	0.3435	0.3392	0.3353	0.3303	0.3394

注：19～21 为检测样本。

表 12-18　四种预测模型的建模样本模型输出的拟合相对误差 r_i'　(单位：%)

建模样本 i	NV-FNN		NV-PPR		NV-SVR		NV-ULR
	(2)	(3)	(2)	(3)	(2)	(3)	
4	7.98	8.34	7.82	6.46	7.04	3.65	12.68
5	14.30	14.72	14.05	12.61	13.46	9.79	20.22
6	8.88	8.41	9.33	10.47	8.40	11.02	6.69
7	4.56	5.05	4.15	2.84	4.45	1.17	12.46
8	7.65	8.17	7.20	5.85	7.67	4.36	16.25
9	2.42	1.95	2.81	4.04	2.43	5.45	5.18
10	6.75	6.27	7.19	8.36	6.35	9.06	1.43
11	30.85	30.54	31.09	31.95	30.98	33.18	26.05
12	9.23	9.16	8.79	9.94	14.86	17.14	10.51
13	2.25	2.44	1.36	2.60	9.20	9.85	6.93
14	5.59	5.11	6.97	5.63	2.22	0.11	2.19
15	10.60	10.28	11.69	10.29	5.38	7.07	4.47

续表

建模样本 i	NV-FNN		NV-PPR		NV-SVR		NV-ULR
	(2)	(3)	(2)	(3)	(2)	(3)	
16	2.11	2.28	1.36	2.60	5.97	5.65	6.12
17	4.68	4.52	5.44	4.12	0.80	1.01	0.66
18	4.22	4.15	4.83	3.51	1.02	0.54	1.35

2) 三种智能预测模型的精度检验

由式(9-22)计算出 NV-FNN、NV-PPR 和 NV-SVR 三种智能预测模型两种不同结构的 F 值分别为 $F(4.30)$、$F(4.32)$，$F(4.63)$、$F(4.56)$及 $F(4.89)$、$F(4.85)$，均大于 $F_{0.025}(4.24)$，表明模型精度检验合格，预测结果具有可信度。

12.3.3　误差修正后 COD_{Mn} 的预测值及多种模型预测值的相对误差比较

1) 误差修正后的模型输出值及 COD_{Mn} 的预测值

与 3 个(19～21)COD_{Mn} 检测(预测)样本的四种预测模型输出相似的建模样本见表 12-19。用式(9-17)～式(9-20)进行误差修正后 3 个检测样本的四种预测模型的输出值 Y_i' 见表 12-20。再由式(9-2)和式(12-17)的逆运算计算得到的四种预测模型对 3 个 COD_{Mn} 检测样本的预测值 c_{iY}，见表 12-20。表 12-20 中还列出了 3 个 COD_{Mn} 检测样本的实际值 c_{iy} 及其规范值 y_{i0}'。

表 12-19　与 3 个 COD_{Mn} 检测样本的四种预测模型输出相似的建模样本(序号)

检测样本 i	NV-FNN (2)	NV-FNN (3)	NV-PPR (2)	NV-PPR (3)	NV-SVR (2)	NV-SVR (3)	NV-ULR
19	18	18	18	18	18	18	18
20	12,18	12,18	12,18	12,18	18	18	—
21	12,18	12,18	12,18	12,18	13,18	13,18	—

表 12-20　3 个 COD_{Mn} 检测样本的四种预测模型误差修正后的模型输出值 Y_i' 和预测值 c_{iY}

检测样本 i	NV-FNN(2)		NV-FNN(3)		NV-PPR(2)		NV-PPR(3)	
	Y_i'	c_{iY}	Y_i'	c_{iY}	Y_i'	c_{iY}	Y_i'	c_{iY}
19	0.3415	2.76	0.3414	2.76	0.3414	2.76	0.3414	2.76
20	0.3372	2.70	0.3373	2.70	0.3400	2.74	0.3326	2.64
21	0.3353	2.67	0.3354	2.67	0.3382	2.71	0.3521	2.91

检测样本 i	NV-SVR(2)		NV-SVR(3)		NV-ULR		规范值和实际值	
	Y_i'	c_{iY}	Y_i'	c_{iY}	Y_i'	c_{iY}	y_{i0}'	c_{iy}
19	0.3415	2.76	0.3414	2.76	0.3416	2.76	0.3380	2.71

续表

检测样本 i	NV-SVR(2)		NV-SVR(3)		NV-ULR		规范值和实际值	
	Y_i'	c_{iY}	Y_i'	c_{iY}	Y_i'	c_{iY}	y_{i0}'	c_{iy}
20	0.3402	2.74	0.3341	2.66	0.3404	2.74	0.3417	2.76
21	0.3501	2.88	0.3468	2.83	0.3394	2.73	0.3431	2.78

注：c_{iY} 和 c_{iy} 的单位为 mg/L。

2) 检测样本的多种模型预测值的相对误差及比较

3 个检测样本预测值与实际值之间的相对误差绝对值 r_i 及其平均值和最大值见表 12-21。为了比较，表 12-21 中还列出了文献[3]用传统灰色预测法对 3 个 COD_{Mn} 检测样本预测的相对误差绝对值 r_i 及其平均值和最大值。由表 12-21 可见，基于规范变换与误差修正的四种预测模型对 3 个检测样本预测的相对误差绝对值的平均值和最大值相差较小，而且都远小于灰色预测法相应的预测误差。

表 12-21　3 个检测样本的多种模型预测值的相对误差绝对值 r_i 及其平均值和最大值

检测样本 i	r_i/%							
	NV-FNN (2)	NV-FNN (3)	NV-PPR (2)	NV-PPR (3)	NV-SVR (2)	NV-SVR (3)	NV-ULR	灰色预测法
19	1.85	1.85	1.85	1.85	1.85	1.85	1.85	11.98
20	2.17	2.17	0.72	4.35	0.72	3.62	0.72	11.80
21	3.96	3.96	2.52	4.68	3.60	1.80	1.80	12.87
平均值	2.66	2.66	1.70	3.63	2.06	2.42	1.46	12.22
最大值	3.96	3.96	2.52	4.68	3.60	3.62	1.85	12.87

12.4　三种智能模型和 NV-ULR 模型用于长江朱沱段 COD_{Mn} 时间序列预测

12.4.1　COD_{Mn} 时间序列变量参照值及规范变换式的设置

长江朱沱段 COD_{Mn}(2012 年第 37 周～2013 年第 3 周)各周监测的时间序列数据见表 12-22[4]。依据式(9-1)及 c_{j0}、c_{jb} 和 n_j 的设计原则与方法，设置时间序列数据变换式如式(12-25)所示，由式(12-25)和式(9-2)计算得到 COD_{Mn} 时间序列的规范值 x_t'，见表 12-22。取 t 时刻前的最近邻时刻数 $k=3$，则从第 4 个样本的数据规范值开始，由 COD_{Mn} 第 t 个样本的前 3 个最近邻时间序列数据的规范值 x_{t-1}'、x_{t-2}'、x_{t-3}' 构成第 t 个样本 3 个影响因子(x_{j1}'、x_{j2}'、x_{j3}')，则全部 17 个时间序列样本(2012 年第 40 周～2013 年第 3 周)的 3 个影响因子的规范值见表 12-22。

$$X_t=\begin{cases}(c_t/c_{t0})^2, & c_t \geqslant c_{t0},\\ 1, & c_t < c_{t0},\end{cases} \text{对 COD}_{\text{Mn}} \tag{12-25}$$

式中，参照值 c_{t0}=0.4mg/L；c_t 和 c_{t0} 的单位相同，均为 mg/L。

表 12-22　长江朱沱段 COD_{Mn} 监测值 c_t 及其规范值 x'_t (2012 年第 37 周～2013 年第 3 周)

样本 i	时间(周)	监测值 c_t	规范值 x'_t	$k=3$		
				x'_{t-1}	x'_{t-2}	x'_{t-3}
1	37	2.4	0.3584	—	—	—
2	38	3.3	0.4220	—	—	—
3	39	2.8	0.3892	—	—	—
4	40	2.2	0.3409	0.3584	0.4220	0.3892
5	41	2.6	0.3744	0.4220	0.3892	0.3409
6	42	2.3	0.3498	0.3892	0.3409	0.3744
7	43	1.9	0.3116	0.3409	0.3744	0.3498
8	44	1.5	0.2644	0.3744	0.3498	0.3116
9	45	1.5	0.2644	0.3498	0.3116	0.2644
10	46	1.5	0.2644	0.3116	0.2644	0.2644
11	47	1.4	0.2506	0.2644	0.2644	0.2644
12	48	1.5	0.2644	0.2644	0.2644	0.2506
13	49	1.4	0.2506	0.2644	0.2506	0.2644
14	50	1.4	0.2506	0.2506	0.2644	0.2506
15	51	1.7	0.2894	0.2644	0.2506	0.2506
16	52	1.6	0.2773	0.2506	0.2506	0.2894
17	53	1.5	0.2644	0.2506	0.2894	0.2773
18	1	1.6	0.2773	0.2894	0.2773	0.2644
19	2	1.7	0.2894	0.2773	0.2644	0.2773
20	3	1.7	0.2894	0.2644	0.2773	0.2894

注：18～20 为检测样本。c_t 的单位为 mg/L。

12.4.2　COD_{Mn} 时间序列数据的四种预测模型输出值的计算及模型的精度检验

1) 四种预测模型输出值的计算

分别选取表 12-22 中样本 4～17 和样本 18～20 的时间序列变量规范值 x'_t 及其前 3 个最近邻时间序列数据规范值 x'_{t-1}、x'_{t-2}、x'_{t-3} 组成的样本作为建模样本和检测(预测)样本。其中，x'_t 为样本预测变量的模型期望输出值 y'_{i0}，x'_{t-1}、x'_{t-2}、x'_{t-3} 为样本影响因子的模型输入值 x'_{j1}、x'_{j2}、x'_{j3}。按照训练样本的组成法，每个建模样本组成 3 个训练样本，样本 4～17 的 14 个建模样本共组成 42 个训练样本，将其规范值分别代入四种预测模型((式 9-5)、式(9-6)，式(9-7)、式(9-9)，式(9-11)、式(9-12)及式(9-15))中，用免疫进化算法分别对两种不同结构的三种智能预测模型中的参数进行迭代优化。当各式的优化目标函数式(9-21)分别满足表 12-23 所示的精度时，停止迭代，得到参数优化后两种不同结构的三种智能预测模型的输出计算式，分别如式(12-26)～式(12-31)所示。用最小二乘法优化得到 NV-ULR 预测模型的输出计算式如式(12-32)所示。由式(12-26)～式(12-32)计算得到四种预测模型建模样本的拟合输出值及检测样本的计算输出值，见表 12-24。计算得到四种预测模型建模样本模型输出的拟合相对误差(绝对值)，见表 12-25。

表 12-23　基于规范变换的三种智能预测模型停止训练时的目标函数值 Q_0

智能预测模型	NV-FNN(2)	NV-FNN(3)	NV-PPR(2)	NV-PPR(3)	NV-SVR(2)	NV-SVR(3)
Q_0	0.000701	0.000605	0.000783	0.000721	0.000382	0.000291

$$y(2)=0.1478\times\frac{1-e^{-\left(0.8535x'_{j1}+0.2225x'_{j2}\right)}}{1+e^{-\left(0.8535x'_{j1}+0.2225x'_{j2}\right)}}+0.9229\times\frac{1-e^{-\left(0.9536x'_{j1}+0.9779x'_{j2}\right)}}{1+e^{-\left(0.9536x'_{j1}+0.9779x'_{j2}\right)}} \tag{12-26}$$

$$y(3)=0.7242\times\frac{1-e^{-\left(0.5277x'_{j1}+0.9976x'_{j2}+0.7751x'_{j3}\right)}}{1+e^{-\left(0.5277x'_{j1}+0.9976x'_{j2}+0.7751x'_{j3}\right)}}+0.1655\times\frac{1-e^{-\left(0.8152x'_{j1}+0.4205x'_{j2}+0.5165x'_{j3}\right)}}{1+e^{-\left(0.8152x'_{j1}+0.4205x'_{j2}+0.5165x'_{j3}\right)}} \tag{12-27}$$

$$\begin{aligned}y(2)&=\begin{bmatrix}0.4473 & 0.2829\end{bmatrix}\begin{bmatrix}0.8035 & 0.5953\\0.1309 & 0.9914\end{bmatrix}\begin{bmatrix}x'_{j1}\\x'_{j2}\end{bmatrix}\\&=0.3964x'_{j1}+0.5467x'_{j2}\end{aligned} \tag{12-28}$$

$$\begin{aligned}y(3)&=\begin{bmatrix}0.3590 & 0.2352\end{bmatrix}\begin{bmatrix}0.5383 & 0.1904 & 0.8209\\0.4874 & 0.3674 & 0.7921\end{bmatrix}\begin{bmatrix}x'_{j1}\\x'_{j2}\\x'_{j3}\end{bmatrix}\\&=0.3079x'_{j1}+0.1548x'_{j2}+0.4810x'_{j3}\end{aligned} \tag{12-29}$$

$$\begin{aligned}y(2)&=\alpha_1k_1\left(\boldsymbol{x}',\boldsymbol{x}'_{10}\right)+\alpha_2k_2\left(\boldsymbol{x}',\boldsymbol{x}'_{20}\right)+b_1\\&=0.0461\exp\left(-\frac{\left\|\boldsymbol{x}'_{j1}-\boldsymbol{x}'_{10}\right\|^2}{2\sigma_1^2}\right)+0.0759\exp\left(-\frac{\left\|\boldsymbol{x}'_{j2}-\boldsymbol{x}'_{20}\right\|^2}{2\sigma_1^2}\right)+0.2612\end{aligned} \tag{12-30}$$

$$
\begin{aligned}
y(3) &= \alpha_1 k_1\left(\boldsymbol{x}', \boldsymbol{x}'_{10}\right) + \alpha_2 k_2\left(\boldsymbol{x}', \boldsymbol{x}'_{20}\right) + \alpha_3 k_3\left(\boldsymbol{x}', \boldsymbol{x}'_{30}\right) + b_2 \\
&= 0.0557\exp\left(-\frac{\left\|\boldsymbol{x}'_{j1} - \boldsymbol{x}'_{10}\right\|^2}{2\sigma_2^2}\right) + 0.0689\exp\left(-\frac{\left\|\boldsymbol{x}'_{j2} - \boldsymbol{x}'_{20}\right\|^2}{2\sigma_2^2}\right) \\
&\quad + 0.0567\exp\left(-\frac{\left\|\boldsymbol{x}'_{j3} - \boldsymbol{x}'_{30}\right\|^2}{2\sigma_2^2}\right) + 0.2630
\end{aligned} \tag{12-31}
$$

式中，$\sigma_1 = 0.0634$，$\sigma_2 = 0.0607$。

$$
y'_i = a + bx'_i = 0.1136 + 0.5692x'_i \tag{12-32}
$$

表 12-24　四种预测模型的样本计算输出值 $\boldsymbol{y}'_i$

样本 i	NV-FNN		NV-PPR		NV-SVR		NV-ULR
	(2)	(3)	(2)	(3)	(2)	(3)	
4	0.3625	0.3590	0.3677	0.3679	0.3483	0.3682	0.3356
5	0.3574	0.3542	0.3622	0.3624	0.3429	0.3429	0.3322
6	0.3439	0.3412	0.3473	0.3474	0.3321	0.3357	0.3232
7	0.3325	0.3302	0.3349	0.3350	0.3165	0.3141	0.3157
8	0.3239	0.3220	0.3257	0.3258	0.3002	0.2915	0.3102
9	0.2914	0.2905	0.2911	0.2912	0.2702	0.2659	0.2893
10	0.2658	0.2654	0.2642	0.2644	0.2634	0.2634	0.2731
11	0.2515	0.2514	0.2494	0.2495	0.2622	0.2632	0.2641
12	0.2473	0.2472	0.2451	0.2452	0.2618	0.2631	0.2615
13	0.2473	0.2472	0.2451	0.2452	0.2619	0.2631	0.2615
14	0.2431	0.2431	0.2407	0.2408	0.2617	0.2631	0.2589
15	0.2431	0.2431	0.2407	0.2408	0.2617	0.2631	0.2589
16	0.2507	0.2506	0.2486	0.2487	0.2624	0.2631	0.2636
17	0.2589	0.2585	0.2570	0.2571	0.2633	0.2633	0.2687
18	0.2631	0.2627	0.2614	0.2615	0.2632	0.2634	0.2713
19	0.2594	0.2594	0.2575	0.2577	0.2630	0.2633	0.2690
20	0.2631	0.2627	0.2613	0.2614	0.2638	0.2634	0.2713

注：18～20 为检测样本。

表 12-25　四种预测模型的建模样本模型输出的拟合相对误差 $\boldsymbol{r}'_i$　(单位：%)

建模样本 i	NV-FNN		NV-PPR		NV-SVR		NV-ULR
	(2)	(3)	(2)	(3)	(2)	(3)	
4	6.31	5.30	7.86	7.91	2.17	8.01	1.55
5	4.52	5.37	3.24	3.19	8.41	8.39	11.27

续表

建模样本 i	NV-FNN		NV-PPR		NV-SVR		NV-ULR
	(2)	(3)	(2)	(3)	(2)	(3)	
6	1.71	2.48	0.74	0.69	5.07	4.05	7.60
7	6.69	5.96	7.46	7.52	1.55	0.81	1.32
8	22.53	21.79	23.19	23.26	13.55	10.26	17.32
9	10.24	9.87	10.11	10.17	2.20	0.59	9.42
10	0.56	0.40	0.05	0.01	0.34	0.34	3.29
11	0.40	0.32	0.46	0.41	4.64	5.03	5.39
12	6.43	6.48	7.30	7.25	0.95	0.47	1.10
13	1.28	1.33	2.20	2.15	4.55	5.01	4.35
14	2.96	2.99	3.93	3.88	4.46	5.00	3.31
15	15.99	16.00	16.82	16.78	9.57	9.09	10.54
16	9.56	9.62	10.35	10.30	5.36	5.09	4.94
17	2.08	2.19	2.79	2.74	0.39	0.41	1.63

2) 三种智能预测模型的精度检验

由式(9-22)计算出 NV-FNN、NV-PPR 和 NV-SVR 三种智能预测模型两种不同结构的 F 值分别为 $F(12.35)$、$F(12.07)$，$F(12.55)$、$F(12.57)$及 $F(12.87)$、$F(15.09)$，均大于 $F_{0.005}(6.48)$，表明模型精度检验合格，预测结果具有较高可信度。

12.4.3　误差修正后 COD_{Mn} 的预测值及多种模型预测值的相对误差比较

1) 误差修正后的模型输出值及 COD_{Mn} 的预测值

与 3 个(18～20)COD_{Mn} 检测样本的四种预测模型输出相似的建模样本见表 12-26。用式(9-17)～式(9-20)进行误差修正后 3 个 COD_{Mn} 检测样本的四种预测模型的输出值 Y_i' 见表 12-27。再由式(9-2)和式(12-25)的逆运算计算得到四种预测模型对 3 个 COD_{Mn} 检测样本的预测值 c_{iY}，见表 12-27。表 12-27 中还列出了 3 个 COD_{Mn} 检测样本的实际值 c_{iy} 及其规范值 y_{i0}'。

表 12-26　与 3 个 COD_{Mn} 检测样本的四种预测模型输出相似的建模样本(序号)

检测样本 i	NV-FNN (2)	NV-FNN (3)	NV-PPR (2)	NV-PPR (3)	NV-SVR (2)	NV-SVR (3)	NV-ULR
18	15,16,17	15,16,17	15,16,17	15,16,17	15,16,17	15,16,17	17
19	15,16,17	15,16,17	15,16,17	15,16,17	15,16	15,16	11
20	15,16,17	15,16,17	15,16,17	15,16,17	15,16	15,16	19

表 12-27　3 个 COD_{Mn} 检测样本的四种预测模型误差修正后的模型输出值 Y_i' 和预测值 c_{iY}

检测样本 i	NV-FNN(2)		NV-FNN(3)		NV-PPR(2)		NV-PPR(3)	
	Y_i'	c_{iY}	Y_i'	c_{iY}	Y_i'	c_{iY}	Y_i'	c_{iY}
18	0.2754	1.59	0.2750	1.58	0.2749	1.58	0.2749	1.58
19	0.2885	1.69	0.2883	1.69	0.2891	1.70	0.2892	1.70
20	0.2931	1.73	0.2928	1.73	0.2939	1.74	0.2939	1.74

检测样本 i	NV-SVR(2)		NV-SVR(3)		NV-ULR		规范值和实际值	
	Y_i'	c_{iY}	Y_i'	c_{iY}	Y_i'	c_{iY}	y_{i0}'	c_{iy}
18	0.2779	1.61	0.2773	1.60	0.2758	1.59	0.2773	1.60
19	0.2845	1.66	0.2836	1.65	0.2846	1.66	0.2894	1.70
20	0.2854	1.67	0.2837	1.65	0.2920	1.72	0.2894	1.70

注：c_{iY} 和 c_{iy} 的单位为 mg/m^3。

2) 检测样本的多种模型预测值的相对误差及比较

3 个 COD_{Mn} 检测样本的预测值与实际值之间的相对误差绝对值 r_i 及其平均值和最大值见表 12-28。表 12-28 中还列出了文献[4]用传统 SVM(多因子)和 BP-ANN(多因子)模型对 3 个检测样本预测的相对误差绝对值及其平均值和最大值。从表 12-28 可以看出，基于规范变换与误差修正的四种预测模型对 3 个检测样本预测的相对误差绝对值的平均值和最大值差异不大。其中，NV-FNN(2)和 NV-FNN(3)两种智能预测模型对 3 个检测样本预测的相对误差绝对值的平均值和最大值都小于传统的 BP-ANN (多因子)和 SVM(多因子)预测模型的相应误差；两种不同结构的 NV-PPR、NV-SVR 智能预测模型和 NV-ULR 预测模型对 3 个检测样本预测的两种误差与 SVM(多因子)预测模型的相应预测误差相差不大，其原因是 SVM(多因子)模型采用了多因子 SVM 建模的预测结果，而 NV-PPR、NV-SVR 和 NV-ULR 模型只采用了 COD_{Mn} 时间序列建模的预测结果。

表 12-28　3 个检测样本的多种模型预测值的相对误差绝对值 r_i 及平均值和最大值

检测样本 i	NV-FNN		NV-PPR		NV-SVR		NV-ULR	BP-ANN (多因子)	SVM (多因子)
	(2)	(3)	(2)	(3)	(2)	(3)			
18	0.63	1.25	1.25	1.25	0.63	0.00	0.63	0.38	0.19
19	0.59	0.59	0.00	0.00	2.35	2.94	2.35	9.74	1.84
20	1.76	1.76	2.35	2.35	1.76	2.94	1.18	3.35	1.84
平均值	0.99	1.20	1.20	1.20	1.58	1.96	1.39	4.49	1.29
最大值	1.76	1.76	2.35	2.35	2.35	2.94	2.35	9.74	1.84

12.5 三种智能模型和 NV-ULR 模型用于官厅水库 DO 时间序列预测

12.5.1 DO 时间序列变量参照值及规范变换式的设置

永定河官厅水库出口处 DO(2010 年第 40 周～2011 年第 5 周)各周监测的时间序列数据见表 12-29[5]。依据式(9-1)及 c_{j0}、c_{jb} 和 n_j 的设计原则与方法，设置时间序列数据变换式如式(12-33)所示，由式(12-33)和式(9-2)计算得到 DO 时间序列的规范值 x'_t，见表 12-29。取 t 时刻前的最近邻时刻数 $k=3$，则从第 4 个样本的数据规范值开始，由 DO 第 t 个样本的前 3 个最近邻时间序列数据的规范值 x'_{t-1}、x'_{t-2}、x'_{t-3} 构成第 t 个样本的 3 个影响因子(x'_{j1}、x'_{j2}、x'_{j3})，则全部 15 个时间序列样本(2010 年第 43 周～2011 年第 5 周)3 个影响因子的规范值见表 12-29。

$$X_t=\begin{cases}\left[\left(c_t-c_{tb}\right)/c_{t0}\right]^2, & c_t \geqslant c_{t0}+c_{tb}, \\ 1, & c_t < c_{t0}+c_{tb},\end{cases} \quad \text{对 DO} \tag{12-33}$$

式中，参照值 $c_{t0}=0.7\text{mg/L}$；阈值 $c_{tb}=0.03\text{mg/L}$；c_t、c_{tb} 和 c_{t0} 的单位均为 mg/L。

表 12-29 官厅水库出口处 DO 监测值 c_t 及其规范值 x'_t (2010 年第 40 周～2011 年第 5 周)

样本 i	时间(周)	监测值 c_t	规范值 x'_t	$k=3$		
				x'_{t-1}	x'_{t-2}	x'_{t-3}
1	40	8.93	—	—	—	—
2	41	9.27	—	—	—	—
3	42	9.68	—	—	—	—
4	43	9.68	0.2685	0.2028	0.2353	0.2685
5	44	10.50	0.3219	0.2353	0.2685	0.2685
6	45	9.95	0.2877	0.2685	0.2685	0.3219
7	46	10.20	0.3040	0.2685	0.3219	0.2877
8	47	10.60	0.3275	0.3219	0.2877	0.3040
9	48	10.80	0.3383	0.2877	0.3040	0.3275
10	49	11.10	0.3535	0.3040	0.3275	0.3383
11	50	11.20	0.3584	0.3275	0.3383	0.3535
12	51	11.30	0.3631	0.3383	0.3535	0.3584
13	52	11.20	0.3584	0.3535	0.3584	0.3631
14	1	11.40	0.3677	0.3584	0.3631	0.3584

续表

样本 i	时间(周)	监测值 c_t	规范值 x'_t	$k=3$		
				x'_{t-1}	x'_{t-2}	x'_{t-3}
15	2	11.5	0.3722	0.3631	0.3584	0.3677
16	3	11.8	0.3851	0.3584	0.3677	0.3722
17	4	12.4	0.4086	0.3677	0.3722	0.3851
18	5	12.4	0.4086	0.3722	0.3851	0.4086

注：16～18 为检测样本。c_t 的单位为 mg/L。

12.5.2　DO 时间序列数据规范值的四种预测模型输出值的计算及模型的精度检验

1) 四种预测模型输出值的计算

分别选取表 12-29 中样本 4～15 和样本 16～18 的时间序列变量规范值 x'_t 及其前 3 个最近邻时间序列数据规范值 x'_{t-1}、x'_{t-2}、x'_{t-3} 组成的样本作为建模样本和检测(预测)样本。其中，x'_t 为样本预测变量的模型期望输出值 y'_{i0}，x'_{t-1}、x'_{t-2}、x'_{t-3} 为样本影响因子的模型输入值 x'_{j1}、x'_{j2}、x'_{j3}。按照训练样本的组成法，每个建模样本组成 3 个训练样本，样本 4～15 的 12 个建模样本共组成 36 个训练样本，将其规范值分别代入四种预测模型(式(9-5)、式(9-6)，式(9-7)、式(9-9)，式(9-11)、式(9-12)及式(9-15))中，用免疫进化算法分别对两种不同结构三种智能预测模型中的参数进行迭代优化。当各式的优化目标函数式(9-21)分别满足表 12-30 所示的精度时，停止迭代，得到参数优化后两种不同结构的三种智能预测模型的输出计算式，分别如式(12-34)～式(12-39)所示。用最小二乘法优化得到 NV-ULR 预测模型的输出计算式，如式(12-40)所示。由式(12-34)～式(12-40)计算得到四种模型建模样本的拟合输出值及检测样本的计算输出值，见表 12-31。计算得到四种预测模型建模样本模型输出的拟合相对误差(绝对值)，见表 12-32。

表 12-30　基于规范变换的三种智能预测模型停止训练时的目标函数值 Q_0

智能预测模型	NV-FNN(2)	NV-FNN(3)	NV-PPR(2)	NV-PPR(3)	NV-SVR(2)	NV-SVR(3)
Q_0	0.000385	0.000029	0.000425	0.000363	0.000205	0.000251

$$y(2)=0.8119\times\frac{1-\mathrm{e}^{-\left(0.9744x'_{j1}+0.9371x'_{j2}\right)}}{1+\mathrm{e}^{-\left(0.9744x'_{j1}+0.9371x'_{j2}\right)}}+0.5406\times\frac{1-\mathrm{e}^{-\left(0.2620x'_{j1}+0.9169x'_{j2}\right)}}{1+\mathrm{e}^{-\left(0.2620x'_{j1}+0.9169x'_{j2}\right)}}\tag{12-34}$$

$$y(3)=0.6317\times\frac{1-\mathrm{e}^{-\left(0.8419x'_{j1}+0.2781x'_{j2}+0.8684x'_{j3}\right)}}{1+\mathrm{e}^{-\left(0.8419x'_{j1}+0.2781x'_{j2}+0.8684x'_{j3}\right)}}+0.4028\times\frac{1-\mathrm{e}^{-\left(0.6093x'_{j1}+0.9725x'_{j2}+0.7809x'_{j3}\right)}}{1+\mathrm{e}^{-\left(0.6093x'_{j1}+0.9725x'_{j2}+0.7809x'_{j3}\right)}}\tag{12-35}$$

$$y(2) = \begin{bmatrix} 0.5254 & 0.2264 \end{bmatrix} \begin{bmatrix} 0.6754 & 0.7374 \\ 0.7107 & 0.7035 \end{bmatrix} \begin{bmatrix} x'_{j1} \\ x'_{j2} \end{bmatrix} = 0.5158x'_{j1} + 0.5467x'_{j2} \tag{12-36}$$

$$y(3) = \begin{bmatrix} 0.3769 & 0.2915 \end{bmatrix} \begin{bmatrix} 0.5223 & 0.6529 & 0.5485 \\ 0.3090 & 0.1699 & 0.9358 \end{bmatrix} \begin{bmatrix} x'_{j1} \\ x'_{j2} \\ x'_{j3} \end{bmatrix} = 0.2869x'_{j1} + 0.2956x'_{j2} + 0.4795x'_{j3} \tag{12-37}$$

$$y(2) = \alpha_1 k_1(\boldsymbol{x}', \boldsymbol{x}'_{10}) + \alpha_2 k_2(\boldsymbol{x}', \boldsymbol{x}'_{20}) + b_1 = 0.0548\exp\left(-\frac{\left\|\boldsymbol{x}'_{j1} - \boldsymbol{x}'_{10}\right\|^2}{2\sigma_1^2}\right) + 0.1108\exp\left(-\frac{\left\|\boldsymbol{x}'_{j2} - \boldsymbol{x}'_{20}\right\|^2}{2\sigma_1^2}\right) + 0.2242 \tag{12-38}$$

$$y(3) = \alpha_1 k_1(\boldsymbol{x}', \boldsymbol{x}'_{10}) + \alpha_2 k_2(\boldsymbol{x}', \boldsymbol{x}'_{20}) + \alpha_3 k_3(\boldsymbol{x}', \boldsymbol{x}'_{30}) + b_2 = 0.0522\exp\left(-\frac{\left\|\boldsymbol{x}'_{j1} - \boldsymbol{x}'_{10}\right\|^2}{2\sigma_2^2}\right) + 0.0746\exp\left(-\frac{\left\|\boldsymbol{x}'_{j2} - \boldsymbol{x}'_{20}\right\|^2}{2\sigma_2^2}\right) + 0.0706\exp\left(-\frac{\left\|\boldsymbol{x}'_{j3} - \boldsymbol{x}'_{30}\right\|^2}{2\sigma_2^2}\right) + 0.2096 \tag{12-39}$$

式中，$\sigma_1 = 0.1360$，$\sigma_2 = 0.1607$。

$$y'_i = a + bx'_i = 0.1351 + 0.6355x'_i \tag{12-40}$$

表 12-31 四种预测模型的样本计算输出值 y'_i

样本 i	NV-FNN		NV-PPR		NV-SVR		NV-ULR
	(2)	(3)	(2)	(3)	(2)	(3)	
4	0.2543	0.2545	0.2502	0.2502	0.2702	0.2579	0.2847
5	0.2772	0.2771	0.2735	0.2734	0.2894	0.2805	0.2986
6	0.3071	0.3064	0.3042	0.3041	0.3158	0.3117	0.3170
7	0.3137	0.3128	0.3110	0.3109	0.3230	0.3204	0.3211
8	0.3259	0.3246	0.3235	0.3235	0.3358	0.3369	0.3286
9	0.3278	0.3264	0.3255	0.3254	0.3376	0.3387	0.3298
10	0.3449	0.3431	0.3435	0.3434	0.3540	0.3592	0.3405
11	0.3616	0.3591	0.3610	0.3609	0.3681	0.3774	0.3510
12	0.3719	0.3691	0.3719	0.3718	0.3754	0.3869	0.3575

续表

样本 i	NV-FNN		NV-PPR		NV-SVR		NV-ULR
	(2)	(3)	(2)	(3)	(2)	(3)	
13	0.3802	0.3770	0.3807	0.3806	0.3802	0.3935	0.3628
14	0.3818	0.3786	0.3824	0.3823	0.3809	0.3947	0.3638
15	0.3849	0.3815	0.3857	0.3856	0.3822	0.3964	0.3657
16	0.3879	0.3858	0.3890	0.3889	0.3866	0.3979	0.3677
17	0.3967	0.3928	0.3984	0.3983	0.3861	0.4014	0.3734
18	0.4071	0.4055	0.4044	0.4078	0.3867	0.4017	0.3820

注：16～18 为检测样本。

表 12-32　四种预测模型的建模样本模型输出的拟合相对误差 r_i'　(单位：%)

建模样本 i	NV-FNN		NV-PPR		NV-SVR		NV-ULR
	(2)	(3)	(2)	(3)	(2)	(3)	
4	5.30	5.20	6.80	6.83	0.64	3.94	6.03
5	13.88	13.92	15.03	15.05	10.10	12.85	7.24
6	6.75	6.49	5.73	5.70	9.78	8.34	10.18
7	3.21	2.90	2.31	2.28	6.25	5.39	5.63
8	0.51	0.90	1.21	1.24	2.53	2.87	0.34
9	3.13	3.52	3.78	3.81	0.23	0.11	2.51
10	2.43	2.96	2.85	2.88	0.14	1.60	3.68
11	0.90	0.22	0.73	0.71	2.73	5.32	2.06
12	2.44	1.66	2.44	2.41	3.40	6.56	1.54
13	6.09	5.20	6.24	6.21	6.09	9.81	1.23
14	3.85	2.96	4.02	3.99	3.60	7.35	1.06
15	3.43	2.51	3.65	3.62	2.69	6.52	1.72

2) 三种智能预测模型的精度检验

由式(9-22)计算出 NV-FNN、NV-PPR 和 NV-SVR 三种智能预测模型两种不同结构的 F 值分别为 $F(27.61)$、$F(27.35)$，$F(26.96)$、$F(26.96)$及 $F(17.27)$、$F(18.08)$，均大于 $F_{0.005}(7.60)$，表明模型精度检验合格，预测结果具有很高的可信度。

12.5.3　误差修正后 DO 的预测值及多种模型预测值的相对误差比较

1) 误差修正后的模型输出值及 DO 的预测值

与 3 个(16～18)DO 检测(预测)样本的四种预测模型输出相似的建模样本见表 12-33。用式(9-17)～式(9-20)进行误差修正后的 3 个 DO 检测样本四种预测模型的输出值 Y_i' 见表 12-34。由式(9-2)和式(12-33)的逆运算，计算得到四种预测模型对 3 个 DO 检测样本的预测值 c_{iY}，见表 12-34。表 12-34 中还列出了 3 个 DO 检测样本的实际值 c_{iy} 及其规范值 y'_{i0}。

表 12-33　与 3 个 DO 检测样本的四种预测模型输出相似的建模样本(序号)

检测样本 i	NV-FNN (2)	NV-FNN (3)	NV-PPR (2)	NV-PPR (3)	NV-SVR (2)	NV-SVR (3)	NV-ULR
16	11,12	11,12	11,12	11,12	11,12	11,12	15
17	12	12	12	12	11,12	11,12	16
18	11,12	11,12	11,12	11,12	11,12	11,12	16,17

表 12-34　3 个 DO 检测样本的四种预测模型误差修正后的模型输出值 Y'_i 和预测值 c_{iY}

检测样本 i	NV-FNN(2)		NV-FNN(3)		NV-PPR(2)		NV-PPR(3)	
	Y'_i	c_{iY}	Y'_i	c_{iY}	Y'_i	c_{iY}	Y'_i	c_{iY}
16	0.3893	11.9	0.3852	11.8	0.3888	11.9	0.3887	11.9
17	0.4113	12.5	0.4032	12.3	0.4140	12.5	0.4138	12.5
18	0.4086	12.4	0.4067	12.4	0.4059	12.3	0.4094	12.4

检测样本 i	NV-SVR(2)		NV-SVR(3)		NV-ULR		规范值和实际值	
	Y'_i	c_{iY}	Y'_i	c_{iY}	Y'_i	c_{iY}	y'_{i0}	c_{iy}
16	0.3888	11.9	0.3891	12.1	0.3742	11.6	0.3851	11.8
17	0.3988	12.2	0.4102	12.4	0.3914	12.0	0.4086	12.4
18	0.3994	12.2	0.4055	12.3	0.4099	12.4	0.4086	12.4

注：c_{iY} 和 c_{iy} 的单位为 mg/L。

2) 检测样本的多种模型预测值的相对误差及比较

3 个 DO 检测样本的预测值与实际值之间的相对误差绝对值 r_i 及其平均值和最大值见表 12-35。表 12-35 中还列出了文献[5]用灰色预测模型、趋势外推法和指数平滑法的组合预测模型对这 3 个检测样本预测的相对误差绝对值 r_i 及其平均值和最大值。由表 12-35 可见，基于规范变换与误差修正的四种预测模型中，两种不同结构的三种智能预测模型对 3 个检测样本预测的相对误差绝对值的平均值和最大值都略小于组合预测模型的相应预测误差；NV-ULR 模型对 3 个检测样本预测的相对误差绝对值的平均值和最大值虽然略大于组合预测模型的相应结果，但后者是将灰色预测、趋势外推和指数平滑三种方法的预测结果用最优加权法进行计算得到的组合预测值，不是单一方法的预测结果。

表 12-35　3 个检测样本的多种模型预测值的相对误差绝对值 r_i 及平均值和最大值(单位：%)

检测样本 i	NV-FNN (2)	NV-FNN (3)	NV-PPR (2)	NV-PPR (3)	NV-SVR (2)	NV-SVR (3)	NV-ULR	组合预测模型
16	0.85	0.00	0.85	0.85	0.85	2.54	1.69	1.10
17	0.81	0.81	0.81	0.81	1.61	0.00	3.22	2.44
18	0.00	0.00	0.81	0.00	1.61	0.81	0.00	0.48
平均值	0.55	0.27	0.82	0.55	1.36	1.12	1.64	1.34
最大值	0.85	0.81	0.85	0.85	1.61	2.54	3.22	2.44

12.6　规范变换与误差修正的预测模型与传统预测模型的预测效果对比

通过第 10 章～第 12 章将规范变换与误差修正相结合的两种不同结构 NV-FNN、NV-PPR、NV-SVR 智能预测模型和 NV-ULR 预测模型用于多因子和时间序列的水环境(包括地表水、地下水、富营养化水体)、空气环境、水资源承载力、水资源可持续利用、水安全、径流、降水等不同学科和领域 14 个实例的预测效果验证表明，对于同一个预测问题，只要预测变量及其影响因子都依据同一个规范变换式变换，并用相似样本误差修正公式进行修正，四种预测模型无论是对单个样本预测的相对误差绝对值，还是对多个样本预测的相对误差绝对值的平均值或最大值，彼此都相差甚小，而且预测值都与实际值十分接近，很少有例外，四种预测模型均是稳定、可靠的。因此，对于一个实际问题，采用四种预测模型中的任意一种预测均是有效、可行的。为了增加预测结果的可靠性，可同时采用几种模型预测，以便相互印证。NV-ULR 预测模型比其他三种智能预测模型更简便，因而更具有实用性。

此外，规范变换与误差修正相结合的四种预测模型与传统预测模型和方法的预测结果对比表明，四种预测模型计算所有实例得到的相对误差绝对值的平均值及最大值几乎都小于或远小于传统预测模型预测的相应误差，很少有例外。四种预测模型与传统预测模型对 14 个实例预测的相对误差绝对值的平均值及最大值，在不同误差区间所占百分比的统计结果比较见表 12-36。

表 12-36　四种预测模型与数十种传统预测模型对 14 个实例预测的相对误差绝对值的平均值及最大值在不同误差区间所占百分比　(单位：%)

模型	项目	不同误差区间所占百分比							
		<1%	[1%, 5%)	[5%, 10%)	[10%, 5%)	[15%, 20%)	[20%, 30%)	[30%, 50%)	>50%
NV-FNN	平均值	42.85	57.15	—	—	—	—	—	—
	最大值	21.43	78.57	—	—	—	—	—	—
NV-PPR	平均值	42.86	57.14	—	—	—	—	—	—
	最大值	17.86	71.43	10.71	—	—	—	—	—
NV-SVR	平均值	25.00	67.86	7.14	—	—	—	—	—
	最大值	10.71	78.58	10.71	—	—	—	—	—
NV-ULR	平均值	28.57	71.43	—	—	—	—	—	—
	最大值	14.29	85.71	—	—	—	—	—	—
传统模型	平均值	2.17	36.96	34.79	17.39	2.17	6.52	—	—
	最大值	—	21.74	28.26	28.26	6.52	6.52	4.35	4.35

12.7 本章小结

本章将基于规范变换与误差修正相结合的 NV-FNN、NV-PPR 和 NV-SVR 三种智能预测模型与 NV-ULR 预测模型用于环境要素 DO、TSP、COD_{Mn} 等时间序列预测的结果均表明，基于规范变换与误差修正相结合的预测模型预测的相对误差绝对值的平均值和最大值都小于传统的灰色预测模型、BP 神经网络预测模型和支持向量机等预测模型的相应预测误差。

参考文献

[1] 刘东君，邹志红. 灰色和神经网络组合模型在水质预测中的应用[J]. 系统工程，2011，29(9): 105-109.

[2] 陈世权，贲毅，宋居可，等. 牡丹江市区大气总悬浮颗粒物污染趋势及预测[J]. 黑龙江环境通报, 2003, 27(2): 64-65.

[3] 崔雪梅. 基于灰色GA-LM-BP模型的COD_{Mn}预测[J]. 水利水电科技进展, 2013, 33(5): 38-41.

[4] 张森，石为人，石欣，等. 基于偏最小二乘回归和 SVM 的水质预测[J]. 计算机工程与应用，2015, 51(15): 249-254.

[5] 刘东君，邹志红. 最优加权组合预测法在水质预测中的应用研究[J]. 环境科学学报，2012，32(12): 3128-3132.

第 13 章　同型规范变换的不同预测模型的等效性的实例验证

理论分析表明，同型规范变换的不同预测变量的预测模型之间具有兼容性、等效性和对称性，而且这些特性与预测对象的数据特征、变化规律、样本数、因子数以及选用何种预测模型均无关。本章以具有同型规范变换($n_j = 2$)而因子数和样本数都不相同的灞河口水质 COD_{Mn} 的年均值、伊犁河雅马渡站的年径流(量)及牡丹江市空气总悬浮颗粒物(TSP)浓度年均值的时间序列 3 个不同预测变量为例，分别建立基于同型规范变换的 NV-FNN、NV-PPR、NV-SVR 三种智能预测模型和 NV-ULR 预测模型，验证不同预测变量的预测模型之间的兼容性、等效性和对称性，并与传统预测模型和方法的预测结果进行比较[1]。

13.1　同型规范变换的不同预测变量的预测模型用于灞河口 COD_{Mn} 预测

13.1.1　基于同型规范变换的雅马渡站径流预测模型的灞河口 COD_{Mn} 预测

1) COD_{Mn} 年均值及其影响因子的参照值和规范变换式的设置

1993～2003 年灞河口丰水期、枯水期、平水期 $COD_{Mn}(C_y)$的年均值(c_y)及其 3 个影响因子 C_j ($j = 1, 2, 3$)的监测数据 c_{ij} ($j = 1, 2, 3$)[1]见表 10-16。仍设置式(10-17)所示的变换式，只是式中 COD_{Mn} 的参照值设置为 $c_{y0} = 0.5$mg/L。由式(10-17)和式(9-2)计算得到各影响因子的规范值 x'_{ij} 见表 10-16，预测变量 COD_{Mn} 的规范值 y'_{i0} 见表 13-1。

表 13-1　同型规范变换的不同预测模型的 COD_{Mn} 建模样本拟合输出值及检测样本计算输出值 y'_i

样本 i	年份	径流预测模型(式(11-2)～式(11-8))的 COD_{Mn} 建模样本拟合输出值及检测样本计算输出值 y'_i							y'_{i0}
		NV-FNN (2)	NV-FNN (3)	NV-PPR (2)	NV-PPR (3)	NV-SVR (2)	NV-SVR (3)	NV-ULR	
1	1993	0.3638	0.3728	0.3618	0.3607	0.4100	0.4398	0.4304	0.3358
2	1994	0.4735	0.4828	0.4758	0.4743	0.4796	0.4804	0.4588	0.4040

续表

样本 i	年份	径流预测模型(式(11-2)～式(11-8))的 COD_{Mn} 建模样本拟合输出值及检测样本计算输出值 y_i'							y_{i0}'
		NV-FNN (2)	NV-FNN (3)	NV-PPR (2)	NV-PPR (3)	NV-SVR (2)	NV-SVR (3)	NV-ULR	
3	1995	0.3749	0.3843	0.3738	0.3727	0.4381	0.4205	0.4334	0.3409
4	1996	0.5881	0.5952	0.5987	0.5969	0.5349	0.5227	0.4894	0.5058
5	1997	0.5140	0.5227	0.5185	0.5169	0.5143	0.5068	0.4694	0.4381
6	1998	0.4471	0.4566	0.4484	0.4470	0.4583	0.4584	0.4519	0.3869
7	1999	0.5370	0.5454	0.5433	0.5416	0.5137	0.5092	0.4756	0.4585
8	2000	0.3754	0.3846	0.3691	0.3680	0.4426	0.4385	0.4322	0.3274
9	2001	0.4654	0.4746	0.4670	0.4656	0.4853	0.4835	0.4566	0.4003
10	2002	0.4779	0.4870	0.4802	0.4787	0.4897	0.4888	0.4599	0.4139
11	2003	0.4991	0.5080	0.5026	0.5011	0.4979	0.4966	0.4654	0.4213

样本 i	年份	TSP 时间序列预测模型(式(12-10)～式(12-16))的 COD_{Mn} 建模样本拟合输出值及检测样本计算输出值 y_i'							y_{i0}'
		NV-FNN (2)	NV-FNN (3)	NV-PPR (2)	NV-PPR (3)	NV-SVR (2)	NV-SVR (3)	NV-ULR	
4	1996	0.2974	0.2992	0.2989	0.2971	0.3281	0.3484	0.3138	0.4693
5	1997	0.3467	0.3502	0.3512	0.3490	0.3544	0.3684	0.3571	0.4016
6	1998	0.3565	0.3603	0.3617	0.3594	0.3604	0.3727	0.3658	0.3504
7	1999	0.3697	0.3739	0.3758	0.3735	0.3735	0.3829	0.3775	0.4233
8	2000	0.3566	0.3603	0.3617	0.3594	0.3710	0.3812	0.3658	0.2909
9	2001	0.3246	0.3272	0.3276	0.3256	0.3444	0.3608	0.3376	0.3638
10	2002	0.3285	0.3312	0.3317	0.3297	0.3473	0.3629	0.3410	0.3774
11	2003	0.3152	0.3175	0.3176	0.3156	0.3411	0.3585	0.3293	0.3848

注：10、11 为检测样本。

2) 四种预测模型的建模样本拟合输出值及检测样本计算输出值

将表 10-16 中计算得到的样本 i 因子 j 的规范值 x_{ij}' 代入 11.1.1 节新疆伊犁河雅马渡站的年径流量预测模型(式(11-2)～式(11-8))，计算得到两种结构三种智能预测模型和 NV-ULR 预测模型建模样本(样本 1～9)的拟合输出值及检测样本(样本 10、11)的计算输出值 y_i'，见表 13-1。计算得到四种预测模型建模样本模型输出的拟合相对误差(绝对值) r_i'，见表 13-2。

3) 检测样本模型输出的误差修正及修正后 COD_{Mn} 的预测值

与雅马渡站径流预测模型的 COD_{Mn} 检测样本(样本 10、11)模型输出相似的建模样本见表 13-3。用式(9-17)～式(9-20)进行误差修正后 2 个检测(预测)样本的四种预测模型输出值 Y_i' 见表 13-4。再由式(9-2)和式(10-17)的逆运算计算得到四种预测模型对 2002 年、2003 年 COD_{Mn} 的预测值 c_{iY}，见表 13-5。表 13-4 和表 13-5 中还分别列出了 2002 年、2003 年 COD_{Mn} 的规范值 y_{i0}' 和实际值 c_{iy}。

表 13-2　同型规范变换的不同预测模型的 COD_{Mn} 建模样本模型输出的拟合相对误差 r_i'

样本 i	年份	径流预测模型(式(11-2)～式(11-8))的 COD_{Mn} 建模样本的拟合相对误差 r_i'/%						
		NV-FNN (2)	NV-FNN (3)	NV-PPR (2)	NV-PPR (3)	NV-SVR (2)	NV-SVR (3)	NV-ULR
1	1993	8.34	11.02	7.74	7.42	22.10	30.97	28.17
2	1994	17.20	19.50	17.77	17.40	18.71	18.84	13.56
3	1995	9.97	12.73	9.65	9.33	28.51	23.35	27.13
4	1996	16.27	17.67	18.37	18.01	5.75	3.34	3.24
5	1997	17.32	19.31	18.35	17.99	17.39	15.68	7.14
6	1998	15.56	18.01	15.90	15.53	18.45	18.48	16.80
7	1999	17.12	18.89	18.50	18.12	12.04	11.06	3.73
8	2000	14.66	17.47	12.74	12.40	35.19	33.93	32.00
9	2001	16.26	18.56	16.66	16.31	21.23	20.78	14.06
样本 i	年份	TSP 时间序列预测模型(式(12-10)～式(12-16))的 COD_{Mn} 建模样本的拟合相对误差 r_i'/%						
		NV-FNN (2)	NV-FNN (3)	NV-PPR (2)	NV-PPR (3)	NV-SVR (2)	NV-SVR (3)	NV-ULR
4	1996	36.63	36.25	36.30	36.69	30.09	25.76	33.13
5	1997	13.67	12.80	12.55	13.10	11.75	8.27	11.08
6	1998	1.74	2.83	3.22	2.57	2.85	6.36	4.39
7	1999	12.66	11.67	11.22	11.76	11.76	9.54	10.82
8	2000	22.59	23.86	24.34	23.55	27.55	31.04	25.75
9	2001	10.78	10.06	9.95	10.67	5.33	0.82	7.20

表 13-3　与同型规范变换的不同预测模型的 COD_{Mn} 检测样本输出相似的建模样本

检测样本(年份)i	与径流预测模型(式(11-2)～式(11-8))的 COD_{Mn} 检测样本输出相似的建模样本(序号)						
	NV-FNN (2)	NV-FNN (3)	NV-PPR (2)	NV-PPR (3)	NV-SVR (2)	NV-SVR (3)	NV-ULR
2002	2,9	2,9	5,9	5,9	2,9	5,9	5,9
2003	2,5	2,5	2, 5	2,5	2,5	5,9	2,5
检测样本(年份)i	与 TSP 时间序列预测模型(式(12-10)～式(12-16))的 COD_{Mn} 检测样本输出相似的建模样本(序号)						
	NV-FNN (2)	NV-FNN (3)	NV-PPR (2)	NV-PPR (3)	NV-SVR (2)	NV-SVR (3)	NV-ULR
2002	5	5	9	5	5,9	5,9	5,9
2003	4,9,10	4,9,10	4,9,10	4,9,10	5	5,10	4,9,10

表 13-4　同型规范变换的不同预测模型的 COD_{Mn} 检测样本误差修正后的模型输出值

检测样本(年份)i	径流预测模型(式(11-2)～式(11-8))的 COD_{Mn} 检测样本误差修正后的模型输出值 Y_i'							y_{i0}'
	NV-FNN (2)	NV-FNN (3)	NV-PPR (2)	NV-PPR (3)	NV-SVR (2)	NV-SVR (3)	NV-ULR	
2002	0.4084	0.4080	0.4103	0.4102	0.4073	0.4143	0.4164	0.4139
2003	0.4249	0.4246	0.4249	0.4250	0.4215	0.4199	0.4219	0.4213
检测样本(年份)i	TSP 时间序列预测模型(式(12-10)～式(12-16))的 COD_{Mn} 检测样本误差修正后的模型输出值 Y_i'							y_{i0}'
	NV-FNN (2)	NV-FNN (3)	NV-PPR (2)	NV-PPR (3)	NV-SVR (2)	NV-SVR (3)	NV-ULR	
2002	0.3774	0.3768	0.3754	0.3763	0.3798	0.3775	0.3745	0.3774
2003	0.3869	0.3840	0.3844	0.3835	0.3845	0.3811	0.3845	0.3848

表 13-5　同型规范变换的不同预测模型的 COD_{Mn} 检测样本误差修正后的预测值

检测样本(年份)i	径流预测模型(式(11-2)～式(11-8))的 COD_{Mn} 检测样本误差修正后的预测值 c_{iY}							c_{iy}
	NV-FNN (2)	NV-FNN (3)	NV-PPR (2)	NV-PPR (3)	NV-SVR (2)	NV-SVR (3)	NV-ULR	
2002	3.85	3.85	3.89	3.89	3.83	3.97	4.01	3.96
2003	4.18	4.18	4.18	4.19	4.15	4.08	4.12	4.11
检测样本(年份)i	TSP 时间序列预测模型(式(12-10)～式(12-16))的 COD_{Mn} 检测样本误差修正后的预测值 c_{iY}							c_{iy}
	NV-FNN (2)	NV-FNN (3)	NV-PPR (2)	NV-PPR (3)	NV-SVR (2)	NV-SVR (3)	NV-ULR	
2002	3.96	3.95	3.92	3.94	4.01	3.96	3.90	3.96
2003	4.15	4.09	4.10	4.08	4.10	4.03	4.10	4.11

注：c_{iy} 和 c_{iY} 的单位为 mg/L。

4) 检测样本的多种模型预测值的相对误差及比较

2 个检测样本四种预测模型的预测值与实际值之间的相对误差(绝对值)r_i 及其平均值和最大值见表 13-6。

表 13-6　2 个 COD_{Mn} 检测样本的多种模型预测值的相对误差绝对值 r_i 及其平均值和最大值

检测样本(年份)i	径流预测模型(式(11-2)～式(11-8))的 COD_{Mn} 检测样本的相对误差 r_i/%							r_i/%
	NV-FNN (2)	NV-FNN (3)	NV-PPR (2)	NV-PPR (3)	NV-SVR (2)	NV-SVR (3)	NV-ULR	LS-SVM
2002	2.78	2.78	1.77	1.77	3.28	0.25	1.26	4.55
2003	1.70	1.70	1.70	1.95	0.00	0.73	0.24	5.36
平均值	2.24	2.24	1.74	1.86	1.64	0.49	0.75	4.96
最大值	2.78	2.78	1.77	1.95	3.28	0.73	1.26	5.36

续表

检测样本(年份)i	TSP 时间序列预测模型(式(12-10)～式(12-16))的 COD_{Mn} 检测样本的相对误差 r_i/%							r_i/%
	NV-FNN (2)	NV-FNN (3)	NV-PPR (2)	NV-PPR (3)	NV-SVR (2)	NV-SVR (3)	NV-ULR	BP 神经网络
2002	0.00	0.25	1.01	0.51	1.26	0.00	1.52	9.85
2003	0.97	0.49	0.24	0.73	0.24	1.95	0.24	11.44
平均值	0.49	0.37	0.62	0.62	0.75	0.98	0.88	10.65
最大值	0.97	0.49	1.01	0.73	1.26	1.95	1.52	11.44
检测样本(年份)i	COD_{Mn} 预测模型(式(10-18)～式(10-24))的 COD_{Mn} 检测样本的相对误差 r_i/%							r_i/%
	NV-FNN (2)	NV-FNN (3)	NV-PPR (2)	NV-PPR (3)	NV-SVR (2)	NV-SVR (3)	NV-ULR	RBF
2002	0.25	1.01	1.52	1.01	0.00	0.76	0.25	7.58
2003	0.49	0.49	0.00	0.00	0.49	0.73	0.73	9.73
平均值	0.37	0.75	0.76	0.51	0.25	0.75	0.49	8.66
最大值	0.49	1.01	1.52	1.01	0.49	0.76	0.73	9.73

13.1.2 基于同型规范变换的牡丹江市 TSP 浓度时间序列预测模型的灞河口 COD_{Mn} 的时间序列预测

牡丹江市 TSP 时间序列的四种预测模型只是时间序列的预测模型，因此只用于建立灞河口 COD_{Mn} 的时间序列($k=3$)预测模型。

1) COD_{Mn} 年均值时间序列变量的参照值和规范变换式的设置

1993～2003 年灞河口 COD_{Mn}(C_y)年均值(c_y)的时间序列监测数据 c_{iy}[2]见表 10-16。c_{iy} 的变换式仍如式(10-17)所示，预测变量 COD_{Mn} 的参照值设置为 $c_{y0}=0.6$mg/L，由式(10-17)和式(9-2)计算得到时间序列变量的规范值 y'_{i0}，见表 13-1。

2) 四种预测模型的建模样本拟合输出值及检测样本计算输出值

将表 13-1 中 COD_{Mn} 时间序列变量规范值 y'_{i0} 组成的 3 个因子的规范值 x'_{ij} 代入 12.2.2 节牡丹江市的 TSP 浓度预测模型(式(12-10)～式(12-16))，计算得到四种预测模型建模样本(1996～2001 年)的拟合输出值及检测(预测)样本(2002 年、2003 年)的计算输出值 y'_i，见表 13-1。计算得到四种预测模型建模样本模型输出的拟合相对误差(绝对值) r'_i，见表 13-2。

3) 检测样本模型输出的误差修正及修正后 COD_{Mn} 的预测值

与牡丹江市 TSP 时间序列预测模型的 COD_{Mn} 检测样本(样本 10、11)模型输出相似的建模样本见表 13-3。用式(9-17)～式(9-20)进行误差修正后的 2 个检测

(预测)样本的四种预测模型输出值 Y_i' 见表 13-4。再由式(9-2)和式(10-17)的逆运算计算得到四种预测模型对 2002 年、2003 年 COD_{Mn} 的预测值 c_{iY}，见表 13-5。表 13-4 和表 13-5 中还分别列出了 2002 年、2003 年 COD_{Mn} 的规范值 y_{i0}' 和实际值 c_{iy} 。

4) 多种预测模型预测值的相对误差及比较

2 个检测样本的四种预测模型的预测值与实际值之间的相对误差(绝对值)r_i 及其平均值和最大值见表 13-6。为了便于比较，表 13-6 中还列出了 10.3.2 节直接用基于多因子灞河口预测模型式(10-18)～式(10-24)计算得到的检测样本的相对误差绝对值 r_i(表 10-22)，以及传统的 LS-SVM、BP 神经网络和 RBF 三种预测模型的相对误差 r_i。可见，不仅具有同型规范变换的 3 个不同预测变量的同类预测模型，即使是不同类型预测模型，对 COD_{Mn} 的预测效果(指预测值和相对误差)也差异甚微，因此同型规范变换的预测模型具有等效性；其预测的相对误差平均值和最大值均远小于传统的三种预测模型的相对误差。

13.2　同型规范变换的不同预测变量的预测模型用于雅马渡站径流量预测

13.2.1　基于同型规范变换的灞河口 COD_{Mn} 预测模型的雅马渡站径流量预测

1) 径流量年均值及其影响因子的参照值和规范变换式的设置

雅马渡站径流量(C_y)年均值(c_y)及其 4 个影响因子 C_j ($j = 1$～4)的监测数据 c_{ij} ($j = 1$～4)[3]见表 11-1。设置如式(11-1)所示的变换式，径流量的参照值设置为 c_{y0}=50m^3/s。由式(11-1)和式(9-2)计算得到各影响因子的规范值 x_{ij}' ，见表 11-1，预测变量径流量的规范值 y_{i0}' 见表 13-7。

表 13-7　同型规范变换的不同预测模型的径流建模样本拟合输出值及检测样本计算输出值 y_i'

样本 i	COD_{Mn} 预测模型(式(10-18)～式(10-24))的径流建模样本拟合输出值及检测样本计算输出值 y_i'							y_{i0}'
	NV-FNN (2)	NV-FNN (3)	NV-PPR (2)	NV-PPR (3)	NV-SVR (2)	NV-SVR (3)	NV-ULR	
1	0.2888	0.2877	0.2796	0.2804	0.3153	0.3559	0.2939	0.3187
2	0.2799	0.2791	0.2708	0.2716	0.3200	0.3496	0.2892	0.3649
3	0.2846	0.2836	0.2755	0.2763	0.3219	0.3491	0.2917	0.3481
4	0.3086	0.3073	0.2995	0.3004	0.3469	0.3835	0.3045	0.3869
5	0.2718	0.2710	0.2627	0.2634	0.3122	0.3471	0.2849	0.2773

续表

样本 i	COD_{Mn} 预测模型(式(10-18)～式(10-24))的径流建模样本拟合输出值及检测样本计算输出值 y_i'							y_{i0}'
	NV-FNN (2)	NV-FNN (3)	NV-PPR (2)	NV-PPR (3)	NV-SVR (2)	NV-SVR (3)	NV-ULR	
6	0.3599	0.3575	0.3515	0.3525	0.4005	0.4515	0.3322	0.3909
7	0.3476	0.3456	0.3389	0.3399	0.3972	0.4462	0.3255	0.4134
8	0.3537	0.3515	0.3452	0.3462	0.3995	0.4500	0.3288	0.4046
9	0.3012	0.3000	0.2919	0.2928	0.3452	0.3912	0.3005	0.3146
10	0.2522	0.2516	0.2432	0.2439	0.2948	0.3284	0.2745	0.3017
11	0.2576	0.2568	0.2485	0.2492	0.2932	0.3291	0.2773	0.3328
12	0.2966	0.2956	0.2876	0.2884	0.3365	0.3696	0.2981	0.3926
13	0.2354	0.2350	0.2268	0.2274	0.2839	0.3045	0.2658	0.2773
14	0.2722	0.2714	0.2631	0.2639	0.3096	0.3410	0.2851	0.3792
15	0.2709	0.2700	0.2617	0.2625	0.3105	0.3491	0.2844	0.3104
16	0.2725	0.2716	0.2633	0.2641	0.3085	0.3418	0.2852	0.2659
17	0.3327	0.3311	0.3239	0.3249	0.3736	0.4169	0.3175	0.4072
18	0.3198	0.3182	0.3107	0.3116	0.3472	0.3953	0.3105	0.3597
19	0.2951	0.2940	0.2858	0.2867	0.3385	0.3821	0.2972	0.3474
20	0.2633	0.2626	0.2543	0.2550	0.3040	0.3343	0.2804	0.2908
21	0.3248	0.3232	0.3157	0.3166	0.3737	0.4220	0.3131	0.3590
22	0.2708	0.2700	0.2617	0.2625	0.3108	0.3437	0.2844	0.2562
23	0.2650	0.2643	0.2560	0.2567	0.3064	0.3372	0.2813	0.2783

样本 i	TSP 时间序列预测模型(式(12-10)～式(12-16))的径流建模样本拟合输出值及检测样本计算输出值 y_i'							y_{i0}'
	NV-FNN (2)	NV-FNN (3)	NV-PPR (2)	NV-PPR (3)	NV-SVR (2)	NV-SVR (3)	NV-ULR	
4	0.4034	0.4084	0.4118	0.4092	0.3769	0.3855	0.4074	0.4890
5	0.4217	0.4283	0.4328	0.4301	0.3867	0.3925	0.4248	0.3794
6	0.3971	0.4026	0.4058	0.4033	0.3684	0.3791	0.4024	0.4931
7	0.4090	0.4152	0.4190	0.4163	0.3727	0.3821	0.4133	0.5155
8	0.4163	0.4229	0.4271	0.4245	0.3735	0.3827	0.4200	0.5067
9	0.4514	0.4598	0.4663	0.4634	0.3951	0.3983	0.4525	0.4167
10	0.4305	0.4377	0.4428	0.4400	0.3838	0.3903	0.4330	0.4039
11	0.3995	0.4051	0.4084	0.4059	0.3694	0.3801	0.4046	0.4350
12	0.3795	0.3841	0.3864	0.3840	0.3623	0.3751	0.3863	0.4947
13	0.4013	0.4070	0.4104	0.4078	0.3727	0.3824	0.4062	0.3794
14	0.3945	0.3998	0.4028	0.4003	0.3663	0.3776	0.3999	0.4814

续表

样本 i	TSP 时间序列预测模型(式(12-10)～式(12-16))的径流建模样本拟合输出值及检测样本计算输出值 y_i'							y_{i0}'
	NV-FNN (2)	NV-FNN (3)	NV-PPR (2)	NV-PPR (3)	NV-SVR (2)	NV-SVR (3)	NV-ULR	
15	0.4074	0.4134	0.4171	0.4145	0.3723	0.3818	0.4118	0.4125
16	0.3844	0.3893	0.3918	0.3894	0.3610	0.3738	0.3908	0.3681
17	0.3812	0.3859	0.3884	0.3859	0.3579	0.3714	0.3879	0.5094
18	0.3890	0.3942	0.3970	0.3945	0.3591	0.3723	0.3951	0.4618
19	0.4028	0.4087	0.4121	0.4096	0.3675	0.3782	0.4076	0.4496
20	0.4256	0.4325	0.4372	0.4345	0.3867	0.3925	0.4284	0.3930
21	0.3932	0.3984	0.4014	0.3989	0.3695	0.3801	0.3987	0.4612
22	0.3930	0.3983	0.4012	0.3987	0.3694	0.3801	0.3986	0.3584
23	0.3672	0.3713	0.3731	0.3708	0.3490	0.3647	0.3753	0.3804

注：20～23 为检测样本。

2) 四种预测模型的建模样本拟合输出值及检测样本计算输出值

将表 11-1 中计算得到的各因子规范值 x_{ij}' 代入 10.3.2 节灞河口 COD_{Mn} 预测模型(式(10-18)～式(10-24))，计算得到四种预测模型建模样本的拟合输出值及检测样本的计算输出值 y_i'，见表 13-7。计算得到四种预测模型建模样本模型输出的拟合相对误差(绝对值) r_i'，见表 13-8。

表 13-8　同型规范变换的不同预测模型的径流建模样本模型输出的拟合相对误差 r_i'

建模样本 i	COD_{Mn} 预测模型(式(10-18)～式(10-24))的径流建模样本的拟合相对误差 r_i'/%						
	NV-FNN (2)	NV-FNN (3)	NV-PPR (2)	NV-PPR (3)	NV-SVR (2)	NV-SVR (3)	NV-ULR
1	9.38	9.73	12.27	12.02	1.07	11.67	8.60
2	23.29	23.51	25.79	25.57	12.30	4.19	20.75
3	18.24	18.53	20.86	20.63	7.53	2.87	16.20
4	20.24	20.57	22.59	22.36	10.84	0.88	22.34
5	1.98	2.27	5.27	5.01	12.59	25.17	2.74
6	7.93	8.54	10.08	9.82	2.46	15.50	15.02
7	15.92	16.40	18.02	17.78	3.92	7.93	21.26
8	12.58	13.12	14.68	14.43	1.26	11.22	18.73
9	4.26	4.46	7.22	6.93	9.73	24.35	4.48
10	16.40	16.60	19.39	19.16	2.29	8.85	9.02
11	22.60	22.84	25.33	25.12	11.90	1.11	16.68

续表

建模样本 i	COD_{Mn} 预测模型(式(10-18)～式(10-24))的径流建模样本的拟合相对误差 r_i' / %						
	NV-FNN (2)	NV-FNN (3)	NV-PPR (2)	NV-PPR (3)	NV-SVR (2)	NV-SVR (3)	NV-ULR
12	24.45	24.70	26.74	26.54	14.29	5.86	24.07
13	15.11	15.25	18.21	17.99	2.38	9.81	4.15
14	28.22	28.43	30.62	30.41	18.35	10.07	24.82
15	12.73	13.02	15.69	15.43	0.03	12.47	8.38
16	2.48	2.14	0.98	0.68	16.02	28.55	7.26
17	18.30	18.69	20.46	20.21	8.25	2.38	22.03
18	11.09	11.54	13.62	13.37	3.48	9.90	13.68
19	15.05	15.37	17.73	17.47	2.56	9.99	14.45
建模样本 i	TSP 时间序列预测模型(式(12-10)～式(12-16))的径流建模样本的拟合相对误差 r_i' / %						
	NV-FNN (2)	NV-FNN (3)	NV-PPR (2)	NV-PPR (3)	NV-SVR (2)	NV-SVR (3)	NV-ULR
4	17.50	16.48	15.79	16.32	22.92	21.17	16.69
5	11.15	12.89	14.07	13.36	1.92	3.45	11.97
6	19.47	18.35	17.70	18.21	25.29	23.12	18.39
7	20.66	19.46	18.72	19.24	27.70	25.88	19.83
8	17.84	16.54	15.71	16.22	26.29	24.47	17.11
9	8.33	10.34	11.90	11.21	5.18	4.42	8.59
10	6.59	8.37	9.63	8.94	4.98	3.37	7.20
11	8.16	6.87	6.11	6.69	15.08	12.62	6.99
12	23.29	22.36	21.89	22.38	26.76	24.18	21.91
13	5.77	7.27	8.17	7.49	1.77	0.79	7.06
14	18.05	16.95	16.33	16.85	23.91	16.85	16.93
15	1.24	0.22	1.12	0.48	9.75	7.44	0.17
16	4.43	5.76	6.44	5.79	6.44	1.93	6.17
17	25.17	24.24	23.75	24.24	23.75	29.74	23.85
18	15.76	14.64	14.03	14.57	22.24	19.38	14.44
19	10.41	9.10	8.34	8.90	18.27	15.88	9.34

3) 检测样本模型输出的误差修正及修正后径流量的预测值

与灞河口 COD_{Mn} 预测模型的4个径流检测样本模型输出相似的建模样本见表13-9。用式(9-17)～式(9-20)进行误差修正后 4 个检测样本的四种预测模型输出值 Y_i' 见表 13-10。再由式(9-2)和式(11-1)的逆运算计算得到四种预测模型检测样本径

流的预测值 c_{iY}，见表 13-11。表 13-10 和表 13-11 中还分别列出了 4 个检测样本年径流量的规范值 y'_{i0} 和实际值 c_{iy} 。

4) 检测样本的多种模型预测值的相对误差及比较

4 个检测样本的四种预测模型的预测值与实际值之间的相对误差(绝对值)r_i 及其平均值和最大值见表 13-12。

表 13-9　与同型规范变换的不同预测模型的径流检测样本输出相似的建模样本

检测样本 i	与 COD_{Mn} 预测模型(式(10-18)～式(10-24))的径流检测样本输出相似的建模样本(序号)						
	NV-FNN (2)	NV-FNN (3)	NV-PPR (2)	NV-PPR (3)	NV-SVR (2)	NV-SVR (3)	NV-ULR
20	5,15	5,15	5,11	5,11	5,14	5,14,16	5,15
21	18	18	18	18	17	8,9	18
22	5,15,16	5,15	14,15	14,15	14	16	5,14
23	5,15,16	5,15	5,15	5,15	15,16	15,16	5,15

检测样本 i	与 TSP 时间序列预测模型(式(12-10)～式(12-16))的径流检测样本输出相似的建模样本(序号)						
	NV-FNN (2)	NV-FNN (3)	NV-PPR (2)	NV-PPR (3)	NV-SVR (2)	NV-SVR (3)	NV-ULR
20	5,10	5,10	5,10	5,10	5,10	5,10	5,10
21	6,11,18	11,14,18	6,11,18	6,11,18	11,14	14,18	11,14,18
22	11,18	11,14	11,18	11,18	11,14,19	11,14,18	11,14,18
23	12, 17	12,17	12,,17	12, 17	12,17	12,18	12,16,17

表 13-10　同型规范变换的不同预测模型径流检测样本误差修正后的模型输出值

检测样本 i	COD_{Mn} 预测模型(式(10-18)～式(10-24))的径流检测样本误差修正后的模型输出值 Y'_i							y'_{i0}
	NV-FNN (2)	NV-FNN (3)	NV-PPR (2)	NV-PPR (3)	NV-SVR (2)	NV-SVR (3)	NV-ULR	
20	0.2845	0.2846	0.2927	0.2932	0.3021	0.3005	0.2893	0.2908
21	0.3660	0.3661	0.3664	0.3664	0.3452	0.3580	0.3632	0.3590
22	0.2567	0.2576	0.2555	0.2560	0.2625	0.2670	0.2602	0.2562
23	0.2780	0.2808	0.2730	0.2736	0.2854	0.2821	0.2745	0.2783

检测样本 i	TSP 时间序列预测模型(式(12-10)～式(12-16))的径流检测样本误差修正后的模型输出值 Y'_i							y'_{i0}
	NV-FNN (2)	NV-FNN (3)	NV-PPR (2)	NV-PPR (3)	NV-SVR (2)	NV-SVR (3)	NV-ULR	
20	0.3911	0.3908	0.3910	0.3910	0.3943	0.3931	0.3895	0.3930
21	0.4608	0.4581	0.4605	0.4604	0.4610	0.4658	0.4582	0.4612
22	0.3514	0.3569	0.3650	0.3608	0.3571	0.3591	0.3540	0.3584
23	0.3868	0.3892	0.3885	0.3869	0.3768	0.3811	0.3798	0.3804

表 13-11　同型规范变换的不同预测模型径流检测样本误差修正后的预测值

检测样本 i	COD_{Mn} 预测模型(式(10-18)～式(10-24))的径流检测样本误差修正后的预测值 c_{iY}							c_{iy}
	NV-FNN (2)	NV-FNN (3)	NV-PPR (2)	NV-PPR (3)	NV-SVR (2)	NV-SVR (3)	NV-ULR	
20	307	307	316	316	326	324	312	314
21	411	412	412	412	381	399	407	401
22	280	281	279	280	286	290	284	280
23	301	304	296	297	308	305	297	301
检测样本 i	TSP 时间序列预测模型(式(12-10)～式(12-16))的径流检测样本误差修正后的预测值 c_{iY}							c_{iy}
	NV-FNN (2)	NV-FNN (3)	NV-PPR (2)	NV-PPR (3)	NV-SVR (2)	NV-SVR (3)	NV-ULR	
20	312	312	312	312	315	314	310	314
21	400	396	400	400	401	408	397	401
22	274	279	286	282	279	281	276	280
23	308	310	309	308	297	294	300	301

注：c_{iY} 和 c_{iy} 的单位为 m^3/s。

表 13-12　4 个径流检测样本的多种模型预测值的相对误差 r_i 及其平均值和最大值

检测样本 i	COD_{Mn} 预测模型(式(10-18)～式(10-24))的径流检测样本的相对误差 r_i / %						
	NV-FNN (2)	NV-FNN (3)	NV-PPR (2)	NV-PPR (3)	NV-SVR (2)	NV-SVR (3)	NV-ULR
20	2.23	2.23	0.64	0.64	3.82	3.18	0.64
21	2.43	2.68	2.74	2.74	4.98	0.50	1.50
22	0.18	0.36	0.36	0.00	2.14	3.57	1.43
23	0.00	1.00	1.66	1.33	2.33	1.33	1.33
平均值	1.21	1.57	1.35	1.18	3.32	2.15	1.23
最大值	2.43	2.68	2.74	2.74	4.98	3.57	1.50
检测样本 i	TSP 时间序列预测模型(式(12-10)～式(12-16))的径流检测样本的相对误差 r_i / %						
	NV-FNN (2)	NV-FNN (3)	NV-PPR (2)	NV-PPR (3)	NV-SVR (2)	NV-SVR (3)	NV-ULR
20	0.64	0.64	0.64	0.64	0.32	0.00	1.27
21	0.25	1.25	0.25	0.25	0.00	1.75	1.00
22	2.14	0.36	2.14	0.71	0.36	0.36	1.43
23	2.33	2.99	2.66	2.33	1.33	2.33	0.33
平均值	1.34	1.31	1.42	0.98	0.50	1.11	1.01
最大值	2.33	2.99	2.66	2.33	1.33	2.33	1.43

续表

检测样本 i	径流预测模型(式(11-2)～式(11-8))的径流检测样本的相对误差 r_i / %						
	NV-FNN (2)	NV-FNN (3)	NV-PPR (2)	NV-PPR (3)	NV-SVR (2)	NV-SVR (3)	NV-ULR
20	0.96	1.59	1.27	1.91	0.00	0.64	1.91
21	2.74	2.74	2.99	2.99	0.50	0.87	0.25
22	1.07	2.85	0.71	0.71	3.21	1.79	3.21
23	1.33	1.33	1.66	1.99	1.66	2.33	1.00
平均值	1.53	2.13	1.66	1.90	1.34	1.41	1.59
最大值	2.74	2.85	2.99	2.99	3.21	2.33	3.21

检测样本 i	传统预测模型用于雅马渡站径流预测的检测样本的相对误差 r_i / %							
	近邻估计[3]	模糊回归[3]	模糊识别[4]	RBF[5] (一)	RBF[6] (二)	IEA-BP 神经网络[6]	传统 BP 神经网络[6]	GRNN 网络[6]
20	7.76	7.32	3.72	5.70	7.79	1.05	18.30	4.35
21	5.41	3.74	4.67	0.99	3.40	7.17	0.33	4.62
22	19.18	14.64	14.37	13.90	0.82	0.63	10.13	0.02
23	9.01	12.29	7.51	12.30	11.38	10.66	21.58	13.77
平均值	10.34	9.50	7.57	8.22	5.85	4.88	12.59	5.69
最大值	19.18	14.64	14.37	13.90	11.38	10.66	21.58	13.77

检测样本 i	传统预测模型用于雅马渡站径流预测的检测样本的相对误差 r_i / %							
	双隐层 BP 神经网络[6]	三隐层 BP 神经网络[6]	BSA-PPR[7]	LS-SVM[8]	PCA-SVM[9]	FSVM[10]	SVM[10]	门限回归 TR[11]
20	2.01	6.16	4.83	1.90	3.79	1.21	8.03	10.86
21	0.06	9.48	5.10	16.00	8.87	3.21	6.43	2.97
22	6.73	2.85	0.82	9.30	9.46	10.78	24.10	18.57
23	6.72	7.67	11.56	5.60	6.36	8.57	15.88	13.46
平均值	3.88	6.54	5.58	8.20	7.12	5.94	13.61	11.47
最大值	6.73	9.48	11.56	16.00	9.46	10.78	24.10	18.57

13.2.2 基于同型规范变换的牡丹江市 TSP 浓度时间序列预测模型的雅马渡站径流时间序列预测

牡丹江市 TSP 浓度时间序列的四种预测模型只是时间序列的预测模型，因此只用于建立雅马渡站径流的时间序列($k = 3$)预测模型。

1) 径流年均值时间序列的参照值和规范变换式的设置

雅马渡站年径流量(C_y)年均值的时间序列监测数据 c_{iy} 见表 11-1，c_{iy} 的变换式仍如式(11-1)所示，预测变量的参照值设置为 $c_{y0}=30\text{m}^3/\text{s}$，阈值 $c_{yb}=100\text{m}^3/\text{s}$。由式(11-1)和式(9-2)计算得到雅马渡站径流样本时间序列变量的规范值 y'_{i0}，见表 13-7。

2) 四种预测模型的建模样本拟合输出值及检测样本计算输出值

将表 13-7 中径流时间序列变量规范值 y'_{i0} 组成的 3($k=3$)个因子的规范值 x'_{ij} ($j=t-1, t-2, t-3$)代入 12.2.2 节牡丹江市的 TSP 浓度预测模型(式(12-10)～式(12-16))中，计算得到四种预测模型建模样本的拟合输出值及检测样本的计算输出值 y'_i，见表 13-7。计算得到四种预测模型建模样本模型输出的拟合相对误差(绝对值) r'_i，见表 13-8。

3) 检测样本模型输出的误差修正及修正后的径流量预测值

与牡丹江市 TSP 时间序列预测模型的 4 个径流检测样本模型输出相似的建模样本见表 13-9。用式(9-17)～式(9-20)进行误差修正后的 4 个检测(预测)样本的四种预测模型输出值 Y'_i 见表 13-10。再由式(9-2)和式(11-1)的逆运算计算得到四种预测模型对样本 20～23 径流的预测值 c_{iY}，见表 13-11。表 13-10 和表 13-11 中还分别列出了样本 20～23 径流的规范值 y'_{i0} 和实际值 c_{iy}。

4) 检测样本的多种模型预测值的相对误差及比较

4 个检测样本的四种预测模型的预测值与实际值之间的相对误差(绝对值) r_i 及其平均值和最大值见表 13-12。表 13-12 中还列出了 11.1.3 节直接用基于多因子的雅马渡站径流预测模型式(11-2)～式(11-8)计算得到的预测样本的相对误差(绝对值) r_i(表 11-7)。为了便于比较，表 13-12 中还列出了 16 种传统预测模型和方法用于雅马渡站径流预测的相对误差(绝对值) r_i[3-11]。可见，无论是具有同型规范变换的 3 个不同预测变量的同类预测模型，还是不同类型预测模型，对雅马渡站径流量的预测效果(预测值和相对误差)差异甚微，因此预测模型具有等效性，其预测的相对误差平均值和最大值均小于或远小于 16 种传统模型和方法预测的相应误差。

13.3　同型规范变换的不同预测变量的预测模型用于牡丹江市 TSP 浓度时间序列预测

13.3.1　基于同型规范变换的灞河口 COD_{Mn} 预测模型的牡丹江市 TSP 浓度时间序列预测

1) TSP 浓度年均值时间序列数据参照值和规范变换式的设置

牡丹江市 TSP 浓度年均值的时间序列(1991～2002 年)数据[12]见表 12-8。TSP 浓度时间序列数据变换式如式(12-9)所示，TSP 浓度的参照值设置为 $c_{y0}=0.05\text{mg/m}^3$。由式(12-9)和式 (9-2)计算得到 TSP 浓度的规范值 x'_t (即 y'_{i0})，见

表 13-13。取最近邻时刻数 $k=3$，则从样本 4 的数据规范值开始，由 TSP 浓度第 t 个样本的前 3 个最近邻时间序列数据的规范值 x_{t-1}、x_{t-2}、x_{t-3} 构成第 t 个样本的 3 个影响因子，则全部组成 9 个时间序列样本(1994～2002 年)，样本 4～样本 10 为建模样本，样本 11、样本 12 为检测样本。

2) 四种预测模型的建模样本拟合输出值及检测样本的计算输出值

将表 12-8 中计算得到的样本各因子的规范值 x_i' ($i=t-1$, $t-2$, $t-3$)代入灞河口 COD_{Mn} 预测模型(式(10-18)～式(10-24))，计算得到四种预测模型建模样本的拟合输出值及检测(预测)样本的计算输出值 y_i'，见表 13-13。计算得到四种预测模型建模样本的拟合相对误差(绝对值) r_i'，见表 13-14。

表 13-13 同型规范变换的不同预测模型的 TSP 建模样本拟合输出值及检测样本计算输出值 y_i'

样本 i	COD_{Mn} 预测模型(式(10-18)～式(10-24))的 TSP 建模样本拟合输出值及检测样本计算输出值 y_i'							y_{i0}'
	NV-FNN (2)	NV-FNN (3)	NV-PPR (2)	NV-PPR (3)	NV-SVR (2)	NV-SVR (3)	NV-ULR	
4	0.4139	0.4103	0.4077	0.4089	0.3773	0.4712	0.3621	0.4174
5	0.4000	0.3968	0.3931	0.3942	0.4179	0.4669	0.3543	0.3976
6	0.3812	0.3784	0.3735	0.3746	0.4084	0.4569	0.3439	0.4062
7	0.3724	0.3698	0.3643	0.3654	0.4024	0.4508	0.3390	0.4051
8	0.3688	0.3663	0.3607	0.3617	0.3996	0.4477	0.3371	0.3998
9	0.3695	0.3670	0.3613	0.3624	0.3973	0.4484	0.3374	0.3943
10	0.3660	0.3636	0.3578	0.3588	0.3950	0.4447	0.3355	0.2802
11	0.3294	0.3278	0.3205	0.3215	0.3420	0.3796	0.3157	0.3035
12	0.3010	0.2998	0.2918	0.2926	0.3108	0.3473	0.3004	0.3297

样本 i	径流预测模型(式(11-2)～式(11-8))的 TSP 建模样本拟合输出值及检测样本计算输出值 y_i'							y_{i0}'
	NV-FNN (2)	NV-FNN (3)	NV-PPR (2)	NV-PPR (3)	NV-SVR (2)	NV-SVR (3)	NV-ULR	
4	0.2489	0.2555	0.2457	0.2449	0.4295	0.4644	0.4015	0.2889
5	0.3170	0.3248	0.3143	0.3133	0.4713	0.4914	0.4186	0.3219
6	0.3922	0.4005	0.3909	0.3897	0.5069	0.5198	0.4376	0.3087
7	0.4200	0.4283	0.4195	0.4182	0.5238	0.5262	0.4448	0.3104
8	0.4294	0.4377	0.4294	0.4280	0.5276	0.5273	0.4472	0.3187
9	0.4280	0.4363	0.4279	0.4266	0.5282	0.5273	0.4468	0.3266
10	0.4359	0.4441	0.4360	0.4347	0.5286	0.5276	0.4489	0.4218
11	0.4842	0.4921	0.4869	0.4854	0.5109	0.5171	0.4615	0.4093
12	0.5230	0.5304	0.5282	0.5266	0.4978	0.5095	0.4718	0.3920

注：4～10 为建模样本，11、12 为检测样本。

表 13-14　同型规范变换的不同预测模型的 TSP 建模样本模型输出的拟合相对误差 r_i'

建模样本 i	COD_{Mn} 预测模型(式(10-18)～式(10-24))的 TSP 建模样本的拟合相对误差 r_i'/%						
	NV-FNN (2)	NV-FNN (3)	NV-PPR (2)	NV-PPR (3)	NV-SVR (2)	NV-SVR (3)	NV-ULR
4	0.84	1.70	2.32	2.04	9.61	12.89	13.25
5	0.60	0.20	1.13	0.86	5.11	17.43	10.89
6	6.15	6.84	8.05	7.78	0.54	12.48	15.34
7	8.07	8.71	10.07	9.80	0.67	11.28	16.32
8	7.75	8.38	9.78	9.53	0.05	11.98	15.68
9	6.29	6.92	8.37	8.09	0.76	13.72	14.43
10	30.62	29.76	27.69	28.05	40.97	58.71	19.74
建模样本 i	径流预测模型(式(11-2)～式(11-8))的 TSP 建模样本的拟合相对误差 r_i'/%						
	NV-FNN (2)	NV-FNN (3)	NV-PPR (2)	NV-PPR (3)	NV-SVR (2)	NV-SVR (3)	NV-ULR
4	13.85	11.56	14.95	15.23	48.67	60.75	38.98
5	1.52	0.90	2.36	2.67	46.41	52.66	30.04
6	27.05	29.74	26.63	26.24	64.20	68.38	41.76
7	35.31	37.98	35.15	34.73	68.75	69.52	43.30
8	34.73	37.34	34.73	34.30	65.55	65.45	40.32
9	31.05	33.59	31.02	30.62	61.72	61.45	36.80
10	3.34	5.29	3.37	3.06	25.32	25.08	6.42

3) 检测样本模型输出的误差修正及修正后 TSP 浓度的预测值

与 COD_{Mn} 预测模型的 2 个 TSP 检测样本模型输出相似的建模样本见表 13-15。用式(9-17)～式(9-20)进行误差修正后 2 个检测(预测)样本的四种预测模型输出值 Y_i' 见表 13-16。再由式(12-9)和式(9-2)的逆运算计算得到四种预测模型对样本 11、样本 12 TSP 浓度的预测值 c_{iY} 见表 13-17。表 13-16 和表 13-17 中还分别列出了样本 11、样本 12 TSP 浓度的规范值 y_{i0}' 和实际值 c_{iy}。

4) 检测样本的多种模型预测值的相对误差及比较

2 个检测样本的四种预测模型的预测值与实际值之间的相对误差(绝对值) r_i 及其平均值和最大值见表 13-18。

表 13-15　与同型规范变换的不同预测模型的 TSP 检测样本输出相似的建模样本

检测样本 i	与 COD_{Mn} 预测模型(式(10-18)～式(10-24))的 TSP 检测样本输出相似的建模样本(序号)						
	NV-FNN (2)	NV-FNN (3)	NV-PPR (2)	NV-PPR (3)	NV-SVR (2)	NV-SVR (3)	NV-ULR
11	8,9,10	8,9,10	8,9,10	8,9,10	9,10	8,10	8,9,10
12	9,10,11	9,10,11	10,11	10,11	9,11	8,11	10,11

续表

检测样本 i	与径流预测模型(式(11-2)～式(11-8))的 TSP 检测样本输出相似的建模样本(序号)						
	NV-FNN (2)	NV-FNN (3)	NV-PPR (2)	NV-PPR (3)	NV-SVR (2)	NV-SVR (3)	NV-ULR
11	8,10	9,10	8,10	8,10	7,8,9,10	7,8,9,10	8,10
12	8,9,11	8,9	8,9,11	8,9,11	7,8,9,10	6,7,8,10	8,9,10

表 13-16　同型规范变换的不同预测模型的 TSP 检测样本误差修正后的模型输出值

检测样本 i	COD_{Mn} 预测模型(式(10-18)～式(10-24))的 TSP 检测样本误差修正后的模型输出值 Y_i'							y_{i0}'
	NV-FNN (2)	NV-FNN (3)	NV-PPR (2)	NV-PPR (3)	NV-SVR (2)	NV-SVR (3)	NV-ULR	
11	0.3051	0.3043	0.3021	0.3027	0.2984	0.2988	0.3022	0.3035
12	0.3329	0.3315	0.3273	0.3285	0.3302	0.3327	0.3268	0.3297
检测样本 i	径流预测模型(式(11-2)～式(11-8))的 TSP 检测样本误差修正后的模型输出值 Y_i'							y_{i0}'
	NV-FNN (2)	NV-FNN (3)	NV-PPR (2)	NV-PPR (3)	NV-SVR (2)	NV-SVR (3)	NV-ULR	
11	0.4074	0.4108	0.4094	0.4094	0.4037	0.4076	0.4100	0.4093
12	0.3945	0.3924	0.3967	0.3967	0.3943	0.3985	0.3923	0.3920

表 13-17　同型规范变换的不同预测模型的 TSP 检测样本误差修正后的预测值

检测样本 i	COD_{Mn} 预测模型(式(10-18)～式(10-24))的 TSP 检测样本误差修正后的预测值 c_{iY}							c_{iy}
	NV-FNN (2)	NV-FNN (3)	NV-PPR (2)	NV-PPR (3)	NV-SVR (2)	NV-SVR (3)	NV-ULR	
11	0.230	0.229	0.226	0.227	0.223	0.223	0.227	0.228
12	0.264	0.262	0.257	0.258	0.261	0.264	0.256	0.260
检测样本 i	径流预测模型(式(11-2)～式(11-8))的 TSP 检测样本误差修正后的预测值 c_{iY}							c_{iy}
	NV-FNN (2)	NV-FNN (3)	NV-PPR (2)	NV-PPR (3)	NV-SVR (2)	NV-SVR (3)	NV-ULR	
11	0.232	0.225	0.228	0.228	0.238	0.231	0.227	0.228
12	0.256	0.259	0.252	0.252	0.256	0.248	0.260	0.260

注：c_{iY} 和 c_{iy} 的单位为 mg/m^3。

表 13-18　2 个检测样本的多种模型预测值的相对误差 r_i 及其平均值和最大值

检测样本 i	COD_{Mn} 预测模型(式(10-18)～式(10-24))的 TSP 检测样本的相对误差 r_i' / %						
	NV-FNN (2)	NV-FNN (3)	NV-PPR (2)	NV-PPR (3)	NV-SVR (2)	NV-SVR (3)	NV-ULR
11	0.88	0.44	0.88	0.44	2.19	2.19	0.44
12	1.54	0.77	1.15	0.77	0.38	1.54	1.54
平均值	1.21	0.61	1.02	0.61	1.29	1.87	0.99
最大值	1.54	0.77	1.15	0.77	2.19	2.19	1.54

续表

检测样本 i	径流预测模型(式(11-2)～式(11-8))的 TSP 检测样本的相对误差 r_i / %						
	NV-FNN (2)	NV-FNN (3)	NV-PPR (2)	NV-PPR (3)	NV-SVR (2)	NV-SVR (3)	NV-ULR
11	1.75	1.32	0.00	0.00	4.39	1.32	0.44
12	1.54	0.38	3.08	3.08	1.54	4.62	0.00
平均值	1.65	0.85	1.54	1.54	2.97	2.97	0.22
最大值	1.75	1.32	3.08	3.08	4.39	4.62	0.44
检测样本 i	TSP 时间序列预测模型(式(12-10)～式(12-16))的 TSP 检测样本的相对误差 r_i / %						
	NV-FNN (2)	NV-FNN (3)	NV-PPR (2)	NV-PPR (3)	NV-SVR (2)	NV-SVR (3)	NV-ULR
11	0.00	0.00	0.44	0.44	3.50	3.50	0.44
12	0.77	1.92	1.54	0.38	0.00	0.38	0.77
平均值	0.39	0.96	0.99	0.41	1.75	1.94	0.61
最大值	0.77	1.92	1.54	0.44	3.50	3.50	0.77

13.3.2　基于同型规范变换的雅马渡站径流量预测模型的牡丹江市 TSP 浓度时间序列预测

1) TSP 浓度年均值的参照值和规范变换式的设置

1991～2002 年牡丹江市 TSP 浓度年均值的时间序列监测数据见表 12-8[12]。设置如式(13-1)所示的 TSP 浓度时间序列数据变换式。

$$X_t = \left[(c_{tb} - c_t) / c_{t0}\right]^2 \tag{13-1}$$

式中，参照值 $c_{t0} = 0.05\text{mg/m}^3$；阈值 $c_{tb} = 0.615\text{mg/m}^3$。$c_t$、$c_{t0}$ 和 c_{tb} 的单位均为 mg/m^3。

由式(13-1)和式(9-2)计算得到 TSP 浓度的规范值 x_t'。取最近邻时刻数 $k = 3$，则从样本 4 的数据规范值开始，由 TSP 第 t 个样本前 3 个最近邻时间序列数据的规范值 x_{t-1}、x_{t-2}、x_{t-3} 构成第 t 个样本的 3 个影响因子，则全部组成 9 个时间序列样本(1994～2002 年)，其中 1994～2000 年作为建模样本，2001～2002 年作为检测样本，见表 13-13。

2) 四种预测模型的建模样本拟合输出值及检测样本计算输出值 y_i'

将表 12-8 中 9 个时间序列样本组成的各因子的规范值 x_t' 代入 11.1.2 节雅马渡站径流预测式(11-2)～式(11-8)中，计算得到四种预测模型建模样本的拟合输出值及检测(预测)样本的计算输出值 y_i'，见表 13-13。计算得到四种预测模型建模样本模型输出的拟合相对误差(绝对值) r_i'，见表 13-14。

3) 检测样本模型输出的误差修正及修正后 TSP 浓度的预测值

与径流预测模型的 2 个 TSP 检测样本模型输出相似的建模样本见表 13-15。用式(9-17)～式(9-20)进行误差修正后的 2 个检测(预测)样本的四种预测模型输出值 Y_i' 见表 13-16。再由式(9-2)和式(13-1)的逆运算计算得到四种预测模型对检测样本 TSP 浓度的预测值 c_{iY}，见表 13-17。表 13-16 和表 13-17 中还分别列出了检测样本 TSP 浓度的规范值 y_{i0}' 和实际值 c_{iy}。

4) 检测样本的多种模型预测值的相对误差及比较

2 个 TSP 检测样本的四种预测模型的预测值与实际值之间的相对误差(绝对值) r_i 及其平均值和最大值见表 13-18。表 13-18 中还列出了 12.2.2 节用基于牡丹江市时间序列预测模型(式(12-10)～式(12-16))计算得到的预测样本的相对误差(绝对值) r_i (表 12-14)。文献[12]用灰色预测法预测得到的平均值和最大值分别为 10.34%和 14.91%。可以看出，具有同型规范变换的 3 个不同预测变量的同类预测模型或不同类型预测模型，对牡丹江市 TSP 浓度时间序列年均值的预测结果(预测值和相对误差)差异很小，因此预测模型具有等效性，其预测的相对误差平均值和最大值均远小于灰色预测法预测的相应误差。

13.4 同型规范变换预测模型和传统预测模型的相对误差在不同误差区间的对比

与误差分析相结合的同型规范变换 3 个不同预测变量(COD_{Mn}、径流量、TSP 浓度)的四种预测模型以及 20 种传统预测模型的 3 个验证实例，其相对误差(绝对值)的平均值及最大值在不同误差区间所占百分比见表 13-19。可见，同型规范变换不同预测变量的预测模型预测的相对误差(绝对值)的平均值几乎都小于 3%；而最大相对误差(绝对值)全都小于 5%。而 20 种传统预测模型预测的相对误差(绝对值)的平均值都大于 3%，其中，在[5%，15%)的占 85%；最大相对误差(绝对值)都大于 5%，其中，在[10%，30%)的占 75%。可见，基于同型规范变换的不同预测模型预测的相对误差(绝对值)的平均值和最大值都小于或远小于 20 种传统预测模型的相应误差。

表 13-19 同型规范变换的预测模型和传统预测模型的 3 个验证实例的相对误差(绝对值)的平均值及最大值在不同误差区间所占百分比

模型	项目	不同误差区间所占百分比/%						
		(0, 1%)	[1%, 3%)	[3%, 5%)	[5%, 10%)	[10%, 15%)	[15%, 20%)	[20%, 30%)
NV-FNN	平均值	44	56	—	—	—	—	—
	最大值	28	72	—	—	—	—	—

续表

模型	项目	不同误差区间所占百分比/%						
		(0, 1%)	[1%, 3%)	[3%, 5%)	[5%, 10%)	[10%, 15%)	[15%, 20%)	[20%, 30%)
NV-PPR	平均值	44	56	—	—	—	—	—
	最大值	17	72	11	—	—	—	—
NV-SVR	平均值	33	61	6	—	—	—	—
	最大值	17	39	44	—	—	—	—
NV-ULR	平均值	67	33	—	—	—	—	—
	最大值	33	56	11	—	—	—	—
传统模型	平均值	—	—	15	55	30	—	—
	最大值	—	—	—	25	50	15	10

13.5 本章小结

本章分别建立了受 3 个因子影响的灞河口 COD_{Mn} 年均值、受 4 个因子影响的伊犁河雅马渡站年径流量、牡丹江市 TSP 浓度时间序列等 3 个具有同型规范变换($n_y = 2$)不同预测变量的 NV-FNN、NV-PPR、NV-SVR 智能预测模型和 NV-ULR 预测模型，并结合误差修正法进行兼容性、等效性和对称性的相互验证，其预测值不仅差异甚微，而且与实际值很接近；其预测精度比传统预测模型和方法的预测精度提高数倍到数十倍。此结论的重要意义为：只要对某个预测变量建立基于规范变换的某种预测模型，就可以将此预测变量的预测模型直接用于具有同型规范变换的其他不同预测变量的预测，而无须对各不同预测变量分别建立预测模型。由于预测变量的同型规范变换只有 $n_y = 2$、1、0.5 三种不同的类型，故原则上只需建立三种不同的同型规范变换预测变量的预测模型，即可满足预测问题的需要，既省时，又省力，给实际应用带来极大方便。因此同型规范变换预测模型的兼容性、等效性和对称性的发现，不仅具有理论意义，而且具有重要的应用价值。

参考文献

[1] 李祚泳, 魏小梅, 汪嘉杨. 同型规范变换的不同预测模型具有的兼容性和等效性[J]. 环境科学学报, 2020, 40(4): 1517-1534.
[2] 房平, 邵瑞华, 司全印, 等. 最小二乘支持向量机应用于西安霸河口水质预测[J]. 系统工程, 2011, 29(6): 113-117.
[3] 蒋尚明, 金菊良, 袁先江, 等. 基于近邻估计的年径流预测动态联系数回归模型[J]. 水利水电技术, 2013, 44(7): 5-9.

[4] 李希灿, 王静, 赵庚星. 径流中长期预报模糊识别优化模型及应用[J]. 数学的实践与认识, 2010, 40(6): 92-98.
[5] 周佩玲, 陶小丽, 傅忠谦, 等. 基于遗传算法的 RBF 网络及应用[J]. 信号处理, 2001, 17(3): 269-273.
[6] 崔东文. 多隐层 BP 神经网络模型在径流预测中的应用[J]. 水文, 2013, 33(1): 68-73.
[7] 崔东文, 金波. 鸟群算法-投影寻踪回归模型在多元变量年径流预测中的应用[J]. 人民珠江, 2016, 37(11): 26-30.
[8] 李佳, 王黎, 马光文, 等. LS-SVM 在径流预测中的应用[J]. 中国农村水利水电, 2008, (5): 8-10, 14.
[9] 徐纬芳, 刘成忠, 顾延涛. 基于 PCA 和支持向量机的径流预测应用研究[J]. 水资源与水工程学报, 2010, 21(6): 72-75.
[10] 花蓓, 熊伟, 陈华. 模糊支持向量机在径流预测中的应用[J]. 武汉大学学报(工程版), 2008, 41(1): 5-8.
[11] 金菊良, 杨晓华, 金保明, 等. 门限回归模型在年径流预测中的应用[J]. 冰川冻土, 2000, 22(3): 230-234.
[12] 陈世权, 贲毅, 宋居可, 等. 牡丹江市区大气总悬浮颗粒物污染趋势及预测[J]. 黑龙江环境通报, 2003, 27(2): 64-65.

第 14 章　模型分析与比较

本章将对书中提出的基于规范变换的同类环境评价的普适模型和基于规范变换的广义环境评价的普适模型，以及基于规范变换与误差修正相结合的环境预测普适模型的特点进行分析、归纳和比较，并与传统的评价和预测模型进行对比。

14.1　基于规范变换的模型与传统模型的比较

14.1.1　规范变换与传统数据变换的比较

由幂函数变换式(5-1)或式(9-1)和对数变换式(5-2)或式(9-2)组成的规范变换是一个既线性又非线性的变换，通过选择和调整变换式中的参数(幂指数 n_j 和参照值 c_{j0}，有时还有阈值 c_{jb})，在将逆向指标或影响因子转化为正向指标或影响因子的同时，还用 $n_j = 2$ 的拉伸变换，使波动性过小的数据的波动性增强；用 n_j =0.5 的压缩变换，使波动性过大的数据的波动性减弱；用 n_j =1 的线性变换，使比较平稳数据的波动性保持不变。可见，变换式(5-1)或式(9-1)并非将一切评价指标或预测因子数据的波动性都减弱，只是使数据波动性大的评价指标或影响因子波动性适当减弱，而使数据波动性小的评价指标或影响因子波动性适当增强，即变换式(5-1)或式(9-1)使变量之间的波动性差异变小，趋于一致。因此，变换式(5-1)或式(9-1)能将具有任意分布特征和复杂变化规律的评价指标或预测变量及其各影响因子的数据，规范映射(转换)为分布特征和变化规律大体相似和协调一致的正幂函数表示形式，从而具有普适性。其次，再用对数变换式(5-2)或式(9-2)将变量变换后的数值线性化，而且要求线性化后各级标准规范值或变量的最小规范值和最大规范值分别限定在一个较小范围内，使不同指标或不同因子之间的差异进一步减小。因此，通过幂函数变换式(5-1)或式(9-1)和对数变换式(5-2)或式(9-2)组合的规范、线性变换，使规范变换后的每个指标或影响因子皆等效于某一个近似线性的规范指标或因子，将多指标评价或受多个因子影响的复杂预测问题，等效于仅受一个等效规范指标或规范因子影响的简单评价或预测问题，极大地减少了指标或因子数(将 m 维降为 1 维)，达到简化评价或预测模型结构的目的；传统数据变换式(如极差归一化变换和均值-方差标准化变换)的各指标或因子之间是彼此独立的变换，变换后不同指标或因子的数据分布特性和变化规律也不会相同或趋于一致。因此，变换后各指标或因子不能用一个等效指标或因子替代，也就不能简化模型结构。这正是规范变换与传统数据变换的区别。

14.1.2 规范变换的评价模型与传统评价模型的比较

对广义环境系统的待评价样本，规范变换智能评价模型和评价指数公式可直接用于评价，只要能根据指标的分级标准，适当设置各指标的参照值和规范变换式，使由规范变换式计算得到的指标各级标准规范值分别限定在一个较小的区间内，则已优化建立的环境评价指数公式和环境智能评价模型就可以直接用于该样本的评价，不用再编程计算，使用方便。不同环境系统评价所依据的指标及其分级标准、指标数目都不相同，因此传统的各种评价模型和方法对于不同系统不能建立规范、统一、普适、通用的评价模型，适用范围有限。而规范变换的智能评价模型对广义环境系统的不同指标及其分级标准和不同指标数都能规范统一、普适通用、简洁直观、方便实用。

14.1.3 规范变换的预测模型与传统预测模型的比较

一般情况下，传统的预测模型结构随影响因子数 m 不同而不同，模型的结构不能普适、规范和统一；而规范变换的预测模型在不损失信息的情况下，使模型结构得到简化，因此模型的结构与影响因子数 m 无关，变得简洁、普适、规范和统一。当因子数较多时，传统的预测模型存在维数灾难，不但编程和计算复杂，而且影响模型的优化效率和优化效果；而规范变换与误差修正相结合的预测模型由于结构已简化，不存在维数灾难，不但编程和计算简单，而且提高了学习效率及模型的预测精度和预测的稳定性。

规范变换的优势在于无论样本空间是高维还是低维，样本变量之间是简单的线性关系还是复杂的非线性关系，样本变量的变化规律是趋势性还是波动性、平稳还是剧烈、快变还是缓变，通过选择适当的参数 n_j 、c_{j0} 和 c_{jb} ，都可以用幂函数和对数函数相结合的规范变换式进行变换，使其规范化、降维化、线性化。如果原始数据本身是线性的，则取 $n_j=1$ ；若原始数据是非线性的，则取 $n_j=2$ 或 $n_j=0.5$ ，无论何种情况，规范变换后非线性程度弱化，变得近似线性，因此规范变换具有普适性。此外，基于同型规范变换的预测变量与误差修正相结合的预测模型彼此之间具有兼容性、等效性和对称性，凡预测变量满足同型规范变换的预测模型都是等价的，从而可以相互对换。因此，对受多因子影响的变量或时间序列变量的预测，只要是某预测变量建立的某种预测模型都可以用于任意系统同型规范变换的其他预测变量的预测，而无须对各预测变量分别建模，使预测变得极为方便。这是规范变换预测模型与传统预测模型的最大区别。

14.1.4　规范变换的三种智能预测模型与传统三种智能预测模型的性能比较

规范变换的三种智能预测模型与传统三种智能预测模型的性能比较见表 14-1。

表 14-1　规范变换的三种智能预测模型与传统三种智能预测模型的性能比较

传统的三种智能预测模型	规范变换的三种智能预测模型
BP 神经网络预测模型具有自组织、自学习、自适应、容错和非线性映射等能力；但初始权值选取不当易导致学习效率低、泛化能力差(过拟合)；误差反向传播采用最速下降法易导致陷入局部极值，出现欠拟合；采用单极性 Sigmoid 函数作为激活函数对应于 0 至无穷大输入，其输出的变化范围为 0.5～1，致使权值调整量较小，网络功能不强；还存在模型结构(隐节点数)随影响因子数 m 不同而难以确定的问题，因此 BP 神经网络模型的结构不能普适、规范和统一	NV-FNN 预测模型的隐节点采用双极性 Sigmoid 函数作为激活函数，对应于 0 到无穷大输入，其输出的变化范围为 0～1，引起权值调整量增大，不仅使网络功能更强大，而且能加速收敛。此外，网络输出则采用对隐节点输出的线性求和计算，信息从输入层输入到输出层输出仍是非线性的。因此，NV-FNN 既能保持较强的非线性映射能力，又简化了 BP 神经网络结构。模型的结构与影响因子数 m 无关，因此模型的结构变得简洁、普适、规范和统一
传统的 PPR 预测模型用一系列岭函数的和去逼近回归函数，适用于非正态、非线性高维数据的建模。但当因子数较多时，传统的 SMART 求解法和参数矩阵优化算法不仅存在维数灾难，而且编程和计算难度都较大；PPR 预测模型岭函数个数的选取严重影响模型的优化效率和优化效果；而且不能建立具有普适、规范、形式统一的 PPR 预测模型	NV-PPR 预测模型不仅保留了参数矩阵优化求解法直观和易于编程实现的优点，而且对影响因子进行规范变换，使规范变换后的所有影响因子皆等效于同一个规范影响因子，对于任意多个影响因子，都只需建立适用于 2 个岭函数的 2 个或 3 个规范影响因子的 PPR 预测模型，不存在维数灾难，模型更加简洁、普适、规范和统一
传统的 SVR 模型具有理论全局最优、避免维数灾难、防止过拟合、克服局部极值及特别适用于小样本容量建模等方面的优势，但其性能受惩罚因子 C、核函数参数 σ 和不敏感系数 e 等参数的影响，而它们的选取尚无可靠的理论依据。此外，传统的 SVR 模型用于大样本、多因子预测建模，学习效率低，收敛速度慢，求解精度低，而且模型的结构(形式)不能满足普适、规范和统一的需求	NV-SVR 预测模型除同样具有传统的 SVR 模型的优势外，预测模型的结构与影响因子数和建模样本数的多少无关，只需对等效规范因子构建结构为 2 个或 3 个支持向量的两种简单结构的预测模型；此外，模型只需确定 b 和 σ 两个参数，编程和计算得到简化，提高了模型学习效率和求解精度，因此预测模型的结构简单，且模型更普适、规范和统一

14.2　规范智能预测模型与规范智能评价模型的比较

14.2.1　预测模型规范变换式与评价模型规范变换式的比较

规范变换的预测模型的规范变换式(9-1)与规范变换的评价模型的规范变换式(5-1)的形式虽然相似，但两个规范变换式中字母的意义、参数的确定和适用对象有本质区别：首先，在评价模型中，变换式(5-1)仅用于评价指标的变换；而在预测模型中影响因子和预测变量都需要用变换式(9-1)进行变换。其次，在评价模型中，变换式(5-1)中幂指数 n_j 由各指标的最高分级标准值与最低分级标准值的比值确定，只要依据的评价标准确定，其选取与评价的具体问题无关；而在预测模型中，幂指数 n_j 则必须由实际问题的建模样本各影响因子(或预测变量)的最大值与最小值的比值确定，随问题的不同而不同。此外，在评价模型中，参照值 c_{j0} 须满足由式(5-1)和式(5-2)计算得到的指标的各级标准规范值都在各级标准相应的限定变化范围内；而在预测模型中，参照值 c_{j0} 只需满足由式(9-1)和式(9-2)计算得到的各影响因子(或预测变量)的最大规范值与最小规范值在相应的限定变化范围内。参照值 c_{j0} 在评价模型中选取的限制条件远比在预测模型中的选取条件苛刻，尤其当评价指标数和评价标准分级数较多时，常需要反复多次调整 c_{j0} 才能满足要求。因而预测模型中的 c_{j0} 比评价模型中的 c_{j0} 更容易确定。尽管预测模型比评价模型要多进行预测变量的规范变换，以及幂指数 n_j 的确定随问题的不同而不同，但 n_j 的确定十分简单，总体说来，预测模型变换式(9-1)的设计比评价模型变换式(5-1)的设计简便、快捷。

对于一个实际评价或预测问题，参照值 c_{j0} 与变换式(5-1)和式(9-1)设计的具体形式虽然也有一定程度的不确定性，但只要能满足各自的规范变换条件以及优化迭代能达到各自目标函数值要求的精度，则优化得到的评价模型和预测模型一般都能满足实际需要，故建立的评价模型和预测模型均是稳定、有效的。

14.2.2 规范变换的智能预测模型与规范变换的智能评价模型的比较

基于规范变换的同种智能预测模型与评价模型的结构形式虽然相似，但两者有本质不同：欲将已优化建立的规范变换的智能评价模型用于评价实际问题，必须而且只需适当设置该问题各指标的参照值和规范变换式，并对该问题所依据的指标各级评价标准值进行规范变换，使规范变换后的指标各级标准规范值都能在各自限定的变化范围内，就可直接用已优化建立的智能评价模型对该问题进行评价。优化得到的智能评价模型与任何具体评价问题的评价指标数和指标所依据的评价分级标准值无关，因此基于规范变换的智能评价模型对任意系统任意多项指标的评价都是普适、规范和统一的；基于规范变换的智能预测建模，通常需要按预测变量及其各影响因子规范变换的设计原则和方法，对不同具体问题设置不同的规范变换式，并由计算得到的全部建模样本的预测变量及其影响因子的规范值，优化建立适合该问题的预测模型。显然，对于不同具体预测问题，需要建立不同的预测模型。即使如此，由于同种智能预测模型的结构形式相同，模型优化程序通用，仅是得到的优化参数值不同，因而仍具有狭义上的普适性、规范性和统一性。但若是同型规范变换的不同预测变量，由于它们的预测模型之间具有兼容性和等效性，只要是某预测变量建立的某种预测模型都可以用于具有同型规范变换的其他预测变量的预测，而无须对各预测变量分别建模，使预测得到极大的简化。

14.3　影响预测模型预测精度的分析

与评价建模相比，预测建模尤其是较多影响因子的预测建模更为复杂，这是因为：首先，评价通常是静态的，而预测是动态的。其次，评价只需依据制定的指标评价分级标准，对评价对象的状态进行判断，评判结果容易满足实际情况；而预测需要由系统状态变量的过去和现状资料，预测其未来变化趋势，预测结果要求精准、可信，但由于预测结果往往受多种复杂因素的影响，常难以满足实际需要和实现稳定的预测精度。

14.3.1　非线性和高维复杂性对模型预测精度的影响

线性化是解决非线性、高维复杂问题的一种常用手段。不过，将非线性问题线性化，一定程度上削弱了原数据的波动性，增强了平滑性。因此，在用对数变换式进行线性变换后，虽然可以用简单的一元线性回归建模，但确实会使原数据的波动性减弱，在低维空间建立的一元线性回归模型不可能精确反映原高维空间数据的非线性变化特性。因此，直接用一元线性回归模型计算得到的预测样本的模型输出值代入预测变量的逆规范变换式进行运算，得到的预测样本预测值与样本真实值可能相差较大。为提高预测精度，依据相似原因产生相似结果的原理，首先将计算得到的预测样本的模型输出值与最接近的建模拟合样本的模型输出值进行比较，并用一个相似样本的误差修正公式，对预测样本的模型输出值进行修正后，再代入预测变量的规范变换式进行逆运算。这样使得原空间非线性复杂数据的波动性又得到恢复和重现，从而可以得到与预测样本真实值非常接近的样本预测值，提高了模型的预测稳定性和预测精度。对于高维、非线性问题，传统的预测模型结构复杂，计算量大，预测的稳定性和精度差。为了提高预测精度，常对拟合样本的残差(拟合误差)再建模，用优化得到的残差模型参数来修正原预测模型参数，以提高模型的拟合精度和预测精度。但往往事与愿违，因为这很可能由欠拟合转为过拟合。传统的 ULR 预测模型只能用于单个影响因子的线性问题预测，而 NV-ULR 预测模型则对单因子、多因子，线性、非线性和时间序列问题都同样适用。这也是规范变换的预测模型与传统预测模型的显著不同之处。

14.3.2　样本数量的有限性和样本质量对模型预测精度的影响

虽然从理论上讲，只要有代表性的训练样本数足够多，智能预测模型(如 BP、RBF、FNN、PPR、SVR 等)都能以任意精度逼近任意函数。不过，实际问题的样本数总是有限的(即不完备性)，而且在有限样本中，往往还存在若干质量差的样本或异常样本。基于统计理论的学习、模拟来发掘样本共同特性建立的智能预测模型对具有普遍规律的多数样本是适用和有效的，但对于质量差的样本或具有特殊规律的异常样本，则无论是模型的拟合误差还是预测误差都会很大。此外，某些情况下，即使模型对训练样本的拟合精度高，但对于在训练样本集中没有相同或相似样本的那些预测样本，预测误差也会很大，这就是通常所说的过拟合。若模型优化采用的某些优化算法本身存在局限，使收敛过程陷入局部极值，得不到全局最优，出现了欠拟合，则模型的拟合和预测误差都会很大。这种由样本的不完备性和样本质量差导致的模型预测精度低，传统预测模型和方法是无法避免的。虽然这些影响因素在 NV-FNN、NV-PPR、NV-SVR 和 NV-ULR 模型中也同样存在，但通过采用相似样本误差修正法，对预测(或检测)样本的模型计算输出值进行修正后，再计算出预测样本的预测值，可有效消除或至少削弱这些因素对模型预测精度的影响，此种修正法对提高过拟合样本和异常样本的预测精度尤为显著。

14.3.3 采用方法存在的局限性对模型预测精度的影响

一个理想又实用的预测模型需满足预测模型结构的复杂性与问题的复杂性相匹配。因此，对于训练样本数有限，而因子数较多的复杂预测问题，传统的预测模型通常采用主分量分析法、相关分析法或逐步回归法来减少因子数，达到简化模型结构和提高学习效率的目的。但无论用何种方法，都不仅复杂，而且会丢失建模样本部分信息，导致模型失真、模型预测结果精度不高和不同样本的预测误差差异大(外延性和稳定性差)；而基于规范变换的 NV-FNN、NV-PPR、NV-SVR 和 NV-ULR 预测模型，仅采用对因子数据进行规范变换的降维处理，既简化了模型结构，提高了学习效率，又因为样本的全部信息都得到充分利用，无任何信息丢失，使建立的模型更接近真实，提高了模型的可靠性和稳定性。

14.4 本章小结

本章比较了基于规范变换的智能评价模型与传统智能评价模型、基于规范变换的三种智能预测模型与传统的三种智能预测模型、预测模型的规范变换式与评价模型的规范变换式，以及规范变换的智能预测模型与规范变换的智能评价模型的性能和特点，并对影响预测模型预测精度的各种因素进行了分析与讨论。

后　记

本书从开始执笔到最终脱稿虽然只用了半年多时间，但若从笔者提出规范变换和普适性思想算起，已有整整 20 载春秋，早已超过“十年磨一剑”和“坐凳十年冷”的岁月。20 年在人类科学发展史的长河中只不过是弹指一挥间，但却占据了个人研究生涯的大半。将人生一大半研究时间用于一个看似过于大胆的想法和并不抢眼的研究方向上，在当今学术界一些只图“一朝拥有”，不求“天长地久”，只想“急功近利”，不愿“深谋远虑”，宁可选择“短、平、快”，尽量回避“深、精、尖”研究的人看来，可以说是得不偿失，不食“人间烟火”。更何况在研究过程中新思想还不时受到来自传统观念和思想的质疑、责难和挑战。那么，笔者何以能自始至终“不忘初心，牢记使命”，“潜心研究，坚守如一”，使研究成果最终获得成功，被同行认可，使本书也得以面世呢?

这是因为科学探索的动机总是源于理解宇宙的渴望；科学探索的目标是追求真理，发现规律，增进认识；科学探索的激情是科学的“真、善、美”对人们的好奇心和兴趣的吸引。因此，规范变换和普适性的新思想对笔者的吸引之一首先是它的求“真”，其表现为在满足规范变换条件的广义环境系统大范围内，寻求评价模型和预测模型或公式的规范与普适、简洁与对称、和谐与统一，其发现能扩大和丰富人们对环境评价与预测的新认识，具有一定的科学意义；新思想对笔者的吸引之二是它的求“善”，其表现为规范变换不仅极大地简化了评价模型和预测模型的结构，提高了学习效率，而且还能改善模型评价与预测结果，有利于为管理部门决策提供科学依据，具有一定的社会效益和实用价值；新思想对笔者的吸引之三是它的求“美”，其表现为无论是普适评价模型，还是普适预测模型，都显示出简洁美、和谐美、对称美和统一美，是一种内在的美、理性的美。而且笔者在求真过程中能领略到美是真的化身；在鉴赏美的过程中能感受到真是美的本质，可见，真与美是统一的。笔者当初提出的研究是探索未知，探索未知具有多种不确定性，包含着“天有不测风云”的风险，是一种冒险的智力游戏，正是这种冒险过程能激发好奇心，使自己获得精神上的愉悦。

正是源于科学“真、善、美”的吸引和好奇心的驱使，笔者才能耗尽毕生精力，以“独上高楼，望尽天涯路”的勇气将此项研究作为毕生追求目标，因而才能在以“衣带渐宽终不悔”的毅力潜心探索过程中，即使遭受挫折、困难和失败，面对责难、质疑和挑战，也一直坚持“独钓寒江雪”，并乐此不疲；得到的回报则是在科学的茫茫原野上经历了“众里寻她千百度”后，终有所斩获、有所创新。

正如任何一项研究成果都没有最好，只有更好一样，基于规范变换的环境评价与预测的普适模型也还需要不断丰富、发展和完善。至于本书包含的研究成果的学术价值如何？自然是“文章自有命，不仗史笔垂”。但有一点是肯定的，其成果的科学意义远不及当今粒子物理学家提出的“标准模型”和“超弦理论”所具有的“深、精、尖”；其成果产生的社会效益和经济价值也无法与当前国人正进行的“嫦娥奔月”或“深空探索”那样的科学大工程相比，因而只能借用一句歌词改写来表达：“没有花香，没有树高，这是科学百花园中的一棵小草”。